Vielfältige Physik

Deborah Duchardt · Andrea B. Bossmann ·
Cornelia Denz
(Hrsg.)

Vielfältige Physik

Wissenschaftlerinnen schreiben
über ihre Forschung

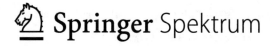

Hrsg.
Deborah Duchardt
Berlin, Deutschland

Cornelia Denz
Institut für Angewandte Physik
Universität Münster
Münster, Deutschland

Andrea B. Bossmann
Lise-Meitner Society e.V.
Berlin, Deutschland

ISBN 978-3-662-58034-9   ISBN 978-3-662-58035-6   (eBook)
https://doi.org/10.1007/978-3-662-58035-6

Die Deutsche Nationalbibliothek verzeichnet diese Publikation in der Deutschen Nationalbibliografie; detaillierte bibliografische Daten sind im Internet über https://dnb.d-nb.de abrufbar.

Springer Spektrum

Planung/Lektorat: Lisa Edelhäuser
Piktogramme Einbandabbildung und Buchtext:
Frau: deblik, Berlin
Schmetterling: Freepik = https://www.flaticon.com/packs/house-plants-3
Würfel: Darius Dan = https://www.flaticon.com/packs/science-35
Refraktion: Freepik = https://www.flaticon.com/packs/science-12
Planet: Atom: Darius Dan = https://www.flaticon.com/packs/science-35
Atom: Freepik = https://www.flaticon.com/packs/scientific-study
Suche: Freepik = https://www.flaticon.com/packs/literature-12
DNA-Struktur: Freepik = https://www.flaticon.com/packs/scientific-study

Springer Spektrum ist ein Imprint der eingetragenen Gesellschaft Springer-Verlag GmbH, DE und ist ein Teil von Springer Nature
Die Anschrift der Gesellschaft ist: Heidelberger Platz 3, 14197 Berlin, Germany

Vorwort der Herausgeberinnen

„The biggest reason there are so few women in the physical sciences is that there are so few women in the physical sciences."

– Eileen Pollack [1]

Liebe Leserinnen und Leser,

die Physik erklärt seit vielen Jahrhunderten die uns umgebende Natur durch das Wechselspiel von Theorie und Experiment, von den Ursprüngen unseres Universums bis zu den neuesten Materialien und Effekten. Diese Erkenntnisse entstehen durch einen fortlaufenden Prozess des Spekulierens, Entdeckens, Experimentierens, Verwerfens und Verifizierens, bis hin zu allgemeingültigen Gesetzen. Auch wenn die Begabung und das Interesse an der Physik unabhängig von der gesellschaftlichen Stellung und dem Geschlecht sein sollten, ist der Frauenanteil in der Physik auch heute noch gering und Physikerinnen sind wenig bekannt. Das will dieses Buch ändern.

In diesem Buch begeistern Sie mehr als 30 Wissenschaftlerinnen aus den verschiedensten Bereichen der Physik und angrenzenden Wissenschaften für ihre Forschung. Wir möchten mit diesem Buch einem breiten Publikum einen allgemeinverständlichen Zugang zur aktuellen, faszinierenden Forschungslandschaft ermöglichen und Interesse an der Physik wecken. Besonders wichtig ist uns dabei, neben den wegweisenden Arbeiten der Wissenschaftlerinnen auch die Persönlichkeiten dahinter sichtbar zu machen und deren Freude an der Physik weiterzugeben. Dazu ist jedem Artikel der Werdegang der entsprechenden Autorin aus ihrer individuellen Sicht zusammen mit persönlichen Tipps vorangestellt. So ist ein einzigartiges Werk vielfältiger Physik entstanden.

Warum dieses Buch?

Auch heute sind Frauen in der Physik noch stark unterrepräsentiert, insbesondere in führenden Positionen. Obwohl sich der Anteil an Frauen in der Physik im deutschsprachigen Raum seit der Zeit von Lise Meitner (Promotion 1906 in Wien) und Hertha Sponer (Promotion 1920 in Göttingen) erhöht hat, gibt es weiterhin Verbesserungsbedarf [2, 3]. Dies gilt sowohl zu Beginn des Studiums, für Angestellte im Wissenschaftsbetrieb und in der Industrie sowie für Leitungspositionen wie Professuren oder Vorstände. Die neueste Studie der Konferenz der Fachbereiche Physik zeigte an deutschen Universitäten einen Frauenanteil von 18 % an den verliehenen Bachelorabschlüssen, 16 % an den Masterabschlüssen und 22 % an den Promotionen auf [4]. In den letzten zehn Jahren bewegten sich diese Anteile zwischen 14 % und 20 % [5, 6].

Deutschland ist eines der Länder mit dem niedrigsten Frauenanteil in der Physik in Europa [7]. Der höhere Prozentsatz unter den Promotionen im Vergleich zu Bachelor- und Masterabschlüssen erklärt sich aus dem Anteil ausländischer Promovierender in Deutschland.

Auch wenn die Inhalte der Physik geschlechtsneutral erscheinen, ist allein durch die Geschlechterverteilung in der Physik die Fachkultur männlich geprägt. Auch in der Öffentlichkeit sind Physikerinnen in Deutschland wenig sichtbar. Dennoch gibt es viele hervorragende Wissenschaftlerinnen, die bahnbrechende Forschung in allen Gebieten der Physik betreiben. Einige von ihnen möchten wir in diesem Buch vorstellen und damit mögliche Vorbilder aufzeigen.

Diversität ist auch gesellschaftlich und wirtschaftlich relevant. So haben Studien gezeigt, dass vielfältige Teams kreativere, innovativere Lösungen finden als homogene [8] und höhere wirtschaftliche Profite erzielen [9]. Die Erhöhung des Frauenanteils ist ein wichtiger Schritt hin zu mehr Diversität und geht Hand in Hand mit der Gleichstellung unterrepräsentierter Minderheiten. Aktuelle Studien zeigen, dass in Fachgebieten mit einem höheren Frauenanteil die Offenheit gegenüber homosexuellen Personen und Personen mit anderen Geschlechtsidentitäten höher ist [10]. Ein offenes und wertschätzendes Umfeld ist unerlässlich, damit alle Menschen ihr volles Potenzial entfalten können – das gilt auch für die Physik.

Zum Aufbau dieses Buches

Unsere Reise durch die vielfältige Physik beginnt mit einem Kapitel zur Beziehung zwischen Physik und Gesellschaft. Hier können Sie mehr über die Rolle von Frauen in der Wissenschaftsgeschichte der Physik, über das Verhältnis von Philosophie und Physik, über aktuelle Forschung zu Geschlechterrollen in der Physikausbildung und -didaktik sowie über Geschlechterforschung in der Physik erfahren.

Darauf folgen Kapitel, die verschiedenen weiteren Fachdisziplinen der Physik gewidmet sind: von Fragen zum Ursprung unserer Welt in der *Kern- und Teilchenphysik*, Forschung über die Welt kleinster Materialbausteine in der *Festkörper- und Nanophysik*, über die *Nichtlineare Physik* und die Nutzung des Lichts, der *Photonik*, bis hin zur *Planeten- und Astrophysik* und den größten Strukturen des Universums. Im Kapitel *Bio- und Medizinphysik* werden medizinische Anwendungen physikalischer Forschung bei der Diagnostik und Heilung von Krankheiten thematisiert. Sie werden also von den kleinsten zu den größten Strukturen unseres Universums geführt, von den grundlegenden Theorien zu Anwendungen der Zukunft.

Die weiterführenden Literaturangaben in den Kapiteln sollen Ihnen bei Interesse den tiefergehenden Einstieg in die einzelnen Themenbereiche erleichtern.

Über die Herausgeberinnen

Deborah Duchardt hat ihr Diplom und ihre Promotion in Physik an der RWTH Aachen absolviert. Forschungsschwerpunkt waren statistische Analysen von Messdaten des CMS-Detektors am LHC-Beschleuniger des Forschungszentrums CERN. Prägend aus dieser Zeit ist die Zusammenarbeit in einer großen internationalen Gemeinschaft, über kulturelle Grenzen hinweg. Anschließend entschied sie sich für einen Wechsel in die Softwareindustrie und arbeitet seit 2018 bei einem Berliner Unternehmen mit Fokus auf Software für den öffentlichen Personen- und Güterverkehr. Bereits im Laufe ihrer Promotion lernte sie, bei einen berufsvorbereitenden Workshop, den *Arbeitskreis Chancengleichheit* (AKC) kennen, ein Arbeitskreis der *Deutschen Physikalischen Gesellschaft e.V. (DPG)*, welcher die Interessen von Physikerinnen aller Karrierestufen vertritt. Der AKC hat sich zum Ziel gesetzt, die Rahmenbedingungen für Physikerinnen zu verbessern, sie zu vernetzen und zu stärken. Seit 2015 ist sie stellvertretende Sprecherin des AKC.

Andrea B. Bossmann hat an der Julius-Maximilians-Universität Würzburg und dem Indian Institute of Technology Madras Physik studiert. Danach hat sie an der University of Michigan in Ann Arbor, USA, und am Max-Planck-Institut für Sonnensystemforschung in Göttingen zu (magneto-) hydrodynamischen Strömungen in der Geo- und Astrophysik geforscht. Seit 2014 ist sie alleinerziehende Mutter eines chronisch kranken Kindes. 2015 hat sie die Deutsche Physikerinnentagung mitorganisiert und wurde Vorstandsmitglied des AKC. Auf dieser jährlichen Tagung können sich Teilnehmende vernetzen, ihre Forschungsschwerpunkte und Karrierewege vorstellen, sowie über Chancengleichheit diskutieren. Aktuell arbeitet Andrea Bossmann in verschiedenen Projekten für Gleichstellung und mehr Sichtbarkeit von Frauen, in der 2016 von ihr gegründeten *Lise-Meitner-Gesellschaft für die Gleichstellung von Frauen in Naturwissenschaften und Mathematik inner- und außerhalb der akademischen Laufbahn e.V.*

Cornelia Denz lehrt und forscht als Professorin für Nichtlineare Photonik an der Westfälischen Wilhelms-Universität Münster. Über ihre Forschung und ihren Werdegang berichtet sie in Kapitel 18, dem Einleitungsartikel zur Quantenoptik und Photonik. Neben ihrer Forschungtätigkeit in der Photonik hat sie 1994 eine Wanderausstellung zur Geschichte der Frauen in der Physik initiiert [2] und so zur Sichtbarmachung von Vorbildern beigetragen. In dem von ihr gegründeten Schülerlabor MExLab Physik will sie Mädchen für die Physik begeistern. Seit 2016 hat sie neben der Professur in Experimentalphysik eine Professur für Geschlechterforschung in der Physik inne.

Danksagung

Wir danken den zahlreichen Autorinnen, die an diesem besonderen Buch mitgewirkt haben. Sie ermöglichen uns und Ihnen Einblicke in vielfältige und spannende Themen der aktuellen Forschung und auch in ihre persönlichen Wege in die Wissenschaft. Ein großer Dank gebührt Lisa Edelhäuser für die initiale Idee zu diesem Buch und ihre kontinuierliche Unterstützung gemeinsam mit dem Team des Springer-Verlags.

Berlin und Münster, im Dezember 2018   *Deborah Duchardt*
                                                             Andrea B. Bossmann
                                                                 Cornelia Denz

Literatur

[1] Pollack E (2015) The Only Woman in the Room: Why Science Is Still a Boys' Club. Beacon Press, Boston

[2] Denz C (Hrsg) (1994) Von der Antike bis zur Neuzeit – der verleugnete Anteil der Frauen an der Physik. Katalog zur Wanderausstellung, Technische Hochschule Darmstadt

[3] Denz C, Vogt A (2005) Einsteins Kolleginnen – Physikerinnen gestern und heute. Kompetenzzentrum Technik – Diversity – Chancengleichheit e.V., Bielefeld

[4] Düchs G, Ingold G-L (2017) Physik hält Kurs. Physik Journal 8/9:28–33

[5] Düchs G, Matzdorf R (2014) Stabilisierung auf hohem Niveau. Physik Journal 8/9:23–28

[6] Matzdorf R (2011) Physik im Aufwind. Physik Journal 8/9:23–27

[7] Europäische Kommission (2015) She Figures 2015: Gender in Research and Innovation. Directorate-General for Research and Innovation

[8] Díaz-García C, González-Moreno A, Sáez-Martínez FJ (2014) Gender diversity within R&D teams: Its impact on radicalness of innovation. Journal Innovation Organization & Management 15 2:149–160

[9] Hoogendoorn S, Oosterbeek H, van Praag M (2013) The Impact of Gender Diversity on the Performance of Business Teams: Evidence from a Field Experiment. Management Science 59:1514–1528

[10] Yoder JB, Mattheis A (2016) Queer in STEM: Workplace Experiences Reported in a National Survey of LGBTQA Individuals in Science, Technology, Engineering, and Mathematics Careers. Journal of Homosexuality 63 1:1–27

Verwendete Schreibweisen

Große und kleine Skalen

In vielen Anwendungen und Zusammenhängen, so auch in diesem Buch, treten physikalische Größen bei sehr großen und sehr kleinen Skalen auf. Zur Bezeichnung verschiedener Größenordnungen werden Einheitenvorsätze benutzt, die sich auf bestimmte Zehnerpotenzen beziehen. So entspricht z. B. ein Nanometer einem Milliardstel Meter, also 10^{-9} Meter. Auch im Alltag benutzen wir Vorsätze, z. B. Kilo- für Tausend und Milli- für ein Tausendstel. Die gängigen Vorsätze sind im Folgenden aufgeführt.

Symbol	Vorsilbe	Zehnerpotenz	Bedeutung
P	Peta	10^{15}	Billiarde
T	Tera	10^{12}	Billion
G	Giga	10^9	Milliarde
M	Mega	$10^6 = 1.000.000$	Million
k	Kilo	$10^3 = 1.000$	Tausend
d	Dezi	$10^{-1} = 0,1$	Zehntel
c	Zenti	$10^{-2} = 0,01$	Hundertstel
m	Milli	$10^{-3} = 0,001$	Tausendstel
μ	Mikro	10^{-6}	Millionstel
n	Nano	10^{-9}	Milliardstel
p	Piko	10^{-12}	Billionstel
f	Femto	10^{-15}	Billiardstel
a	Atto	10^{-18}	Trillionstel

SI-Basiseinheiten und davon abgeleitete Einheiten

Um die Natur zu beschreiben, werden physikalische Größen verwendet, die quantitativ bestimmbare Eigenschaften, Vorgänge und Zustände als Produkt eines Zahlenwertes und einer Einheit sowie ggf. eine Richtung angeben.

Im Internationalen Einheitensystem SI (frz. Système international d'unités) sind physikalische Einheiten zu bestimmten Größen festgelegt. Die folgende Tabelle nennt alle SI-Basiseinheiten sowie abgeleitete Einheiten, die in diesem Buch verwendet werden.

Größe	Einheitenname	Zeichen	Beziehung zur SI-Einheit
Länge	**Meter**	**m**	**SI-Basiseinheit**
Länge	Ångström	Å	$1\,\text{Å} = 10^{-10}\,\text{m}$
Länge	Astronom. Einheit	AE	$1\,\text{AE} = 149.597.870.700\,\text{m}$
Länge	Lichtjahr	Lj	$1\,\text{Lj} \approx 9{,}46 \cdot 10^{15}\,\text{m}$ $\approx 63.240\,\text{AE}$
Länge	Parsec	pc	$1\,\text{pc} \approx 3{,}09 \cdot 10^{16}\,\text{m} \approx 3{,}26\,\text{Lj}$
Masse	**Kilogramm**	**kg**	**SI-Basiseinheit**
Masse	atom. Masseneinheit	u	$1\,\text{u} = 1{,}660.565.5 \cdot 10^{-27}\,\text{kg}$
Masse	Gramm	g	$1\,\text{g} = 10^{-3}\,\text{kg}$
Masse	Tonne	t	$1\,\text{t} = 10^{3}\,\text{kg}$
Zeit	**Sekunde**	**s**	**SI-Basiseinheit**
Frequenz	Hertz	Hz	$1\,\text{Hz} = 1/\text{s}$
Geschwindigkeit		m/s	$1\,\text{m/s} = 3{,}6\,\text{km/h}$
Beschleunigung	.	m/s²	Normfallbeschleunigung $g_n = 9{,}806.65\,\text{m/s}^2$
Kraft	Newton	N	$1\,\text{N} = 1\,\text{kg}\cdot\text{m/s}^2$
Impuls		N·s	$1\,\text{N}\cdot\text{s} = 1\,\text{kg}\cdot\text{m/s}$
Druck	Pascal	Pa	$1\,\text{Pa} = 1\,\text{N/m}^2 = 1\,\text{kg}/(\text{s}^2 \cdot \text{m})$
Arbeit, Energie, Wärmemenge	Joule	J	$1\,\text{J} = 1\,\text{N}\cdot\text{m} = 1\,\text{W}\cdot\text{s}$ $= 1\,\text{kg}\cdot\text{m}^2/\text{s}^2$
Arbeit, Energie, Wärmemenge	Kilowattstunde	kW·h	$1\,\text{kW}\cdot\text{h} = 3{,}6\,\text{MJ} = 860\,\text{kcal}$
Arbeit, Energie, Wärmemenge	Elektronvolt	eV	$1\,\text{eV} = 160{,}218.92 \cdot 10^{-21}\,\text{J}$
Leistung	Watt	W	$1\,\text{W} = 1\,\text{J/s} = 1\,\text{N}\cdot\text{m/s}$ $= 1\,\text{V}\cdot\text{A} = 1\,\text{m}^2\cdot\text{kg/s}^3$
el. Stromstärke	**Ampere**	**A**	**SI-Basiseinheit**
Temperatur T	**Kelvin**	**K**	**SI-Basiseinheit**
Celsius-Temperatur t	Grad Celsius	°C	$t/°\text{C} = T/\text{K} - 273{,}15$
Lichtstärke	**Candela**	**cd**	**SI-Basiseinheit**
Stoffmenge	**Mol**	**mol**	**SI-Basiseinheit**

Inhaltsverzeichnis

I

Geschichte, Philosophie und Didaktik der Physik

1 Geschichte der Physik: Die ersten Physikerinnen

— *Annette Vogt* —

Zusammenfassung

Die Geschichte der Physikerinnen war und ist eng mit der jeweils allgemeinen Geschichte sowie der Wirtschafts-, Sozial- und Bildungsgeschichte der betreffenden Länder verwoben. Die permanente – auch juristische – Ausgrenzung und Diskriminierung, das Fehlen gleicher Bildungs-, Zugangs- und Berufschancen führte dazu, dass in den meisten Staaten die ersten Physikerinnen erst Ende des 19./Anfang des 20. Jahrhunderts akademische Positionen einnehmen konnten. Der Beitrag erläutert – mit dem Schwerpunkt Europa – einige dieser Bedingungen, verweist auf Privatgelehrte vom 17. bis 19. Jahrhundert und erste Physikerinnen an der Wende zum 20. Jahrhundert, skizziert die Ausnahme-Physikerinnen Marie Curie und Lise Meitner und erinnert an die ersten Physikerinnen in Deutschland.

© Springer-Verlag GmbH Deutschland, ein Teil von Springer Nature 2019
D. Duchardt et al. (Hrsg.), *Vielfältige Physik*, https://doi.org/10.1007/978-3-662-58035-6_1

Prof. Dr. Annette Vogt

„Sei mutig und hab' Spaß dabei!" – Elsa Schiaparelli (1890–1973)

- 1971–1975 Studium Mathematik und Physik, 1984 Promotion Mathematikgeschichte, Univ. Leipzig
- 1975–1991 wiss. Mitarbeiterin, AdW der DDR, Berlin
- 1992–1994 wiss. Mitarbeiterin, Forschungsschwerpunkt für Wissenschaftsgeschichte, Berlin
- Seit 1994 wiss. Mitarbeiterin, MPI für Wissenschaftsgeschichte, Berlin
- Seit 1997 Lehraufträge, seit 2014 Honorarprofessorin, Humboldt-Univ. zu Berlin
- 2012 Mitglied der Int. Academy for History of Science

Am Anfang: Begeisterung für Mathematik und ihre Geschichte

Schon in der Schule nahm ich an zusätzlichen Mathematikkursen und an Mathematik-Schüler-Olympiaden teil. So entstand mein Wunsch, Mathematik zu studieren, den mein Vater als Mathematiklehrer unterstützte. Während des Studiums in Leipzig lernte ich Mathematikhistoriker kennen, so wechselte ich das Fach und wurde nach dem Diplom eine Mathematikhistorikerin.

Themenschwerpunkte: Was ich heute mache

Nach dem Ende der AdW (Akademie der Wissenschaften) der DDR (Artikel 38 Einigungsvertrag) konnte ich weiter als Wissenschaftshistorikerin arbeiten, seit 1994 am MPI (Max Planck Institut) für Wissenschaftsgeschichte in Berlin. Außerdem habe ich seit 1997 Lehraufträge an der Humboldt-Universität zu Berlin. Mein Forschungsprojekt zur Geschichte der Statistik zwischen Ökonomie und Mathematik ist zum einen mit dem Thema „Big Data" verknüpft und andererseits mit meiner Lehrtätigkeit an der Wirtschaftswissenschaftlichen Fakultät der Humboldt-Universität Berlin. In der internationalen *scientific community* der Wissenschaftshistoriker bin ich seit 1997 engagiert, so war ich von 2005 bis 2013 Präsidentin der Commission on Women Scientists and Gender Studies of the DHST/IUHPST (Division of History of Science and Technology/International Union of History and Philosophy of Science), 2013–2017 Assistant Secretary General der DHST/IUHPST.

Mein Tipp

Immer neugierig bleiben, nicht aufgeben; Freunde und Verbündete gewinnen; jüngere Kolleginnen unterstützen; sich international vernetzen; nicht die Freude am Forschen und den Spaß vergessen!

1.1   Frauen in der Physik

„Was die Naturwissenschaften betrifft, so bin ich auch überzeugt, dass sie ein gutes Erziehungsmittel geben für objektives und wunschfreies Denken, für Wahrhaftigkeit und Selbstlosigkeit, für die Fähigkeit Ehrfurcht vor der Wunderbarkeit der Naturgesetze und Anerkennung für große menschliche Leistungen zu empfinden."

– Lise Meitner an Hans Klumb, 17.12.1949 [1]

In der Geschichte der Physik gab es mehr Physikerinnen als heute bekannt sind. Bis zum Ende des 19. Jahrhunderts – als es Frauen in den meisten Ländern endlich möglich wurde, gleichberechtigt mit ihren männlichen Kommilitonen zu studieren und akademische Abschlüsse zu erwerben – waren Frauen, die Spuren in der Physikgeschichte hinterlassen haben, oft als Übersetzerinnen tätig. Eine andere Möglichkeit bildete eine akademische Hilfstätigkeit, d. h., sie unterstützten die Forschungen ihrer Brüder oder Ehemänner. Die Geschichte der Physikerinnen war und ist somit eng mit der jeweils allgemeinen Geschichte sowie der Wirtschafts-, Sozial- und Bildungsgeschichte der betreffenden Länder verwoben. Die permanente – auch juristische – Ausgrenzung und Diskriminierung der Frauen, das Fehlen gleichberechtigter Bildungs-, Zugangs- und Berufschancen bildete den Hintergrund, der bei den wenigen Ausnahmefrauen – den ersten Physikerinnen – zu berücksichtigen ist. Aus Platzgründen wird im Folgenden ein Schwerpunkt auf die Situation in Europa gelegt.

Bis zum Beginn des 20. Jahrhunderts galt, dass diese Physikerinnen aus wohlhabenden Familien kommen mussten, nur dieser familiäre Hintergrund erlaubte es ihnen, sich über Umwege Bildung anzueignen, durch Privatlehrer ausgebildet zu werden und als Privatgelehrte tätig sein zu können. Da diese ersten Physikerinnen in der Regel keine offiziellen akademischen Anstellungen erhielten, gibt es weiterhin Forschungsbedarf zu ihnen. Hinzu kommt, dass „Physik als Beruf" (nach Max Webers „Wissenschaft als Beruf") eine ausdifferenzierte Entwicklung erst im 19. Jahrhundert erfuhr, davor gab es keine strengen Trennungen zwischen Mechanik, Mathematik, Physik und Astronomie.

1.2   Vom 17. bis zum 19. Jahrhundert – weibliche Privatgelehrte

Vom 17. bis zum 19. Jahrhundert existierten für Frauen nur eingeschränkt Möglichkeiten, ihrer Neigung, sich mit Physik zu beschäftigen, nachzugehen: als Privatgelehrte, als Übersetzerin physikalischer Werke oder als Mitarbeiterin in einem Laboratorium oder einer Sternwarte, die von einem Bruder oder Ehemann geleitet wurden. Londa Schiebinger hatte einige Astronominnen untersucht, und Monika Mommertz zeigte am Beispiel der Berliner Astronomenfamilie Gottfried (1639–1710) und Maria Margaretha (1670–1720) Kirch, dass diese speziellen Tätigkeiten als akademisches Haushaltssystem beschrieben werden können [2, 3]. Der Kieler Mathematiker und Astronom Georg Weyer (1818–1896) nannte bereits 1896 in seiner Antwort auf Arthur Kirchhoffs Umfrage „Die akademische Frau" als Begründung für seine unbedingte Zustimmung zum Frauenstudium 21 Wissenschaftlerinnen, darunter elf Astronominnen. Er hatte daraus geschlussfolgert, dass Frauen nicht nur generell zum Studium, sondern auch zu wissenschaftlicher Arbeit befähigt sind [4]. Mit dieser Auffassung gehörte er zu den Ausnahmen unter den deutschen Hochschullehrern, die dem Frauenstudium, wie es in den Diskursen genannt wurde, so uneingeschränkt positiv gegenüberstanden (s. [5], insbesondere S. 33–43).

Zu den ersten Physikerinnen gehören die als Mathematikerin bekannte **Marie Gaetana Agnesi** (1718–1799) in Bologna und **Madame Émilie du Châtelet** (1706–1749), die durch ihre Übersetzung der *Principia* Isaac Netwons (1642/43–1726/27), 1756 posthum erschienen, weltberühmt wurde [6]. Die erste Universitätsprofessorin Europas wurde 1733 in Bologna **Laura Bassi** (1711–1778). Sie durfte ihre Vorlesungen zwar nicht an der Universität halten, sondern nur in ihrem Privathaus, war aber über Bologna hinaus eine Berühmtheit und gehörte zu den Wissenschaftlern, die die Theorie Newtons verbreiteten. Gemeinsam mit ihrem Mann, einem Mediziner, führte sie Experimente zur Elektrizität durch, und sie ließ neben ihrem Landhaus ein Observatorium errichten [7]. Als Privatgelehrte lebte in Paris auch **Sophie Germain** (1776–1831), die nicht nur als Mathematikerin wegen ihrer Arbeiten zur Zahlentheorie die Wertschätzung von Joseph-Louis Lagrange (1736–1813) und Carl Friedrich Gauß (1777–1855) erfuhr, 1821 schrieb sie eine Abhandlung zur Elastizitätstheorie [8].

1.3 An der Wende zum 20. Jahrhundert – Ausnahmen betraten Laboratorien und Hörsäle

Es war ein langer Weg, bis Frauen in den meisten Ländern gleichberechtigt studieren und promovieren konnten. Deutschland gehörte in Europa zu den rückständigsten Ländern in dieser „Frauenfrage", erst ab 1900 öffneten sich in den deutschen Ländern die Universitäten und Technischen Hochschulen für Studentinnen. Preußen bildete das vorletzte Land unter den deutschen Staaten, ab WS 1908/09 durften Frauen hier gleichberechtigt studieren, einige konnten ab 1898 – mit Ausnahmegenehmigung – promovieren [5]. In England und in den USA spielten die ab den 1860er-Jahren gegründeten Women Colleges (das 1869 gegründete Girton College Cambridge war das erste in Großbritannien) eine wichtige Rolle für die Ausbildung junger Naturwissenschaftlerinnen, die an diesen Women Colleges zugleich Chancen als Lehrende erhielten [9, 10]. Auch in Russland entstanden ähnliche Einrichtungen, die *vysche zenskie kursy* (Higher Womens' Courses). Die erste Institution wurde 1878 in St. Petersburg eingerichtet und nach ihrem ersten Direktor, dem Historiker Nikolaj Bestuzhev-Rjumin (1829–1897), auch Bestuzhev-Kurse genannt. Von 1886 bis 1889 wurden die Kurse auf Anweisung des Zaren geschlossen, aber nach Protesten 1890 wieder eröffnet und seit 1906 mit größerer Autonomie versehen. Ab 1910 wurde die Teilnahme an diesen Kursen dem Besuch von Universitätsvorlesungen gleichgestellt, und das Zertifikat (ein Diplom) erlaubte den Teilnehmerinnen eine spätere Tätigkeit als Lehrerinnen. Das Besondere an den Higher Womens' Courses und im Unterschied zu den Women Colleges in Großbritannien und den USA war die Lehrtätigkeit von Professoren und Privatdozenten der Petersburger Universität. Die Kursteilnehmerinnen erhielten somit dieselbe Ausbildung wie die männlichen Studenten. Eine der Teilnehmerinnen war die später bekannte Mathematikerin, Hydrodynamikerin und Kovalevskaja-Biografin **Pelageja Jakovlevna Kochina** (1899–1999), die in ihren Memoiren an die Kurse erinnerte (s. [11], S. 45–51). Sie wurde 1946 Korrespondierendes und 1958 Ordentliches Mitglied der AdW der UdSSR, eine Position, die nur wenige Naturwissenschaftlerinnen erreichten.

Ende des 19./Anfang des 20. Jahrhunderts entstand nicht nur in Deutschland ein für Frauen akzeptierter Beruf: der der Lehrerin in den Fächern Mathematik und Physik. Und bis in die 1930er-Jahre, als das Diplom als erster Abschluss des Universitätsstudiums eingeführt wurde, schloss die Mehrzahl der Studentinnen das Studium mit der Promotion ab. Die Fräulein Doktor (sie waren auch bei Studienabschluss in der Mehrzahl unverheiratet) konnten nun versuchen, in einer wissenschaftlichen Institution als Mitarbeiterin eine Anstellung zu bekommen, sie konnten in den Laboratorien der Industrie eine Stelle finden, ganz wenige bekamen die Möglichkeit, an der Universität als Assistentin zu bleiben, andere erhielten Anstellungen in Fachzeitschriften oder Verlagen, und als „Plan B" blieb die Tätigkeit als Physiklehrerin in Gymnasien bzw. Lyzeen. Während wir über die ersten Physikerinnen an den Universitäten dank der Forschungen zu den Universitätsgeschichten vergleichsweise viel wissen, ihre Namen und Schicksale kennen, bilden jene, die als Industrieforscherinnen arbeiteten, noch ein Forschungsdesiderat [12]. In seltenen Fällen gibt es Literatur über die in den einzelnen Laboratorien arbeitenden Physikerinnen [13].

Die ersten Professorinnen der Neuzeit waren 1884 in Stockholm die Mathematikerin Sof'ja V. Kovalevskaja (1850–1891), 1906 in Paris die Physikerin Marie Curie (1867–1934) und 1912 in Oslo die Genetikerin Kristine Bonnevie (1872–1948). Im Unterschied zur später verbreiteten Legende, dass eine Frau sich zwischen Wissenschaft oder Familie zu entscheiden habe, waren zwei der drei Professorinnen verheiratet und hatten eine bzw. zwei Töchter. Für Lehrerinnen allerdings galt in Deutschland zwischen 1900 und 1945 fast ununterbrochen ein sogenanntes „Beamten-Zölibat", deshalb waren die Lehrerinnen an deutschen Schulen unverheiratete Fräuleins. Nur während der beiden Weltkriege durften verheiratete Frauen zurück in den Schuldienst und die in den Krieg eingezogenen Männer vertreten. An den Hochschulen und Universitäten Deutschlands gab es ähnliche Ausgrenzungen [5], und auch in den USA konnten Wissenschaftlerehepaare erst seit den 1980er-Jahren gemeinsam an einer Universität lehren und forschen [14, 15].

1.4 Die großen Ausnahmen – Marie Curie und Lise Meitner

Zu Beginn des 20. Jahrhunderts wurde eine Physikerin international anerkannt und weltberühmt – **Marie Curie**, geb. Sklodowska (1867–1934). Sie gehörte zu den Pionierinnen des Frauenstudiums und zu den Begründerinnen der Forschungen zur Radioaktivität. Sie war Wissenschaftlerin und Direktorin ihres Instituts, Ehefrau eines Kollegen und Mutter zweier Kinder, und sie erhielt zweimal in ihrem Leben einen Nobelpreis (1903 für Physik und 1911 für Chemie). Sie war eine Europäerin, als dies noch nicht zum Sprachgebrauch ihrer Zeitgenossen gehörte. In Polen geboren und aufgewachsen, studierte sie in Paris, weil das Studium für sie als Frau in Warschau nicht möglich war. Sie heiratete den französischen Physiker Pierre Curie (1859–1906), war von 1914 bis 1918 als Röntgenologin an den Fronten ihres neuen Heimatlandes im Einsatz und spendete einen Großteil des Nobelpreisvermögens für Kriegsanleihen. Seit 1891 in Paris lebend und arbeitend, blieb sie ihrem Heimatland Polen verbunden und nahm voller Stolz 1932 an der Eröffnung des polnischen Radium-Instituts in Warschau teil. Marie Curie widmete ihr ganzes Leben dem Studium der Radioaktivität. Zu ihren Schülern gehörten ihre ältere Tochter Irène Curie (1897–1956) und ihr Schwiegersohn Fréderic Joliot (1900–1958). Beide setzten das Werk von Marie und Pierre Curie fort. Sie wurden wie diese ein Forscherehepaar, sie hatten ebenfalls zwei Kinder, und auch sie bekamen den Nobelpreis verliehen (1935) (s. [16–22]).

„Unsere Madame Curie" nannte Albert Einstein (1879–1955) die andere bedeutende Physikerin des 20. Jahrhunderts – seine Berliner Kollegin **Lise Meitner** (1878–1968). Auch sie gehörte zu den Pionierinnen des Frauenstudiums, und wie Marie Curie widmete sie sich dem Studium der Radioaktivität. Sie leitete eine Abteilung am KWI für Chemie in Berlin-Dahlem und arbeitete hier 26 Jahre, bis sie im Sommer 1938 vor der Naziverfolgung ins schwedische Exil flüchten musste. Nach 1945 wurde sie oft als erste Wissenschaftlerin in eine der europäischen Akademien der Wissenschaften gewählt, darunter 1948 in die ihres Heimatlandes Österreich.

Seit 1908 arbeiteten die Physikerin Lise Meitner und der Chemiker Otto Hahn (1879–1968) als Forscherteam über Fragen der Radioaktivität. Über diese Zusammenarbeit und das „Geheimnis" ihres 30-jährigen interdisziplinären Arbeitens sagte Lise Meitner im Alter: „Wir waren beide begeistert von der großen Fülle der Probleme, die wir sozusagen jeden Tag vor uns gefunden haben, und wir waren voll Bewunderung für die erstaunliche Entwicklung der Physik und Chemie. Daß Hahn der beste lebende radioaktive Chemiker, also Radio-Chemiker, war und daß ich immer eine wasserreine Physikerin geblieben bin, für die die einfachste Formel aus der organischen Chemie immer Mystik bedeutete, war doch eine gute Grundlage und eine gute Ergänzung in unserer Zusammenarbeit." (Lise Meitner, Tonbandaufnahme, zitiert in [23], S.46)

Nach ihrem Tod vergingen viele Jahre, ehe angemessen an ihre Leistungen und an das an ihr begangene Unrecht erinnert wurde. Dank engagierter Autorinnen, vor allem Charlotte Kerner und Ruth Lewin Sime, kam es zu einem „Meitner-Boom"; inzwischen gibt es mehrere Meitner-Stipendien und Meitner-Preise – eine Praxis, die ihr vermutlich missfallen würde. Die Ablehnung von Schmeicheleien teilte sie mit ihrem langjährigen Kollegen und Freund Albert Einstein. Der nicht verliehene Nobelpreis dagegen schmerzte, auch wenn sie wiederholt betonte, dass dem nicht so sei. Ihre Nicht-Ehrung mit diesem Preis sagt jedoch weniger etwas über die Leistungen der Physikerin Lise Meitner aus als über die Praktiken der Nobelkomitees [23–35].

Marie Curie in Paris und Lise Meitner in Berlin bzw. später in Stockholm gehörten zu den herausragendsten Persönlichkeiten der Physik im 20. Jahrhundert und gelten bis heute als die beiden großen Ausnahmen unter den Physikerinnen. Die Vergabe des prestigeträchtigen Nobelpreises für Physik sollte man jedoch nicht als „Maß" für die Exzellenz von Physikerinnen nehmen, denn dieser Preis wurde in seiner über einhundertjährigen Geschichte bisher nur zweimal an eine Physikerin verliehen: 1903 an Marie Curie (zusammen mit Pierre Curie und A. Henri Bequerel (1852–1908)) und 1963 an **Maria Goeppert-Mayer** (1906–1972) sowie J. H. D. Jensen (1907–1973) und Eugene P. Wigner (1902–1995); danach wird vielleicht 2023 die nächste Physikerin mit dem Nobelpreis geehrt werden. Kurz vor Erscheinen dieses Buches hat das Nobel-Komitee bekannt gegeben, dass erstmals seit 55 Jahren wieder eine Physikerin geehrt wird: 2018 wurde die kanadische Laser-Spezialistin Donna Strickland (geb. 1959) ausgezeichnet.

1.5   Die ersten Physikerinnen in Deutschland

Neben Lise Meitner, die immer die Erste war – als Assistentin an der Berliner Universität, als Privatdozentin, außerordentliche Professorin und Mitglied in einer der Akademien –, gab es einige Physikerinnen an einzelnen akademischen Instituten sowie in der Industrieforschung und in Verlagen. Sie alle einte der Wunsch, „Physik zu treiben", Neues zu entdecken, zu forschen und bisher unbekannte Phänomene zu studieren. Den äußeren Rahmenbedingungen geschuldet, mussten sie Umwege nehmen, konnten weder gleichberechtigt forschen, arbeiten und lehren noch fanden sie eine annähernd gleichberechtigte Teilhabe an Ressourcen und Anerkennung. Von 1900 bis 1933 bildete Berlin nicht nur ein Zentrum physikalischer und mathematischer Forschungen, hier lebten und arbeiteten auch vergleichsweise viele Physikerinnen – an der Berliner Universität, in einigen Instituten der 1911 gegründeten Kaiser-Wilhelm-Gesellschaft, in der Physikalisch-Technischen Reichsanstalt und in einigen Industrielaboratorien. Mit Beginn des NS-Regimes wurden viele dieser Physikerinnen aufgrund ihrer jüdischen Herkunft aus den Instituten und Laboratorien und später aus dem Land vertrieben, im Exil konnten nur wenige eine neue Wissenschaftlerinnenexistenz aufbauen. Nach der bedingungslosen Kapitulation NS-Deutschlands wurde weder in Deutschland-Ost noch -West an die vertriebenen Kolleginnen erinnert, und es dauerte viele Jahre, bis diese ersten Physikerinnen wieder ins Gedächtnis gerufen wurden. Der Bruch 1933 hatte langwährende Folgen, teilweise erst in den 1990er-Jahren erfolgten wieder Habilitationen in Physik an bundesdeutschen Universitäten [5].

Zu den spät erinnerten Physikerinnen gehören **Ilse Schneider, verh. Rosenthal** (1891–1990), die in Berlin durch ihr Buch *Das Raum-Zeit-Problem bei Kant und Einstein* (1921) bekannt wurde und sich 1938 ins australische Exil retten konnte, die ehemalige Stipendiatin am KWI für Physik **Hildegard Ille, verh. Rothe** (geb. 1899), der mit ihrer Familie 1937 die Flucht in die USA gelang, die Abteilungsleiterin im KWI für Faserstoffchemie und Spezialistin in der Ultrarotforschung (Infrarotforschung), **Gerda Laski** (1893–1928), und die ehemalige Assistentin an der Berliner Universität **Clara von Simson** (1897–1983), die in der NS-Zeit Verfolgte unterstützte, 1951 als erste Frau in Physik an der TU Berlin habilitierte und von 1952 bis 1963 Direktorin des Lette-Vereins in Berlin-West war [5, 36, S. 10–20]; seit 2007 vergibt die TU Berlin einen Clara-von-Simson-Preis.

Die erste Promotion einer Frau in Physik erfolgte an der Berliner Universität am 18. Februar 1899 dank einer Ausnahmegenehmigung des zuständigen Kultusministeriums und der Unterstützung durch Emil Warburg (1846–1931). Die Berlinerin **Elsa Neumann** (1872–1902) wurde daraufhin zu einem „Medienstar", alle Tageszeitungen berichteten nicht nur über die erfolgreiche Promotion, sondern bereits zuvor über ihre Promotionsprüfung. Sie arbeitete im (privaten) „Wissenschaftlich-Chemischen Laboratorium" von Arthur Rosenheim (1865–1942) und Richard Joseph Meyer (1865-1939), d. h., sie wurde Privatgelehrte, und Ende Juni 1902 nahm sie an einer Auffahrt des Luftschiffes „Zeppelin" teil, weil sie Forschungen für den Luftschifferverband ausführte. Sie war sowohl Mitglied der Deutschen Physikalischen Gesellschaft (als erste Frau) als auch der Deutschen Chemischen Gesellschaft. Und sie setzte sich für die Förderung des Frauenstudiums ein und war 1900 Gründerin und erste Vorsitzende des „Vereins zur Gewährung zinsfreier Darlehen an studierende Frauen". Nach ihrem frühen Tod infolge eines Unfalls im Laboratorium stiftete ihre Mutter den „Elsa-Neumann-Preis" für die beste Promotion in Physik an der Philosophischen Fakultät der Berliner Universität, der jährlich unabhängig vom Geschlecht der Autoren verliehen werden sollte. Zwischen 1905 und 1918 wurde der Preis zwölfmal vergeben, darunter 1915 an Walter Bothe (1891–1957), aber nie an eine Promovendin [37]; seit Juli 2010 vergibt das Land Berlin zur Förderung herausragender Promotionen das Elsa-Neumann-Stipendium.

An der Berliner Universität wurde Lise Meitner 1922 die erste Privatdozentin für Physik an einer deutschen Universität. 1925 folgten Hertha Sponer in Göttingen und 1930 Hedwig Kohn in Breslau. Nicht nur Lise Meitner wurde ins Exil gezwungen, auch **Hertha Sponer** (1895–1968) emigrierte 1933 über Norwegen in die USA, wo sie an der Rettung der 1939 aus Breslau geflohenen **Hedwig Kohn** (1887–1964) beteiligt war. Sowohl Hertha Sponer als auch Hedwig Kohn leisteten anerkannte Beiträge zur Entwicklung der Physik, waren national und international anerkannte Physikerinnen, aber wie viele Emigranten erlebten sie einen tiefen Bruch durch Vertreibung, Flucht und Exil und wurden erst spät in ihrer deutschen Heimat wieder anerkannt. Die Deutsche Physikalische Gesellschaft vergibt seit 2002 den Hertha-Sponer-Preis für hervorragende wissenschaftliche Arbeiten von Nachwuchswissenschaftlerinnen [5, 38–41].

Bei ihrem Verfahren musste Lise Meitner keine Habilitationsschrift anfertigen, ihr Kollege und Freund Max von Laue (1879–1960) überzeugte die Fakultätsmitglieder, dass dies für seine Kollegin angesichts der internationalen Anerkennung, die sie bereits erfahren hatte, nur angemessen war. Diese „Habilitation light" wurde 1947 bei einer weiteren Physikerin praktiziert: 1947 wurde **Iris Runge** (1888–1966) an der Mathematisch-Naturwissenschaftlichen Fakultät der Berliner Universität habilitiert ohne Habilitationsschrift, dank ihrer herausragenden Leistungen in den vergangenen Jahrzehnten. Iris Runge war eine der erfolgreichsten Industrie-Physikerinnen im 20. Jahrhundert [42]. Von 1947 bis 1952 lehrte sie an der Berliner bzw. Humboldt-Universität, die letzten zwei Jahre als Professorin. Nach ihr lehrte von 1956 bis 1960 die Kristallphysikerin, Remigrantin und bekennende Kommunistin **Katharina Boll-Dornberger**, geb. Schiff (1909–1981) als Professorin an der Humboldt-Universität und baute an der DAW bzw. AdW der DDR eine Schule der Kristallografie auf, die internationales Ansehen genoss [43]; von 1956 bis 1968 war sie Direktor (sic) des Instituts für Strukturforschung der DAW in Berlin-Ost. Katharina Schiff hatte in Göttingen studiert, musste 1933 fliehen und emigrierte 1935 aus ihrer Geburtsstadt Wien nach Großbritannien. Im englischen Exil erhielt sie die Möglichkeit, bei der späteren Nobelpreisträgerin für Chemie Dorothy Hodgkin-Crowfoot (1910–1994) in Oxford zu arbeiten. Hier lernte sie auch die Förderung junger Wissenschaftlerinnen kennen und übernahm dies, als sie selbst Abteilungsleiterin bzw. Direktorin wurde [44, 45, S. 172–175].

Zu einer nennenswerten Erhöhung der Anzahl der Physikerinnen kam es in vielen Ländern Europas, auch in den zwei deutschen Teilstaaten, erst in den 1970er-1980er-Jahren. Etwa um dieselbe Zeit begann auch die Wiederentdeckung ihrer akademischen Schwestern aus den 1920er-Jahren. Es sollten jedoch noch Jahrzehnte vergehen, bis in der Physik Kolleginnen, Professorinnen, Direktorinnen und weibliche Akademiemitglieder keine Ausnahme mehr bildeten.

Als Lise Meitner 1948 als erste Frau zum Korrespondierenden Mitglied in die Österreichische AdW gewählt wurde, schrieb sie ihrer Kollegin Berta Karlik (1904–1990): „Wenn meine Wahl zum korrespondierenden (sic) Mitglied der Wienerakademie (sic) diese Möglichkeit auch für andere Frauen eröffnet, so macht sie mich doppelt froh." (Lise Meitner an Berta Karlik, 20.6.1948, [1])

Literatur

[1] Meitner L (1948, 1949) In: Churchill College Archives, Cambridge, MTNR 5/10

[2] Schiebinger L (1989) The Mind Has No Sex? Women in the Origins of Modern Science. Harvard University Press, Cambridge; dt.: (1993) Schöne Geister: Frauen in den Anfängen der modernen Wissenschaft. Klett-Cotta, Stuttgart

[3] Mommertz M (2002) Schattenökonomie der Wissenschaft. Geschlechterordnung und Arbeitssysteme in der Astronomie der Berliner Akademie der Wissenschaften im 18. Jh. In: Wobbe T (Hrsg) Frauen in Akademie und Wissenschaft. Arbeitsorte und Forschungspraktiken 1700–2000, Akademie-Verlag, Berlin, S 31–63

[4] Weyer G (1897) Stellungnahme. In: Kirchhoff A (Hrsg) Die akademische Frau. Gutachten über die Befähigung der Frau zum wissenschaftlichen Studium und Berufe. Hugo Steinitz Verlag, Berlin, S 243–255.

[5] Vogt A (2007) Vom Hintereingang zum Hauptportal? Lise Meiner und ihre Kolleginnen an der Berliner Universität und in der Kaiser-Wilhelm-Gesellschaft. Franz Steiner Verlag, Stuttgart

[6] Böttcher F (2013) Das mathematische und naturphilosophische Arbeiten der Marquise du Châtelet (1706–1749). Wissenszugänge einer Frau im 18. Jahrhundert. Springer, Heidelberg, Berlin

[7] Ceranski B (1996) Und sie fürchtet sich vor niemandem. Die Physikerin Laura Bassi (1711–1778). Campus Verlag, Frankfurt am Main

[8] Abir-Am PG, Outram D (Hrsg) (1987) Uneasy Careers and intimate Lives. Women in Science 1789-1979. Rutgers University Press, New Brunswick

[9] Shiles E, Blacker C (Hrsg) (1996) Cambridge Women. Twelve Portraits. Cambridge University Press

[10] Rossiter MW (1982) Women Scientists in America. Struggles and Strategies to 1940. Johns Hopkins University Press, Baltimore

[11] Kochina PJ (1988) Nauka, Ljudi, Gody (Wissenschaft, Menschen, Jahre). Nauka, Moskva

[12] Tobies R, Vogt AB (Hrsg) (2014) Women in industrial research. Franz Steiner Verlag, Stuttgart

[13] Thomson JJ et al (1910) A History of the Cavendish Laboratory. 1871–1910. Longmans, Green and Co, London

[14] Rossiter MW (1995) Women Scientists in America. Before Affirmative Action. 1940–1972. Johns Hopkins University Press, Baltimore

[15] Rossiter MW (2012) Women Scientists in America: Forging a New World since 1972. Johns Hopkins University Press Bd 3, Baltimore

[16] Curie E (1994, zuerst 1937 erschienen). Madame Curie. Eine Biographie. Fischer, Frankfurt

[17] Reid R (1974) Marie Curie. Saturday Review Press, New York

[18] Ksoll P, Vögtle F (2003) Marie Curie. Mit Selbstzeugnissen und Bilddokumenten. 6. Aufl, Rowohlt, Reinbek

[19] Quinn S (1995) Marie Curie: a life. Simon and Schuster, New York

[20] Boudia S (2001) Marie Curie et son laboratoire: science et industrie de la radioactivité en France. Editions des archives contemporaines, Paris

[21] Dry S (2003) Curie (Marie Curie). House Publishing, London

[22] Schürmann A (2004) Promoting International Women's Research on Radioactivity. Marie Curie and her laboratory. In: Strbanova S, Stamhuis IH, Mojsejova K (Hrsg) (2004) Women Scholars and Institutions, Proceedings of the International Conference (Prague, June 8-11, 2003), Vyzkummne centrum pro dejiny vedy, Prague, Bd 2, S 591–609

[23] Sexl L, Hardy A (2002) Lise Meitner. Rowohlt, Reinbek

[24] Meitner L (1954) Einige Erinnerungen an das Kaiser-Wilhelm-Institut für Chemie in Berlin-Dahlem. Die Naturwissenschaften 41:97–99

[25] Meitner L (1960) The status of women in the professions. Physics Today 13:17

[26] Meitner L (1964) Looking back. Bulletin Atomic Scientists 6:1–7

[27] Kerner C (1992) Ein Kurzporträt der Atomphysikerin Lise Meitner. In: Schlüter A (Hrsg) Pionierinnen, Feministinnen, Karrierefrauen? Zur Geschichte des Frauenstudiums in Deutschland. Centaurus, Pfaffenweiler, S 105–113

[28] Kerner C (1995) Lise, Atomphysikerin. Die Lebensgeschichte der Lise Meitner. Beltz & Gelberg, Weinheim/Basel

[29] Rife P (1992) Lise Meitner. Ein Leben für die Wissenschaft. Claassen, Hildesheim

[30] Rife P (1999) Lise Meitner and the Dawn of the Nuclear Age. Birkhäuser Verlag, Boston/Basel/Berlin

[31] Sime RL (1995) 13. Juli 1938. Lise Meitner verläßt Deutschland. In: Orland B, Scheich E (Hrsg) Das Geschlecht der Natur. Feministische Beiträge zur Geschichte und Theorie der Naturwissenschaften. Suhrkamp, Frankfurt, S 119–135

[32] Sime RL (1996) Lise Meitner. A Life in Physics. University of California Press, Berkeley; dt.: Sime RL (2001) Lise Meitner. Ein Leben für die Physik. Insel, Frankfurt

[33] Lemmerich J (1998) Lise Meitner – Max von Laue. Briefwechsel 1938–1948, ERS Verlag, Berlin

[34] Lemmerich J (2003) Lise Meitner – zum 125. Geburtstag. Ausstellung, ERS Verlag, Berlin

[35] Lemmerich J (Hrsg) (2010) Lise Meitner – Elisabeth Schiemann. Kommentierter Briefwechsel 1911-1947. Verlag der ÖAW, Wien

[36] Denz C, Vogt A (2005) Einsteins Kolleginnen – Physikerinnen gestern und heute. Kompetenzzentrum Technik – Diversity – Chancengleichheit e.V., Bielefeld

[37] Vogt A (1999) Elsa Neumann – Berlins erstes Fräulein Doktor. Verlag für Wissenschafts- und Regionalgeschichte Dr. Michael Engel, Berlin

[38] Maushart MA (1997) „Um mich nicht zu vergessen". Hertha Sponer – ein Frauenleben für die Physik im 20. Jahrhundert. GNT Verlag, Bassum; engl.: Winnewisser BP (Hrsg) (2011) Hertha Sponer. A Woman's Life as a Physicist in the 20th Century. "So You Won't Forget Me". Duke University Durham, Dept. of Physics, Xlibris Corporation

[39] Winnewisser BP (1998) The Emigration of Hedwig Kohn, Physicist, 1940. In: Mitteilungen der Österreichischen Gesellschaft für Wissenschaftsgeschichte 18 Nr 41

[40] Winnewisser BP (2003) Hedwig Kohn – eine Physikerin des zwanzigsten Jahrhunderts. Physik Journal 11:51–55

[41] Winnewisser BP (2014) Collaboration and Competition between Academia and Industry: Hedwig Kohn and OSRAM, 1916-1938. In: Tobies R, Vogt AB (Hrsg) Women in industrial research, Steiner Verlag, Stuttgart, S 45–58

[42] Tobies R (2010) „Morgen möchte ich wieder 100 herrliche Sachen ausrechnen." Iris Runge bei Osram und Telefunken. Franz Steiner Verlag, Stuttgart (Reihe Boethius 61); engl.: Tobies R (2012) Iris Runge. A Life at the Crossroads of Mathematics, Science, and Industry. Birkhäuser, Basel

[43] Fichtner H (1982) Obituary Katharina Boll-Dornberger (née Schiff). Journal Appl. Crystallography 15:359

[44] Ferry G (1998, 1. Aufl. 1992) Dorothy Hodgkin. A Life. Granta Books, London

[45] Vogt A (2012) Vom Wiederaufbau der Berliner Universität bis zum Universitäts-Jubiläum 1960. In: Tenorth H-E (Hrsg) (2012) Geschichte der Universität Unter den Linden. Bd 3, Sozialistisches Experiment und Erneuerung in der Demokratie – die Humboldt-Universität zu Berlin, 1945–2010. Akademie Verlag, Berlin, S 125–250

2 Physik und Philosophie
— Brigitte Falkenburg —

Zusammenfassung

Die Philosophie der Physik behandelt die Struktur, Inhalte und Grenzen der physikalischen Erkenntnis. Im Zentrum steht die Frage: Was lehrt die Physik über die Welt? Diese Frage hat naturphilosophische, erkenntnistheoretische und wissenschaftstheoretische Aspekte, die im Verlauf der Wandlungen des physikalischen Weltbilds aufkamen und sich bis heute nicht voll erschöpft haben. Im Spannungsfeld von Quantenphysik und Kosmologie ist weiterhin offen, ob die physikalische Wirklichkeit vollständig erkennbar ist und inwieweit eine einheitliche Naturbeschreibung möglich ist. Ausgehend von der Unterscheidung zwischen Naturphilosophie, Erkenntnistheorie und Wissenschaftstheorie skizziere ich den Beitrag der Philosophie zur Klärung dieser Frage – und die Beiträge der Philosophinnen.

© Springer-Verlag GmbH Deutschland, ein Teil von Springer Nature 2019

D. Duchardt et al. (Hrsg.), *Vielfältige Physik*, https://doi.org/10.1007/978-3-662-58035-6_2

Prof. Dr. Brigitte Falkenburg

Physik und Philosophie berühren sich in der Frage,
was die Welt im Innersten zusammenhält.

- 1978 Diplom Physik, TU Berlin
- 1985 Promotion Naturphilosophie, Univ. Bielefeld
- 1986 Promotion Teilchenphysik, Univ. Heidelberg
- 1993 Habilitation Philosophie, Univ. Konstanz
- 1993–1997 Heisenberg-Stipendiatin der DFG
- Seit 1997 Philosophie-Professorin, TU Dortmund

Von der Physik zur Philosophie

Mathematik und Physik faszinierten mich schon mit zwölf Jahren, was in den 1960er-Jahren bei Mädchen nicht gerade gefördert wurde. Im Laufe meines Physikstudiums verfolgte ich später weitgespannte Interessen, die sich schließlich in einem parallelen Philosophiestudium bündelten. Dabei wurde mir klar, dass mein Interesse an der Physik primär auf naturphilosophischen und erkenntnistheoretischen Motiven beruhte: Die hochspezialisierte Arbeit in einem Teilgebiet der Physik war nicht mein Ding. Schließlich fand ich mich zwischen zwei Dissertationen wieder – ein Neutrino-Streuexperiment der Hochenergiephysik am CERN und Naturphilosophie bei Kant und Hegel. Dass ich beide durchhielt und (...nach der Geburt meines Sohnes, der sich zwischendurch auch noch anmeldete...) 1986 bzw. 1987 beendete, war einer abenteuerlichen Mischung aus Zufällen, Wissensdurst, hoher Motivation, widrigen Umständen und Hartnäckigkeit zu verdanken. Die doppelte Promotion war dann eine gute Grundlage für die Habilitation und den weiteren Weg in der Philosophie.

Von Kant bis zur Astroteilchenphysik

Meine philosophische Arbeit hat Schwerpunkte bei Kants Naturphilosophie, der Untersuchung der Teilchenbegriffe der Physik, der Kopenhagener Deutung der Quantenmechanik und der Auseinandersetzung mit der Hirnforschung. Dabei begeistert mich bis heute die Interdisziplinarität in Forschung und Lehre. Auch die Kollaboration mit der Physik ist mir sehr wichtig – in Dortmund habe ich gute Anbindung an die Astroteilchenphysik [1].

Mein Tipp

Bleiben Sie sich treu! Ihr Erkenntnisinteresse hartnäckig zu verfolgen, ist der wichtigste Motor für Ihren Weg in die Wissenschaft. Doch geben Sie nicht alle anderen Interessen und Ihren Anspruch auf privates Glück und Familie preis – die Zeiten, in denen dies von Wissenschaftlerinnen erwartet wurde, sind glücklicherweise vorbei!

2.1 Was ist Philosophie der Physik?

Die Philosophie der Physik hat dieselben Gegenstände wie die physikalische Grundlagenforschung. Ihre Vertreterinnen und Vertreter haben meist ein Studium der Mathematik und Physik hinter sich, wechselten aus Interesse an Grundlagenfragen jedoch danach in die Philosophie. Zentrale Themen sind die Struktur der Raumzeit, die Deutungen der Quantenmechanik, die Konzeptionen von Teilchen und Feldern, die Kosmologie, die Suche nach der Quantengravitation und der Status von Naturgesetzen (eine Übersicht geben die Beiträge in [2]). Was heißt dabei aber „Philosophie", im Unterschied zur physikalischen Forschung? Physik dient der Naturerkenntnis; doch die Philosophie fragt, was dies genau besagt und was uns die Physik über die Welt lehrt. Sie befasst sich im Rahmen der Naturphilosophie, der Erkenntnistheorie und der Wissenschaftstheorie damit, welche Art von Wissen gut bewährte physikalische Theorien darstellen:

- Die *Naturphilosophie* fragt: Was sind die Grundprinzipien der Dinge? Was sind Raum, Zeit und Materie? Was lehrt uns die Physik über die Natur?
- Die *Erkenntnistheorie* fragt: Wie bezieht sich die Physik auf die Wirklichkeit, und wie gut gelingt es ihr, die Natur zu erkennen?
- Die *Wissenschaftstheorie* fragt: Welche Struktur haben physikalische Theorien, was bedeuten physikalische Begriffe, und wie ist die Physik aufgebaut?

Diese Fragen sind eng miteinander verflochten. Die Naturphilosophie untersucht, wie die Natur aus der Sicht der Physik beschaffen ist – welche Struktur die Welt im Großen und im Kleinen hat, was sie im Innersten zusammenhält, wie das Universum beschaffen ist, wo sich die Erde darin befindet, und was dies für unser Selbstverständnis als Menschen bedeutet. Dabei reicht das Spektrum vom Zugang über die Physik [3] bis zu sehr umfassenden Ansätzen [4]. Wer die naturphilosophische Bedeutung der Physik klären will, kommt aber auch an erkenntnistheoretischen Fragen nicht vorbei. Das Weltbild der Physik hat sich im Lauf der Zeit immer wieder gewandelt: von der antiken Vorstellung eines geschlossenen Kosmos, in dessen Zentrum die Erdkugel ruht, erst zur klassischen Physik, später zur Quanten- und Relativitätstheorie, Teilchenphysik und Kosmologie, bis hin zur heutigen Suche nach einer Quantengravitation, die Quanten und Kosmos vereinheitlichen könnte. Im Anschluss warf die Wissenschaftstheorie die Frage auf, wie sich die Theorien der Physik zueinander verhalten, welche Struktur physikalische Theorien überhaupt haben und ob es eine einheitliche, fundamentale Theorie der Physik gibt, auf die sich alle anderen Theorien reduzieren lassen. Letztlich sind die naturphilosophische, die erkenntnistheoretische und die wissenschaftstheoretische Auseinandersetzung mit der Physik also untrennbar.

2.2 Naturphilosophie: Die Grundprinzipien

2.2.1 Das antike Erbe

Physik und Philosophie haben gemeinsame Wurzeln, beide begannen in der Antike als Naturphilosophie. Schon die Vorsokratiker fragten nach dem Urstoff, aus dem alles in der Welt besteht, und nach Prinzipien, die den Veränderungen in der Natur zugrunde liegen. Die wichtigsten naturphilosophischen Strömungen der Antike waren die Lehre des Pythagoras (ca. 570–510 v. Chr.), nach der die Welt auf mathematischen Prinzipien beruht, sowie der Atomismus, den Leukipp und Demokrit um 400 v. Chr. vertraten und den Lukrez (ca. 99–55 v. Chr.) überlieferte [5]. Der Atomismus konnte sich jedoch gegen die Naturphilosophie von Platon (428–348 v. Chr.) und Aristoteles (384–322 v. Chr.) lange nicht durchsetzen. Beide vertraten ein geozentrisches Weltbild. Platons *Timaios* spricht der Erde und dem Kosmos Kugelgestalt zu und führt die Materie sowie die Unterschiede der Elemente Feuer, Wasser, Luft und Erde auf geometrische Urformen zurück (dies hat noch Werner Heisenberg (1901–1976) inspiriert: s. [6]). Nach Aristoteles ruht die Erdkugel im Zentrum eines geschlossenen Kosmos, in dem alles zielorientiert geschieht und alle Körper nach ihrem natürlichen Ort streben: Erde und Wasser nach unten, Luft und Feuer nach oben.

Spätantike und frühes Mittelalter waren durch das Denken von Platon beherrscht. Plotin (205–270) führte die pythagoreischen Lehren der Schule von Alexandria mit Platons Ideenlehre zusammen und begründete den Neuplatonismus. In seiner Tradition stand die einzige bekannte Naturphilosophin der Antike, Hypatia von Alexandria (355–416); sie galt als bedeutende Astronomin, Mathematikerin und Philosophin, ihre Werke sind aber nicht erhalten. Im späten Mittelalter dominierte das auf Naturbeobachtung gestützte Weltbild des Aristoteles. Erst die Renaissance knüpfte wieder an die anderen antiken Traditionen an; nun begann die atomistische und pythagoreische Tradition ihren Siegeszug (einen Überblick über die antike Naturphilosophie gibt [7]). Nikolaus Kopernikus (1473–1543) postulierte das heliozentrische Weltbild. Galileo Galilei (1564–1642) und Isaac Newton (1642–1727) begründeten die experimentellen und mathematischen Methoden der modernen Physik, die sich nun von der Naturphilosophie trennte. Newtons Physik warf neue naturphilosophische Fragen auf.

2.2.2 Die Leibniz-Clarke-Debatte

In den *Principia* [8] vertrat Newton das Konzept eines absoluten Raums, der ein absolutes Inertialsystem für die Trägheitsbewegungen der klassischen Mechanik verkörpert. Gottfried Wilhelm Leibniz (1646–1714) kritisierte Newtons Vorstellungen eines absoluten Raums und einer absoluten Zeit, aber auch den Atomismus, mit Symmetrieargumenten. Nach Leibniz sind Raum und Zeit nur die Beziehungen zwischen gleichzeitig existierenden Dingen und aufeinander folgenden Ereignissen, und Atome im Sinne von bloß numerisch unterschiedenen, gleichartigen Dingen kann es nach ihm nicht geben. Newtons Anhänger Samuel Clarke (1675–1725) führte mit Leibniz einen Briefwechsel über die Grundlagen der Physik [9], der die Auseinandersetzung mit den Begriffen von Raum, Zeit und Materie im Zeitalter der klassischen Physik prägte. Gelehrte des 18. Jahrhunderts debattierten die Streitfragen der Leibniz-Clarke-Debatte in ganz Europa.

In Frankreich spielte dabei Émilie du Châtelet (1706–1749) eine wichtige Rolle. Sie übersetzte Newtons Hauptwerk ins Französische, verfasste gemeinsam mit Voltaire (1694–1778) ein populäres Werk über Newtons Physik und behandelte in ihrer Schrift *Institutions de Physique* die Grundlagen der Physik, um zu klären, inwieweit Newtons und Leibniz' Position miteinander vereinbar sind [10]. Um dasselbe Problem ging es Immanuel Kant (1742–1804) in seinen jungen Jahren; er wollte eine physikalische Kosmologie und Theorie der Strukturbildung im Universum und eine atomistische Materietheorie mit den Prinzipien von Leibniz' Philosophie versöhnen ([11]; s. dazu [12]).

2.2.3   Offene naturphilosophische Fragen

Die Leibniz-Clarke-Debatte um die selbstständige Existenz oder Nicht-Selbstständigkeit von Raum und Zeit hat die Philosophie der Physik lange beeinflusst. Ihre Grundfrage wird heute auf der Grundlage der Speziellen und Allgemeinen Relativitätstheorie diskutiert. Auch die Frage um die Existenz von Atomen im Sinne unteilbarer, letzter Materiebestandteile ist bis heute nicht definitiv beantwortet. Atome sind keine Objekte im Sinne der klassischen Physik; das klassische Teilchenkonzept wurde durch eine Vielzahl von quantentheoretischen Nachfolgekonzepten abgelöst, bis hin zu Feldquanten und Quasiteilchen [13, 14]. Die Konstituentenmodelle der heutigen Atom-, Kern- und Teilchenphysik gelten nicht als fundamental. Dabei relativieren die Quantenfeldtheorien der Teilchenphysik die Unterscheidung von Materie und Feldern. Angesichts der Quantentheorie und des quantenmechanischen Messprozesses gilt außerdem als ungeklärt, ob die Natur letztlich deterministisch ist oder nicht. An der Grenze zwischen Physik und Philosophie gibt es eine breite Debatte, wie die Quantentheorie über die probabilistische Standarddeutung hinaus zu deuten ist (zur Einführung: [15, 16]).

Weitere naturphilosophische Fragen betreffen den Status von Naturgesetzen, Kräften und physikalischen Eigenschaften wie Masse oder Ladung: Besitzen sie eine selbstständige Existenz? Oder haben sie nur relationalen Charakter, d. h., sind sie nur durch die Beziehungen begründet, in denen sie stehen? Diese Frage ist der Frage nach der Existenz von Raum und Zeit verwandt, und die entsprechenden Diskussionen in der Philosophie der Physik verlaufen teilweise analog.

Die Naturphilosophie kann also nicht an der modernen Physik vorbei, wird durch sie aber auch nicht überflüssig. Die Physik liefert Wissen über die Beschaffenheit von Raum und Zeit, über die Gestalt und die Entwicklung des Universums sowie über den inneren Aufbau der Materie. Zu welchem physikalischen Weltbild dieses Wissen führt, folgt jedoch nicht aus der Physik selbst.

2.3   Erkenntnistheorie: Physik und Wirklichkeit

Angesichts des Theorienwandels steht seit jeher der Wahrheitsanspruch physikalischer Theorien im Zentrum der erkenntnistheoretischen Auseinandersetzung mit der Physik. Wer denkt, dass die Theorien der Physik eine (angenähert) wahre Naturbeschreibung liefern, vertritt einen wissenschaftlichen Realismus. Die wichtigste Gegenposition ist der Instrumentalismus, nach dem Theorien keinen Wahrheitsanspruch erheben, sondern nur nützliche mathematische Werkzeuge der Naturbeschreibung und -beherrschung sind.

2.3.1   Realismus oder Instrumentalismus?

Der Gegensatz beider Positionen ist so alt wie die neuzeitliche Physik. Kopernikus hielt das heliozentrische Weltsystem für wahr. Doch sein Hauptwerk [17] erschien mit einem nicht-autorisierten Vorwort; darin stellte der Theologe Andreas Osiander (1498–1552) das kopernikanische System als ein nützliches Werkzeug der Astronomie dar, als bloße Hypothese unter anderen, von denen keine wahr sei. Als dann Galilei das kopernikanische System mit physikalischen Argumenten gegen das geozentrische Weltbild und die aristotelische Physik verteidigte [18], geriet sein Wahrheitsanspruch in Konflikt mit der scholastischen Lehrmeinung der Kirche. Die Scholastiker ließen Galileis Beobachtung der Venusphasen und der Jupitermonde mit dem Fernrohr nicht gelten, da dem aristotelischen Weltbild der Gebrauch technischer Instrumente zur Erkenntnis der Himmelskörper fremd war. Sie ließen nur Beobachtungen durch unmittelbare Sinneswahrnehmung zu (empiristischer Standpunkt). Dagegen vertraten Galileis Nachfolger von Newton bis Max Planck (1858–1947) und Albert Einstein (1879–1955) einen wissenschaftlichen Realismus, nach dem die Wirklichkeit in den mathematischen Naturgesetzen liegt, die man mit Messinstrumenten und Experimenten entdeckt. Die Erfolge der klassischen Physik schienen ihnen recht zu geben.

Angesichts dieser Erfolge wollte Kant sogar die Notwendigkeit des Kausalprinzips und die absolute Gewissheit von Newtons Kraftgesetz begründen. Seine *Kritik der reinen Vernunft* [19] schloss jedoch den unkritischen metaphysischen Realismus aus; nach ihr sind die Dinge nicht an sich selbst erkennbar, sondern nur als Gegenstände der Erfahrung. Damit zog er eine Grenzlinie zwischen der Physik als einer empirischen Naturwissenschaft und der Metaphysik als einer Disziplin, die „letzte" Wahrheiten über die Welt herausfinden will. Sein „empirischer Realismus" sollte einen „dritten Weg" *zwischen* dem wissenschaftlichen Realismus und der instrumentalistischen Gegenposition bahnen. Kant gründete ihn teils auf Grundsätze des Denkens wie das Kausalprinzip und teils auf die Erfahrung, auf Beobachtung und Experiment. Obwohl er auf dieser Grundlage Newtons Kraftgesetz für absolut gültig hielt, war er nun der Auffassung, dass vollständige Naturerkenntnis nicht möglich sei, und verwarf seine frühe Metaphysik samt Kosmologie und Atomismus [12]. Dies hielt die Physiker im

19. Jahrhundert allerdings weder von der Erforschung des Universums und der Suche nach den Atomen ab, noch vom wissenschaftlichen Realismus.

Erst im Vorfeld der Quantentheorie geriet der wissenschaftliche Realismus der Physiker wieder ins Wanken. Als die klassische Physik an ihre Grenzen stieß, lebte der Instrumentalismus wieder auf. Die Begründer der Kinetischen Theorie und der statistischen Deutung der Entropie, James C. Maxwell (1831–1879) und Ludwig Boltzmann (1844–1906), fragten sich, ob das klassische Atommodell eine realistische Naturbeschreibung oder bloß ein nützliches mathematisches Modell sei. Der Physiker und Philosoph Ernst Mach (1838–1916) kritisierte den Atomismus sogar scharf; er betrachtete die Atome als eine revisionsbedürftige Hillfsvorstellung [20]. Auch wenn Planck dachte, dass Machs erkenntnistheoretische Vorbehalte den Erkenntnisfortschritt der Physik bremse [21], waren sie aus heutiger Sicht nicht ganz unberechtigt. Die Quantenphysik zeigt, dass das klassische Atommodell falsch war, wenn es auch ein unverzichtbares Instrument auf dem Weg zur modernen Atom-, Kern- und Teilchenphysik darstellte.

2.3.2 Quantenmechanik und Wirklichkeit

Die Quantenmechanik führte aufgrund der probabilistischen Deutung der quantenmechanischen Wellenfunktion und Rolle der Messung zur neuen Debatte über die Beziehung zwischen Physik und Wirklichkeit (zur Einführung: [15]).

Niels Bohr (1885–1962) begründete die Kopenhagener Deutung der Quantenmechanik [22]. Danach sind subatomare Teilchen keine Objekte im Sinn der klassischen Physik, weil ihre Eigenschaften der Heisenberg'schen Unschärferelation unterliegen und deshalb nicht unabhängig von der Messung bestimmt werden können. Seine Kopenhagener Deutung darf nicht mit der üblichen probabilistischen Deutung der Quantenmechanik verwechselt werden. Nach ihr sind Elektronen, Photonen und andere subatomare Teilchen keine selbstständigen Objekte mit unabhängigen Eigenschaften; ihre Eigenschaften sind von der Messapparatur abhängig, und Quantenphänomene lassen sich nicht strikt in Quantenobjekt und Messapparaturv separieren, sie sind kontextabhängig. Dies wurde oft als instrumentalistische Auffassung der quantenmechanischen Wellenfunktion verstanden; doch entspricht Bohrs philosophische Deutung der Quantenmechanik eher Kants Erkenntnistheorie.

Einstein dagegen betrachtete die Quantenmechanik in der probabilistischen Deutung als unvollständige Beschreibung der physikalischen Wirklichkeit; er protestierte vom Standpunkt des wissenschaftlichen Realismus gegen Bohrs Verständnis des quantenmechanischen Messprozesses. Die Bohr-Einstein-Debatte um die Frage, ob es eine Beobachter-unabhängige physikalische Wirklichkeit gibt [23], kulminierte in der EPR-Arbeit [24], die nicht-lokale Korrelationen zwischen den Teilen verschränkter Quantensysteme vorhersagte. Der weitere Gang der Physik bestätigte diese Vorhersage nicht-lokaler, makroskopischer Quantenphänomene.

Heisenberg sah Bohrs Deutung der Quantentheorie als Weiterentwicklung der kantischen Erkenntnistheorie aufgrund der physikalischen Erfahrung an. Für ihn war Kants Kausalprinzip nicht absolut gültig, sondern durch die Quantenmechanik relativiert [25]. Er und Carl Friedrich von Weizsäcker (1912–2007) schärften ihre Deutung der Quantenmechanik und ihr Kant-Verständnis in Gesprächen mit der Kantianerin Grete Hermann (1901–1984) [6].

Hermann leistete einen bedeutenden Beitrag zur Deutung der Quantenmechanik [26]. Sie kritisierte schon 1935 die Beweislücke im v. Neumann'schen Beweis gegen die Existenz verborgener Parameter von Quantenobjekten [27], auf die erst viel später John Bell (1928–1990) wieder hinwies. Hermanns Arbeiten wurden in der weiteren Debatte um die Quantentheorie nicht beachtet – unter anderem, weil sie 1936 aus Deutschland emigrieren musste. Heute ist man der Auffassung, dass die Geschichte der Deutungen der Quantentheorie anders verlaufen wäre, wenn ihre Arbeiten zur Kenntnis genommen worden wären [28, 29].

Auch Ilse Rosenthal-Schneider (1891–1990) befasste sich mit den Grundlagen der Physik. Sie traf im Berlin der 1920er-Jahre unter anderem mit Einstein zusammen. 1938 emigrierte sie nach Australien, wo sie Philosophie lehrte, führte aber ihre Korrespondenz mit Einstein fort. Bekannt ist ihre Darstellung der *Begegnungen mit Einstein, von Laue und Planck*. Darin präzisiert sie die Unterschiede zwischen den Positionen Bohrs und Einsteins von der Position des wissenschaftlichen Realismus aus; und sie betont die Rolle der universellen Naturkonstanten, die in einer einheitlichen physikalischen Naturbeschreibung, wie Einstein sie forderte, keine zufälligen Werte haben dürften [30, 31]. Die Physik ist allerdings trotz aller Erkenntnisfortschritte nach wie vor weit davon entfernt, ein einheitliches physikalisches Weltbild begründen zu können.

2.4   Wissenschaftstheorie: Struktur der Physik

Parallel zur erkenntnistheoretischen Debatte um die Kopenhagener Deutung der Quantenmechanik verlagerte sich die Philosophie der Physik zunehmend in die Wissenschaftstheorie. Unter dem Eindruck von Einsteins Spezieller und Allgemeiner Relativitätstheorie wandten sich Rudolf Carnap (1891–1970) und Hans Reichenbach (1891–1953) von Kants Philosophie und dem Anspruch auf absolute Gültigkeit der Newtonschen Physik ab. Sie griffen Machs instrumentalistische Erkenntnistheorie und die formale Logik auf und begründeten den *Logischen Empirismus*, nach dem der Sinn physikalischer Begriffe und die Wahrheit physikalischer Theorien durch Beobachtung und Messung verifizierbar sein müssen. Im Gegenzug zeigte Karl Popper (1902–1994) in der *Logik der Forschung* [32], dass physikalische Theorien falsifizierbar sein müssen, da sich empirische Gesetze – weil sie Allaussagen sind – durch noch so viele Beobachtungen und Messungen niemals bestätigen, sondern höchstens widerlegen lassen. Bei ausbleibender Falsifikation gilt eine Theorie als gut bewährt, nicht aber als verifiziert.

Der Wissenschaftshistoriker Thomas S. Kuhn (1922–1996) warf schließlich die Frage auf, ob es angesichts der wissenschaftlichen Revolutionen in der Physik überhaupt ein definitives, wahres Weltbild der Physik geben kann [33]. Seitdem wird in der Wissenschaftstheorie diskutiert, wie es um den Fortschritt der physikalischen Erkenntnis und die Wahrheit physikalischer Theorien steht [34]. Um der Klärung solcher Fragen näher zu kommen, untersucht die Wissenschaftstheorie die Struktur der mathematischen Physik, die empirischen Grundlagen der Theorien und die Bedeutung physikalischer Begriffe mit den Mitteln der formalen Logik und Semantik [35, 36], sowie neuerdings auch die Rolle von Experimenten [37]. Dabei geht es wieder um die alte Frage: *Realismus oder Instrumentalismus?*

2.4.1   Idealisierungen

Die heutige Wissenschaftstheorie will den Wahrheitsanspruch der physikalischen Erkenntnis dadurch klären, dass sie die Idealisierungen der Physik und die Funktion physikalischer Modelle untersucht. Damit bin ich bei der heutigen Präsenz von Philosophinnen in der Philosophie der Physik angelangt.

Nancy Cartwright (*1943) hatte mit *How the Laws of Physics Lie* [38] großen Einfluss auf die Debatten um die Wahrheit physikalischer Theorien. Sie zeigt, dass fundamentale Gleichungen der Physik wie Newtons Gravitationsgesetz oder die Schrödinger-Gleichung der Quantenmechanik oft durch Zusatzannahmen modifiziert werden müssen, um die Phänomene adäquat zu beschreiben. Ihre Beispiele reichen von der Rolle von Störungen, die schon die klassische Physik berücksichtigen musste, bis zur Laser-Physik. Die Idealisierungen führen aus ihrer Sicht dazu, dass fundamentale Theorien nicht wirklichkeitsnah (und somit auch nicht wahr) sind, und dass es darum auch keine Einheit der Physik geben kann. Physikalische Gesetze beschreiben nach ihr nur die Disposition der Dinge, unter bestimmten Bedingungen ein bestimmtes Verhalten zu zeigen; die Physik ist nach ihr ein Patchwork von Modellen begrenzter Gültigkeit, die keine kohärente Wirklichkeitsbeschreibung liefern [39]. Der alte Traum einer einheitlichen Naturbeschreibung ist danach eher ein unerreichbares Ideal, als faktisch erreichbar. Dennoch ist dieses Ideal unverzichtbar für den Erkenntnisfortschritt.

2.4.2   Modelle

Im Anschluss an Cartwrights Arbeiten untersucht Margaret Morrison die Funktion von Modellen in der Physik [40]. Sie spricht Modellen eher eine instrumentelle als eine darstellende Funktion zu und hebt hervor, dass Modelle nicht wahr sein müssen, um nützliche Instrumente für die Physik zu sein. Dies galt für die klassische Atomvorstellung, die Ende des 19. Jahrhunderts der kinetischen Theorie zugrunde lag und letztlich zur modernen Atomphysik führte (s. Abschnitt 2.3.1), genauso wie für Bohrs Atommodell von 1913, das der Quantenmechanik von 1925/26 den Weg bahnte, oder das

Tröpfchenmodell des Atomkerns. Daniela Bailer-Jones (1969–2009) hat eine umfassende Studie zur Funktionen von Modellen in den Wissenschaften verfasst [41].

2.4.3 Reduktion und Emergenz

Die Arbeiten der oben genannten Philosophinnen lenken den Blick darauf, dass die Physik weiterhin fern von der theoretischen Einheit bleibt, die Newton, Planck oder Einstein als Ziel der physikalischen Naturerkenntnis betrachteten. Indizien dafür sind die hartnäckigen Probleme bei der Suche nach einer Quantengravitation, einer überzeugenden Quantentheorie der Messung, oder einer nicht-spekulativen Deutung der quantenmechanischen Dekohärenz.

In den letzten Jahren rücken zunehmend die Themen Reduktion und Emergenz in den Fokus der Philosophie der Physik. Dabei werden unter anderem die irreduziblen, emergenten Eigenschaften komplexer Systeme in der Festkörperphysik untersucht [42–44]. Die Ergebnisse dieser Diskussion sind wiederum relevant für die Frage, inwieweit sich höherstufige Phänomene der Biologie oder gar der kognitiven Neurowissenschaft auf Physik reduzieren lassen – wenn die Reduktion schon innerhalb der Physik an ihre Grenzen stößt [13, 45]? Inwieweit gibt es also überhaupt ein einheitliches physikalisches Weltbild, und welche Grenzen hat es im Gesamtsystem unseres Wissens? Hier schließt sich der Kreis zu den eingangs behandelten naturphilosophischen Fragen, zu denen die Philosophie der Physik viele Details, aber keine endgültigen Antworten beiträgt. Die philosophische Auseinandersetzung mit dem physikalischen Weltbild, und der Frage, inwieweit ein einheitliches physikalisches Weltbild überhaupt möglich ist, bleibt spannend.

Literatur

[1] Falkenburg B, Rhode W (2012) From Ultrarays to Astroparticles. A Historical Introduction to Astroparticle Physics. Springer, Dordrecht

[2] Esfeld M (Hrsg) (2012) Philosophie der Physik. Suhrkamp, Frankfurt am Main

[3] Bartels A (2012) Grundprobleme der modernen Naturphilosophie. UTB 1951. Schöningh, Paderborn

[4] Kirchhoff T, Karafyllis NC et al (Hrsg) (2017) Naturphilosophie. UTB 4769. Mohr Siebeck, Tübingen

[5] Lukrez (1473) De rerum natura; dt.: Binder K (Hrsg) (2014) Über die Natur der Dinge. Galiani, Berlin

[6] Heisenberg W (1969) Der Teil und das Ganze. Piper, München

[7] Huber R (2002) Natur-Erkenntnis: Naturphilosophie von der Antike bis Descartes. Mentis, Paderborn

[8] Newton I (1687) Principia mathematica philosophiae naturae. engl.: Cohen IB, Whitman A (1999) The Principia: A New Translation; dt.: Wolfers JP (Hrsg.) (1872), Mathematische Prinzipien der Naturphilosophie. Berlin

[9] Leibniz, Clarke (1715/16) Der Leibniz-Clarke Briefwechsel. Schüller V (Hrsg) (1991) Akademie-Verlag, Berlin

[10] Böttcher F (2012) Das mathematische und naturphilosophische Lernen und Arbeiten der Marquise du Châtelet (1706–1749). Springer, Berlin, Heidelberg

[11] Kant I (1755) Allgemeine Naturgeschichte und Theorie des Himmels. Petersen, Königsberg

[12] Falkenburg B (2000) Kants Kosmologie. Klostermann, Frankfurt/M

[13] Falkenburg B (2007) Particle Metaphysics. Springer, Berlin, Heidelberg

[14] Falkenburg B (2015) How Do Quasi-Particles Exist? In: Falkenburg B, Morrison M (Hrgs) Why More Is Different. S 227–250

[15] Arroyo Camejo S (2006) Skurrile Quantenwelt. Springer, Berlin, Heidelberg

[16] Friebe C. et al (2014) Philosophie der Quantenphysik. Springer, Berlin, Heidelberg

[17] Kopernikus N (1543) De revolutionibus Orbium Caelestium Liber Primus. Lat.-Dt. In: Zekl HG (Hrsg) (1990) Nikolaus Copernikus: Das neue Weltbild. Meiner, Hamburg

[18] Galilei G (1643) Dialogo. dt.: Strauss E (1982) Dialog über die beiden hauptsächlichen Weltsysteme, das ptolemäische und das kopernikanische. Teubner, Stuttgart

[19] Kant I (1781/87) Kritik der reinen Vernunft. Hartknoch, Riga. 1./2. Aufl

[20] Mach E (1883) Die Mechanik in ihrer Entwicklung. Brockhaus, Leipzig

[21] Planck M (1908) Die Einheit des physikalischen Weltbilds. In: (1949) Vorträge und Erinnerungen. Hirzel, Stuttgart, S 28–51

[22] Bohr N (1928) The Quantum Postulate and the Recent Development of Atomic Theory. Nature 121:580–590

[23] Bohr N (1949) Discussions with Einstein on Epistemological Problems in Atomic Physics. In: Schilpp PA (1949), Albert Einstein: Philosopher - Scientist. dt.: (1951) Albert Einstein als Philosoph und Naturforscher. Kohlhammer, Stuttgart, S 115–150

[24] Einstein A, Podolsky B, Rosen N (1935) Can Quantum-Mechanical Description of Physical Reality Be Considered Complete? Phys. Rev. 47:777–780

[25] Heisenberg W (1959) Physik und Philosophie. Hirzel, Stuttgart

[26] Hermann G (1935) Die naturphilosophischen Grundlagen der Quantenmechanik. In: Abh. der Fries'schen Schule, Bd 6 2:69–152

[27] von Neumann J (1932) Mathematische Grundlagen der Quantenmechanik. Springer, Berlin, Heidelberg

[28] Soler L (1996) In: Hermann G (Hrsg), Les fondements philosophiques de la mécaniqiue quantique. Vrin, Paris

[29] Soler L (2009) The Convergence of Transcendental Philosophy and Quantum Physics: Grete Henry-Hermann's 1935 Pioneering Proposal. In: Bitbol M, Kerszberg P, Petitot J (Hrsg) Constituting Objectivity. The Western Ontario Series In Philosophy of Science, Bd 74, Springer, Dordrecht

[30] Rosenthal-Schneider I (1949) Presuppositions and anticipations in Einstein's physics. New York. In: Schilpp PA (1949) dt. Ausg. S 60–73

[31] Rosenthal-Schneider I (1988) Begegnungen mit Einstein, von Laue und Planck. Vieweg, Braunschweig

[32] Popper K (1934) Die Logik der Forschung. Springer, Wien

[33] Kuhn TS (1970) The Structure of Scientific Revolutions. dt.: (1976) Die Struktur wissenschaftlicher Revolutionen. Suhrkamp, Frankfurt am Main

[34] Chalmers AF (1999) What is this Thing Called Science? dt.: (2006) Wege der Wissenschaft. Springer, Berlin, Heidelberg

[35] Carnap R (1966) Philosophical Foundations of Physics. dt.: (1969) Einführung in die Philosophie der Naturwissenschaften. Nymphenburger, München

[36] Schurz G (2006) Einführung in die Wissenschaftstheorie. Wissenschaftliche Buchgesellschaft, Darmstadt

[37] Hacking I (1983) Representing and Intervening. dt.: (1996) Einführung in die Philosophie der Naturwissenschaften. Reclam, Stuttgart

[38] Cartwright N (1983) How the Laws of Physics Lie. Clarendon Press, Oxford

[39] Cartwright N (1999) The Dappled World. A Study of the Boundaries of Science. Cambridge University Press

[40] Morgan M, Morrison M (Hrsg) (1999) Models as Mediators. Cambridge University Press

[41] Bailer J, Daniela M (2009) Scientific Models in Philosophy of Science. University of Pittsburgh Press

[42] Anderson PW (1972) More is Different. Science, New Series, Bd 177 4047:393–396

[43] Batterman R (2002) The Devil in the Details. Oxford University Press

[44] Falkenburg B, Morrison M (2015) Why More is Different. Philosophical Issues in Condensed Matter Physics and Complex Systems. Springer, Berlin, Heidelberg

[45] Falkenburg B (2012) Mythos Determinismus. Springer, Berlin, Heidelberg

3 Physikunterricht aus Perspektive von Mädchen – und Jungen

— Susanne Heinicke —

Zusammenfassung

Physikunterricht und das Interesse der Lernenden bilden der fachdidaktischen Forschung nach eine gewisse Dichotomie. Ein spezielles Augenmerk gilt dabei den Gemeinsamkeiten und Unterschieden, wie Mädchen und Jungen diesem Unterrichtsfach gegenübertreten. Auch die Ergebnisse der großen Bildungsstudien der letzten Jahre weisen neben einer fach- und altersabhängigen, auch auf eine genderspezifische Interessensentwicklung der Lernenden hin. Viele Initiativen bemühen sich daher, das Interesse der Mädchen für MINT zu stärken. Aktuelle Studien zeigen allerdings, dass einfache Erklärungen und Lösungen nicht zu haben sind. In diesem Beitrag geht es darum, Diskussionanlässe zu präsentieren, wie Unterricht den Interessen, Bedürfnissen und Kompetenzen von Mädchen und Jungen begegnet.

© Springer-Verlag GmbH Deutschland, ein Teil von Springer Nature 2019
D. Duchardt et al. (Hrsg.), *Vielfältige Physik*, https://doi.org/10.1007/978-3-662-58035-6_3

Prof. Dr. Susanne Heinicke

Das Privileg des Forschens ist, ständig Neues lernen zu können.

- *1979 in Haan, Rheinland
- 2002 Bachelor, Univ. of Cape Town, Südafrika
- 2006 Diplom Physik, Univ. Oldenburg
- 2011 Promotion Physikdidaktik, Univ. Oldenburg
- 2012 Promotionspreis der Gesellschaft für Didaktik der Chemie und Physik
- 2011–2013 Postdoktorandin, Univ. Oldenburg
- Seit 2014 Juniorprofessur, 2016 Professur WWU Münster

Warum der Weg in die Physik?

In meiner Familie waren Naturwissenschaften positiv besetzt, in der Schule wurden uns Mädchen wie Jungen gleiche Fähigkeiten im Physikunterricht zugesprochen. Auch meiner analytischen Denkweise lag die Physik nahe. Dass Physikerinnen und Physiker in den unterschiedlichsten Bereichen tätig sind, erschien mir sehr attraktiv. Dies waren die Grundbausteine für meine Entscheidung, den Weg in die Physik einzuschlagen. Je tiefer ich dort einstieg, desto mehr wuchs mein fasziniertes Erstaunen über die wunderbar klug geschaffene Weltordnung. Das Gleiche galt für mein Interesse an der Geschichte und Lehre dieser Disziplin.

Wo stehe ich heute?

Heute habe ich die Möglichkeit, mein fachliches Interesse mit meiner Freude am Lehren zu vereinen. Ich unterstütze junge Menschen auf ihrem Weg in den Beruf als Physiklehrkräfte. Das bedeutet auch manchmal, allzu vorgefertigte und kohärente Vorstellungen zu erschüttern. Denn die Welt der Physik und ihre Geschichte sind komplex und ihre kulturelle Denkweise eine unter vielen möglichen und nicht jedem ähnlich attraktiv. Mich bewegen heute in Forschung und Lehre unterschiedliche Fragen: Welche Art der Denkweise hat die physikalische Wissenschaft im Laufe der Geschichte entwickelt? Wie gehen wir in Forschung und Lehre mit Unsicherheiten, Fehlschlägen und Unerwartetem um? Wie und warum ändert sich Interesse an Naturwissenschaften im Laufe der Schulkarriere? Das Formulieren kluger Fragen steht in aller Regel vor dem Finden guter Antworten.

Mein Tipp

Ein Studium der Physik eröffnet viele Möglichkeiten, und wir können zwischen vielen Wegen entscheiden. Dabei kommt manche Entscheidung allerdings mit einem Preisschild, und das will bedacht sein. Heute habe ich eine Familie und eine Karriere – und eins von beiden hat die Priorität. Vieles ist möglich.

3.1 Mädchen und Physikunterricht – ein ewiges Problem?

Nach annähernd 25 Jahren Forschung wissen wir einiges über die kritischen Aspekte, genderbezogenen Unterschiede und Gelingensfaktoren von Physikunterricht für Mädchen und Jungen. Das komplexe Zusammenspiel dieser Aspekte und ihre Verwobenheit mit gesellschaftlichem Wandel stellen uns allerdings fortwährend vor Fragen und Herausforderungen. Obgleich es inzwischen viele Initiativen und Entwicklungen schulischer und außerschulischer Art gibt (monoedukativer Fachunterricht, Science Center, Schülerlabore, Girls' Days, Zukunftstag usw.), die den Kindern und Jugendlichen naturwissenschaftliche Themen näher bringen sollen, müssen wir mit Blick auf die Test- und Studienergebnisse feststellen, dass bislang wenig gewonnen ist. Einfache Lösungen für einen mädchen- wie jungengerechten und interesseweckenden Unterricht wird es nach dem Kenntnisstand der Fachdidaktik nicht geben. Sie wären sicherlich längst gefunden worden [1]. Die folgenden Erläuterungen sollen daher ein Schlaglicht auf die unterschiedlichen Aspekte der Thematik und die bisherigen Ansätze werfen.

Seit 2000 führt die OECD (engl.: *Organisation for Economic Co-operation and Development*) alle drei Jahre eine Studie unter 15-jährigen Lernenden in den Bereichen Lesekompetenz, Mathematik und Naturwissenschaften mit jeweils unterschiedlichen Schwerpunkten durch. Die aktuelle PISA-Studie 2016 [2] (engl.: *Programme for International Student Assessment*) führt uns erneut vor Augen, dass Schülerinnen in naturwissenschaftlichen und mathematischen Leistungstests teils signifikant schlechter abschneiden als ihre männlichen Mitschüler. In anderen Bereichen wie beispielsweise der Lesekompetenz sind die Mädchen den Jungen hingegen durchweg überlegen. Damit befindet sich die aktuelle Studie in guter Gesellschaft: Auch die Ergebnisse der 2006 durchgeführten PISA- [3] und TIMSS-Erhebungen [4] (engl.: *Trends in International Mathematics and Science Study*) zeigen für die Sekundarstufe ebensolche Unterschiede auf. Wir stehen also vor einem schon länger bekannten und diskutierten Phänomen, das die meisten Handbücher der Naturwissenschafts- und Physikdidaktik unter der Überschrift: „Mädchen und Physik" oder „Mädchen und Physikunterricht" behandeln.

Drei grundlegende Bemerkungen, die im Folgenden weiter ausgeführt werden:

1. Bei aller Diskussion um „Mädchen und Physikunterricht" sollten wir damit nicht implizit den Mädchen das Etikett der zum Physikunterricht „Nonkonformen" anhängen. Es geht uns im Physikunterricht darum, Mädchen und Jungen ihrer Individualität entsprechend physikalische Lernprozesse zu ermöglichen und sie zu fördern. Ihre Herausforderungen und Chancen mögen dabei teilweise unterschiedlich und auch genderspezifisch ausfallen.

2. Genderspezifisch unterschiedlichen Lern- und Handlungsvoraussetzungen kommt Studien zufolge eine wesentliche Bedeutung in Bezug auf den Physikunterricht zu. Gleichzeitig stellen sie aber nur eine unter vielen Dimensionen der wachsen-

den Heterogenität in deutschen Klassenzimmern dar, mit denen Lehrkräfte täglich konfrontiert sind.

3. Es gibt natürlich nicht „die Mädchen" und „die Jungen" mit ausschließlich stereotypischem Verhalten. In den rezipierten empirischen Erhebungen können jedoch Tendenzen festgestellt werden, die sich in Form von Prototypen oder stereotypischen Verhaltensweisen nachzeichnen lassen. Diese haben eine normative Wirkung sowohl auf die Lernenden als auch die Lehrenden. Es ist daher z. B. wesentlich zu diskutieren, wie wir Freiräume für Lernende schaffen, um aus erwarteten stereotypischen Verhaltensweisen ausbrechen zu können.

Aktuelle Diskussionen in der Physikdidaktik kritisieren diese Perspektive, da sie suggeriert, dass es sich bei der Physik und der typischen Ausrichtung von Physikunterricht um eine Norm handele, zu der die Jungen sich weitgehend konform verhielten, während Beziehung und Verhältnis der Mädchen zur Physik als eine Abweichung von dieser Norm speziell geklärt werden müssten. Im Gegensatz dazu können wir ebenso die Norm selbst hinterfragen und die potenziell maskuline Ausrichtung der Physik einer kritischen Analyse unterziehen, die sich nicht auf die Erhebung des Grads an Konformität stützt, sondern die Vielfältigkeit und Individualität aller Lernenden in den Blick nimmt.

3.2   Stand der Forschung

Im Folgenden werden die Ergebnisse zentraler Studien in diesem Bereich geordnet nach vier Kategorien vorgestellt:

- Image der Physik
- Interesse und Motivation
- Fachwissen
- Selbstwirksamkeitserwartung

Hierbei handelt es sich um Konstrukte, die sich nicht nur inhaltlich, sondern auch in ihrer Erhebung und Erhebbarkeit unterscheiden, und die teilweise auch nachweislich miteinander korrelieren [5].

3.2.1   Image der Physik

Bezüglich des Images der Physik und des Physikunterrichts stellen Studien bei Lernenden in der Sekundarstufe und vor allem ab der 7. Klasse einstimmig eine zunehmend männliche Konnotation fest. Kessels und Hannover [6] bemerken, dass sich vor allem Mädchen nur schwer mit dem Unterrichtsfach und dem Ambiente physikalischer Wissenschaft identifizieren können. Darüber hinaus sehen sie für sich wenige Möglichkeiten der Selbstverwirklichung und können daher auch dem Unterrichtsfach kaum Anreiz abgewinnen. Darauf weisen auch die TIMSS- und PISA-Studien hin. Mädchen zeigen sich laut [7, S. 59] auch anspruchsvoller als Jungen in Bezug auf die von ihnen empfundene lebensweltliche Relevanz der Lerninhalte: Sie müssten das Gelernte zu ihrem Alltag und der Welt außerhalb des Physikunterrichts in Bezug setzen können. Rein fachsystematische Begründungen und Strukturierungen von Unterricht ergäben „für den Großteil der Mädchen keinen Sinn", so Stadler [7].

Der naheliegende Ruf nach mehr weiblichen Vorbildern lässt sich zumindest für die Ebene der Lehrkräfte nach bisherigen Untersuchungen nicht unmittelbar stützen. Nach einer Studie von [8] beurteilten Mädchen und Jungen Interesse und Unterrichtsqualität bei einer männlichen Lehrkraft tendenziell höher als bei einer Physiklehrerin. Läzer vermutet, dass die männliche Konnotation beide, aber vor allem die Jungen zu einer Positionierung zugunsten der männlichen Lehrkraft zwänge, die dem Image konformer sei. Das Geschlecht der Lehrkraft alleine ist daher anscheinend noch keine wesentliche Hilfe, solange nicht weitere Faktoren hinzukommen.

Der Druck der Konformität und des empfundenen maskulinen Ambientes der Physik spiegelt sich auch auf der Ebene der Lernenden wider. Die Autorinnen und Autoren von [6], [9] und [10] stellten in verschiedenen Studien fest, dass eine gute Leistung in Physik von Mädchen und Jungen mit deutlich anderen Attributen für die jeweilige Person assoziiert wird als bei anderen Unterrichtsfächern. Einer fiktiven Schülerin, die im Physikunterricht gute Leistungen und hohes Interesse zeigt, wurden die Attribute unattraktiv, unbeliebt und sozial wenig integriert zugeschrieben. Kessels [10] berichtet darüber hinaus, dass gerade die Mädchen hier einem größeren Konformitätsdruck ausgesetzt zu sein scheinen, da die stereotypische Erwartung der Jungen noch höher sei als die der Mädchen, s. auch [9]. Sprich: Ein Junge mit Interesse und guten Leistungen in Musik wurde zwar von den Jungen, nicht aber von den Mädchen als eher unbeliebt und unattraktiv beschrieben. Ein Mädchen mit ebensolchen Neigungen zu Physik wurde hingegen von Mädchen und Jungen negativ attribuiert.

3.2.2 Interesse und Motivation

Vergleicht man das Interesse der Lernenden an den unterschiedlichen Unterrichtsfächern, kommen alle Studien einhellig zum gleichen Schluss: Während in der Primarstufe das Interesse an naturwissenschaftlichen Themen im Sachunterricht noch durchweg hoch ist [11–13] – und zwar ohne signifikante Unterschiede zwischen den Geschlechtern, sinken die Werte mit Eintritt in den Fachunterricht der Sekundarstufe rapide. Im internationalen Vergleich schneidet Deutschland dabei zudem unterdurchschnittlich ab. Ein Vergleich der PISA-Ergebnisse seit 2006 zeigt des Weiteren, dass Interesse und Selbstkonzept der Jugendlichen am naturwissenschaftlichen Unterricht weiter nachzulassen scheinen. Nur rund die Hälfte der deutschen Lernenden gab in der aktuellen Erhebung an, gerne etwas Neues in den Naturwissenschaften dazuzulernen. Im

OECD-Durchschnitt äußern sich hingegen rund zwei Drittel dementsprechend positiv. Auch mit Bezug auf berufliche Perspektiven bleiben die deutschen Lernenden hinter dem OECD-Durchschnitt zurück. Demnach können sich gut 17 % der Jungen und 13 % der Mädchen vorstellen, später einen naturwissenschaftlich orientierten Beruf zu ergreifen. Der OECD-Durchschnitt liegt hierfür bei rund 25 %.

In Bezug auf die genderbezogenen Unterschiede ist hier außerdem zu beachten, dass das Interesse der Mädchen an naturwissenschaftliche orientierten Berufen sich hauptsächlich auf Berufswünsche im gesundheitsbezogenen Bereich bezieht, während die Jungen eher klassisch ingenieurwissenschaftliche Wünsche äußern. Auch Häußler et al. [14] zeigten bereits 1998 in einer umfassenden Studie auf, dass vor allem bei Mädchen das Interesse am Fach Physik im Laufe der Schuljahre der Sekundarstufe I immer weiter abnimmt. Nachfolgende interessensbezogene Erhebungen in Bezug auf die verschiedenen Unterrichtsfächer, beispielsweise [15, 16], kamen zu dem gleichen Schluss.

Dies hat nachvollziehbare Konsequenzen: Das geringe Interesse der Mädchen am Fach Physik wirkt sich entsprechend auf eine Fächerwahl in der Sekundarstufe II aus, sodass nur noch wenige Mädchen das Fach Physik in der Oberstufe belegten, s. [17]. Im Gegensatz zu den Jungen ist damit also die Möglichkeit von schulischer Seite her genommen, dass sich das Interesse am Fach noch wieder erholen könnte. Die entstehende Lücke korreliere zudem mit sich verringernder Selbstwirksamkeitserwartung. Die Autoren von [18] stellen insgesamt folgende Prädiktoren für das Interesse am Physikunterricht heraus: Selbstvertrauen in die eigene Leistung, Interesse-stimulierender Unterricht, Sachinteresse an Physik und berufsbezogene- oder alltagsbezogene Sinnattribuierung.

Zusätzlich erscheint es nach den Ergebnissen der Studien hilfreich, zwischen dem Fachinteresse und dem Sachinteresse der Lernenden zu unterscheiden. Während Ersteres nach den genannten Studien bei Mädchen wesentlich geringer ausfällt, ist das Sachinteresse mitunter je nach Thema und Kontext auch bei Mädchen hoch. Wiederum in [18] wurde festgestellt, dass Mädchen in ihrer Interesseäußerung sensibel auf die kontextuelle Einbettung der Thematik reagierten, während sich bei Jungen das Interesse weitgehend unabhängig vom Kontext äußerte.

Häußler et al. [14] fordern in der Konsequenz eine stärkere Orientierung des Unterrichtes an den spezifischen Interessen der Mädchen. Dazu könnten beispielsweise die Thematisierung von alltäglichen Erfahrungen und Beispielen aus der Umwelt, die Einbeziehung emotional getönter Komponenten wie Staunen, Aha-Erlebnisse und Naturphänomene, die Hervorhebung der gesellschaftlichen Bedeutung von Physik und der Bezug zum eigenen Körper dienen, s. auch [19]. Auch diese Idee hat eine didaktische Tradition. Wagenschein formulierte schon in den 1960er-Jahren (zitiert nach [20, S. 11]): „Ist es aber wirklich so, dass den Mädchen die Physik nicht liegt? Erziehen wir vielleicht die Mädchen darauf hin, dass sie ihnen nicht liegt?... Ich habe im Koedukationsunterricht immer die Erfahrung gemacht: Wenn man sich nach den Mädchen richtet, so ist es auch für die Jungen richtig; umgekehrt aber nicht."

3.2.3 Fachliches Wissen

Verschiedene Leistungstests, allen voran TIMSS und PISA, haben immer wieder über-einstimmend festgestellt, dass Mädchen in den Naturwissenschaften im internationalen Durchschnitt schlechter abschneiden als ihre männlichen Mitschüler. Nach den Ende 2016 veröffentlichten Ergebnissen der PISA-Studie 2015 sind Jungen weiterhin den Mädchen in den Naturwissenschaften leistungsmäßig überlegen (s. auch [21] zu [3]). Während der Unterschied im internationalen Durchschnitt 12 Punkte beträgt, trennen Mädchen und Jungen in Deutschland sogar 20 Punkte (bei Ergebnissen um 500 Punk-te), ein Unterschied, der von den meisten Kommentatoren als nicht mehr durch die Unsicherheit der Daten zu erklären eingestuft wird. Dennoch herrschen über die Si-gnifikanz der Differenzen geteilte Meinungen, s. [22]. Wuttke stellt in seinen Analysen dazu heraus, dass es wenig sinnvoll sei, genderbezogene Aussagen über Leistungen in „den Naturwissenschaften" zu treffen [23]. Bei genauerer Analyse zeige sich nämlich, dass sich die Leistungen von Mädchen und Jungen nur im Mittel aller dazugehöri-gen Disziplinen wenig unterschieden, im Bereich Biologie aber lägen die Leistungen der Mädchen, im Bereich Physik die der Jungen deutlich vorne. Bereits die TIMSS-Studie 1995 hatte hierzu festgestellt, dass in allen Teilnehmerstaaten, vor allem in Deutschland, signifikante Leistungsunterschiede zwischen Mädchen und Jungen im Physikunterricht und in Mathematik zu verzeichnen seien, die sich ebenfalls im Laufe der Schulzeit noch weiter verstärkten, s. [24].

Laut der Pisa-Studie 2015 befinden sich im internationalen Durchschnitt und in Deutschland deutlich mehr Jungen (60 %) in der Spitzengruppe als Mädchen. Beden-kenswert erscheint zudem der Befund, dass selbst unter den leistungsstarken Mädchen sich nur wenige vorstellen können, später einmal einen naturwissenschaftsbezogenen Beruf zu ergreifen. Dabei mag man argumentieren, dass der kompetenzorientierte Un-terricht mehr als nur die kognitiven Kompetenzen und die Behaltensleistung fördert und dass anhand einer schriftlichen Befragung nur ein Teil der erworbenen Fähig-keiten abgebildet werden kann. So spielten in der PISA-Studie 2015 beispielsweise auch Aufgaben zum Wissenstransfer eine große Rolle. Welche weiteren Kompetenzen Mädchen und Jungen im Physikunterricht erwerben, die bislang noch nicht erfasst wurden, bleibt dabei natürlich offen. Die Suche nach weiteren Stärken von Jungen und vor allem Mädchen ist für unsere Problemanalyse sicherlich ein großer Gewinn.

3.2.4 Selbstwirksamkeit(-serwartung)

Studien zur Selbstwirksamkeitserwartung in der Physikdidaktik beziehen sich meist auf das Konzept nach [25], das Selbstwirksamkeit als Zutrauen einer Person in ihre eigenen Kompetenzen definiert, in einer antizipierten Situation erfolgreich handeln zu können. Die Theorie der Selbstwirksamkeit ist in diesem Zusammenhang gut beforscht. Die Veröffentlichung [26] stellt hierzu fest, dass die Selbstwirksamkeitserwartung auf

Einschätzungen beruht, die nachweislich kulturell und geschlechtlich bedingt sind. Im Vergleich von Jungen und Mädchen fällt besonders auf, dass die Korrespondenz zwischen subjektiver Einschätzung und den tatsächlichen Fähigkeiten unterschiedlich ausfällt. In [27] wird festgestellt, dass Mädchen sich signifikant kritischer bewerten und ihre Kompetenzen als schlechter einschätzen als Jungen mit vergleichbarem Ergebnis in Leistungstests. Mädchen weisen sich Erfolgserlebnisse im Unterricht oder in Leistungstests weniger stark persönlich zu, als dies bei Jungen der Fall ist. Dies hat weiterführende Folgen, die sich in der Konsequenz in den oben diskutierten Merkmalen Interesse und Fachwissen widerspiegeln. Das Ausmaß der Selbstwirksamkeitserwartung ist nach Studien von [26, S. 15] „ein Prädiktor für den Schulerfolg im MINT-Bereich", denn eine geringe Selbstwirksamkeitserwartung ruft in der Regel Strategien der Vermeidung von solchen Lernsituationen hervor. Für die anschließende Studien- und Berufswahl ist die Selbstwirksamkeit nach der Erhebungen von Kosuch [28, 29] entscheidender als das Interesse und sollte daher für die Konzeption von Physikunterricht besondere Bedeutung erfahren. Wie kann das geschehen?

Es liegt nahe, mehr handlungsorientierte Unterrichtsphasen zu fordern, in denen die Lernenden praktische Erfolge erleben können. Aktuelle Beobachtungsstudien während experimenteller Arbeitsphasen zeigen allerdings, dass auch das eigenständige Experimentieren keine einfache Lösung darstellt [30]. Beim Experimentieren in Kleingruppen von drei bis vier Schülerinnen und Schülern zeigte sich, dass Mädchen und Jungen sich auch hier unabhängig von der jeweiligen Gruppenkonstellationen stereotypisch verhielten. Beispielsweise übernahmen die Mädchen in der Regel die Protokollierungsaufgaben, während die Jungen sich dem experimentellen Handeln widmeten. Neben vielen anderen Aspekten beobachteten wir dabei auch eine wesentliche Bedeutung für das subjektive Erfolgserleben. Die Mädchen neigten dazu, ein erstes Eintreten von „Erfolg" bereits als Abschluss der experimentellen Handlung zu werten, und gingen daraufhin in die Phase der Verschriftlichung ihrer Ergebnisse über. Indes nahmen die Jungen vermehrt dieses erste Erfolgserlebnis zum Anlass, weitere experimentelle Handlungen vorzunehmen, um beispielsweise ihren Aufbau noch weiter zu optimieren oder Zusatzaufgaben zu bearbeiten. In den reinen Jungengruppen fiel die Protokollierung daher in der Regel knapp aus, während in den gemischten Gruppen die Mädchen diese Aufgabe übernahmen und die Jungen weiter experimentierten. Die überwiegende Anzahl der reinen Mädchengruppen fuhr auf diese Weise im Gegensatz zu den Jungengruppen keine weiteren experimentellen Erfolge ein bzw. waren die Mädchen in den gemischten Gruppen an diesen Erfolgen nicht mehr unmittelbar beteiligt. Die experimentelle Handlung als solche ist folglich keineswegs ein Garant für Erfolgserleben, sofern sie nicht explizit auch vonseiten der Lehrkraft so gestaltet und begleitet wird, dass die Lernenden (vor allem die Mädchen) sich den Erfolg auch selbst zuschreiben können.

Die von [26] hervorgehobenen vier auf die Selbstwirksamkeitserwartung einflussnehmenden Aspekte sind vor diesem Hintergrund zu reflektieren und umzusetzen:

1. *Die direkte Erfahrung des Erfolgs* – allerdings müssen hierbei der Grad der Schwierigkeit und die Gestaltung der Lernsituation angemessen gewählt sein, sodass sie den Lernenden eine Selbstzuweisung von Erfolg auch ermöglichen.
2. *Die indirekte Erfahrung durch Beobachtung eines Vorbildes* – dieses muss allerdings dem Konformitätsdruck standhalten können, sodass eine Identifikation tatsächlich möglich ist.
3. *Die symbolische Erfahrung durch Ermutigung und Zuspruch von glaubwürdigen Personen* (Lehrkraft, Mitschülerinnen und Mitschüler) – die häufig aber den stereotypischen Erwartungen entgegensteht.
4. *Die positive emotionale Erregung* – die wiederum mit einem Chor weiterer Aspekte der Lernsituation wie Fehlerkultur, Unterrichtsqualität und ebenfalls Konformitätsdruck korreliert.

Auch hierdurch sind kurzfristige Lösungen nicht zu erwarten. Kosuch [29] weist aber hoffnungsstiftend darauf hin, dass in Bezug auf die Selbstwirksamkeitserwartung die Weichen nicht nur zu Beginn der Schulzeit gestellt werden könnten. Beispielsweise könne dies auch noch in der Sekundarstufe II geschehen, da es dort noch oft an konkreten Berufswünschen mangele und sofern die MINT-Fächer bis dahin nicht weitgehend abgewählt werden konnten. Schule als Sozialisationsinstanz habe insgesamt eine potenziell einflussreiche Rolle in Hinblick auf die Steigerung der Selbstwirksamkeit.

Wodzinski [19] fasst anhand der Ergebnisse der Studie von [18] zusammen, dass Interesse, Behaltenskompetenz und Selbstwirksamkeit stark, aber nicht zwingend erwartungsgemäß miteinander korrelierten. Auch eine stärkere Sensibilisierung der Lehrkräfte zeige keine kurzfristigen Erfolge. Eine vergleichbare Studie von [31] bekräftigte ebenfalls, dass kurzfristige Schulungen und neue Materialien keinen signifikanten Einfluss haben. „Die Ergebnisse zeigen deutlich, dass die Fähigkeit, mädchengerecht zu unterrichten, durch Unterrichtskonzepte und Lehrertrainings nicht vermittelt werden konnte... Man darf... die Wirkung von Maßnahmen wie Veränderungen der Unterrichtskonzepte, Lehrertrainings und Aufhebung der Koedukation im Hinblick auf eine spezifische Förderung der Mädchen nicht überschätzen. Die Effekte werden offenbar nur im Zusammenspiel verschiedener Maßnahmen deutlich.", so [19]. Auch eine stärkere Orientierung der Unterrichtsgestaltung an den Mädchen führe nicht zwingend zur Reduzierung der Unterschiede in Hinblick auf Interesse und Leistung, aber zumindest zu einer Verbesserung der Qualität von Physikunterricht insgesamt.

3.3   Weitere Ansätze für gendersensiblen Unterricht

Über weitere Aspekte der Thematik ist bislang wenig diskutiert worden. Daher sollen hier einige gedankliche Anregungen in Bezug auf einen gendersensiblen Physikunterricht kurz vorgestellt werden.

Einfluss der kulturellen Prägung und Vorbilder: Guiso et al. [32] stellten in einer internationalen Studie über Mathematikleistungen von Mädchen und Jungen einen Zusammenhang zum Stand der Gleichberechtigung im jeweiligen Land fest. Auch hier müssen die Zusammenhänge allerdings differenzierter untersucht werden: Bei der jüngsten PISA-Studie zeigten sich beispielsweise in Ländern wie Uganda, Ghana und Ägypten keine signifikanten Unterschiede im Abschneiden von Mädchen und Jungen. Dies warf und wirft auch für den Physikunterricht die Frage nach dem Einfluss der kulturellen Prägung auf. Sicherlich ist die kulturelle und stereotypische Prägung, die Mädchen und Jungen durch ihr Umfeld, die Gesellschaft, Medien und Werbung erhalten, ein Aspekt, dem in diesem Zusammenhang Aufmerksamkeit gebührt und der sich kaum durch kurzfristige Maßnahmen beeinflussen lässt. Wie bereits diskutiert, ist daher auch der Ruf nach weiblichen Vorbildern vermutlich zu kurz gegriffen. Vorbilder müssen für die Lernenden vor allem eine ausreichende Authentizität aufweisen. Es ist zu fragen, wie solche Vorbilder für Mädchen bei einer nachweislich männlichen Konnotation des Faches aussehen können. Auch das Heranziehen von Protagonistinnen aus der Wissenschaftsgeschichte wie Marie Curie, Sophie Brahe oder Lise Meitner ist auf ihr Potenzial der Identifizierung hin kritisch zu reflektieren. Vielleicht ist daher eher zu fragen, welche Art von (auch männlichen) Vorbildern den Mädchen eine authentische Hilfe sein kann. Welche Art von Vorbildern braucht es dazu und was veranlasst uns als Mädchen und Frauen, auch männlichen Vorbildern zu folgen und uns mit ihnen oder mit Aspekten ihrer Persönlichkeit zu identifizieren?

Männliche Denkkultur: Historisch gesehen ist schwer zu leugnen, dass die Denk-, Handlungs- und Lösungsansätze der Physik vornehmlich das Produkt einer von Männern hervorgebrachten Tradition sind. Die Vorgehensweise der Abstraktion, Zerlegung und Analyse eines isolierten Phänomens, die die physikalische Naturwissenschaft in ihrer heutigen Gestalt auch so offenkundig erfolgreich gemacht hat, unterscheidet sich deutlich von einem beispielsweise komplex-systemischen Denken, wie wir es eher in der Biologiewissenschaft vorfinden. Traditionell und durch ihren Forschungsgegenstand gezwungen kann sich die Biologie nicht in demselben Maße auf einen komplexitätsreduzierenden Ansatz verlegen und in ihrer Betrachtung kaum auf die Zusammenhänge des komplexen Systems verzichten. Es ist interessant zu beachten, dass Interesse, Leistung und Studierattraktivität der Mädchen im Fach Biologie weitaus höher ausfallen als in der Physik und auch höher im Vergleich zu den Jungen. Es sei daher hier die kritische Frage erlaubt: Inwiefern versuchen wir durch Maßnahmen eine Verpackung aufzuhübschen, während der Inhalt weitgehend unhinterfragt derselbe bleibt? Auch die

Erarbeitung von geeigneten Kontexten der vergangenen Jahre hat sich weitgehend am Primat der Fachsystematik orientiert. Zur Wärmelehre wird das aufgeplusterte Rotkehlchen betrachtet, zur Kreisbewegung das Karussell. – Ein konsequent lebensweltlicherer Ansatz würde hingegen die Dinge umkehren und vom lebensweltlich Erfahrbaren ausgehend geeignete Fachinhalte zur Klärung hinzuziehen.

Es mag sich lohnen zu hinterfragen, warum der Einbruch des Interesses von Mädchen und Jungen der 7. bis 9. Klasse gerade im Fach Physik so drastisch ausfällt. Liegt ein Hinweis auf die Ursachen unter Umständen in der Kollision der grundunterschiedlichen Denkweisen der physikalischen Naturwissenschaft und eines pubertierenden Heranwachsenden begründet? Inwiefern gäbe das Anlass, den traditionell logischrationalen, formalen und mathematisierten Physikunterricht in den höheren Klassen der Sekundarstufe I zu hinterfragen? Die OECD fordert in ihrer Stellungnahme zu den aktuellen PISA-Ergebnissen [33, S. 6], dass „das Angebot an qualitativ hochwertigem naturwissenschaftlichem Unterricht in den unteren Jahrgangsstufen auszubauen" sei. Alternativ könnten wir ausführlicher als bisher diskutieren, ob der Physikunterricht der Mittelstufe ausgesetzt, weniger fachsystematisch gestaltet, lebensweltlich basiert statt orientiert oder als fachübergreifender naturwissenschaftlicher Unterricht gestaltet sein könnte.

Schule als Katalysator stereotypischen Verhaltens: Ein erfolgversprechender Ansatz zur Intervention erscheint mir das Bemühen zu sein, Lernenden – Jungen wie Mädchen – Freiräume zum Ausbrechen aus stereotypischem Verhalten zu bieten. Dies bezieht sich bei Mädchen sicherlich vor allem auf die MINT-Fächer, bei Jungen aber in vergleichbarem Maße für Interessensfächer außerhalb der empfundenen männlichen Pflichtfächer MINT und Sport. Hier kann Schule als Sozialisationsinstanz einen wesentlichen Einfluss in beide Richtungen nehmen. Schule in ihrer traditionellen Struktur verstärkt allerdings Rollenverhalten und Tendenzen der Geschlechterrollen beispielsweise durch die Altershomogenität von Regelklassen und die meist über Jahre hinweg bestehenden Klassengemeinschaften in der Sekundarstufe I [26]. Jungen und Mädchen kontrollieren und korrigieren sich gegenseitig zur empfundenen Norm hin. Jungen legen hierbei nachweislich höhere geschlechtsstereotypische Erwartungen als Mädchen an den Tag und prägen in der Klassengemeinschaft eine starke Hierarchieordnung aus, zu deren Einhaltung sie Mitschüler wie Mitschülerinnen anhalten [9]. Hier muss Schule in ihrer sozialkompetenzbezogenen Ausrichtung korrigierend entgegenwirken. Inwiefern auch die (beispielsweise durch Zuzug und Inklusion) steigende Heterogenität von Klassengemeinschaften und die durch sie zunehmende Diversität von Verhaltensbeispielen jenseits von traditionellen Stereotypen genderspezifischer, leistungsbezogener oder kultureller Art hierbei eine Hilfe sein kann, ist eine bedeutende Frage aktueller fachdidaktischer Forschung.

Männlichkeits- und Weiblichkeitsinszenierung im Physikunterricht: Krüger-Baserer (unter anderem [34]) stellten im POPBL-Projekt (engl.: *Project-Oriented Problem Based Learning*) eine Inszenierung von Männlichkeit und Weiblichkeit durch die Lernenden fest. Aspekte der Männlichkeitsinszenierung im naturwissenschaftlichen Unterricht war beispielsweise der positiv besetzte Umgang mit Gefahr sowie die Tendenz der Jungen Gefahren explizit anzustreben und sogar zum Zugang zu Naturwissenschaft und Technik zu stilisieren. Mädchenkonformes Verhalten äußerte sich ebenfalls konform mit geschlechtsstereotypischen Erwartungen [26]: Die Mädchen zeigten sich kompetent, zielstrebig, organisiert und methodisch gut ausgestattet, holten Hilfe und unterstützten ihre Mitschüler und Mitschülerinnen. Sie reagierten verhalten auf Arbeiten zu eher männlich konnotierten Themen und Gegenständen, z. B. Gefahr- und Risikosituationen, Bunsenbrennern usw. Durch die innere Gestaltung von Unterricht in Kontexten, aber auch in der Gestaltung von Aufgaben, muss daher Physikunterricht hier die Mädchen und Jungen zu honoriertem Verhalten außerhalb ihrer Stereotypen anhalten. Wir müssen uns fragen, wie wir Lernräume konzipieren, die es den Mädchen erleichtern, sich in Risikosituationen zu begeben, und die den Jungen ermöglichen, Kompetenzen in strukturiertem methodischem Vorgehen jenseits des Spektakulären zu vertiefen.

Koedukation, Monoedukation, Diversitätssteigerung: Ein viel diskutiertes Mittel der Wahl sind traditionell monoedukative Lerngruppen in genderstereotypisch besonders heiklen Unterrichtsfächern wie Physik und Sport gewesen. Der Lösungsansatz dahinter ist die Hoffnung, durch stärkere Separierung den Lernenden in ihrer als homogener antizipierten Gruppe eine größere Handlungsfreiheit einräumen und ihren spezifischen Interessen passgenauer entgegenkommen zu können. Nach dem bisher Diskutierten sei hier die Gegenfrage gestellt: Kann eine stärkere Differenzierung tatsächlich zum gewünschten Ziel führen, oder engen wir hierdurch nicht stereotypische Erwartungen und Peergroup-bezogenen Handlungsspielraum weiter ein? Ein zu diskutierendes und zu untersuchendes Gegenmodell hierzu wäre stattdessen eine Vergrößerung der Diversität innerhalb einer Klasse. Jahrgangsübergreifende Klassen, wie einige Schulen sie in der Primar- oder auch Sekundarstufe (beispielsweise Montessori-Schulen) führen, können gleich mehrfach der Festigung genderstereotypischer Normen entgegenwirken. Das Zusammenfassen beispielsweise von drei Altersklassen des 7. bis 9. Jahrgangs wirkt der Homogenität der Lernendengruppe entgegen. Gerade in dieser Altersstufe des schwindenden Interesses an Naturwissenschaften befinden sich dann die Lernenden in unterschiedlichen Stadien der Pubertät. Durch den stetigen Austausch von einem Drittel der Lernenden am Ende jedes Schuljahres ändern sich zwangsläufig und fortlaufend die hierarchischen Strukturen der Klassengemeinschaft, was dem auf eine gewachsene Hierarchie und Norm drängenden Verhalten vor allem der Jungen entgegenwirken kann.

Fehler- und Umgangskultur: Anknüpfend hieran erscheint es lohnenswert, über die übliche Umgangs- und Fehlerkultur im Unterricht nachzudenken. „Fehler" können als Ausgangspunkte des Lernens aufgefasst und gewürdigt, nicht nur toleriert werden [35–37]. Die Gestaltung von Arbeitsmaterialien und Lernkonzepten spielt hierbei eine wesentliche Rolle. Die Mädchen müssen hierdurch Freiräume bekommen, explorativ vorzugehen und Misserfolge und Erfolgserlebnisse einzufahren, auf der anderen Seite müssen Jungen Freiräume jenseits ihrer stereotypisch erwarteten Rolle erhalten, um

Ergebnisse zu verfestigen und zu analysieren. Dies macht gleichzeitig eine Auseinandersetzung mit dem Image von Physik notwendig, da das Bild der Exaktheit physikalischer Herangehensweise und Wissensdarstellung einer konstruktiv-offenen Fehlerkultur für viele Lernende zuwiderläuft [36].

3.4 Fazit

Nach all dem hier Diskutierten ist offenkundig, dass es kurz- und mittelfristig keine einfachen Lösungen zu den empfundenen Missständen der Beziehung zwischen Mädchen (und Jungen) und Physikunterricht zu geben scheint. Ansätze sind zu suchen auf den Ebenen des sozialen Miteinanders in Schulklassen, auf Ebene der Gestaltung von Physikunterricht in der Wahl von Themen und Kontexten, der expliziten Sinnattribuierung, der Gestaltung von Lernmaterial, Unterrichtsgestaltung und sozialen Lernformen, in der Person und authentischen Vorbildfunktion der Lehrkraft, auf Ebene des Schulsystems der Zusammensetzung von Schulklassen, der nicht zu zeitigen (Ab-)Wahlmöglichkeiten naturwissenschaftlicher Fächer und der Gestaltung und Gestalt von Physik als männlich tradierter und konnotierter Wissenschaft. Ziel muss es dabei zum einen sein, den aus der allgemeinen Heterogenität heutiger Klassengemeinschaften entspringenden individuellen Interessen, Herausforderungen und Nöten begegnen zu können und zum anderen den Lernenden Freiräume ihrer Selbstentwicklung jenseits stereotypischer Normen anzubieten. Die Physik bietet hier mit ihrem starken Handlungsbezuges trotz allen Wehklagens ein außerordentliches Potenzial, das es noch auszuschöpfen gilt.

Literatur

[1] Fruböse C (2010) Der ungeliebte Physikunterricht. Zeitschrift MNU 63(7):388–392

[2] OECD (2016) PISA 2015 Ergebnisse (Band I): Exzellenz und Chancengerechtigkeit in der Bildung, PISA. W. Bertelsmann Verlag, Bielefeld

[3] OECD (2006) PISA 2006 Ergebnisse Kurzzusammenfassung: Naturwissenschaftliche Kompetenz für die Welt von morgen. https://www.oecd.org/pisa/39731064.pdf

[4] Bos W, Bonsen M, Baumert J et al (Hrsg) (2008) TIMSS 2007 – Mathematische und naturwissenschaftliche Kompetenzen von Grundschulkindern in Deutschland im internationalen Vergleich. Waxmann, Münster

[5] Schwantner U (2009) Die Motivation der Jugendlichen in Naturwissenschaft. In: Schreiner C, Schwantner U (Hrsg) PISA 2006. Österreichischer Expertenbericht zum Naturwissenschaftsschwerpunkt. Leykam, Graz, S 266–282

[6] Kessels U, Hannover B (2006) Zum Einfluss des Image von mathematisch-naturwissenschatflichen Schulfächern auf die schulische Interessenentwicklung. In: Prenzel M, Allolio-Näcke L (Hrsg) Untersuchungen zur Bildungsqualität von Schule. Waxmann, Münster

[7] Stadler H (2010) Living the cultural clash. In: Scantlebury K, Kahle JB, La Van SK, Martin S (Hrsg) Re-visioning scince education from feminist perspectives: Challenges, choices and careers. Sense Publishers, Rotterdam, S 103–115

[8] Läzer KL (2009) Der kleine Unterschied. Wie Schülerinnen und Schüler das Geschlecht der Lehrkräfte im Physikunterricht wahrnehmen. In: Budde J, Willems K (Hrsg) Bildung als sozialer Prozess. Heterogenitäten, Interaktionen, Ungleichheiten. Juventa, Weinheim, S 145–156

[9] Cremers (2007) Neue Wege für Jungs. Bundesministerium für Familie, Senioren, Frauen und Jugend.

[10] Kessels U (2005) Fitting into the stereotype: How gender-stereotyped perceptions of prototypic peers relate to liking for school subjects. European Journal of Psychology and Education 20(3):303–323

[11] Hoffmann L, Häußler P, Peters-Haft S (1997) An den Interessen von Jungen und Mädchen orientierter Physikunterricht. IPN, Kiel

[12] Krapp A (1998) Entwicklung und Förderung von Interessen im Unterricht. In: Psychologie in Erziehung und Unterricht 44, S 185–201

[13] Pollmeier K, Walper LM, Lange K, Kleickmann T, Möller K (2014) Vom Sachunterricht zum Fachunterricht – Physikbezogener Unterricht und Interessen im Übergang von der Primar- zur Sekundarstufe. Zeitschrift für Grundschulforschung Bildung Elementar- und Primarbereich 7(2)

[14] Häußler P, Lehrke M, Hoffmann L (1998) Die IPN-Interessenstudie Physik. IPN, Kiel

[15] Labudde P, Herzog W, Neuenschander MP, Violi E, Gerber C (2000) Girls and physics: teaching and learning strategies tested by classroom interventions in grade 11. International Journal of Science Education 22:143–157

[16] Muckenfuss H (2006) Lernen im sinnstiftenden Kontext. Cornelsen, Berlin

[17] DPG-Studie zur Unterrichtsversorgung (2014) DPG-Studie zur Unterrichtsversorgung im Fach Physik und zum Wahlverhalten der Schülerinnen und Schüler im Hinblick auf das Fach Physik

[18] Häußler P, Hoffmann L (1995) Physikunterricht – an den Interessen von Mädchen und Jungen orientiert. Unterrichtswissenschaft 23, S 107–126

[19] Wodzinski R (2010) Mädchen, Frauen und Physik – wie kann Unterricht Einfluss auf das Interesse von Mädchen an Physik nehmen? In: Kröll D (Hrsg) „Gender und MINT" Schlussfolgerungen für Unterricht, Beruf und Studium. Tagungsband zum Fachtag, Kassel University Press GmbH

[20] Kröll D (2010) Einführung in den Tagungsband. In: Kröll D (Hrsg) „Gender und MINT" Schlussfolgerungen für Unterricht, Beruf und Studium. Tagungsband zum Fachtag, Kassel University Press GmbH

[21] Jungwirth H, Stadler H (2003) Der Geschlechtaspekt in TIMSS – Ergebnisse, Erklärungsversuche, Konsequenzen. Plus Lucis 2:15–19

[22] PISA-Konsortium Deutschland (2003) PISA 2003: Ergebnisse des zweiten internationalen Vergleichs – Zusammenfassung.

[23] Wuttke J (2007) Die Insignifikanz signifikanter Unterschiede. Der Genauigkeitsanspruch von PISA ist illusorisch. In: Jahnke T, Meyerhöfer, PISA & Co – Kritik eines Programms. Franzbecker, Hildesheim.

[24] Baumert J, Klieme E, Neubrand M et al (Hrsg) (2001) PISA 2000. Basiskompetenzen von Schülerinnen und Schülern im internationalen Vergleich. Leske + Budrich, Opladen

[25] Bandura A (1998) Selfefficiacy: The exercise of control. Freeman, New York

[26] Kosuch R (2010) Selbstwirksamkeit und Geschlecht – Impulse für die MINT-Didaktik. In: Kröll D (Hrsg) „Gender und MINT". Schlussfolgerungen für Unterricht, Beruf und Studium. Tagungsband zum Fachtag, Kassel University Press GmbH

[27] Campbell NK, Hackett G (1986) The effects of mathematics task performance on math self-efficacy and task interest. Journal of Vocational Behavior 28(2):149–162

[28] Kosuch R (2006) Modifikation des Studienverhaltens nach dem Konzept der Selbstwirksamkeit – Ergebnisse zur Verbreitung und Effektivität der „Sommerschule" in Naturwissenschaft und Technik für Schülerinnen. In: Gransee C (Hrsg) Hochschulinnovation. Gender-Initiativen in der Technik. Gender Studies in den Angewandten Wissenschaften Bd 3 S 115–131 LIT, Hamburg

[29] Kosuch R (2004) Sommerhochschule für Schülerinnen in Naturwissenschaft und Technik. Wirksamkeit und Verbreitung. Shaker, Aachen

[30] Heinicke S, Paffhausen C, Zeisberg I, Diehl C (2017) Genderspezifische Unterschiede? Mädchen und Jungen beim Experimentieren im Physikunterricht. In: Maurer C (Hrsg) Implementation fachdidaktischer Innovation im Spiegel von Forschung und Praxis. Gesellschaft für Didaktik der Chemie und Physik, Jahrestagung in Zürich 2016 S 158–160, Universität Regensburg

[31] Herzog W, Labudde P (1997) Koedukation im Physikunterricht. Schlussbericht zuhanden des Schweizerischen Nationalfonds zur Förderung der wissenschaftlichen Forschung. Universität Bern

[32] Guiso L, Monte F, Sapienza P, Zingales L (2008) Culture, Gender, and Math Science 320(5880):1164–1165

[33] PISA-Konsortium Deutschland (2016) PISA 2015 Ergebnisse im Fokus. OECD

[34] Krüger-Baserer M (2008) Introducing project organized and problem based science learning (POPBL) – a case study on change management processes facilitated by university scientists in selected European secondary schools. In: Rusu C (Hrsg) Proceedings of the 5th International Seminar on Quality Management in Higher Education, S 219–228

[35] Hettrich M (2005) Entdecken, Erleben, Beschreiben – Dialogischer Mathematikunterricht in der Unterstufe. Heft M 69, Landesinstitut für Schulentwicklung, Stuttgart

[36] Heinicke S (2012) Aus Fehlern wird man klug. Logos, Berlin

[37] Wagner U (2003) Veränderte Leistungsmessung. In: Weiterentwicklung der Unterrichtskultur im Fach Mathematik (WUM): Anregungen für neue Wege im 7. Schuljahr. Heft M 62, Landesinstitut für Schulentwicklung, Stuttgart

4 Interferenzen: Wissenschaftsforschung als Geschlechterforschung
— *Elvira Scheich* —

Zusammenfassung

Studien zur Geschlechterforschung, in denen die Physik und physikalisches Wissen im Zentrum stehen, sind über viele verschiedene Fachdisziplinen verstreut. Zusammengetragen bilden sie ein umfassendes Spektrum, das von den Geschichts- und Kulturwissenschaften, Philosophie, Kulturanthropologie und Soziologie bis zur Wissenschafts- und Technikforschung reicht. Ebenso vielfältig sind die Themenfelder dieser Studien, dazu gehören die klassische Mechanik, Magnetismus, Thermodynamik, Quantenphysik sowie Chemie und Astronomie, aber auch Anwendungsgebiete wie Klimawandel, Militärforschung und Toxikologie. Darüber hinaus weisen sie unterschiedliche geopolitische Standorte auf, sodass je besondere Kulturen der Physik und deren Freiräume für Geschlechterdifferenzen sichtbar werden. An der Erkundung ihrer Fachkulturen im Hinblick auf die Geschlechterverhältnisse nehmen nicht zuletzt Physiker und Physikerinnen selbst teil, davon sind manche in ihrem ursprünglichen Forschungsfeld geblieben, andere haben das Fach gewechselt, um diese Fragestellungen zu vertiefen.

© Springer-Verlag GmbH Deutschland, ein Teil von Springer Nature 2019
D. Ducharddt et al. (Hrsg.), *Vielfältige Physik*, https://doi.org/10.1007/978-3-662-58035-6_4

Prof. Dr. Elvira Scheich

- *1953 in Hanau
- 1972 Abitur, Frankfurt am Main
- 1980 Diplom Physik, 1989 Promotion Politikwissenschaft, Univ. Frankfurt am Main
- 2003 Habilitation Politikwissenschaft, TU Berlin
- 2005–2012 Gastprofessuren in Wien, Berlin, Göttingen, Uppsala
- Seit 2013 Professur für Physik, FU Berlin

Am Anfang: Meine Begeisterung für die Physik

Anziehend war für mich immer die besondere Art in der Physik, Probleme anzugehen und zu lösen, nämlich ein spielerisch-experimentelles Vorgehen und doch zugleich auf ein grundsätzliches theoretisch orientiertes Verständnis gerichtet. Dass dieses Wissen darüber hinaus bedeutsam für Gesellschaft und Technik ist, hat schließlich zu meiner Entscheidung für ein Physikstudium geführt. Parallel dazu hatte ich immer ein starkes Interesse für politische und kulturelle Themen, das sich gegen Ende meines Studiums auch auf die Physik selbst richtete und zu einem Wechsel in die Sozialwissenschaften führte. Die Fragen nach dem gesellschaftlichen Kontext der Physik setzten eine bis heute anhaltende Bewegung zwischen zwei Wissenschaftskulturen in Gang.

Themenschwerpunkte: Was ich heute mache

Wissenschaftsforschung als Geschlechterforschung setzt an den Leitfragen zum Verhältnis von Wissenschaft und Gesellschaft an: Wie haben sich experimentelle Praxis und theoretische Paradigmen der Physik in ihrem historischen Kontext entwickelt? Welche epistemischen Ideale liegen dem Wandel von Wissenschaft zugrunde und welche kulturellen Unterschiede kommen dabei zum Tragen? Wie stellt sich der Wissenstransfer zwischen der Physik und anderen Disziplinen, alltäglicher Lebenswelt und politischer Öffentlichkeit dar? Um die hierbei relevanten Gender-Aspekte zu untersuchen, stehen mehrere Forschungslinien im Zentrum meiner Arbeit. Das sind zum einen wissenschaftshistorische Studien zur Geschichte der Objektivität und der Geschlechtervorstellungen, die in das wissenschaftliche Selbstverständnis und die Entwicklung methodischer Naturerkenntnis eingehen. Im Hinblick auf die aktuelle Situation liegen meine Hauptinteressen sowohl auf ethnografischen Analysen der Geschlechterverhältnisse in Fachkulturen und Forschungsorganisationen der Physik als auch auf transdisziplinären Forschungsansätzen zu Energiefragen, an denen sich Gender-Wissen und physikalisches Wissen verknüpfen.

4.1 Zusammendenken und eine gemeinsame Sprache finden

Es war daher eine Ausnahmesituation, als am Centre for Gender Research an der Universität Uppsala eine Forschungsgruppe zu Gender und Physik eingerichtet wurde. Die Gruppe war Teil des Programms GenNa – Nature/culture boundaries and transgressive encounters (2007–2012), über welches gemeinsame Forschungsaufenthalte und zwei Tagungen ermöglicht wurden. Die Zusammensetzung repräsentierte die volle Bandbreite des Themenfeldes, und für die einzelnen Wissenschaftlerinnen und Wissenschaftler war es die außergewöhnliche Erfahrung, nicht isoliert mit den Forschungsfragen zur Physik zu sein und tiefer in die Diskussionen dazu einzusteigen. Vor allem war es unser Ziel aufzuzeigen, dass die kulturelle Geschlechterordnung mehr bewirkt als eine geringe Anzahl und randständige Positionierung von Wissenschaftlerinnen in der Physik. Denn Institutionen, Forschungspraxis und -programme, Arbeits- und Lebensstile von Physikerinnen und Physikern sind in die Gesellschaft eingebunden und nicht frei von Ungleichheitsverhältnissen.

Weil diese Vielschichtigkeit in isolierten Fallstudien immer nur unzureichend erfasst werden kann, ging es zunächst darum, eine Übersicht der Arbeiten zu Geschlechterordnung und Physik zusammenzutragen. Das Ergebnis war eine erstaunliche Vielfalt an Fallstudien und Ansätzen. Aber um ein Bild des inneren Zusammenhangs davon, wie Geschlechterordnung und Physik ineinandergreifen, zu erhalten, mussten wir eine gemeinsame Sprache finden. Wir haben den Vorgang der Interferenz aufgegriffen, zunächst um unserem verstreuten Forschungsfeld eine Struktur und den vorliegenden Untersuchungen zu den Geschlechterdimensionen der physikalischen Wissenschaften einen gemeinsamen Rahmen zu geben. Aus den unterschiedlichsten Wissenschaftsströmungen kommend fanden wir den gemeinsamen Bezugspunkt in einem physikalischen Konzept, das aber auch in feministischen Wissenschaftsstudien und in der Wissenschafts- und Technikforschung (engl.: *Science and Techology Studies*, STS) verwendet wird. Somit bildete Interferenz eine begriffliche Kontaktzone für eine interdisziplinäre Perspektive, um die Analyse der Wechselwirkung von Geschlechterordnung und Physik in einem breiteren zeitlichen und geografischen Rahmen zu entfalten. Leitfrage dabei war, wie Geschlechterdifferenzen in der Arbeitsteilung, in der Sprache, im Kollektiv und im Kontext der Physik zusammenwirken und zu vorübergehend stabilen Interferenzmustern führen.

4.2   Interferenzen von Geschlecht und Physik

Das zentrale Anliegen feministischer Wissenschaftsforschung ist es zu erkennen, wo und inwieweit Geschlechter- und Wissensordnungen sich wechselseitig aufeinander beziehen, wie sich diese Konstellationen herausgebildet haben, sich stabilisieren und sich verändern. Projekte dazu greifen einerseits auf die Geschlechterforschung und andererseits auf das Forschungsfeld der STS zurück und nehmen deren Ergebnisse auf, wobei insbesondere von den Begriffen der Performativität, Intersektionalität, Ko-Konstruktion und Diffraktion nachhaltige theoretische und methodologische Impulse ausgingen. Insbesondere im Anschluss an konzeptionelle Überlegungen von Donna Haraway und Karen Barad untersuchten wir die Reichweite von Interferenz als ein organisierendes Leitbild, um die wechselseitige Beziehung von Geschlecht und Physik zu analysieren. Ausgehend von der Physik verfolgten wir die materiellen und sprachlichen Bedeutungen des Begriffs in der in STS, Geschlechterforschung und in der Alltagssprache sowie die Bedeutungsverschiebungen, die dazwischen auftreten.

Physikalisch bezeichnet Interferenz die Wechselwirkung bzw. Überlagerung von Wellen und das Entstehen lokaler Beugungsmuster, indem sich die Schwingungsamplituden verstärken, vermindern oder ganz auslöschen. Zur Beschreibung und Erklärung dieser Phänomene dient die Wellenmechanik, ein Kernstück der klassischen Physik. Sie erfasst die Ausbreitung von Energie im Raum, allerdings nicht als Eigenschaft eines einzelnen bewegten Körpers, sondern als periodische Schwingung. Spezifisch für Wellenbewegungen sind die Beugungserscheinungen, die auftreten, wenn die Welle auf ein Hindernis trifft, sowie die Reflektion an der Grenze zwischen Medien bzw. die Brechung beim Übergang von einem Medium in ein anderes. Ein weiteres typisches Phänomen ist die Resonanz, wenn eine Welle auf ein schwingungsfähiges System trifft und unter geeigneten Bedingungen eine enorme Verstärkung erfährt. In der Quantenmechanik sind diese Begriffe erweitert und neu ausgerichtet worden, denn die grundlegenden Beobachtungen der Mikrophysik haben gezeigt, dass auch die Materie über Welleneigenschaften verfügt. Insbesondere ist hier methodisch zu berücksichtigen, dass bei Teilchenstreuung immer auch eine unvermeidbare Wechselwirkung mit den eingesetzten Messapparaturen vorliegt.

Begriffe zur Beschreibung von Wellen sind in der Physik definiert, aber nicht auf die Physik beschränkt. Sie werden auch in anderen Wissensfeldern verwendet, um komplexe Konstellationen des Zusammenwirkens zu beschreiben. Welche Anknüpfungspunkte für ein Denken aus verschiedenen Perspektiven damit gegeben sind, bestimmte einen großen Teil der Diskussion unter uns. Im Feld der STS ist Interferenz verbunden mit der analytischen Anstrengung zu verstehen, wie Realitäten durch Wissenschaft und Technik hergestellt, ausagiert und belebt werden, welche Festlegungen dabei getroffen werden und welche Freiräume entstehen. Hier, wie in der feministischen Theorie und verwandten postkolonialen Ansätzen, wird die (Um-)Gestaltung von symbolischen, kognitiven und materiellen Verhältnissen nicht als eine gerade Entwicklungslinie betrachtet, sondern vielmehr als Felder, in denen es zur Überlagerung von Interessen, Geschichten und Sichtweisen kommt. Darüber hinaus stehen auch wissenschaftliche Begrifflichkeiten in einem je eigenen Sprachraum, sind daher nicht kontextfrei und nicht immer genau gleich, sondern enthalten die Spuren kultureller Differenzen.

Über die bloße metaphorische Analogie hinaus ließen sich Untersuchungslinien skizzieren, die sich durch Interferenz und damit verbundene Phänomene öffnen. Materielle und institutionelle Formen, aber auch grundlegende Denkmuster der Physik, sowie ihre zeit-räumliche Geltung sind von einem Ineinandergreifen der Wissens- und Geschlechterordnung grundiert. Indem wir das Augenmerk auf diese Interferenzen legen, wollen wir Geschichte, Erkenntnistheorie, Forschungspraxis und Wissenstransfer der Physik neu akzentuieren. Dabei stellten wir uns auch die Frage, ob noch weitere Begriffe zur Beschreibung von Wellenbewegungen – Ausbreitung, Beugung, Resonanz und Brechung – hilfreich sein können, um die Wechselwirkungen von Gender und Physik zu erfassen. Ziel ist, die Komplexität der Vermittlungen darzustellen, die durch die kollektive Gestaltung von Wissenschaft und ihre unsichtbaren Voraussetzungen, durch die Ungleichzeitigkeit und Kontextabhängigkeit von Wissensproduktionen entsteht.

4.3 Phasenverschiebungen: Wissenschaftsgeschichte

Die Grundzüge der Physik, wie wir sie heute kennen, entstanden in der sogenannten Wissenschaftlichen Revolution zu Beginn der frühen Neuzeit und somit in einer Zeitperiode, die durch eine tiefgreifende Umgestaltung der Geschlechterverhältnisse geprägt ist [1]. Ob und wie diese beiden gesellschaftlichen Entwicklungen ineinandergreifen und, davon ausgehend, welche Geschlechterrollen sich in der weiteren Wissenschaftsentwicklung herausbildeten, wurde in einer Reihe von historischen Studien zu physikalischen Subdisziplinen wie Astronomie [2], Elektromagnetismus [3], Thermodynamik [4], Physikalische Chemie [5] und Kernphysik [6, 7] untersucht. Die Fallstudien zeigen die Wandelbarkeit auf, der sowohl die Kategorie Geschlecht und die symbolisch-materiellen Ausdrucksweisen von Männlichkeit oder Weiblichkeit als auch die Ideen, Methoden und Institutionen der physikalischen Wissenschaft unterliegen. Daher sind es historisch je spezifische Konstellationen von Geschlecht und Physik, die jeweils mit der Entstehung und Ausbreitung einzelner Wissensgebiete verbunden sind. Darüber hinaus macht die Betrachtung der Physikgeschichte aus der Perspektive der Geschlechterverhältnisse deutlich, dass in diesen Konstellationen Ungleichzeitigkeit und Widersprüche auftreten, ihre Elemente also nicht „in Phase" sind.

Eine zentrale Achse in der Organisation moderner Geschlechterverhältnisse ist die Unterscheidung von öffentlich und privat, und die entsprechende Festlegung geschlechtsspezifischer Arbeitsbereiche. Wissenschaft ist eine Angelegenheit von öffentlichem und politischem Interesse und gilt demnach als männliches Tätigkeitsfeld. Aber der Blick ins Innere wissenschaftlicher Haushalte offenbart, dass Frauen sehr wohl, und zwar in verschiedenen Funktionen am Wissenschaftsgeschehen teilnahmen. Sie konnten eigenständige Mitarbeiterinnen in der Forschungsarbeit sein [2] oder sorgten organisatorisch für Stabilität eines fachlichen Netzwerks und trugen so zur institutionellen Etablierung eines Forschungsgebiets bei [5]. Die Festschreibung der bürgerlichen Geschlechterrollen als körperliche Differenz ist ein weiteres Charakteristikum der Moderne. In der universitären Ausbildung der Elite gingen daher nicht zufällig die körperliche Erziehung zur Männlichkeit und die wissenschaftliche Qualifizierung Hand in Hand [8], aber die vorgebliche Überlegenheit blieb prekär. Die Unsicherheiten männlicher Identität äußern sich als Ängste um den Verlust von Stärke und Energie, deren Abwehr sich sogar in den physikalischen Begriffen niederschlägt [4] und die dafür eingesetzt werden, gegen das Frauenstudium zu argumentieren [9].

Eine große Veränderung tritt ein, als Frauen das Recht auf höhere Bildung nach langen Bemühungen zugestanden wird. Damit kommt es zu signifikanten Phasenverschiebungen in der traditionellen Konstellation von Geschlecht und Physik. Wissenschaftlerinnen können nun Positionen in den Wissenschaftsinstitutionen einnehmen, zugleich bleiben familäre Strukturen relevant, und die ersten Wissenschaftlerinnen finden entscheidenden Rückhalt in den erweiterten Netzwerken einflussreicher Wissenschaftsfamilien [7, 10–13]. Aber trotz allem bleiben die Physik und ihre Institutionen eingebunden in Machtbeziehungen, in denen das männlich geprägte Image wissenschaftlicher Tätigkeit als Norm gilt und erfolgreich überdauert [14]. Eine Folge davon ist, dass die Beiträge und Leistungen von Frauen in der Physik im professionellen Gedächtnis der Disziplin nicht angemessen anerkannt oder ganz übersehen werden. Indem die Physikgeschichte jene unterbrochenen Traditionslinien der eigenen intellektuellen Genealogie wiederaufnimmt, werden Rollenvorbilder wiederentdeckt und sich damit einer Zukunft zuwendet, in der Neubestimmungen der Konstellation von Geschlecht und Physik möglich sind.

4.4   Beugungsbilder: Wissenschaftstheorie

Von Beginn an lautete eine der zentralen Fragen der Gender and Science Studies, ob und wie Inhalte und naturwissenschaftlicher Forschung von der gesellschaftlichen Geschlechterordnung geprägt sind. Obwohl dabei die Biologie mit ihren Aussagen zur Geschlechterdifferenz im Vordergrund stand, ist doch auch eine Reihe von Untersuchungen entstanden, die sich mit physikalischen Wissensgebieten befassen. Inhaltlich umspannen diese Arbeiten ein Spektrum, das von den Ideen, den Gegenständen und Methoden der Impetustheorie und der klassischen Mechanik [15], der Thermodynamik [4, 16], der Strömungslehre [17] bis zur Quantenmechanik [18] reicht.

Was all diese Studien eint, ist die wissenschaftstheoretische Bestimmung der Vermittlung, über die sich eine Vergeschlechtlichung abstrakter physikalischer Erkenntnisse vollzieht. Denn in der Physik existieren keinerlei direkte Zusammenhänge zwischen wissenschaftlichen Aussagen und Geschlechterordnung, wie dies für große Teile der Biologie der Fall ist. Es ist also immer mindestens ein Zwischenschritt zu bestimmen, über den sich gesellschaftliche Strukturen wie die Geschlechterungleichheit im wissenschaftlichen Denken Wirkung verschaffen. Im Kontext der Wissenschaftsforschung nehmen die Studien zur Physik dezidiert Ansätze aus verschiedenen Strömungen der feministischen Theorie auf und entwickeln sie weiter. Geschlechterdimensionen sind tiefgreifend eingelassen in das Gewebe unserer Kultur und Sprache: als sozial-psychologische Einstellungen [19], gesellschaftliche Arbeitsteilung [15], Wissenschaftsgenealogien [17], metaphorische Netzwerke [16, 17] und materielle Verkörperungen [18, 20]. All diese kulturellen Elemente wiederum hinterlassen Spuren in der Gestaltung wissenschaftlicher Modelle und Methoden, eröffnen spezifische Denkmöglichkeiten und drängen andere ins Abseits.

Ein weiterer gemeinsamer Ausgangspunkt feministischer wissenschaftstheoretischer Studien ist, die soziale Gestaltung von Wissen nicht als Manko oder Defizit zu betrachten, sondern als eine Gegebenheit jeder Wissensproduktion. Die kritische Intervention bezieht sich vielmehr auf die Ausblendung solcher Zusammenhänge, über die sich überhaupt erst ein „rein objektives" und „universales" Wissen herstellt und als alternativlos für Wissenschaft behauptet. Insbesondere zielen die Gender and Science Studies auf jene verdrängten Elemente, die zwar unsichtbar gemacht, aber doch unverzichtbar, also konstitutiv für die Wissensproduktion sind. So ermöglicht eine Forschungshaltung, die auf ihre Gegenstände auch affektiv Bezug nehmen kann, statt eine emotional rigide Distanz zu wahren, Einsichten, die über die erweiterte Reproduktion von Wissen hinausgehen und neue Zusammenhänge erschließen können. „Dynamische Objektivität" [19] erweitert das kreative Potenzial.

Um die komplexen und veränderlichen Muster gesellschaftlicher Bedingungen, unter denen sich die Paradigmen entfalten, die ein Wissensfeld strukturieren, zu erfassen, bietet der Vergleich mit dem Zustandekommen eines Beugungsbildes mehrere attraktive Ansatzpunkte aus der Perspektive der Geschlechterforschung. Es ist der Versuch zu verstehen und zu beschreiben, dass im Prozess der Wissensgestaltung verschiedene Dimensionen der Kategorie Geschlecht wirksam sind und dass diese Geschlechterdimensionen miteinander in Wechselwirkung stehen, was davon sichtbar wird und was implizit bleibt, und schließlich wie dies Relationalität von Wissenssubjekten und -objekten bestimmt. Ein solches wissenschaftstheoretisches Projekt bedeutet nicht, dass Wissenschaft ihre Erklärungsmacht verliert, wohl allerdings bricht der absolute Gegensatz zum nicht-wissenschaftlichen Wissen zusammen und die Oberhoheit auf alleinigen Wahrheitsanspruch des zurzeit anerkannten Wissenskanons geht verloren. Dass Wissensordnungen sich vielmehr grundlegend reorganisieren können und müssen, ist in der Physikgeschichte nicht unbekannt und auch, dass diese Paradigmenwechsel Momente darstellen, in denen sich neue Konfigurationen der Wissensobjekte und -subjekte herausbilden.

4.5   Resonanzeffekte: Wissenschaftsspraktiken

Ein eigener Bereich der Wissenschaftsforschung konzentriert sich auf das Handeln der menschlichen Akteure und auf ihre Interaktionen im Umgang mit materiellen Objekten, mit pädagogischen und experimentellen Apparaten. Ethnografische Untersuchungen der STS, insbesondere die Laborstudien, konzentrieren sich auf die Beobachtung, dessen, was Physiker und Physikerinnen tatsächlich tun, einschließlich ihrer Wahrnehmungen und Erfahrungen. Die Beiträge aus der Perspektive der Geschlechterforschung verfolgen hierbei, wie im Wissenschaftsfeld dabei zugleich interaktiv und performativ Unterschiede zwischen den Handelnden hergestellt werden und zu welchen Verkörperungen und Vergeschlechtlichungen dies führt.

Entsprechend kann das Fach Physik als eine Zusammenstellung von spezifischen praktischen Verfahren und Methoden verstanden werden, die in den Labors und Klassenräumen gelehrt und durchgeführt werden. Es ist diese eingeübte kollektive Praxis, über die sich unterscheidbare und eigenständige Wissensgemeinschaften herausbilden [21, 22]. Das Alltagshandeln im Umgang mit Apparaturen, Fehlersuche, Problemerkennen, Messen und Interpretieren, inklusive eines spielerischen Umgangs mit physikalischen Objekten und Ideen, stiftet den Zusammenhalt und gibt den kognitiven und emotionalen Rahmen vor, in dem sich Positionierungen vollziehen und Geschlechterdifferenzen zum Tragen kommen [23, 24]. Die Differenzen vertiefen sich über die Karrierestufen hinweg, wenn die Studierenden ein Selbstverständnis als vollqualifiziertes und leitendes Mitglied des Wissenschaftskollektivs der Physik entwickeln. Denn die charakteristischen Erzählperspektiven und affektiven Einstellungen, die die Laufbahn begleiten, verengen sich sukzessive auf die maskuline Perspektive [25].

Wir können daher sagen, dass wenn in den Erzählungen über den Werdegang eines Physikers oder über die Arbeit an großen Maschinen männliche Ideale von Heldentum oder technisch-handwerklichem Können aufgerufen werden [25, 26], wird Resonanz erzeugt: Die eigene Position im Wissenschaftsfeld wird durch den Rekurs auf Männlichkeit abgesichert und verstärkt. *Doing physics* und *doing gender* greifen dann nahtlos ineinander. Allerdings können solche Resonanzeffekte auch abgefangen werden, insbesondere dann, wenn andere kulturelle oder gesellschaftliche Unterschiede präsent sind. So zeigen die Fallstudien, dass es Frauen gelingen kann, ihren Handlungsspielraum zu vergrößern und ihre Akzeptanz zu verbessern, indem sie sich bewusst von weiblichen Stereotypen absetzen und ihr Selbstbild jenseits von Mann/Frau-Dualismen entwerfen [21] oder indem sie ihre ethnische Herkunft betonen [27]. Intersektionalität wird dann zum Instrument einer aktiven Umgestaltung von intellektueller und körperlicher Identität. Diese Fälle machen auf Unstetigkeiten in der Vergeschlechtlichung von Mensch-Maschine-Interaktionen aufmerksam, auf überraschende Wendungen, mit denen sich unerwartete Resonanzräume eröffnen [22].

4.6 Brechungsfaktoren: Wissenstransfer

Eine Reihe von Fallstudien hat die Wirkung und Bedeutung physikalischen Wissens in unterschiedlichen gesellschaftlichen Bereichen im Hinblick auf die Vergeschlechtlichung von Wertvorstellungen, Institutionalisierung und Machtverhältnisse untersucht. Relevante Beispiele dafür sind Kernwaffenforschung [28, 29], Toxikologie [30], Klimawandel [31] und die Darstellung von Physik in der medialen Öffentlichkeit [32, 33]. Mit dem Übergang in außerwissenschaftliche Handlungsfelder treten Veränderungen am physikalischen Wissen auf, die wir als Brechungen beschreiben können. Insbesondere treten eigene, spezifische Geschlechterdimensionen hinzu. In diesem Kontext wird deutlich, dass die Kategorie Geschlecht entscheidend darüber mitbestimmt, welche Probleme und Fragestellungen ausgewählt werden, wie sie wahrgenommen und angegangen werden – und welche Themen als unwichtig abgedrängt werden. In einer geschlechtsspezifischen Sprache und der damit einhergehenden Vergeschlechtlichung von Lebensstilen vermittelt sich einerseits die erhöhte Bereitschaft zu den Risiken, die mit dem destruktiven Einsatz von physikalischem Wissen in Verteidigungsszenarien einhergehen [28]. Während andererseits ganz ähnliche Mechanismen dafür sorgen, dass die Alltagsperspektiven und Umweltanliegen von Frauen in den internationalen Vertragswerken der Klimaschutzabkommen kaum Berücksichtigung finden bzw. ausgeblendet werden [31].

Darin zeigt sich die generelle Tendenz, dass Wissen in abstrakter Form als universal betrachtet und einem kontextualisierten und lokalen Wissen übergeordnet wird. Wissensformen also, die historisch den Frauen und anderen marginalisierten Gruppen zugeschrieben und zugewiesen wurden [34, 35]. Dieser Befund spiegelt sich auch in einer innerwissenschaftlichen Hierarchie physikalischer Forschungsfelder, in der die Grundlagenforschung einen höheren Status einnimmt als die anwendungsorientierten Teilgebiete [36]. Allerdings ist die damit unterstellte klare Grenze zwischen reiner Grundlagenforschung und Anwendung von der Wissenschaftsforschung in Zweifel gezogen worden. Ihre Unschärfe wird noch weiter zunehmen, wenn der Austausch zwischen wissenschaftlichen und anderen Wissensordnungen betrachtet wird, wenn also die verschiedenen Akteure und ihre oft unsichtbare Arbeit berücksichtigt wird, die nötig sind, um Wissenstransfer zu ermöglichen und Wissensobjekte an gesellschaftlichen Grenzübergängen zu gestalten [37, 38]. Der Blick auf die Brechungsachsen einer mehrfachen Überlagerung von Geschlecht und Wissen im Wissenstransfer nötigt dazu, eine gesellschaftlich und kulturell isolierte Auffassung von Wissenschaft und die damit gesetzten Bedeutungen aufzugeben. Aber auch umgekehrt: Genau in diesen Bruchstellen sind die Ausgangspunkte vorhanden, um Wissenschaft besser zu verstehen.

Literatur

[1] Potter E (2001) Now We See It. In: Gender and Boyle's Law of Gases, Indiana University Press, Bloomington, S 3–21

[2] Mommertz M (2005) The Invisible Economy of Science: A New Approach to the History of Gender and Astronomy at the Eighteenth-Century Berlin Academy of Sciences. In: Zinsser JP (Hrsg) Men, Women, and the Birthing of Modern Science, Northern Illinois University Press, DeKalb, S 159–178

[3] Götschel H (Hrsg) (2013) Visible Imagery and Invisible Gender in Static Electricity. In: Transforming substance. Gender in Material Sciences – An Anthology. Springer, Uppsala, S 109–145

[4] Osietzki M (1996) Energie und Entropie. Überlegungen zu Thermodynamik und Geschlechterordnung. In: Meinel C, Renneberg M (Hrsg) Geschlechterverhältnisse in Medizin, Naturwissenschaft und Technik. Verlag für Geschichte der Naturwissenschaften und der Technik, Bassum, S 182–198

[5] Bergwik S (2014) An Assemblage of Science and Home: The Gendered Lifestyle of Svante Arrhenius and Early Twentieth-Century Physical Chemistry. Isis 105(2):265–291

[6] Kaiser D (2004) The Postwar Suburbanisation of American Physics. American Quarterly 56(4):851–888

[7] Rentetzi M (2005) Designing (for) a new scientific discipline: the location and architecture of the Institut für Radiumforschung in early twentieth-century Vienna. The British Journal for the History of Science 38:275–306

[8] Warwick A (1998) Exercising the Student Body: Mathematics and Athleticism in Victorian Cambridge. In: Lawrence R, Shapin S (Hrsg) Science Incarnate: Historical embodiments of natural knowledge. University of Chicago Press, S 288–326

[9] Heinsohn D (2000) Thermodynamik und Geschlechterdynamik um 1900. Feministische Studien 1:52–68

[10] Coen DR (2006) A Lens of Many Facets. Science through a Family's Eyes. Isis 97:395–419

[11] Gould P (1997) Women and the culture of university physics in late nineteenth-century Cambridge. The British Journal for the History of Science 30(2):127–149

[12] Scheich E (1997) Science, Politics, and Morality: The Relationship of Lise Meitner and Elisabeth Schiemann. Osiris 12:143–168

[13] Vogt A (2009) Schwestern und Freundinnen. Zur Kommunikations- und Beziehungskultur unter Berliner Privatdozentinnen. In: Labouvie E (Hrsg) Schwestern und Freundinnen. Zur Kulturgeschichte weiblicher Kommunikation. Böhlau Verlag, Köln/Weimar/Wien, S 143–176

[14] Scheich E (2010) Modernisierung von Männlichkeit – Das Bild der Physik in der 2. Hälfte des 20. Jahrhunderts. In: Ernst W (Hrsg) Internationale Frauen- und Genderforschung in Niedersachsen. LIT Verlag, Berlin, S 63–83

[15] Scheich E (1985) Was hält die Welt in Schwung? Feministische Ergänzungen zur Geschichte der Impetustheorie. Feministische Studien 4:10–32

[16] Kovacs A (2012) Gender in the Substance of Chemistry, Part 1: The Ideal Gas. Hyle International Journal for Philosophy of Chemistry 18(2):95–120

[17] Hayles K (1992) Gender Encoding in Fluid Dynamics. Differences: A Journal of Feminist Cultural Studies 4(2):16–42

[18] Barad K (2001) Performing Culture/Performing Nature: Using the Piezoelectric Crystal of Ultrasound Technologies as a Transducer between Science Studies and Queer Theories. In: C.Lammer (Hrsg) Digital anatomy. Turia + Kant, Vienna, S 98–114

[19] Fox Keller E (1985) Dynamic Objectivity. In: Reflections on Gender and Science. Routledge, New York, S 115–126

[20] Haraway D (1996) Modest Witness: Feminist Diffractions in Science Studies. In: Galison P, Stump DJ (Hrsg) The disunity of science. Stanford University Press, S 429–441

[21] Danielsson AT (2012) Exploring Woman University Students 'Doing Gender' and 'Doing Physics'. Gender and Education 24(1):25–39

[22] Lorenz-Meyer D (2014) Reassembling Gender: On the Immanent Politics of Gendering Apparatuses of Bodily Production in Science. Women: A Cultural Review 25(1):78–98

[23] Janik A, Seekircher M, Markowitsch J (2000) Frauen in der Physik. In: Die Praxis der Physik. Lernen und Lehren im Labor. Springer Verlag, Wien S 156–170

[24] Hasse C (2008) Learning and Transition in a Culture of Professional Identities. European Journal of Psychology of Education 13(2):149–164

[25] Traweek S (1988) Pilgrim's Progress: Male Tales Told During a Life in Physics. In: Beamtimes and Lifetimes: The World of High Energy Physicists. Harvard University Press, Cambridge, MA, S 74–105

[26] Pettersson H (2011) Making Masculinity in Plasma Physics: Machines, Labour and Experiments. Science Studies 24(1):47–65

[27] Ong M (2005) Body Projects of Young Women of Color in Physics: Intersections of Gender, Race and Science. Social Problems 52(4):593–617

[28] Cohn Carol (1987) Nuclear Language and How We Learned to Pat the Bomb. Bulletin of the Atomic Scientists. A Magazine of Science and World Affairs 43(5):17–24

[29] Gusterson H (1996) Secrecy. In: Nuclear Rites. A Weapons Laboratory at the End of the Cold War. California Press, University of Berkeley, S 68–100

[30] Fortun K (2011) Toxics Trouble: Feminism and the Subversion of Science. In: Scheich E, Wagels K (Hrgs) Körper, Raum, Transformation: Gender-Dimensionen von Natur und Materie. Verlag Westfälisches Dampfboot, Münster, S 234–254

[31] MacGregor S (2010) Gender and Climate Change: From Impacts to Discourses. Journal of the Indian Ocean Region 6(2):223–238

[32] Mellor F (2001) Gender and the communication of physics through multimedia. In: Public Understanding of Science 10:275–295

[33] Erlemann M (2013) Hunting for Female Galaxies and Giving Birth to Satellites: The Gendering of Epistemic Cultures in Public Discourse on Physics and Astronomy. In: Götschel H (Hrsg) Transforming Substance. Gender in Material Sciences – An Anthology. Centre for Gender Research Book Series, Uppsala, S 29–56

[34] Harding S (1998) Is Science Multicultural? Postcolonialisms, Feminisms, and Epistemologies. Indiana University Press, Bloomington

[35] Scheich E (2013) Natur und Politik. Situierte Differenzen im feministischen Diskurs. In: Appelt E, Aulenbacher B, Wetterer A (Hrsg) Gesellschaft. Feministische Krisendiagnosen. Verlag Westfälisches Dampfboot, Münster, S 26–47

[36] Whitten BL (1996) What Physics is Fundamental Physics? Feminist Implications of Physicists' Debate over the Superconducting Supercollider. National Women's Studies Association Journal 8(1):1–16

[37] Star SL, Griesemer JR (1989) Institutional Ecology, 'Translations' and Boundary Objects: Amateurs and Professionals in Berkeley's Museum of Vertebrate Zoology, 1907-39. In: Social Studies of Science 19(3):387–420

[38] Mol A (2000) Things and Thinking. Some Incorporations of Intellectuality. In: Quest 14:13–26

II

Kern- und Teilchenphysik

5 Einführung in die Kern- und Teilchenphysik
— Claudia Höhne —

Zusammenfassung

Woraus besteht Materie? Was hält sie zusammen? Warum gibt es so viele unterschiedliche Elemente? Gibt es so etwas wie einen Baukasten der Natur, unzerlegbare kleinste Bausteine, aus denen die uns bekannte Materie aufgebaut ist? Gibt es eventuell noch ganz andere Materie als die, die uns umgibt? Diese Fragen stellen sich Menschen schon seit mehr als 2000 Jahren, und die moderne Kern- und Teilchenphysik kann zumindest auf viele dieser Fragen eine Antwort geben: Unsere Materie besteht aus kleinsten, nach heutigem Verständnis unteilbaren Elementarbausteinen, den Quarks und Leptonen, und wird durch Kräfte zwischen diesen Teilchen zusammengehalten. Mit diesem *Standardmodell der Teilchenphysik* können wir die allermeisten Beobachtungen erklären. Aber nicht alle ...

© Springer-Verlag GmbH Deutschland, ein Teil von Springer Nature 2019
D. Duchardt et al. (Hrsg.), *Vielfältige Physik*, https://doi.org/10.1007/978-3-662-58035-6_5

Prof. Dr. Claudia Höhne

Was die Welt im Innersten zusammenhält – im Experiment untersucht

- *1974 in Siegen
- 1993–1999 Diplom Physik, Univ. Marburg
- 1999–2003 Promotion, Univ. Marburg
- 2004–2010 Wissenschaftlerin, GSI Helmholtzzentrum für Schwerionenforschung, Darmstadt
- Seit 2010 Professur, Univ. Gießen
- Verheiratet, zwei Kinder

Am Anfang: Meine Begeisterung für die Physik

Die Begeisterung für, besser Neugierde auf die Physik wurde in der Oberstufe geweckt. So begann ich Physik zu studieren, weil mir dieses Fach am meisten Spaß machte und ich mehr davon lernen wollte. Im Laufe des Studiums und befördert durch einen Aufenthalt als Sommerstudentin am europäischen Forschungszentrum CERN wählte ich für die Diplom- und Doktorarbeit die Kern- und Teilchenphysik, weil ich diese Thematik am interessantesten fand. Ich arbeitete dabei an einem der großen Experimente am CERN, mit denen das Quark-Gluon-Plasma experimentell nachgewiesen wurde. Nach der Promotion begann ich, an der Vorbereitung neuer Experimente an der FAIR-Anlage (Facility for Antiproton and Ion Research; dt.: Anlage zur Forschung mit Antiprotonen und Ionen) bei Darmstadt mitzuarbeiten, und sammelte so auch Erfahrung im Detektorbau. Dabei habe ich immer große Unterstützung und Förderung durch meine Kollegen erhalten. Im Rahmen der hessischen LOEWE-Initiative wurde ich dann auf eine Professur an der Justus-Liebig-Universität Gießen berufen.

Themenschwerpunkte: Was ich heute mache

In der Forschung arbeite ich weiterhin an der Untersuchung dichter Kernmaterie und des Quark-Gluon-Plasmas. Daran fasziniert mich, dass wir völlig unbekannte Materieformen erzeugen und untersuchen und dabei mehr über die starke Wechselwirkung lernen. Daneben lehre ich sehr gerne, und mir macht es Spaß, immer wieder jungen Menschen die Physik zu erklären und zu versuchen, die Faszination dafür zu wecken. Dabei bin ich immer im Spagat zwischen Wissenschaft und Familie – ohne die Unterstützung meines Mannes wäre dabei nichts von alldem möglich.

Mein Tipp

Machen Sie das, was Ihnen Freude macht und Ihr Interesse weckt – nur dann sind Sie auch gut!

5.1 Grundbausteine der Materie: Von den alten Griechen bis zu den Quarks

Die Idee, dass sich Materie aus elementaren Bausteinen aufgebaut beschreiben lässt, findet sich schon bei den antiken griechischen Philosophen. So haben z. B. Leukipp und Demokrit ca. 400 v. Chr. den Begriff des *Atoms* geprägt. Atome sollten kleinste unteilbare Einheiten sein, aus denen alle Materie zusammengesetzt ist. Auch in anderen Kulturen wie in China oder Indien bemühte man sich, einen oder mehrere Urstoffe oder Elemente zu finden, aus denen sich alles zusammensetzt. Auf der Suche nach den Bausteinen der Materie wurden im Laufe des Mittelalters zunehmend mehr Elemente mit sich periodisch wiederholenden Eigenschaften entdeckt. Dies war ein deutlicher Hinweis darauf, dass die unterschiedlichen Elemente eine innere Struktur haben und nicht unteilbar sind. In der ersten Hälfte des 20. Jahrhunderts erkannte man, dass das zuvor als unteilbar angesehene Atom aus einer Hülle mit Elektronen und einem winzigen Kern aus Protonen und Neutronen besteht. Die Kern- und Teilchenphysik war geboren. Insbesondere mit Inbetriebnahme der ersten Teilchenbeschleuniger höherer Energie in den 1950er-Jahren wurde ein ganzer „Zoo" an neuen Teilchen, den *Hadronen*, entdeckt. Die Hadronen ließen sich in Gruppen mit ähnlichen Eigenschaften einteilen, was wie bei den Elementen dazu führte, die innere Struktur zu verstehen. Dabei zeigte sich, dass Proton und Neutron auch Repräsentanten dieser Hadronen sind, und ebenfalls eine Substruktur haben, also nicht elementar sind. In den 1960er-Jahren brachte das Quark-Modell Ordnung in diesen Teilchenzoo: Alle bekannten Hadronen lassen sich als Kombinationen von zwei oder drei elementaren Bausteinen, den *Quarks*, erklären. So ist die Physik auf der Suche nach den fundamentalen Bausteinen der Materie an einem (vorläufigen?) Ende angekommen.

Die moderne Kern- und Teilchenphysik beschäftigt sich mit der genauen Erforschung dieser Teilchen, der Suche nach neuen Teilchen und nach bislang unbekannten Materieformen, dem Verständnis ihrer Wechselwirkungen, aber auch mit dem Verständnis des Aufbaus der Atomkerne und der Elementerzeugung im Universum. Es gibt vielfältige Anwendungen in der Medizintechnik, Fusionsforschung und Kernenergietechnik. Die Entwicklung immer schnellerer und präziserer Detektoren treibt dabei viele technische Entwicklungen, z. B. von Materialien, voran, und auch das World Wide Web wurde am CERN, der Europäischen Organisation für Kernforschung bei Genf, zur Kommunikation der Forschenden erfunden. Das im Wesentlichen in den 1960er- und 1970er-Jahren entwickelte Standardmodell der Teilchenphysik ist eine Theorie, die Ladungen, Wechselwirkungen (Kräfte) und Teilchen miteinander verbindet und deren Basis fundamentale Symmetrien in der Natur sind. Im Folgenden soll nun unser heutiges Verständnis vom Aufbau der Materie vom Kleinen zum Großen umrissen werden. Als Lehrbuch zum vertiefenden Nachlesen eignet sich z. B. [1].

5.2   Das Standardmodell – Elementarteilchen und Kräfte

Das Standardmodell der Teilchenphysik fasst unser heutiges Verständnis des Aufbaus der Materie zusammen; in Abb. 5.1a ist eine schematische Übersicht dargestellt: Es gibt sogenannte Elementarteilchen, die *Quarks* und *Leptonen*, und fundamentale Kräfte, die zwischen diesen Teilchen wirken. Die elektromagnetische Kraft wirkt zwischen elektrischen Ladungen und bindet damit z. B. Moleküle. Die starke Kraft wirkt zwischen den Quarks, bindet diese in den Hadronen und hält die Atomkerne zusammen. Die schwache Wechselwirkung kann als einzige unterschiedliche Quarks oder Leptonen ineinander umwandeln und tritt etwa bei bestimmten radioaktiven Zerfällen auf. Diese drei Kräfte werden im Standardmodell durch eine andere Gruppe von Teilchen vermittelt, den sogenannten *Eichbosonen*. Ähnlich wie zwei Personen, die einen Ball zwischen sich hin- und herwerfen und damit zum einen eine Kraft und Wechselwirkung übertragen, sich so aber auch aneinander binden können, werden hier Kräfte durch Teilchenaustausch beschrieben. Dabei vermitteln die Photonen (γ) die elektromagnetische Kraft, die Gluonen (g) die starke Kraft und die W$^+$-, W$^-$- und Z^0-Bosonen die schwache Wechselwirkung. Die vierte uns bekannte Kraft, die Gravitation, die unsere Erde um die Sonne kreisen lässt, kann in diesem Rahmen nicht beschrieben werden. Forschungsansätze, auch die Gravitation in ein erweitertes Standardmodell einzufügen, werden in Kapitel 9 behandelt.

Quarks und Leptonen sind die fundamentalen Bausteine unserer Materie. Nach unserem heutigen Verständnis sind sie unteilbar und strukturlos und es gibt je sechs unterschiedliche Sorten (*flavor*). Bei den Quarks unterscheiden wir das Up- (u), Down- (d), Strange- (s), Charm- (c), Bottom- (b) und Top- (t) Quark. Bei den Leptonen gibt es Elektron (e), Myon (μ) und Tau (τ) und je ein zugehöriges Neutrino (ν_e, ν_μ, ν_τ). Details zu den Neutrinos werden in Kapitel 6 besprochen. Quarks und Leptonen haben alle eine Masse, die sich aber für die unterschiedlichen *flavor* um Größenordnungen unterscheiden kann.

In der Theorie des Standardmodells werden die Materieteilchen und ihre Wechselwirkungen auf Symmetrien als grundlegendes Prinzip zurückgeführt. Als Konsequenz dieser *Eichsymmetrien* sind dann die Wechselwirkungen zwischen den Teilchen festgelegt, und insbesondere sind jeder Wechselwirkung Ladungen zugeordnet, die erhalten werden. So wird in der elektromagnetischen Wechselwirkung die bekannte negative bzw. positive elektromagnetische Ladung exakt erhalten. Ganz ähnlich verhält es sich mit der schwachen Ladung der schwachen Kraft. Die starke Ladung kann drei Werte annehmen: *Rot*, *Grün* und *Blau*. Diese starke Ladung macht auch den wesentlichen Unterschied zwischen Quarks und Leptonen aus: Quarks tragen Farbladung, Leptonen nicht. Zu jedem Materieteilchen wie z. B. dem Up-Quark (u) gehört ein sogenanntes *Antiteilchen*, das Anti-Up-Quark ($\bar{u}$), mit exakt der gleichen Masse, aber entgegengesetzter Ladung, d. h. z. B. $-\frac{2}{3}e$ statt $\frac{2}{3}e$ und *Anti-Rot* statt *Rot*. Treffen Teilchen

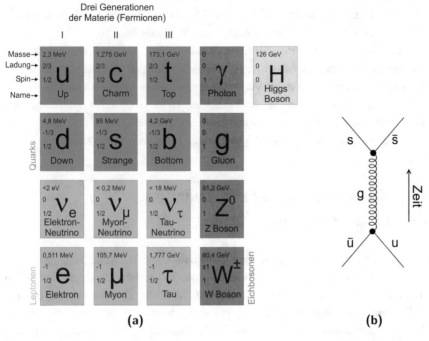

Abb. 5.1 a Elementarteilchen des Standardmodells. Die Masse ist in eV/c^2 angegeben, $1\,eV/c^2$ entspricht $1{,}78 \cdot 10^{-36}$ kg (Notation z. B. $MeV = 10^9\,eV/c^2$). Die Ladung ist in Einheiten der Elementarladung $e = 1{,}6 \cdot 10^{-19}$ C gegeben. **b** Beispielhaft für einen Prozess der starken Wechselwirkung ist ein sogenanntes Feynman-Diagramm gezeichnet, das die Annihilation eines $u\bar{u}$-Paares und Produktion eines neuen $s\bar{s}$-Paares durch die starke Wechselwirkung, d. h. Gluon-Austausch, darstellt

und Antiteilchen zusammen, so löschen sie sich aus, sie *annihilieren* zu einem Eichboson, das andererseits dann wieder ein neues Teilchen-Antiteilchen-Paar erzeugen kann (Abb. 5.1b). Solche Teilchen-Antiteilchen-Annihilationen und -Produktionen sind eine der Grundlagen für die Produktion neuer Teilchen in den Experimenten an Beschleunigeranlagen wie dem CERN, dem Fermi National Accelerator Laboratory (Fermilab) in den USA und vielen anderen Anlagen auf der Welt. Bei der elektromagnetischen und starken Wechselwirkung ist in diesen Prozessen die *flavor* eine Erhaltungsgröße, nur die schwache Wechselwirkung kann Quarks oder Leptonen ineinander umwandeln und ermöglicht so den Zerfall der schweren Quarks und Leptonen in leichtere Teilchen. Stabil sind nur die leichtesten Teilchen (u, d, e, ν_e), die somit auch unsere alltägliche Materie bilden. Dabei gilt für alle Prozesse, wie immer in der Physik, Energie- und Impulserhaltung.

Etwas außerhalb dieser Verflechtung aus Teilchen und Kräften steht das Higgs-Boson (H). Es wurde 1964 vorhergesagt, weil insbesondere die Massen der Eichbosonen der schwachen Wechselwirkung $W^\pm$ und Z^0 die Symmetrie in der Theorie zerstörten. Mit einem bemerkenswerten Mechanismus, der sogenannten *spontanen Symmetriebrechung*, gelang es dann, gleichzeitig die Symmetrie zu erhalten und Massen einzuführen. Als Konsequnz wurde ein neues Teilchen gefordert, das *Higgs-Boson*, dessen Kopplung an Teilchen diesen dann Masse verleiht. Das Higgs-Boson koppelt an alle Teilchen, bis auf das Photon und die Gluonen, deshalb sind diese masselos.

Seit der Entdeckung des Higgs-Bosons 2012 am CERN sind nun alle Teilchen des Standardmodells in Experimenten nachgewiesen worden und alle Beobachtungen im Labor entsprechen recht exakt den Vorhersagen des Standardmodells. Doch damit sind nicht alle Fragen gelöst, denn man weiß z. B. aus astrophysikalischen Beobachtungen, dass es noch andere, nicht im Standardmodell vorhandene Materie und Energie, die *Dunkle Materie* und *Dunkle Energie* geben muss. Mehr dazu in Kapitel 8.

5.3 Zusammengesetzte Teilchen: Hadronen und Kerne

Aus dem in Abschnitt 5.2 vorgestellten Grundbaukasten der Natur lassen sich nun alle bekannten und beobachtbaren Teilchen zusammensetzen. Leptonen können frei und ungebunden existieren, und der bekannteste Vertreter, das Elektron, ist essenzieller Baustein des Atoms. Quarks hingegen sind immer in Hadronen gebunden und treten nicht einzeln auf, man bezeichnet diese Tatsache auch als *confinement*, d. h. Einsperrung. Die Ursache dafür liegt in der Natur der starken Kraft: Anders als die elektromagnetische Kraft und auch die Gravitation wird die starke Kraft nicht immer schwächer, je weiter man zwei Quarks voneinander trennt, sondern bleibt konstant. Die Ursache ist, dass Gluonen selbst Farbe tragen, d. h. anders als das elektromagnetisch neutrale Photon, auch *miteinander* wechselwirken können. Damit wird die benötigte Energie, um Quarks zu separieren, immer größer, je weiter man sie auseinanderzieht, d. h., man kann sie nicht trennen. Damit Hadronen als gebundene, stark wechselwirkende Zustände existieren können, müssen sie nach außen hin farbneutral (ladungsneutral bezüglich der starken Ladung) sein, sodass die starke Wechselwirkung im Wesentlichen auf den Innenbereich beschränkt ist. Eine solche Farbneutralität kann man im einfachsten Fall erreichen, indem man Quark-Antiquark-Paare bildet, die Farbe und zugehörige Antifarbe tragen. Diese Teilchen nennt man *Mesonen*, und typische Vertreter sind das π^+, bestehend aus Up-Quark und Down-Antiquark (kurz u$\bar{\text{d}}$), in Blau-Antiblau, Rot-Antirot und Grün-Antigrün oder analog das π^- (ū d), K^+ (uš), J/ψ (c̄c) und noch Hunderte weiterer Kombinationen. Aber auch drei Quarks oder Antiquarks unterschiedlicher Farbe (Rot, Grün, Blau) heben sich auf, so wie in der optischen additiven Farbmischung aus diesen drei Farben Weiß wird. Diese Analogie ist auch der Grund dafür, dass die starke Ladung mit den Grundfarben bezeichnet wird. Solche Teilchen aus drei Quarks heißen *Baryonen*, die bekanntesten sind das Proton, bestehend aus zwei Up- und einem Down-Quark (uud), und das Neutron (udd). Auch hier gibt es wieder Hunderte von Möglichkeiten, wie z. B. das Λ (uds), Ω (sss) oder Λ_c (udc), aber auch das Anti-Λ ($\overline{\text{uds}}$) usw. Die Particle Data Group [2] sammelt in umfangreichen Tabellen den stets aktuellen Wissenstand über die Eigenschaften der unterschiedlichen Teilchen: Masse, Zusammensetzung, Lebensdauer, Zerfallsmöglich-keiten und vieles mehr. Bis auf das Top-Quark gehen alle Quarks solche Bindungen ein. Das Top-Quark ist so schwer, dass es zerfällt, bevor es in einem Hadron gebunden wird. Die starke Wechselwirkung sieht theoretisch noch andere, exotischere gebundene Zustände vor. So könnten aufgrund der Selbstwechselwirkung untereinander auch nur Gluonen einen gebundenen Zustand bilden (*glueball*). Solche Zustände sind experi-mentell allerdings noch nicht zweifelsfrei nachgewiesen worden.

Betrachtet man die Masse der Hadronen, die aus den leichten Quarks bestehen, so stellt man einen erstaunlichen Effekt fest: Die Summe der Massen aus Up- und Down-Quarks ergibt z. B. nur etwa 1 % der Protonenmasse (m_p=938 MeV/c^2). Der Rest der Masse wird aus der starken Wechselwirkung generiert, und dieser Effekt ist gekoppelt an die Tatsache, dass die Gluonen aufgrund ihrer Farbe auch miteinander wechselwirken. Das Proton (und Neutron) ist in seinem mikroskopischen Aufbau damit eigentlich viel komplexer, als dargestellt. Dennoch hat sich die Beschreibung mit drei Quarks als Grundbausteinen bewährt. Auch wenn das Konzept der Hadronen einfach klingt, so ist experimentell und theoretisch noch längst nicht alles vermessen und verstanden und es gibt immer wieder Teilchen, die neu entdeckt werden. Mehr dazu in Kapitel 7.

Das Atom, Grundlage der uns umgebenden Materie, kann damit aus seinen Bau-steinen zusammengesetzt werden (Abb. 5.2), deren Grundlage die Elementarteilchen sind. Jedes Proton und Neutron besteht aus drei Quarks, der Atomkern aus Protonen und Neutronen. Für das neutrale Atom kommt noch eine Hülle aus Elektronen hin-zu, die die positive Ladung des Kerns kompensiert. Bindende Kraft des Atoms ist die elektromagnetische Kraft, die zwischen den positiv geladenen Protonen und negativ geladenen Elektronen wirkt.

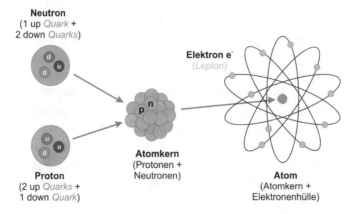

Abb. 5.2 Schematische Darstellung des Aufbaus der Materie. Die Dimensionen und relativen Größen im Bild unterscheiden sich beträchtlich von der Realität: Protonen und Neutronen haben einen Durchmesser von der Größenordnung 10^{-15}m = 1 fm, Atomkerne von 10^{-14} m, wohingegen das gesamte Atom mit der Elektronenhülle etwa 10^{-10} m groß ist

In den Kernen sind Protonen und Neutronen sehr eng gepackt, die Kernmateriedichte ist innerhalb des Kernes konstant und beträgt unvorstellbare $3 \cdot 10^{14}$ g/cm^3. Eine genaue Untersuchung der Kerne zeigt, dass nicht jede beliebige Kombination von Protonen und Neutronen in der Natur realisiert ist. Abb. 5.3 zeigt die *Nuklidkarte*, in der alle bekannten Kerne in Abhängigkeit ihrer Protonen- und Neutronenzahl aufgetragen sind. Nur ein kleiner Bruchteil der Kerne ist stabil (schwarz), diese Kerne haben in etwa die gleiche Protonen- und Neutronenzahl, wobei die Neutronenzahl umso stärker überwiegt, je größer die Kerne werden. Die Stabilität von Kernen ist vor allem ein Wechselspiel aus der anziehenden Kernkraft, die zwischen allen Protonen bzw. Neutronen wirkt, und der abstoßenden Coulomb-Kraft (elektromagnetische Kraft) zwischen den Protonen. Die Kernkraft ist dabei keine der in Abschnitt 5.2 eingeführten fundamentalen Kräfte, sondern erklärt sich aus der starken Wechselwirkung zwischen den Quarks im Proton oder Neutron. Sie lässt sich phänomenologisch sehr gut durch einen Austausch von Quark-Antiquark-Paaren zwischen Neutronen und Protonen beschreiben. Die Reichweite der Kernkraft ist sehr gering und wirkt nur bis zu den benachbarten Protonen bzw. Neutronen. Da dagegen die Reichweite der Coulomb-Kraft sehr groß ist, müssen für große Kerne zunehmend mehr Neutronen zur Kompensation in den Verbund eingebaut werden. Abzüglich dieses Effektes durch die Coulomb-Abstoßung sind Kerne dann besonders stabil, wenn es ungefähr gleich viele Protonen und Neutronen gibt. Was passiert nun, wenn ein Kern nicht stabil ist? Alle diese Kerne, in Abb. 5.3 farbig gekennzeichnet, zerfallen sukzessiv in stabile Kerne. Die dabei ausgesendete α-, $\beta^{\pm}$- oder γ-Strahlung ist als *Radioaktivität* bekannt. Werden die Kerne zu groß, so ist die Stabilität nicht mehr gewährleistet und die Kerne zerfallen unter Aussendung von He-Kernen, (zwei Protonen, zwei Neutronen), bekannt als α-Strahlung (s. Abb. 5.3, gelb). Besonders schwere Kerne können auch spontan spalten, d. h., sie zerfallen in zwei ähnlich große Tochterkerne. Haben Kerne zu viele Neutronen oder Protonen, so können diese unter Aussendung eines Elektrons bzw. Anti-Elektrons (Positrons) und eines Antineutrinos bzw. Neutrinos in Protonen oder Neutronen umgewandelt werden, sodass sich der Kern durch mehrere solcher Umwandlungen einem stabilen Neutron zu Proton-Verhältnis nähert. Diese Strahlung wird wegen der Elektronen und Positronen als β^-- bzw. β^+-Strahlung bezeichnet (s. Abb. 5.3, blau, rot). Der $\beta^{\pm}$-Zerfall ist ein Prozess der schwachen Wechselwirkung, bei dem im Inneren des Protons bzw. Neutrons ein Up- in ein Down-Quark umgewandelt wird oder umgekehrt. γ-Strahlung tritt oft im Anschluss an die anderen Strahlungsarten auf und zeugt von einer Umordnung in der Besetzung der Protonen- und Neutronenzustände im Kern, ähnlich wie die Röntgenstrahlung bei Umordnungsprozessen in der Elektronenhülle.

Neben diesen gebundenen Zuständen kann stark wechselwirkende Materie analog zu normaler Materie in verschiedenen Phasen (fest, flüssig, gasförmig) vorliegen. Neben den Kernen sind Hadronen die bei „niedrigen" Temperaturen und Drücken bzw. Dichten vorliegende Phase. Oberhalb einem 5–10-Fachen der normalen Kernmateriedichte oder Temperaturen von mehr als $2 \cdot 10^{12}$ K, d. h. 100.000-mal heißer als im Inneren der Sonne, finden wir wegen der hohen Energiedichte einen Übergang in eine

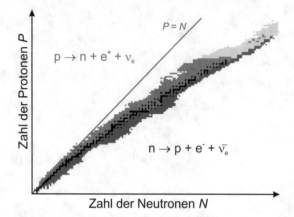

Abb. 5.3 Nuklidkarte (vereinfacht): Alle bekannten Kerne sind in Abhängigkeit ihrer Protonen- und Neutronenzahl dargestellt. Nur ein kleiner Bruchteil ist stabil (schwarz), alle anderen, instabilen Kerne zerfallen mit Lebensdauern, die sich um viele Größenordnungen unterscheiden können: Bereiche mit α-Zerfällen sind gelb, mit β^-- und β^+-Zerfällen blau bzw. rot gekennzeichnet

Phase, in der Quarks und Gluonen nicht mehr in Hadronen gebunden sind, sondern quasifrei vorliegen, das *Quark-Gluon-Plasma*. Eine solche Phase muss das Universum wenige Millionstel Sekunden nach dem Urknall durchlaufen haben, als die Energiedichte noch unvorstellbar hoch war. Bei zunehmender Abkühlung bildeten sich dann zunächst die Hadronen und viel später die Atome. Experimentell kann der Zustand des frühen Universums kurz nach dem Urknall an Beschleunigern wie z. B. dem CERN durch Kollisionen möglichst großer Atomkerne untersucht werden.

Literatur

[1] Povh B, Rith K, Scholz C, Zetsche F (2006) Teilchen und Kerne. Springer, Berlin, Heidelberg
[2] Particle Data Group (2018) http://www.pdg.lbl.gov

6 Faszinierende Neutrinos
— Anne Schukraft —

Zusammenfassung

Neutrinos sind faszinierende Elementarteilchen: Sie sind überall gegenwärtig, aber dennoch für uns schwer nachweisbar. Aufgrund ihrer geringen Wechselwirkungswahrscheinlichkeit durchqueren die meisten Neutrinos die ganze Erde unbeobachtet. Deshalb werden sie häufig auch als Geisterteilchen bezeichnet. In der Geschichte der Teilchenphysik gibt es viele gelöste und ungelöste Rätsel bezüglich Neutrinos. Noch immer werden sie nicht komplett vom sonst so erfolgreichen Standardmodell der Teilchenphysik beschrieben. Durch Experimente in den ungewöhnlichsten Lagen – am Südpol, im Meer, in Bergwerken und an anderen Orten – versuchen Wissenschaftlerinnen und Wissenschaftler die Geheimnisse der Neutrinos zu lüften und ihre Rolle bei der Entstehung und Entwicklung des Universums zu verstehen.

© Springer-Verlag GmbH Deutschland, ein Teil von Springer Nature 2019
D. Duchardt et al. (Hrsg.), *Vielfältige Physik*, https://doi.org/10.1007/978-3-662-58035-6_6

Dr. Anne Schukraft

Kleine Teilchen, große Wissenschaft!

- *1985 in Karlsruhe
- 2004–2009 Physik-Diplom, RWTH Aachen
- 2009–2013 Promotion, RWTH Aachen
- 2013–2016 Postdoktorandin, Fermilab, Chicago
- 2014 Hertha-Sponer-Preisträgerin der DPG
- Seit 2016 Associate Scientist, Fermilab, Chicago

Am Anfang: Meine Begeisterung für die Physik

Schon in der Schule hatte ich Spaß an Mathe und Physik, und auch die Fragen, warum und wie unser Universum entstand und sich entwickelte, haben mich seit der Oberstufe interessiert. So begann ich ein Physik-Diplomstudium ohne genau zu wissen, was ich mit einem Abschluss in Physik einmal machen würde. Die Begeisterung für die Physik als Wissenschaft wurde während des Studiums geweckt, insbesondere durch HiWi-Tätigkeiten, Praktika und Diplomarbeit, wo ich kennenlernen konnte, wie in der Wissenschaft gearbeitet wird. Die Teilchenphysik mit ihren grundlegenden Fragestellungen und großen internationalen Experimenten hat mir besonders viel Spaß gemacht. Meine Diplom- und Doktorarbeit drehten sich beide um die Analyse von Daten des Neutrinoteleskops *IceCube*. Nach meiner Promotion bin ich ans Fermilab gegangen, um dort beim Detektorbau von Neutrinoexperimenten Neues zu lernen.

Themenschwerpunkte: Was ich heute mache

Heute arbeite ich als Wissenschaftlerin an mehreren Neutrinoexperimenten. Die Arbeit in großen internationalen Teams ist für mich eines der Highlights in meinem Beruf. Fermilab ist momentan der Standort verschiedener Experimente, und meine tägliche Arbeit ist eine Mischung aus Detektorbau und Datenanalyse. Der rote Faden meiner bisherigen Karriere waren die Neutrinos, die ich spannend finde, weil sie der Schlüssel zu so vielen Fragen sein könnten. Sei es, um mehr von Orten weit draußen im Universum zu lernen, oder um das bisher so bewährte Standardmodell der Teilchenphysik herauszufordern.

Mein Tipp

Habt Spaß an der Physik und nutzt früh Gelegenheiten, bei aktuellen Forschungsprojekten mitzumachen und die Wissenschaft kennenzulernen. Die Physik ist vielseitiger als man denkt!

6.1 Gelöste und ungelöste Neutrinorätsel

Die Entdeckung der Neutrinos geht auf rätselhafte Beobachtungen zurück, die in den 1920er-Jahren in Experimenten zur radioaktiven β-Strahlung gemacht wurden: Das emittierte Elektron besaß weniger Energie, als erwartet. Wolfgang Pauli postulierte im Jahr 1930 die Existenz eines neuen, unsichtbaren Teilchens – das Neutrino (ν) –, um die Energieerhaltung im β-Zerfall zu retten und das beobachtete Energiespektrum der Elektronen zu erklären. Demnach zerfällt ein Neutron in ein Proton, ein Elektron und ein Antineutrino ($n \rightarrow p + e^- + \bar{\nu}$). Pauli selbst hatte Zweifel an seiner Lösung, und es vergingen auch mehr als 25 Jahre, bevor Neutrinos erstmals experimentell nachgewiesen werden konnten. Heutzutage gehören Neutrinos noch immer zu den Elementarteilchen, über die wir wenig wissen und die immer wieder für Überraschungen sorgen.

Die wichtigsten Eigenschaften der Neutrinos sind, dass sie elektrisch neutral und sehr leicht sind. Die genauen Massen der Neutrinos sind noch immer unbekannt. Messungen aus der Kosmologie wie auch Präzisionsmessungen zum β-Zerfall konnten aber eine Obergrenze für die Neutrinomasse bestimmen. Mit Neutrinooszillationsexperimenten (s. Abschnitt 6.4) konnten winzige Massenunterschiede zwischen den drei bekannten Neutrinoarten entdeckt werden. Das bedeutet, dass Neutrinos nicht masselos sind. Das ist eine Überraschung, denn nach dem Standardmodell der Teilchenphysik wären sie masselos. Ob der Higgs- oder ein anderer Mechanismus den Neutrinos ihre Masse verleiht und warum ihre Masse so viel geringer ist als die anderer Elementarteilchen ist bisher nicht bekannt. Moderne Experimente, z. B. das KATRIN-Experiment in Karlsruhe [4], versuchen zur Lösung dieser Fragen beizutragen.

Neutrinos unterliegen nur der schwachen, aber nicht der starken Wechselwirkung: Sie wechselwirken durch den Austausch von W- und Z-Bosonen, aber nicht Gluonen. Weil sie elektrisch neutral sind, wechselwirken sie nicht mit Photonen. Da die schwache Wechselwirkung eine sehr schwache Kraft ist, sind Kollisionen von Neutrinos mit anderen Teilchen sehr selten, dementsprechend sind Neutrinos schwer zu beobachten. Der erste experimentelle Nachweis gelang den Physikern Clyde Cowan und Frederick Reines im Jahr 1956 mit einem Experiment in der Nähe eines nuklearen Reaktors.

Seitdem wurde herausgefunden, dass Neutrinos in verschiedenen *flavors* vorkommen. Jedes der drei geladenen Leptonen im Standardmodell (Elektron, Myon und Tau) hat einen Neutrinopartner. Die drei verschiedenen Neutrino-*flavors* unterscheiden sich darin, welches Partnerlepton sie in einer Wechselwirkung mit W-Boson-Austausch erzeugen. Ein Elektron-Neutrino produziert ein Elektron ($\nu_e + n \rightarrow p + e^-$), ein Myon-Neutrino ein Myon ($\nu_\mu + n \rightarrow p + \mu^-$) und ein Tau-Neutrino ein Tau ($\nu_\tau + n \rightarrow p + \tau^-$). Ob es weitere Neutrino-*flavors* gibt, ist nicht klar und Gegenstand der aktuellen Forschung. Diese Frage wird von verschiedenen Experimenten, unter anderem den *short baseline-Neutrino-Experimenten* [5] am Fermilab in den USA untersucht.

Genau wie alle anderen Elementarteilchen existieren Neutrinos sowohl als Teilchen als auch als Antiteilchen. Aktuelle Experimente beschäftigen sich mit dem Verhältnis von Neutrinos zu ihren Antiteilchen und damit, ob die physikalischen Gesetze genau symmetrisch zwischen Neutrinos und Antineutrinos sind. Die Beantwortung dieser Frage ist wichtig, um zu verstehen, warum unser Universum heute von Materie dominiert wird und alle Antimaterie, die beim Urknall entstanden ist, verschwunden zu sein scheint. In einem Universum aus gleichen Mengen von Materie und Antimaterie wäre zu erwarten, dass diese sich gegenseitig ausgelöscht hätten. Unser Universum bestünde dann nur aus elektromagnetischer Strahlung und hätte weder Sterne noch andere massive Objekte.

Es könnte allerdings auch sein, dass Neutrinos identisch mit ihren eigenen Antiteilchen sind (sogenannte *Majorana-Teilchen*). Um das zu untersuchen, beobachten Experimente instabile Kerne, um einen doppelten β-Zerfall ohne Emission von Neutrinos zu entdecken. Benötigt wird dafür ein gleichzeitiger Zerfall von im Kern gebundenen Neutronen in jeweils ein Proton, ein Elektron und ein Neutrino. Das kommt nur in wenigen Isotopen vor (z. B. ^{76}Ge oder ^{136}Xe). Die Experimente messen die Zerfalls-produkte und suchen nach zwei gleichzeitig emittierten Elektronen, ohne begleitende Neutrinos (s. Abb. 6.1). Eine solche Beobachtung könnte man damit erklären, dass die beiden Neutrinos aus den zwei β-Zerfällen sich gegenseitig auslöschen, weil ein Neutrino gleichzeitig auch ein Antineutrino ist. Solche doppelten β-Zerfälle sind selten und die Messungen deshalb schwierig. Um die Experimente vor der störenden kosmischen Strahlung zu schützen, werden sie meistens tief unter der Erdoberfläche in Bergwerken durchgeführt.

Sechzig Jahre nach der Entdeckung der ersten Neutrinos gibt es also immer noch viele ungelöste Fragen zum Verhalten dieser Geisterteilchen und dazu, welche Rolle sie bei der Entstehung unseres Universums gespielt haben. Weiterführende Literatur zu diesem Thema z. B. in [1] und [2].

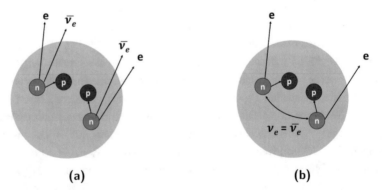

(a)   (b)

Abb. 6.1 Schematische Darstellung eines regulären doppelten β-Zerfalls (**a**) und eines neutrino-losen doppelten β-Zerfalls (**b**). Im Fall eines neutrinolosen doppelten β-Zerfalls löschen sich die beiden zeitgleich produzierten Elektron-Antineutrinos gegenseitig aus, weil ein Neutrino gleich-zeitig ein Antineutrino ist

6.2　Neutrinoquellen

Neutrinos sind die am häufigsten vorkommenden massiven Teilchen im Universum. Nur Photonen gibt es mehr, aber diese sind masselos. Die Intensität verschiedener Neutrinoquellen ist in Abb. 6.2 dargestellt. Die meisten Neutrinos sind Relikte aus dem frühen Universum und haben heute aufgrund der Ausdehnung des Universums eine geringe Energie im Bereich von $\lesssim 10^{-3}$ Elektronenvolt (meV). Da Neutrinos mit solch niedrigen Energien fast nie mit anderen Teilchen wechselwirken, sind diese kosmologischen Neutrinos bisher nicht direkt nachweisbar.

Die Sonne ist die stärkste Neutrinoquelle in unserer astronomischen Nachbarschaft. In Kernreaktionen erzeugt sie eine Vielzahl von Neutrinos. Pro Sekunde durchqueren Milliarden von solaren Neutrinos mit Energien im MeV-Bereich (10^6 eV) eine Fläche der Größe eines Fingernagels. Spüren kann man Neutrinos aber nicht, denn Neutrinos gehen in der großen Mehrheit einfach durch uns hindurch. Das liegt wieder an ihrer geringen Wechselwirkungswahrscheinlichkeit. Diese ist so gering, dass fast alle solaren Neutrinos ungestört die gesamte Erdkugel durchqueren. Messen kann man diese

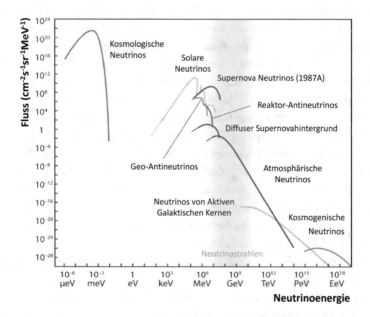

Abb. 6.2 *Neutrinofluss* als Funktion der Neutrinoenergie. Der Fluss beschreibt, wie viele Neutrinos pro Fläche, Zeit, Raumwinkel und Energie auf der Erde eintreffen. Das Spektrum der Neutrinos erstreckt sich über beeindruckend viele Größenordnungen in Fluss und Energie. Die verschiedenen Energien erfordern unterschiedliche Technologien, um Neutrinos zu detektieren. Prinzipiell gilt: Je höher die Energie, desto geringer der Fluss, und desto größer der Detektor, der zur Beobachtung einer signifikanten Anzahl dieser Neutrinos erforderlich ist. Der orange schattierte Bereich markiert den Energiebereich, in dem Neutrinostrahlen mit Teilchenbeschleunigern erzeugt werden. (Adaptiert nach Katz und Spiering [10]; mit freundlicher Genehmigung von © C. Spiering 2018. All rights reserved)

Neutrinos deshalb bei Tag und Nacht, egal ob drinnen oder draußen. Während der Lebenszeit eines Menschen werden nur ein oder zwei Neutrinos mit einem Atom im Körper wechselwirken.

Andere astronomische Quellen senden auch Neutrinos aus, z. B. Supernovaexplosionen. Bei solchen Explosionen am Ende eines Sternenlebens wird ein Großteil der vorhandenen Energie in MeV-Neutrinos freigesetzt. Während Teleskope mittlerweile das Licht von Hunderten von Supernovas beobachtet haben, ist der Nachweis von Supernovaneutrinos mit Teilchendetektoren bisher nur möglich, wenn die Sternenexplosion in unserer Galaxie – der Milchstraße – stattfand und somit die Anzahl der Neutrinos, die unsere Erde trifft, groß genug ist. Das erste und bisher einzige Mal wurden Neutrinos einer Supernova im Jahr 1987 beobachtet. Eine erhöhte Rate an Neutrinos wurde damals zeitgleich in mehreren Neutrinodetektoren weltweit gemessen. Die Gesamtzahl beobachteter Supernovaneutrinos war aber gering, und vieles über die dahinter steckende Physik bleibt noch zu erforschen. Heute sind wir mit mehr und besseren Detektoren viel besser vorbereitet und warten gespannt auf die nächste nahe Supernova (erwartet wird eine in etwa 30 Jahren in der Milchstraße). Außerdem sind verschiedene Neutrinoexperimente und Teleskope miteinander vernetzt, sodass wir im Fall einer Supernova oder eines anderen interessanten astronomischen Ereignisses sofort mit mehreren Teleskopen und Detektoren den Himmel beobachten können.

Neutrinos werden auch in der Erdatmosphäre produziert, wenn sogenannte kosmische Strahlung – hauptsächlich bestehend aus Protonen – auf die Erdatmosphäre trifft und bei ihrer Kollision mit Atomen eine Vielzahl elementarer Teilchen produziert, darunter Neutrinos mit GeV- bis PeV-Energien ($10^9 - 10^{15}$eV). Der Ursprung der kosmischen Strahlung ist ein aktives Forschungsfeld. Vermutet werden astrophysikalische Prozesse in Aktiven Galaxien oder Gammablitzen. Man vermutet seit Langem, dass in diesen Prozessen auch direkt Neutrinos mit TeV- (10^{12} eV) und PeV-Energien erzeugt werden können. Solche hochenergetischen Neutrinos sind ideale Botenteilchen für die Suche nach den Quellen der kosmischen Strahlung, weil sie anders als Photonen oder geladene Teilchen das Universum ungehindert und geradlinig durchqueren. Nach diesen Neutrinos sucht das IceCube-Experiment [6] am Südpol mit einer Detektorgröße von 1 km^3. Im Jahr 2018 hat IceCube eine bedeutende Entdeckung gemacht und mit großer Wahrscheinlichkeit die erste Neutrinoquelle, einen Blazar, identifiziert, was die vermutete Verbindung zwischen hochenergetischen Neutrinos und kosmischer Strahlung bestätigt [7]. Blazare gehören zur Kategorie der Aktiven Galaxien, also Galaxien mit einem supermassereichen (engl.: *supermassive*) Schwarzen Loch im Zentrum und einer dazugehörigen Akkretionsscheibe aus einströmender Materie. Senkrecht zur Akkretionsscheibe wird in sogenannten Jets hochenergetisches Gas emittiert. Trifft dieses auf interstellare Materie wird eine ideale Umgebung zur Beschleunigung von Teilchen erzeugt. Blazare sind Aktive Galaxien, die so orientiert sind, dass der Jet Richtung Erde zeigt. Mit der Entdeckung von hochenergetischen Neutrinoquellen eröffnen sich ganz neue Möglichkeiten für die Erforschung unseres Universums. Weiterführende Literatur zu astrophysikalischen Neutrinos z. B. in [3].

Neben natürlichen gibt es auch künstliche Neutrinoquellen. Dazu gehören Kernreaktoren, die Antineutrinos im MeV-Bereich in Kernspaltungsprozessen produzieren. Viele Neutrinoexperimente befinden sich deshalb in der Nähe von Kernreaktoren.

Eine besonders geeignete Quelle, um Neutrinos zu erforschen, sind Neutrinostrahlen im GeV-Bereich, die mit Teilchenbeschleunigern erzeugt werden. Die Intensität von Neutrinostrahlen ist sehr hoch, da die produzierten Neutrinos gerichtet ausgesendet werden. Die Erzeugung der Neutrinos beginnt mit der Beschleunigung von Protonen in Linear- und Ringbeschleunigern, vergleichbar mit den Protonenstrahlen am Large Hadron Collider am europäischen Forschungszentrum CERN. Die beschleunigten Protonen werden auf ein *target* gelenkt, das z. B. aus Graphit oder Beryllium besteht. Bei der Wechselwirkung von hochenergetischen Protonen mit dem *target* entsteht eine Vielzahl von Elementarteilchen, darunter unter anderem Pionen, die aus zwei Quarks bestehen, kurzlebig sind und bei ihrem Zerfall Neutrinos erzeugen. Durch magnetische Felder werden positiv oder negativ geladene Pionen fokussiert und andere ungewollte Teilchen abgelenkt, sodass ein Neutrino- oder Antineutrinostrahl entsteht, je nach Polarisierung des Magnetfelds. Die Energie und Richtung der beschleunigten Protonen bestimmen somit direkt das Energiespektrum der Neutrinos. Neutrinostrahlen von Teilchenbeschleunigern gibt es momentan an zwei Forschungslaboren weltweit: einen am *J-PARC* in Japan und zwei am *Fermilab* in den USA.

6.3 Neutrinooszillationen

Ein besonders überraschendes und interessantes Phänomen der Neutrinos sind *Neutrinooszillationen*. Dank ihres quantenphysikalischen Verhaltens ändert sich der *flavor* eines Neutrinos als Funktion der Zeit und führt zu einer Vermischung der drei bekannten *flavors*. Forschende an den Homestake- und Kamiokande-Experimenten wunderten sich über die von ihnen beobachtete Rate solarer Elektron-Neutrinos, die etwa nur ein Drittel so groß war wie die von den bekannten Fusionprozessen in der Sonne erwartete Rate. Der Grund: Solare Neutrinoexperimente waren darauf ausgelegt, Elektron-Neutrinos zu detektieren und nicht Myon- oder Tau-Neutrinos, da die Sonne nur Elektron-Neutrinos produziert. Um die niedrige Anzahl an beobachteten solaren Neutrinoraten zu erklären, wurde vorgeschlagen, dass Neutrinos bei ihrer Ausbreitung ihren *flavor* ändern. Dadurch werden die Elektron-Neutrinos in eine Mischung von Elektron-, Myon- und Tau-Neutrinos umgewandelt. Bei ihrer Ankunft auf der Erde wird dann nur ein Drittel der solaren Neutrinos als Elektron-Neutrinos gemessen. Das Experiment SNO (engl.: *Sudbury Neutrino Observatory*) in Kanada, das erstmals solare Neutrinos aller drei *flavors* nachweisen konnte, bestätigte diese Theorie im Jahr 2001: Die Summe der von SNO detektierten Elektron-, Myon- und Tau-Neutrinos stimmte mit der erwarteten solaren Neutrinorate überein. Die theoretische Erklärung dieses Phänomens wird in weiterführender Literatur intensiv behandelt [1].

Die Theorie der Oszillation der drei Neutrino-*flavors* ist bisher sehr erfolgreich und kann die beobachteten Resultate der Neutrinoraten verschiedenster Quellen und Energien erklären. Neben solaren Neutrinos, wurden Oszillationen in den letzten zwei Jahrzehnten auch bei atmosphärischen Neutrinos, Kernreaktorneutrinos und in Neutrinostrahlen beobachtet. Atmosphärische Neutrinos werden als Myon- und Elektron-Neutrinos mit GeV- bis TeV-Energien produziert und legen bis zu ihrer Detektion in einem Detektor etwa eine Strecke des doppelten Erdradius zurück. Sie oszillieren zumeist in Tau-Neutrinos. MeV-Antielektron-Neutrinos von Kernreaktoren oszillieren auf Skalen von mehreren 100 m. Neutrinos aus Teilchenbeschleunigern sind Myon- oder Antimyon-Neutrinos mit wenigen GeV, und auch hier wurden Oszillationen auf Distanzen von mehreren 100 km beobachtet. Alle diese Experimente können mit dem gleichen Satz von charakteristischen Oszillationsparametern beschrieben werden. Das ist eine solide Bestätigung der Theorie der Neutrinooszillationen.

6.4   Experimente zu Neutrinooszillationen

Dass sich Neutrinooszillationseffekte auf einer Längenskala zeigen, die wir auf der Erde erforschen können, ist ein großer Glücksfall für die Physik. Neutrinooszillationen sind daher ein aktives Forschungsfeld, weil sich mit ihrer Hilfe viele der offenen Fragen in der Neutrinophysik und Astrophysik erforschen lassen. Mit Präzisionsmessungen untersuchen wir z. B., ob das Oszillationsverhalten von Neutrinos gleich dem von Antineutrinos ist. Falls nicht würde das bedeuten, dass eine der grundlegenden Symmetrien der Teilchenphysik, die *charge-parity*-Symmetrie bzw. Materie-Antimaterie-Symmetrie gebrochen wird. Das könnte weitreichende Konsequenzen für unser Verständnis von der Entstehung des Universums haben und z. B. dabei helfen zu erklären, warum unser Universum von Materie dominiert ist. Außerdem sind natürlich die Neutrinomassen von großem Interesse. Während Oszillationsmessungen nicht über die absolute Masse Aufschluss geben können, sondern nur über die Massendifferenzen, können Materieeffekte bei der Osziallation zumindest zeigen, was die *Massenordung* der Neutrinos ist, also welches der Neutrinos das leichteste und welches das schwerste ist. Eine weitere offene Frage ist, ob es mehr Neutrino-*flavors* als die drei bisher bekannten gibt. Solche sogenannten *sterilen* Neutrinos würden sich nicht über die schwache Wechselwirkung, sondern durch das Zusammenspiel mit den drei bekannten Neutrinos in Oszillationen bemerkbar machen.

Am Fermilab untersuche ich zurzeit zusammen mit Wissenschaftlerinnen und Wissenschaftlern aus der ganzen Welt Oszillationen mit den Neutrinostrahlen, die von Fermilab's Beschleunigerkomplex erzeugt werden (s. auch [8]). Bei diesen GeV-Neutrinos erwarten wir interessante physikalische Phänomene auf Distanzen von mehreren 100 km (*long baseline*) und mehreren 100 m (*short baseline*). In den *long baseline*-Experimenten geht es um die präzise Vermessung des Modells der Drei-*flavor*-

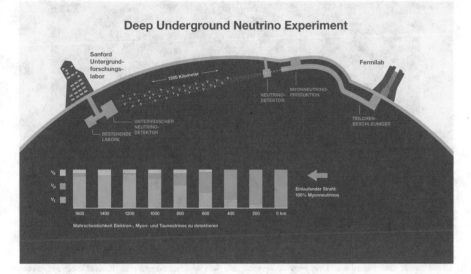

Abb. 6.3 Konzept eines *long baseline*-Neutrino-Experiments. Die Neutrinos werden aus beschleunigten Protonen erzeugt und in Richtung eines Fern-Detektors gesendet. Ein Nah-Detektor charakterisiert die ausgesendete Neutrinostrahlung. Der Neutrinostrahl geht direkt durch die Erde. Während der Propagation ändert sich die Wahrscheinlichkeit, einen bestimmten Neutrino-*flavor* zu detektieren, abhängig von der Energie der Neutrinos und der zurückgelegten Wegstrecke. (Mit freundlicher Genehmigung des © Fermilab 2018. All rights reserved)

Oszillationen mit dem Ziel der Bestimmung der *Massenordnung* und dem Test der Neutrino-Antineutrino-Symmetrie. In *short baseline*-Experimenten geht es um die Suche nach den *sterilen* Neutrinos und das Verständnis von Streuprozessen von Neutrinos an Atomkernen.

Oszillationsexperimente haben in der Regel gemeinsam, dass sie aus einem Nah- und einem Fern-Detektor (engl.: *near detector / far detector*) bestehen. Der Nah-Detektor befindet sich nahe der Neutrinoquelle und misst das unoszillierte Spektrum der Neutrinos direkt nach ihrer Erzeugung, welches mit dem oszillierten Spektrum im Fern-Detektor verglichen wird, s. auch Abb. 6.3.

Die Detektion von Neutrinos ist eine Herausforderung. Jeder Neutrino-*flavor* und jeder Energiebereich erfordern ganz verschiedene Techniken, um die Wechselwirkungen von Neutrinos sichtbar zu machen. Eine Technologie, die wir am Fermilab zur Detektion von Neutrinos im GeV-Bereich von Neutrinostrahlen einsetzen, sind sogenannte Zeitprojektionskammern gefüllt mit flüssigem Argon (engl.: *Liquid Argon Time Projection Chambers*). Einen solchen Detektor kann man sich als eine riesige Kamera vorstellen. Das MicroBooNE-Experiment hat z. B. eine Größe von 10,4 m Länge, 2,5 m Breite und 2,3 m Höhe. Das Volumen ist gefüllt mit flüssigem Argon, das eine Temperatur von 89 K hat. Manche der Neutrinos im Strahl kollidieren im Detektor mit Argonatomen und produzieren dabei Sekundärteilchen. Während das Neutrino selbst für den Detektor nicht sichtbar ist, erzeugen geladene Sekundärteilchen Ionisationselektronen und Szintillationslicht entlang ihrer Spur. Durch ein elektrisches Feld werden Ionisati-

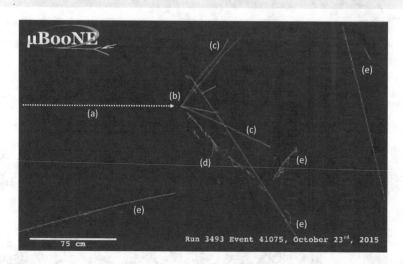

Abb. 6.4 Neutrino-Argon-Kollision beobachtet aus der Vogelperspektive im MicroBooNE-Experiment am Fermilab. Der Farbcode gibt an, wie viel Ladung, also Ionisationselektronen, beobachtet wurden, dabei steht blau für keine und rot für starke Ionisation. Das Neutrino selbst ist für den Detektor unsichtbar und tritt von links im Bild in den Detektor ein *(a)*. Am Punkt der Wechselwirkung *(b)* entstehen geladene Sekundärteilchen, die sich als geradlinige Spuren *(c)* oder diffusere Schauer zeigen *(d)*. Während der etwa 3 ms-Aufnahme dieser Neutrinokollision durchkreuzten zufällig auch einige kosmischen Teilchen das Bild und verursachten weitere Spuren *(e)*. (Mit freundlicher Genehmigung der © MicroBooNE-Kollaboration 2018. All rights reserved)

onselektronen in wenigen Millisekunden auf ein Gitter aus Drähten projiziert und als elektrische Signale ausgelesen. So ergibt sich eine besonders präzise Darstellung der Neutrinowechselwirkung wie in Abb. 6.4 dargestellt (interaktiv ausprobieren unter [9]).

MicroBooNE dient unter anderem als Prototyp für einen noch größeren Detektor, das *Deep Underground Neutrino Experiment (DUNE)* in den USA. Das Experiment befindet sich in der Vorbereitungsphase und Prototypen der DUNE Detektoren werden zurzeit am CERN gebaut. DUNE soll unter anderem die Oszillationsparameter mit bisher ungekannter Genauigkeit vermessen und damit endgültige Aussagen über die Neutrino-Antineutrino-Symmetrie machen. Mit seiner Größe und Auflösung eignet sich DUNE aber auch für viele andere Messungen insbesondere im Bereich der Astrophysik. So wird DUNE unter anderem nach Supernovaneutrinos Ausschau halten, aber auch Entdeckungen über bekannte Modelle hinaus sind möglich und wären besonders spannend. Der DUNE-Fern-Detektor wird aus vier Modulen bestehen, wobei jedes eine Größe von 58 m × 14,5 m × 12 m hat. Zur besseren Abschirmung kosmischer Untergrundstrahlung wird DUNE 1.5 km unter der Erde in einem ehemaligen Bergwerk installiert. Mehr als 1000 Forschende aus über 30 Ländern arbeiten bereits an diesem Großprojekt, das in einigen Jahren in Betrieb gehen soll. Bis dahin ist noch viel zu tun und zu lernen, aber wir sind schon jetzt gespannt auf die Entdeckungen, die wir machen werden.

Literatur

[1] Berger C (2014) Elementarteilchenphysik. Springer, Berlin, Heidelberg

[2] Zuber K (2011) Neutrino Physics. CRC Press, Boca Raton

[3] Grupen C (2018) Einstieg in die Astroteilchenphysik. Springer, Berlin, Heidelberg

[4] KIT (2017) Die präziseste Waage der Welt. http://www.pro-physik.de/details/news/10483264/Die_praeziseste_Waage_der_Welt.html

[5] Acciarri R et al (2015) A Proposal for a Three Detector Short-Baseline Neutrino Oscillation Program in the Fermilab Booster Neutrino Beam. arXiv:1503.01520

[6] Schukraft A (2014) Neutrinosuche am Ende der Welt. Physik Journal 9:41–44 http://www.pro-physik.de/details/physikjournalArticle/6522171/Neutrinosuche_am_Ende_der_Welt.html

[7] The IceCube Collaboration, Fermi-LAT, MAGIC et al (2018) Multimessenger observations of a flaring blazar coincident with high-energy neutrino IceCube-170922A. Science 361:6398

[8] Fermilab YouTube Channel (2018) https://www.youtube.com/user/fermilab

[9] VENu (2018) Virtual environment for Neutrinos. http://venu.physics.ox.ac.uk/

[10] Katz UF, Spiering Ch (2012) High-Energy Neutrino Astrophysics: Status and Perspectives. Prog. Part. Nucl. Phys. 67:651–704, arXiv:1111.0507

7 Experimentieren mit Teilchen: Beschleuniger und Detektoren
— Jenny List —

Zusammenfassung

Das Standardmodell der Teilchenphysik fasst unser derzeitiges Wissen über die kleinsten Bausteine der Materie und ihre Wechselwirkungen in einer kohärenten Theorie zusammen. Aber woher wissen wir all dies? Wie entlocken wir Teilchen, die man nicht sehen oder anfassen kann, ihre Geheimnisse?

Dieses Kapitel gibt einen Einblick in die Funktionsweisen der riesigen Beschleunigeranlagen, die Protonen oder Elektronen große Energiemengen zuführen und dann zur Kollision bringen – sowie in die Experimente aus vielen verschiedenen, aufeinander abgestimmt arbeitenden Detektoren, die die aus diesen Kollisionen entstehenden Teilchen aufzeichnen. Schließlich wagen wir einen Blick in die Zukunft: Welche Art von Teilchenbeschleuniger könnte den LHC ablösen?

© Springer-Verlag GmbH Deutschland, ein Teil von Springer Nature 2019
D. Duchardt et al. (Hrsg.), *Vielfältige Physik*, https://doi.org/10.1007/978-3-662-58035-6_7

Dr. Jenny List

Forschung und Familie – das geht!

- *1974 in Hamburg
- 1997 Diplom Physik, Univ. Hamburg
- 2000 Promotion Physik, RWTH Aachen
- 2000–2005 verschiedene Postdoktorandin-Stellen
- 2006–2010 Emmy-Noether-Nachwuchsgruppe
- Seit 2010 Fachgruppenleiterin am DESY
- Verheiratet, zwei Töchter (*2007, *2009)

Am Anfang: Meine Begeisterung für die Physik

Meine Begeisterung für die Physik entdeckte ich im Grundschulalter, als mein Vater begann, regelmäßig mit mir ins Planetarium im Hamburger Stadtpark zu gehen. Damals gab es dort zwar noch keine Lasershow, dafür aber spannende Vorträge und einen Lesetisch mit den verschiedensten populärwissenschaftlichen Zeitschriften. Über Jahre gehörten wir zum Stammpublikum der Gastvorträge am Freitagabend, die von „echten" Wissenschaftlern gehalten wurden, die vom Urknall, der Geschichte des Universums, der Vereinigung der Kräfte und von der Hypothese der kosmischen Inflation sprachen. Damals habe ich es mir nicht träumen lassen, einmal selbst an diesen Themen zu forschen!

Themenschwerpunkte: Was ich heute mache

Heute arbeite ich zusammen mit Kolleginnen und Kollegen aus aller Welt an der Planung des nächsten großen Teilchenbeschleunigers und seiner Experimente. Am Anfang stehen dabei die fundamentalen Fragen, die wir an die Entwicklung unseres Universums haben: Woraus besteht Dunkle Materie? Was ist nach dem Urknall mit all der Antimaterie passiert? Was hat die kosmische Inflation angetrieben? Meine Arbeit beginnt mit der Überlegung, welche teilchenphysikalischen Messungen nötig wären, um den Antworten auf diese Fragen näher zu kommen. Mithilfe detaillierter Computermodellierungen quantifizieren wir die Anforderungen an den Beschleuniger und an die Detektoren, um alle relevanten Messungen durchführen zu können. Diese kontrastieren wir mit existierenden und in Entwicklung befindlichen Technologien und entwickeln daraus ein realistisches Design.

Mein Tipp

Neugierde und Begeisterung für wissenschaftliche Fragen sind Ihr wichtigstes Startkapital – das eigenständige Definieren Ihrer Ziele und der Ausbau von Netzwerken aber essenzielles Handwerkzeug!

7.1 Experimente in der Teilchenphysik

In der Materie, die uns alltäglich umgibt, kommen nur einige wenige der Elementarteilchen vor, die wir heute kennen, nämlich Up- und Down-Quarks und Elektronen. Die Existenz des Elektron-Neutrinos wurde durch Analyse von rätselhaft erscheinenden Messdaten zunächst theoretisch postuliert: Der β-Zerfall von Atomkernen, bei dem sich ein Neutron unter Emission eines Elektrons in ein Proton umwandelt, war jahrelang ein Rätsel, da er Energie- und Impulserhaltung zu verletzen schien. 1930 postulierte Wolfgang Pauli, es müsse ein weiteres, elektrisch neutrales und damit für die verwendeten Nachweisgeräte unsichtbares Teilchen bei dem Zerfall entstehen, das die fehlende Energie davonträgt. Es brauchte noch mehr als 25 Jahre, bis tatsächlich ein Elektron-Neutrino experimentell nachgewiesen wurde. Dieses historische Beispiel illustriert, wie in der Teilchenphysik Erkenntnis aus dem genauen Vergleich theoretischer Vorhersage und experimenteller Beobachtung gewonnen wird, und dass (scheinbare) Inkonsistenzen auf neue Teilchen bzw. neue Phänomene hindeuten.

Einige weitere Elementarteilchen, insbesondere das Myon, aber auch zusammengesetzte Hadronen, die Strange-Quarks enthalten, können entstehen, wenn hochenergetische Teilchen der kosmischen Strahlung auf die Erdathmosphäre treffen. Aber alle weiteren, schwereren Teilchen des Standardmodells können wir nur mithilfe von Teilchenbeschleunigern erzeugen. Daher sind Teilchenbeschleuniger in den verschiedensten Varianten seit mehr als 50 Jahren ein zentrales Arbeitsgerät für die Teilchenphysik, und die Anforderungen und Wünsche der Teilchenphysikerinnen und -physiker waren häufig die treibende Kraft bei der Weiterentwicklung der Beschleunigertechnologie.

Letzteres gilt ebenso für die Detektoren, mit denen die in den Kollisionen erzeugten Teilchen nachgewiesen und ihre Eigenschaften vermessen werden. Dabei zerfallen viele der Teilchen, die wir eigentlich untersuchen wollen, wie z. B. das Higgs-Boson oder das Top-Quark, sofort nach ihrer Entstehung wieder in leichtere Teilchen. Dies geschieht häufig über mehrere Zwischenschritte von Zerfällen, bis am Ende nur Teilchen übrig sind, die zumindest so lange existieren, bis sie signifikante Teile des Detektors durchquert haben und darin nachgewiesen werden können. Zu diesen Teilchen gehören Elektron, Myon, Proton und Neutron inklusive ihrer Antiteilchen und leichtere Hadronen wie geladene Pionen oder Kaonen sowie Photonen. Aus der Vermessung von Energie und/oder Impuls dieser Teilchen sowie ihrer genauen Entstehungsorte kann dann darauf zurückgeschlossen werden, welche Teilchen ursprünglich in der Kollision erzeugt wurden. Diesen Prozess, der heutzutage mithilfe von hochkomplexen Computeralgorithmen erfolgt, bezeichnet man als *Rekonstruktion*. Das Ensemble aller in einer Kollision erzeugten Teilchen nennt man ein *Ereignis*. Eine spezielle Komplikation bereiten dabei die Quarks: Diese können nicht als freie Teilchen existieren, sondern bilden sofort Hadronen. Jedes in einer Teilchenkollision produzierte Quark oder Antiquark verwandelt sich daher in ein ganzes Bündel von Hadronen, sogenannte *Jets*. Insbesondere bei der Rekonstruktion von Ereignissen mit vielen Jets ist es eine herausfordernde

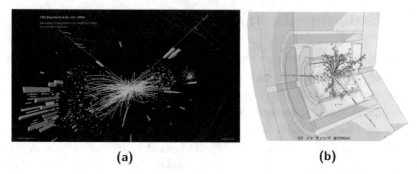

(a)   **(b)**

Abb. 7.1 Grafische Rekonstruktion von Teilchenkollisionen: **a** Mit dem CMS-Detektor (engl.: *Compact Muon Solenoid*) am LHC-Beschleuniger aufgezeichnetes Ereignis, das einen Higgs-Boson-Zerfall in zwei Z-Bosonen beinhalten könnte, wobei ein Z-Boson in Myon und Antimyon zerfällt (dargestellt als dünne rote Linien), das andere in Elektron und Positron (dicke grüne Treffer im Detektor). Die zusätzlichen Spuren und Treffer im Detektor entsprechen Jets aus den Quarks in den kollidierenden Protonen, die nicht an der Produktion des Higgs-Bosons beteiligt waren. (Mit freundlicher Genehmigung der © CMS Collaboration 2018. All rights reserved) **b** Simuliertes Higgs-Boson-Ereignis in einem für einen zukünftigen Elektron-Positron-Linearbeschleuniger geplanten Detektor. Dabei werden zunächst ein Higgs- und ein Z-Boson erzeugt. Das Z-Boson zerfällt in ein Myon und ein Antimyon (gerade, rote Punktreihen, die bis in die äußeren Detektorbereiche reichen), das Higgs-Boson in zwei hadronische Jets (Bündel verschiedenfarbig dargestellter Spuren und „klumpender" roter/oranger Treffer im Detektor). (Mit freundlicher Genehmigung der © ILD Detector Concept Group 2018 unter CC BY 4.0 Lizenz. All rights reserved)

Aufgabe zu entscheiden, welches Teilchen zu welchem Jet gehört. Abb. 7.1 zeigt zwei Beispiele für grafische Darstellungen zweier rekonstruierter Teilchenkollisionen.

Die Häufigkeit, mit der eine bestimmte Art von Teilchen produziert wird, wird durch den sogenannten *Wirkungsquerschnitt* σ angegeben. In Analogie zur Querschnittsfläche aneinanderstoßender Billardkugeln wird dieser in Einheiten einer Fläche gemessen, wobei die Basiseinheit $1\,\text{barn} = 10^{-24}\,\text{cm}^2$ beträgt. Passend dazu misst die *integrierte Luminosität* $\mathscr{L}$ die Anzahl der stattgefundenen Kollisionen in barn^{-1}, sodass die Anzahl N der Ereignisse eines bestimmten Typs gegeben ist durch $N = \sigma \cdot \mathscr{L}$. Misst man nicht nur die Gesamtzahl der produzierten Ereignisse, sondern auch ihre Anzahl in Abhängigkeit einer weiteren charakteristischen Größe, z. B. dem Winkel zur Strahlachse, unter dem die neuen Teilchen produziert wurden, so spricht man von einem *differenziellen Wirkungsquerschnitt*. Totale und differenzielle Wirkungsquerschnitte können über viele Eigenschaften der produzierten Teilchen Auskunft geben: ihre Masse, ihre Wechselwirkungsstärke mit anderen Teilchen, aber auch ihren Eigendrehimpuls (*Spin*). Als weiterführendes und dennoch allgemeinverständliches Buch über die Teilchenphysik und ihre experimentellen Grundlagen ist z. B. [1] sehr zu empfehlen.

7.2 Beschleuniger

Aus Sicht der Teilchenphysik ist ein Beschleuniger oder *Collider* charakterisiert durch die Art der zusammenstoßenden Teilchen (typischerweise Protonen oder Elektronen und Positronen), durch die in der Kollision zur Erzeugung zusätzlicher Teilchen zur Verfügung stehenden Energie, der sogenannten *Schwerpunktenergie* $\sqrt{s}$ und durch die Luminosität. Über die rein wissenschaftlichen Aspekte hinaus sollte in Betracht gezogen werden, welche Baukosten und welcher Stromverbrauch für den Betrieb gesellschaftlich vertretbar sind. Außerdem muss ein Beschleuniger über viele Jahre zuverlässig funktionieren, d. h., auch wenn innovative Technologien zum Einsatz kommen, sollten diese zumindest im kleinen Maßstab ihre Praxistauglichkeit unter Beweis gestellt haben.

Eine moderne Collider-Anlage ist ein hochkomplexes System aus einer Vielzahl von Komponenten. Zunächst einmal braucht man eine Quelle, die Teilchen der gewünschten Sorte in großer Anzahl produzieren und in kleinen Paketen aus vielen Teilchen gleicher Geschwindigkeit bereitstellen kann. Die Teilchenpakete müssen häufig aufbereitet, z. B. vorbeschleunigt oder gekühlt werden, bevor die eigentliche Beschleunigung auf die Höchstenergie erfolgt. Um eine ausreichende Luminosität zu erreichen, müssen die Teilchenpakete direkt vor der Kollision stark fokussiert werden. Wenn die Teilchenpakete schließlich nicht mehr für weitere Kollisionen wiederverwendet werden können, müssen sie in einem *dump* entsorgt werden. Überall zwischen Quelle und *dump* wird außerdem Diagnostik benötigt, um die Energie, Intensität, Position und räumliche Ausdehnung der Strahlen zu kontrollieren. Tab. 7.1 fasst diese grundlegenden Charakteristiken für eine Auswahl an aktuellen und historischen Collidern zusammen. Eine allgemeinverständliche Einführung in Teilchenbeschleuniger am Beispiel des Large Hadron Colliders (LHC) am Forschungszentrum CERN findet man z. B. in [2]. Ebenfalls empfehlenswert sind entsprechende Bücher über den Vorgänger des LHC, den Large Electron Positron Collider (LEP) [3] und über die Hadron-Elektron-Ring-Anlage (HERA) [4] am Forschungszentrum DESY (Deutsches Elektronen-Synchrotron).

Teilchenbeschleuniger werden heutzutage auch für viele Anwendungen außerhalb der Teilchenphysik gebaut, unter anderem zur medizinischen Bestrahlung und als hoch brillante Lichtquellen. Der größte zurzeit in Deutschland betriebene Beschleuniger ist der Europäische Röntgenlaser European XFEL (engl.: *X-Ray Free-Electron Laser*) in der Nähe des DESY in Hamburg.

7.2.1 Erzeugung von Teilchenstrahlen

Strahlen aus Teilchen zu erzeugen, die in unserer alltäglichen Materie vorkommen, ist vergleichsweise einfach: Ein simpler Elektronenstrahl wird schon in einer Braun'schen Röhre, dem Herzstück eines alten Röhrenmonitors oder Fernsehers, durch Heizen eines Drahtes erzeugt. Heutzutage wird typischerweise ein Laser verwendet, um Elektronen

Tab. 7.1 Einige ausgewählte Collider und ihre wichtigsten Ergebnisse bzw. Ziele. Präzisionsmessungen an bekannten Teilchen dienen der Suche nach Abweichungen von den Vorhersagen des Standardmodells (SM), die ein starkes Indiz für die Existenz noch unbekannter Teilchen darstellen.

Name	Betrieb	Labor	Art	$\sqrt{s}$	Ergebnis/Ziel
SuperKEKB	seit 2017	KEK	e^+e^-	10,6 GeV	B-Meson-Präzision
LHC	seit 2008	CERN	pp	13 TeV	Higgs-Boson-Entdeckung
Tevatron	1983 - 2011	FNAL	$p\bar{p}$	2 TeV	Top-Quark-Entdeckung
HERA	1991 - 2007	DESY	$e^{\pm}p$	318 GeV	Protonstruktur
LEP	1989 - 2000	CERN	e^+e^-	209 GeV	SM-Präzision
SLC	1989 - 1998	SLAC	e^+e^-	91 GeV	SM-Präzision
PETRA	1978 - 1988	DESY	e^+e^-	35 GeV	Gluon-Entdeckung
SPPS	1976 - 1985	CERN	$p\bar{p}$	450 GeV	W/Z-Entdeckung

aus einem Halbleiter (z. B. Galliumarsenid) herauszuschießen. Um einen Protonenstrahl zu erzeugen, werden Wasserstoffatome durch Anlegen eines starken elektrischen Feldes ionisiert, und die positiv geladenen Protonen von den negativ geladenen Elektronen getrennt. Schwieriger ist es, z. B. Antiprotonen oder Positronen in ausreichender Menge zu erzeugen. Hierbei muss typischerweise zunächst ein Strahl von Protonen oder Elektronen auf geeignetes Material geschossen werden. Dabei kann dann ein zusätzliches Teilchen-Antiteilchen-Paar erzeugt werden, wenn der ursprüngliche Strahl genügend Energie besitzt. Mithilfe von elektrischen und magnetischen Feldern werden Teilchen und Antiteilchen separiert und die gewünschte Teilchensorte gebündelt.

7.2.2 Lenkung von Teilchenstrahlen

Das Mittel der Wahl zur Steuerung von Teilchenstrahlen sind Magnetfelder, die in der Regel durch Elektromagnete mit normal- oder supraleitenden Spulen erzeugt werden. Dipolmagnete mit einem Feld senkrecht zur der Flugbahnebene sind dabei essenziell, um Teilchen auf eine Kreisbahn zu lenken, z. B. in einem Speicherring. Gemäß der Lorentz-Kraft ist dabei ein Feld der Stärke $B = p/(qr)$ nötig, um ein Teilchen mit der Ladung q und einem Impuls p auf einer Kreisbahn mit dem Radius r zu halten. Höhere Energien benötigen also entweder stärkere Dipole oder größere Speicherringe. Im Falle des LHC beträgt die Feldstärke etwa 8 T, die jeder der über 1200 rund 14 m langen Dipole entlang des Rings mithilfe von supraleitenden Spulen erzeugt. Abb. 7.2a zeigt einen Blick in den LHC-Tunnel.

Auf eine Kreisbahn gezwungene Ladungen strahlen, wie jede beschleunigte Ladung, elektromagnetische Wellen ab. Im Falle eines Teilchenbeschleunigers nennt man diese

Synchrotronstrahlung. Für ein Teilchen mit Ladung e, Masse m und Energie E gilt für die pro Umrundung eines Rings mit Radius r abgestrahlte Energie:

$$\Delta E \sim \frac{e^2 \cdot E^4}{r \cdot m^4}. \tag{7.1}$$

In der Endphase des Large Electron Positron Colliders (LEP) betrug der Energieverlust pro Umlauf 3 GeV für jedes Teilchen, entsprechend einer abgestrahlten Leistung von 18 MW. Da Protonen rund 2000-mal schwerer sind als Elektronen, verlieren sie trotz der 70-mal höheren Energie bei einem Umlauf im LHC nur einige keV.

(a)   **(b)**

Abb. 7.2 Ein Blick in Beschleunigertunnel: **a** LHC am CERN, mit seinen blauen Dipolmagneten und der deutlich sichtbaren Krümmung. (© CERN, Abdruck mit freundlicher Genehmigung. All rights reserved) **b** European XFEL, mit seinen gelben Beschleunigungsmodulen, der schnurgeradeaus verläuft. (Mit freundlicher Genehmigung des © European XFEL / Heiner Müller-Elsner 2018. All rights reserved)

7.2.3 Beschleunigung von Teilchenstrahlen

In allen bisherigen Teilchen-Collidern erfolgt die eigentliche Beschleunigung in sogenannten *Hohlraumresonatoren*. In diese speziell geformten Metallstrukturen werden Mikrowellen eingespeist, auf denen die Teilchenpakete wie Wellenreiter auf einer Wasserwelle „surfen": Ist die relative Phase zwischen Welle und Teilchenpaket so eingestellt, dass die Teilchen stets den ihrer Ladung entgegengesetzten „Pol" vor sich haben, werden sie angezogen und dadurch beschleunigt. Man unterscheidet Hohlraumresonatoren nach dem Frequenzbereich, in dem sie arbeiten, dem Gradienten ihres elektrischen Feldes, sowie dem Material, aus dem sie gefertigt sind – insbesondere ob es sich um normal- oder supraleitende Resonatoren handelt.

Besonders effizient ist es, wenn die Teilchen dieselbe Beschleunigungsstrecke immer wieder durchlaufen können – z. B. in einem Kreisbeschleuniger. Die heutzutage wichtigste Form eines Kreisbeschleunigers ist das Synchrotron. Namensstiftend ist die Tatsache, dass die Frequenz der zur Beschleunigung verwendeten Mikrowellen ein ganzzahliges Vielfaches der Umlauffrequenz der Teilchenpakete sein muss, damit Welle und Teilchenpakete nicht außer Phase geraten. Damit die Teilchen auf einer konstanten Sollbahn gehalten werden, muss während der Beschleunigung das Feld der Dipolmagnete proportional zum Impuls der Teilchen hochgefahren werden. Ein Collider-Ring beschleunigt zwei entgegengesetzt umlaufende Strahlen. Haben beide Strahlen ihre Maximalenergie erreicht, werden sie so lange wie möglich in Umlauf gehalten („gespeichert", daher auch Speicherring) und an einem oder mehreren Punkten entlang des Rings zur Kollision gebracht. Über einige Stunden hinweg gehen immer mehr Teilchen verloren, sodass der restliche Strahl irgendwann gedumpt und der Ring dann neu befüllt wird. Um eine Unterbrechung der Datennahme während des Neubefüllens und Beschleunigens zu vermeiden, können Synchrotron und Speicherring auch getrennt werden. Dann können kontinuierlich neue Teilchenpakete beschleunigt und in den Speicherring nachgefüllt werden.

Im Falle von Elektronen und Positronen bei hohen Energien wird allerdings die oben erwähnte Synchrotronstrahlung zum Problem. Schon um nur wenig größere Energien als bei LEP zu erreichen, würde man ein Synchrotron mit rund 100 km Umfang benötigen. Die Alternative wäre ein Linearbeschleuniger, der aufgrund der geraden Teilchenbahn frei von Synchrotronstrahlung ist, bei dem aber jede Beschleunigungsstruktur nur einmal durchlaufen wird. Daher ist es sehr wichtig, dass diese Strukturen möglichst hohe elektrische Feldgradienten aufweisen, d. h. die Teilchen einen möglichst großen Energiezuwachs pro Streckeneinheit erfahren, und dass der Energietransfer von Stromnetz bis zum Teilchenstrahl einen möglichst hohen Wirkungsgrad erreicht. Der einzige bisher existierende Linear Collider war der Stanford Linear Collider (SLC, s. Tab. 7.1), bei dem allerdings beide Strahlen parallel beschleunigt und dann erst am Ende getrennt und in großen entgegengesetzten Bögen aufeinander gelenkt wurden. Dieses Prinzip wird bei höheren Energien nicht funktionieren, sondern die Strahlen müssen in entgegengesetzte Richtungen beschleunigt werden. Abb. 7.2b zeigt einen Blick in den Tunnel des European XFEL, der ein Linearbeschleuniger basierend auf supraleitenden Hohlraumresonatoren ist.

In den letzten Jahrzehnten wurden große Erfolge bei der Beschleunigung von Teilchen in Plasma aus ionisiertem Gas erzielt. Ein Laserpuls oder ein zusätzlicher Teilchenstrahl kann verwendet werden, um Elektronen und Ionen zu separieren, sodass lokal begrenzt sehr starke elektrische Felder zwischen ihnen entstehen. In diesen kann dann der eigentliche Teilchenstrahl beschleunigt werden. Der Bau und Betrieb eines auf dieser Technologie basierenden Colliders liegt allerdings noch in sehr weiter Zukunft.

7.3   Detektoren

Wie eingangs erläutert, sind es nicht das Higgs-Boson oder das Top-Quark, die den Detektor erreichen, sondern ihre Zerfallsprodukte. Diese müssen möglichst vollständig aufgezeichnet und genau vermessen werden, um eindeutige Rückschlüsse auf die eigentlichen Untersuchungsobjekte zu ermöglichen. Dabei verwenden Teilchenphysi-

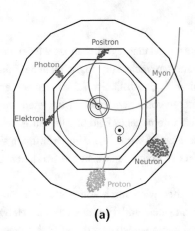

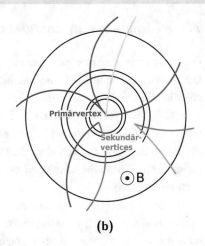

(a) (b)

Abb. 7.3 a Schematische Darstellung der Signaturen verschiedener Teilchenarten in einem typischen Colliderdetektor, **b** Zoom in die innerste Detektorregion mit Primärvertex und Sekundärvertices aus dem Zerfall langlebiger Teilchen. (Mit freundlicher Genehmigung des © DESY 2018 unter CC BY 4.0 Lizenz. All rights reserved)

kerinnen und -physiker eine Reihe von Tricks, die letztlich alle auf der Interaktion von Teilchen mit Materie und elektromagnetischen Feldern beruhen: z. B. ionisieren geladene Teilchen Material entlang ihrer Flugbahn. Bei Anlegen eines elektrischen Feldes können die erzeugten Elektronen von den Ionen getrennt, ggf. verstärkt und als elektrischer Puls aufgezeichnet werden. Als Material kommen bei solchen *Spurdetektoren* sowohl Gase als auch Halbleiter infrage. Halbleiterdetektoren, meist aus Silizium, haben dabei den Vorteil, dass die Verstärkungs- und Auslesestrukturen mit Methoden aus der Chipherstellung sehr klein gefertigt werden können. Daher sind Halbleiterdetektoren ganz besonders geeignet, um dicht am Kollisionspunkt die Entstehungsorte geladener Teilchen, sogenannte *Vertices*, zu vermessen. Gasdetektoren hingegen erlauben es, ein kontinuierliches Bild der Teilchenspur aufzunehmen, und stellen den Teilchen nur sehr wenig Material in den Weg. Neutrale Teilchen hinterlassen keine solche Spuren. Sie werden in sogenannten *Kalorimetern* vermessen, indem man sie in sehr dichtem Material komplett abstoppt und die dabei deponierte Energie misst.

Die Abb. 7.3a und 23.1b geben einen schematischen Überblick über die unterschiedlichen Signaturen, die verschiedene Teilchensorten in den Spurdetektoren und in den Kalorimetern eines typischen Colliderdetektors hinterlassen. Die einzelnen Signaturen werden in Abschnitten 7.3.1 bis 7.3.4 im Detail beschrieben. Eine umfassende Einführung in die Funktionsweise von Teilchendetektoren findet man z. B. in [5].

7.3.1 Impuls- und Energiemessung

Der entscheidende Trick zur Messung des Impulses geladener Teilchen ist wieder die Lorentz-Kraft. Genau wie homogene Magnetfelder senkrecht zur Flugbahnebene Teilchen im Beschleuniger auf einer Kreisbahn halten (vgl. Abschnitt 7.2.2), so werden Teilchenbahnen gekrümmt, wenn die Spurdetektoren von einem großen Magneten umschlossen sind. Typischerweise ist dies ein möglichst homogenes Feld parallel zur Achse des Beschleunigers, das von einer Solenoidspule erzeugt wird. Aus dem Krümmungsradius der Teilchenbahn kann dann der Impuls in der Ebene senkrecht zur Strahlachse bestimmt werden.

Die Energie von neutralen und geladenen Teilchen wird durch komplettes Abstoppen in Kalorimetern gemessen. Elektronen, Positronen und Photonen lösen relativ schnell eine sogenannte elektromagnetische Kaskade aus vielen weiteren Elektronen, Positronen und Photonen aus, bis schließlich alle Energie z. B. in Szintillations- oder Cherenkov-Licht umgewandelt ist. Dessen Intensität wird dann mit Photodetektoren gemessen. Hadronen dringen tiefer ins Kalorimeter ein und lösen schließlich eine hadronische Kaskade aus. Hierbei spielen sowohl kernphysikalische Prozesse als auch elektromagnetische Anteile eine Rolle. Daher ist die Beschreibung und Modellierung hadronischer Kaskaden sehr viel schwieriger als im elektromagnetischen Fall.

Myonen unterliegen den gleichen Wechselwirkungen wie Elektronen – aber aufgrund ihrer deutlich höheren Masse fliegen sie häufig durch den gesamten Detektor, ohne eine Kaskade auszulösen. Dennoch hinterlassen sie in den Kalorimetern sowie ggf. in speziell dem Myonnachweis dienenden Detektoren außerhalb der Kalorimeter eine Ionisationsspur. In den Rekonstruktionen in Abb. 7.1 sind jeweils zwei Myonspuren als rote Linien zu sehen, die als einzige in die äußeren Detektorlagen vordringen.

Neutrinos sind die einzigen Teilchen, die in einem Colliderdetektor unsichtbar bleiben, da sie nur an der schwachen Wechselwirkung teilnehmen und daher eine Wechselwirkung innerhalb des Detektorvolumens sehr unwahrscheinlich ist. Ganz analog zur eingangs geschilderten Überlegung von Pauli zur Erklärung des β-Zerfalls liegt die Rettung auch hier in der Energie- und Impulserhaltung: Insbesondere in e^+e^--Kollisionen sind Gesamtenergie und -impuls des Anfangszustandes, d. h. der beiden kollidierenden Strahlteilchen, bekannt. Weichen Gesamtenergie und -impuls aller nach der Kollision gemessenen Teilchen signifikant davon ab, so kann daraus auf die Anwesenheit von Neutrinos geschlossen und ihre Energie und ihr Impulsvektor berechnet werden. Bei Hadroncollidern hingegen ist die Gesamtenergie und die Impulskomponente entlang der Strahlachse in der Regel nicht bekannt, da nicht die Strahlprotonen als ganze, sondern nur einzelne ihrer Konstituenten, Quarks oder Gluonen, an der Kollision teilnehmen. In diesem Fall können nur die transversalen Impulskomponenten der Neutrinos bestimmt werden. Auch der Nachweis von hypothetischen schweren Teilchen, die nur mittels der schwachen Kraft wechselwirken, wie z. B. viele Dunkle-Materie-Kandidaten, würde in einem Colliderexperiment auf diese Weise funktionieren.

7.3.2 Zerfälle langlebiger Teilchen

Wie eingangs erklärt, werden Quarks als Bündel von Hadronen, den Jets, im Detektor nachgewiesen. Dabei kann man manche Quark-Sorten von anderen unterscheiden: Insbesondere Hadronen, die Bottom- oder auch Charm-Quarks enthalten, leben lange genug, um eine messbare Distanz zurückzulegen, bevor sie zerfallen. Findet man einen Ort, an dem einige Spuren außerhalb des Primärvertex, wo die ursprüngliche Kollision stattgefunden hat, zusammentreffen, so spricht man von einem Sekundärvertex, der aus dem Zerfall von langlebigen Hadronen stammt. Dies ist in Abb. 23.1b illustriert. Um Bottom- und Charm-Quark-Zerfälle effizient identifizieren zu können, braucht man Vertexdetektoren mit Ortsaufösungen von wenigen Mikrometern.

7.3.3 Teilchenidentifikation

Elektronen und Myonen lassen sich, wie oben besprochen, von geladenen Hadronen relativ gut durch ihre unterschiedliche Signatur in den Kalorimetern trennen. Häufig ist es aber auch von Interesse, verschiedene geladene Hadronen zu unterscheiden, z. B. Protonen, Kaonen und Pionen. Auch hierfür gibt es verschiedene Tricks, die letztlich alle darauf beruhen, die (relativistische) Geschwindigkeit der Teilchen zu bestimmen. In Kombination mit der Impulsmessung im Magnetfeld erhält man daraus die Teilchenmasse. Das einfachste Konzept wäre, die Ankunftszeit der Teilchen z. B. am Anfang der Kalorimeter zu messen. Bei den Energien, die bei heutigen Collidern von Interesse sind, erfordert dies aber typischerweise eine Zeitmessung auf besser als 100 ps, was kein triviales Unterfangen ist, aber für die nächste Generation von Kalorimetern realisiert werden könnte. Ein anderer Trick, der insbesondere bei dedizierten Experimenten zur Vermessung von Bottom-Quark-Hadronen zum Einsatz kommt, aber z. B. auch bei einem der LEP-Experimente angewandt wurde, ist der Einsatz spezieller Materialschichten, in denen Teilchen oberhalb einer bestimmten Geschwindigkeit Cherenkov-Strahlung aussenden. Eine dritte Möglichkeit ist es, den spezifischen Energieverlust pro Streckeneinheit dE/dx der Teilchen durch Ionisation in den Spurdetektoren zu messen. Dies funktioniert besonders gut in gasbasierten Spurdetektoren.

7.3.4 Aufzeichnung der Messdaten

Bei vielen Collidern ist es nicht möglich, auch nur näherungsweise alle Kollisionsereignisse aufzuzeichnen bzw. auch nur alle Detektorsignale auszulesen. Beim LHC beispielsweise stoßen die Protonen alle 50 ns oder sogar alle 25 ns zusammen, entsprechend einer Kollisionsrate von bis zu 40 MHz. Jedes Experiment verfügt über ein sogenanntes *Triggersystem*, das aus mehreren aufeinander aufbauenden Ebenen von sehr schnellen Auswahlalgorithmen beruht. Die erste, allerschnellste Ebene verwendet typischerweise nur einfache Signale aus einzelnen Regionen des Detektors, während für die letzte Entscheidungsstufe eine volle Rekonstruktion der Ereignisse, die es bis hierher geschafft haben, beinhaltet. Im Falle der LHC-Experimente wird letztlich eine Ereignisrate von ca. 1 kHz dauerhaft aufgezeichnet, entsprechend einem Vierzigtausendstel aller Kollisionen.

7.4   Ein Blick in die Zukunft

Auch wenn der LHC in den nächsten Jahren noch viele wichtige Messungen durchführen wird und vielleicht noch die eine oder andere Überraschung für uns bereithält, wissen wir schon heute, dass er nicht alle unsere Fragen beantworten können wird. Daher machen sich Forschende in der Teilchen- und Beschleunigerphysik schon seit vielen Jahren Gedanken darüber, wie der nächste große Collider aussehen könnte, was er leisten können muss, und welche Messgenauigkeit die Detektoren erreichen müssen. Da wie immer die Wünsche am Rande des Machbaren liegen, werden sowohl für die relevanten Beschleuniger- als auch die Detektortechnologien Prototypen entwickelt und auf Herz und Nieren geprüft.

Vieles spricht dafür, dass die wichtigste Ergänzung des LHC ein neuer e^+e^--Collider mit einer Energie von mindestens 250 GeV sein könnte, der das Higgs-Boson und, bei etwas höherer Energie, auch das Top-Quark mit höchster Genauigkeit vermessen würde – ähnlich wie LEP und SLC dies für W- und Z-Bosonen geleistet haben. So wie man aufgrund der LEP-Messungen die Masse des (damals noch nicht entdeckten!) Top-Quarks vorhersagen konnte, könnten Präzisionsdaten eines zukünftigen e^+e^--Colliders erste Hinweise auf die dringend gesuchten neuen Teilchen geben, und mit etwas Glück auch auf die zugrunde liegende Theorie, die das Standardmodell der Teilchenphysik erweitert. Während eine Energie von 250 GeV wahrscheinlich noch in einem Kreisbeschleuniger, wenn auch einem sehr großen, realisierbar wäre, so erfordern höhere Energien einen Linearcollider. Beispielsweise wäre die Beschleunigungstechnologie des European XFEL hierfür geeignet.

Literatur

[1] Allday J (2017) Quarks, Leptons and the Big Bang. 3. Aufl, CRC Press, Boca Raton

[2] Hauschild M (2016) Neustart des LHC: CERN und die Beschleuniger: Die Weltmaschine anschaulich erklärt. Springer, Berlin, Heidelberg

[3] Schopper H (2009) The Lord of the Collider Rings at CERN 1980-2000 – The Making, Operation and Legacy of the World's Largest Scientific Instrument. Springer, Berlin, Heidelberg

[4] Waloschek P (1991) Reise ins Innerste der Materie – Mit HERA an die Grenzen des Wissens. Deutsche Verlags-Anstalt, Stuttgart

[5] Kolanowski H, Wermes N (2016) Teilchendetektoren – Grundlagen und Anwendungen Springer Spektrum, Berlin, Heidelberg

8 Das Standardmodell und jenseits davon
— Milada Margarete Mühlleitner —

Zusammenfassung

Die Teilchenphysik beschäftigt sich mit der Erforschung der Grundbausteine der Materie und der fundamentalen Kräfte, die sie zusammenhalten. Die uns heute bekannten grundlegenden Strukturen der Materie und Kräfte werden im Standardmodell (SM) der Teilchenphysik zusammengefasst. Dieses Modell kann auf eine lange Erfolgsgeschichte zurückblicken, die ihren Höhepunkt mit der Entdeckung des Higgs-Bosons im Jahre 2012 fand. Dennoch weist das SM einige Schwachstellen auf, welche die Einführung von Theorien jenseits des SMs erfordern. In großen Beschleunigerlabors wird in internationaler Teamarbeit nach den von diesen Theorien vorhersagten neuen Teilchen gesucht, um so der der Teilchenwelt zugrunde liegenden fundamentalen Theorie auf die Spur zu kommen.

© Springer-Verlag GmbH Deutschland, ein Teil von Springer Nature 2019
D. Duchardt et al. (Hrsg.), *Vielfältige Physik*, https://doi.org/10.1007/978-3-662-58035-6_8

Prof. Dr. Milada Margarete Mühlleitner

Die Teilchenphysik eröffnet für mich eine Welt, die unglaublich spannend ist und in die ich mit großer Leidenschaft eintauche.

- *1971 in Aalen
- 1990 Abitur, Schwäbisch Gmünd
- 1997 Diplom Physik, RWTH Aachen
- 2000 Promotion Physik, DESY und Univ. Hamburg
- 2000–2005, Postdoc in Frankreich und der Schweiz
- 2005–2009 Maître de conférences, Frankreich
- 2006–2008 Fellow, CERN
- 2009–2015 Juniorprofessur, seit 2015 Professur, KIT

Am Anfang: Meine Begeisterung für die Physik

Schon in der Schule wollte ich den Dingen auf den Grund gehen. Ohne die Hintergründe zu kennen, fiel es mir schwer, die Sachverhalte wirklich zu verstehen. Ich habe sehr gern Mathematik und Physik gemacht. Mein Physiklehrer hat meine Begeisterung noch gefördert und war stets bereit, auf meine Fragen zu antworten. Dass ich mich nach einem einjährigen Umweg über Maschinenbau für Physik entschied, lag auch am Vorbild meiner älteren Schwester, die selbst Physik studiert hatte. Die Welt der Physik ist unglaublich spannend und fordert beständig, gewonnene Erkenntnisse zu überdenken, zu korrigieren und weiterzuentwickeln. Man steht nie still und wird immer wieder zum Denken angehalten.

Themenschwerpunkte: Was ich heute mache

Mein Forschungsgebiet ist die theoretische Teilchenphysik mit dem Schwerpunkt Higgs-Boson-Physik im Standardmodell und jenseits davon, insbesondere Supersymmetrie. Als Phänomenologin berechne ich Größen, die direkt am Experiment getestet werden können. Das Karlsruher Institut für Technologie (KIT) bietet das ideale Umfeld, da die Experimentalphysik im Haus ist und so ein reger Austausch möglich ist. Toll an meinem Beruf ist, dass ich viel mit jungen Menschen zusammenarbeite. Ich gebe mein Wissen sehr gern weiter und freue mich über ihre Begeisterung für das Fach. Das Faszinierende an der Teilchenphysik ist, dass sie eine spannende Welt im Allerkleinsten eröffnet, der wir versuchen, auf die Spur zu kommen. In internationaler Teamarbeit arbeiten wir über kulturelle Grenzen hinweg zusammen, angetrieben von dem Wunsch nach Erkenntnisgewinn. Für mich ist es der schönste Beruf der Welt.

Mein Tipp

Man sollte sich nicht entmutigen lassen und an sich und seine Leidenschaft für die Forschung glauben. Dies gibt enorme Kraft, sodass es möglich ist, Forschung und Familie unter einen Hut zu bringen.

8.1 Theorien für die Teilchenphysik

Die Teilchenphysik erforscht die Welt des Allerkleinsten, der Elementarteilchen. Darunter verstehen wir die kleinsten Baueinheiten der Materie, die sich im Gegensatz zu Atomen z. B. nicht weiter zerlegen lassen. Angetrieben wird die Teilchenphysik von dem Wunsch zu verstehen, was die Welt im Innersten zusammenhält: Wir möchten herausfinden, welches die Grundbausteine der Materie sind und welche fundamentalen Kräfte sie zusammenhalten. Damit eng verknüpft ist auch die Frage, wie sich das Universum nach dem Urknall entwickelt hat und woraus es besteht. Während wir heute in leistungsstarken Beschleunigerlabors gezielt Teilchen herstellen, um ihre Eigenschaften untersuchen zu können, herrschten im frühen Universum Energien, die wir in den Experimenten auf der Erde nicht erreichen können. Das Universum stellt somit den ultimativen Teilchenbeschleuniger dar, und die Untersuchung der Teilchen und der zwischen ihnen herrschenden Kräften bei diesen enorm hohen Energien gibt uns zusätzlichen Aufschluss über die der Teilchenphysik zugrunde liegende fundamentale Theorie. Unsere bisherigen Erkenntnisse werden im Standardmodell (SM) der Teilchenphysik zusammengefasst. Es beschreibt die Vorgänge bei den im Labor erreichten Energien mit unglaublicher Präzision und wurde in zahlreichen Experimenten auf Herz und Nieren überprüft. Und dennoch gehen wir davon aus, dass es nicht *die* fundamentale Theorie ist, die allem zugrunde liegt. Denn bei genauerer Betrachtung weist das SM einige Schwachstellen auf und kann sowohl gewisse experimentelle Befunde als auch theoretische Fragestellungen nicht erklären. Es beschreibt die Vorgänge bei den in den Beschleunigern bisher erzielten Energien sehr gut, muss jedoch bei höheren Energien durch eine fundamentalere Theorie ersetzt werden. Wie aber sieht diese Theorie aus, die alle erdenklichen Vorgänge in der Welt der Teilchen auf sämtlichen Energieskalen beschreiben kann, bis hoch zu jenen unvorstellbar hohen Energien, die kurz nach dem Urknall herrschten? Mit dem derzeit leistungstärksten Teilchenbeschleuniger der Welt, dem Large Hadron Collider (LHC) am Europäischen Kernforschungslabor, CERN, bei Genf, sind wir auf der Jagd nach den Teilchen, die uns helfen sollen, diese Theorie zu entschlüsseln. Um diese Jagd verfolgen zu können, wird zunächst das SM mit einigen seiner aufgeworfenen Fragen vorgestellt. Anschließend betrachten wir neue physikalische Phänomene im Rahmen der wohl am genauesten studierten Erweiterung des SMs, der Supersymmetrie, bevor wir uns aufmachen zu der Jagd nach ihr am LHC.

8.2 Das Standardmodell der Teilchenphysik

Das SM fasst die uns heute bekannten grundlegenden Strukturen der Materie und der Wechselwirkungen zwischen ihnen zusammen. Es lässt sich am besten anhand seiner vier Grundpfeiler beschreiben. Dies sind (i) die Materieteilchen, (ii) die fundamentalen

Kräfte und ihre Kraftteilchen, (iii) die dem SM zugrunde liegenden Symmetrien und (iv) der Higgs-Mechanismus.

(i) *Materieteilchen:* Die uns bekannte Materie ist aus Materieteilchen aufgebaut. Im SM gibt es davon zwölf. Sie werden unterteilt in sechs Quarks und sechs Leptonen. Die Quarks und Leptonen sind jeweils in drei Familien zu zwei Teilchen aufgeteilt. Die Mitglieder verschiedener Familien sind einander ähnlich, unterscheiden sich aber in ihrer Masse. Zu den Quarks der ersten Familie gehören die Up- und Down-Quarks, die zweite Familie beinhaltet die Charm- und Strange-Quarks und die dritte Familie die Top- und Bottom-Quarks. Die Quarks der ersten Familie, Up und Down, bauen die Protonen und die Neutronen auf, welche die Atomkerne bilden. Die Leptonen sind in der Regel sehr viel leichter als die Quarks. Die erste Familie beinhaltet das Elektron und das Elektron-Neutrino, die zweite das Myon und das Myon-Neutrino und die dritte das Tauon und das Tau-Neutrino. Die Neutrinos sind elektrisch neutral und nahezu masselos. Das elektrisch negativ geladene Elektron bildet zusammen mit dem positiv geladenen Atomkern ein Atom. Somit bauen die Materieteilchen Up- und Down-Quark sowie das Elektron die uns bekannte Materie auf. Myonen und Neutrinos kommen in der kosmischen Strahlung vor, die tagtäglich aus dem Weltall auf die Erde einprasselt. Die übrigen Teilchen sind nicht stabil und müssen in Hochenergieexperimenten hergestellt werden, wo sie gleich nach ihrer Erzeugung in leichtere Teilchen zerfallen.

(ii) *Kraftteilchen und fundamentale Kräfte:* Die Materie wird durch zwischen ihren Materieteilchen herrschende Kräfte zusammengehalten. Nur so können sich die Elementarteilchen zu größeren Strukturen verbinden, die letztlich die uns bekannte makroskopische Materie bilden. Die Kräfte werden durch Kraftteilchen vermittelt, die zwischen den Materieteilchen ausgetauscht werden. Das SM beschreibt drei Grundkräfte. Die elektromagnetische Kraft wirkt zwischen elektrisch geladenen Teilchen und wird durch den Austausch von masselosen Photonen beschrieben. Die schwache Kraft wirkt auf alle Materieteilchen und steckt z. B. hinter radioaktiven Zerfällen oder dem Brennen der Sonne. Sie wird durch die massiven neutralen Z^0- und geladenen $W^{\pm}$-Bosonen vermittelt. Die stärkste der drei Wechselwirkungen ist die starke Kraft. Sie sorgt dafür, dass die Quarks im Inneren von Protonen zusammenhalten. Die diese Kraft vermittelnden Kraftteilchen sind die masselosen Gluonen. Die vierte bekannte Grundkraft ist die Gravitation, die auf alle massiven Teilchen wirkt. Sie kann im SM nicht mathematisch konsistent formuliert werden. Ihre Wirkung auf die kleinsten Teilchen ist allerdings so schwach, dass sie in der Teilchenwelt vernachlässigt werden kann. Die SM-Teilchen und -Kräfte sind in Abb. 8.1 zusammenfassend dargestellt.

Die Materie- und Kraftteilchen unterscheiden sich in ihrem Spin. Hierbei handelt es sich um eine unveränderliche innere Teilcheneigenschaft, die man sich als Art Eigendrehimpuls der Teilchen vorstellen kann. Der Spin kann nicht beliebige Werte annehmen, sondern ist quantisiert. Fermionen tragen halbzahligen Spin in Einheiten des Planck'schen Wirkungsquantums und Bosonen ganzzaligen Spin. Die fermionischen Materieteilchen tragen Spin 1/2 und die bosonischen Kraftteilchen Spin 1. Auf dem

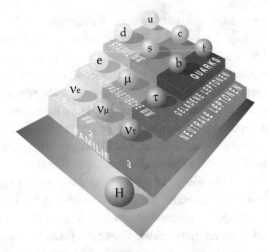

Abb. 8.1 Materieteilchen des SMs, die Quarks Up (u), Down (d), Charm (c), Strange (s), Top (t) und Bottom (b), die geladenen Leptonen Elektron (e), Myon (μ) und Tauon (τ) sowie die ungeladenen Leptonen, die Neutrinos (ν_e, ν_μ, ν_τ). Es sind auch die Wechselwirkungen angegeben, denen sie unterliegen. Die starke Kraft wirkt nur zwischen den Quarks, die elektromagnetische Kraft zwischen den Quarks und geladenen Leptonen, die schwache Kraft zwischen allen dargestellten SM-Teilchen. (Von CERN/LHC-Kommunikation Deutschland [1]; mit freundlicher Genehmigung des © DESY 2018. All rights reserved)

Spin der Teilchen beruhen weitere Eigenschaften wie beispielsweise ihr magnetisches Moment, aber auch der Ferromagnetismus.

(iii) *Symmetrien des SMs:* Die Natur ist voller Symmetrien. Diese zeigen sich darin, dass eine Veränderung auf das äußere Erscheinungsbild keine Auswirkung hat. So sieht beispielsweise eine Schneeflocke nach Veränderung durch die Drehung um einen bestimmten Winkel genau wie vor der Drehung aus. Symmetrien sind in der Physik von grundlegender Bedeutung. Sie helfen bei der Formulierung von Theorien und bei der Ableitung der Struktur physikalischer Gesetze. Dies können wir mithilfe des Noether-Theorems einsehen. Es wurde von der Mathematikerin Emmy Noether formuliert und besagt, dass mit jeder kontinuierlichen Symmetrie eines Systems eine Erhaltungsgröße verknüpft ist. Unter einer Erhaltungsgröße verstehen wir eine physikalische Größe wie etwa die elektrische Ladung oder die Energie, die sich nicht verändert. Nun beobachten wir, dass die wechselwirkenden Teilchen nicht in beliebiger Weise miteinander in Verbindung treten. Es finden vielmehr nur solche Wechselwirkungen zwischen den Teilchen statt, deren Kräfte gewisse Größen nicht verändern. Bei der elektromagnetischen Kraft z. B. ist dies die elektrische Ladung. Aufgrund des Noether-Theorems ist mit der Ladungserhaltung eine Symmetrie verbunden, die eine klare Anweisung gibt, wie die Theorie, die diese Wechselwirkung beschreibt, zu formulieren ist. Sie muss dergestalt sein, dass sie die Symmetrie respektiert. Symmetrien sind also von grundlegender Bedeutung bei der Verknüpfung der beobachteten fundamentalen Wechselwirkungen zwischen den Teilchen mit einer Theorie, die diese korrekt beschreibt. Im SM heißen diese Symmetrien Eichsymmetrien.

(iv) *Higgs-Mechanismus:* Mit der Invarianz des SMs unter Eichsymmetrien und der Beobachtung, dass die Materie- sowie manche der Kraftteilchen eine nicht-verschwindende Masse haben, handeln wir uns ein Dilemma ein. Es stellt sich heraus, dass es unmöglich ist, eine Theorie zu formulieren, in der die beteiligten Teilchen massiv sind, die aber gleichzeitig die Symmetrien des SMs respektiert. 1964 schlugen mehrere Physiker, darunter Peter Higgs und François Englert, als Ausweg vor, dass das gesamte Universum mit einem Feld gefüllt ist. Die Idee ist, dass die Teilchen a priori nicht massiv sind, sondern ihre Masse erst dadurch erhalten, dass sie mit dem postulierten Higgs-Feld wechselwirken. Je stärker sie mit ihm interagieren, desto schwerer sind sie. Mit diesem Higgs-Mechmanismus ist die Existenz eines Teilchens, des Higgs-Bosons, verbunden. Um zu überprüfen, ob der Higgs-Mechanismus tatsächlich die Gewichtsprobleme der Teilchen löst, muss in einem ersten Schritt das Higgs-Teilchen experimentell nachgewiesen werden. Tatsächlich wurde dem Higgs-Boson 48 Jahre lang nachgespürt, bevor es endlich im Jahr 2012 am LHC hergestellt und nachgewiesen werden konnte. Für die Teilchenphysik bedeutete diese Entdeckung einen Meilenstein und komplettierte das SM. Heißt dies nun, dass die Teilchenphysik nichts Neues mehr bietet und wir uns auf unseren Lorbeeren ausruhen können? Keineswegs, denn bei genauerer Betrachtung weist das SM trotz seiner Erfolgsgeschichte auch Schwachstellen auf, von denen einige im Folgenden beleuchtet werden sollen.

8.3   Schwachstellen des Standardmodells

Dunkle Materie: Wir wissen aus astrophysikalischen und kosmologischen Beobachtungen, dass die uns bekannte Materie nur einen sehr geringen Bestandteil der Gesamtmaterie des Universums ausmacht. Bereits in den 1930er-Jahren deuteten die Beobachtungen von Jan Oort und Fritz Zwicky auf die Existenz von Dunkler Materie (DM). Diese ist nicht direkt sichtbar, unterliegt aber der Gravitationswechselwirkung. Mit den Untersuchungen zu den Umlaufgeschwindigkeiten der Sterne in Spiralgalaxien durch Vera Rubin seit 1960 wurde die DM schließlich ernst genommen. Ihre Analyse belegte, dass sich die Sterne in den Außenbereichen der Galaxien derart schnell bewegen, dass sie eigentlich davonfliegen müssten, wenn sie nicht durch eine zusätzliche, nicht sichtbare Materie aufgrund der Gravitationswechselwirkung auf ihrer Bahn gehalten werden, s. Abb. 8.2. Ganz ähnlich wie die Ketten des Kettenkarussells dafür sorgen, dass wir im Betrieb nicht weggeschleudert werden. Die DM macht etwa 25 % der Gesamtenergie des Universums aus, und die mit ihr verbundenen Teilchen müssen relativ schwer sein sowie elektrisch neutral, sodass sie nicht zu stark mit der sichtbaren Materie wechselwirken bzw. sichtbare elektromagnetische Strahlung aussenden. Das SM bietet hierfür allerdings keinen geeigneten Kandidaten!

Die Vereinigung der Kräfte: Wir beobachten, dass die elektromagnetische Kopplungsstärke mit wachsendem Abstand abnimmt. In der Teilchenphysik ist dies gleich-

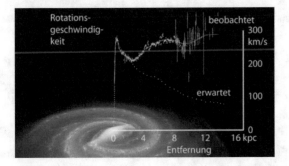

Abb. 8.2 Rotationsgeschwindigkeiten von Sternen in den Außenbereichen einer Galaxie als Funktion des Abstands (angegeben in kiloparsec mit $1\,\mathrm{kpc} \approx 3,1 \cdot 10^{19}\,\mathrm{m}$) vom Zentrum der Galaxie. Die untere, gestrichelte Kurve stellt die aufgrund der sichtbaren Materie berechnete Rotationsgeschwindigkeit dar, die obere die tatsächlich gemessene. (Aus Bahr et al. [2]; mit freundlicher Genehmigung von © NASA/JPL-Caltech.)

bedeutend damit, dass sie mit zunehmender Energie zunimmt. Weiter finden wir, dass sich die Kopplungsstärken der starken und der schwachen Kraft gegenläufig verhalten und mit zunehmender Energie abnehmen. Die drei Kräfte nähern sich also bei steigender Energie einander an, und man kann vermuten, dass sie sich bei sehr hohen Energien wie zu der Frühzeit des Universums zu einer Superkraft vereinigen. Eine solche Große Vereinheitlichte Theorie (GUT = Grand Unified Theory) besticht durch ihre Einfachheit und Schönheit der Beschreibung. Leider zeigt sich, dass sich die Kräfte im Rahmen des SMs bei Extrapolation zu hohen Energien, der GUT-Skala, verfehlen.

Hierarchieproblem: Das SM verliert seine Gültigkeit spätestens bei der Energie der Planck-Skala kurz nach dem Urknall, wo alle physikalischen Gesetze, so wie wir sie kennen, ihre Gültigkeit verlieren. Diese Skala liegt um 17 Größenordnungen über der durch die Higgs-Boson-Masse gegebenen Skala. Es stellt sich unweigerlich die Frage, was passiert in der großen „Energiewüste" dazwischen? Wie kann das Hierarchieproblem des SMs, dass das Higgs-Teilchen in Anbetracht so hoher Energieskalen dennoch so leicht ist, gelöst werden?

8.4 Supersymmetrie – das Standardmodell ist nicht genug

Die Antworten auf diese ungelösten Fragen müssen jenseits des SMs liegen. Die theoretischen Teilchenphysikerinnen und -physiker beweisen bei der Entwicklung neuer Theorien eine bemerkenswerte Kreativität, sodass der entsprechende Markt riesig ist. Eines muss aber allen Theorien gemeinsam sein: Im Gültigkeitsbereich des SMs müssen sie dessen experimentell genauestens bestätigten Vorhersagen reproduzieren. Da im hier vorgegebenen Rahmen unmöglich das gesamte Feld neuer Physik präsentiert

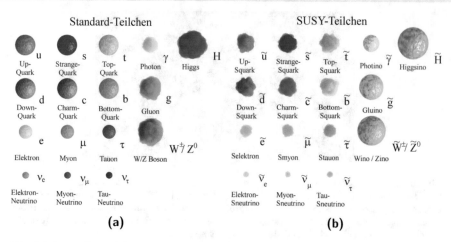

Standard-Teilchen   SUSY-Teilchen

Abb. 8.3 SM-Teilchen (**a**) und SUSY-Partnerteilchen (**b**). (Adaptiert nach Bahr et al. [2]; mit freundlicher Genehmigung der © Springer-Verlag GmbH Deutschland 2018. All rights reserved)

werden kann, wird im Folgenden die wohl populärste und am intensivsten studierte Theorie jenseits des SMs, die Supersymmetrie (SUSY), vorgestellt.

Supersymmetrie: Die Raum-Zeit-Symmetrie liegt all unseren Theorien zugrunde und ergibt sich aus der sinnvollen Forderung, dass die Physik unabhängig davon ist, wo wir uns befinden und zu welchem Zeitpunkt wir sie beobachten. Die Schönheit der Supersymmetrie äußert sich darin, dass es sich um die einzig mögliche Symmetrie handelt, die die Raum-Zeit-Symmetrie erweitern kann. Dies tut sie, indem sie jedem fermionischen Teilchen ein bosonisches Partnerteilchen zuordnet und umgekehrt. Jedes fermionische SM-Materieteilchen erhält also ein Schwesterteilchen mit Spin 0, Sfermion genannt, und jedes bosonische SM-Kraftteilchen seinen Gegenpart mit Spin 1/2, ein Bosino, s. Abb. 8.3. Supersymmetrie erweitert unsere Teilchenwelt damit erheblich. Das macht diese nicht gerade übersichtlicher, und wir fragen zu Recht, welche Lösungen SUSY in Anbetracht der oben aufgeworfenen Fragen zu bieten hat.

Supersymmetrie-Brechung: Zuvor aber schauen wir uns die SUSY-Teilchen genauer an. SUSY sagt voraus, dass sie sich von den SM-Teilchen nur in ihrem Spin unterscheiden. Insbesondere müssen sie die gleiche Masse wie ihr entsprechendes SM-Teilchen haben. Warum aber wurden sie bisher nicht entdeckt? Die Antwort liegt in der SUSY-Brechung. Man geht davon aus, dass SUSY in der Natur nicht exakt realisiert ist, sodass die Massen der SM- und SUSY-Partnerteilchen unterschiedlich sind und die schwereren SUSY-Teilchen deshalb bisher nicht entdeckt wurden. Warum aber führen wir erst eine Symmetrie ein, um sie im nächsten Moment wieder zu brechen? Nehmen wir wiederum die uns umgebende Natur als Vorbild, so stellen wir fest, dass Symmetrien selten exakt realisiert sind. So ist unsere Schneeflocke keineswegs vollkommen rotationssymmetrisch. Diese kleinen Unregelmäßigkeiten machen aber gerade die Schönheit der Natur aus und sind so spannend für uns. Warum sollte es in der Welt der Teilchen anders sein?

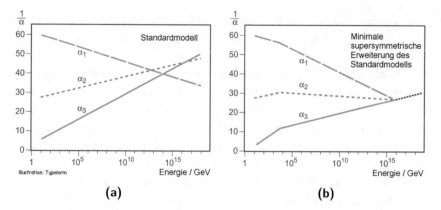

Abb. 8.4 Inverses der Kopplungskonstanten α_i ($i = 1,2,3$) der Eichwechselwirkungen des SMs als Funktion der Energie im SM (**a**) und in der minimalen supersymmetrischen Erweiterung des SMs (**b**). Der Einfluss der SUSY-Teilchen ändert den Verlauf der Kopplungskonstanten. Die Energieeinheit GeV entspricht $1{,}6 \cdot 10^{-10}$ J. (Adaptiert nach [3]; mit freundlicher Genehmigung der © Königlich Schwedische Akademie der Wissenschaften 2018. All rights reserved)

SUSYs Antworten: Das von SUSY postulierte leichteste Teilchen, das Neutralino, hat die passenden Eigenschaften, um ein möglicher Kandidat für DM zu sein. Es ist stabil, zerfällt also nicht weiter, es ist elektrisch neutral und wechselwirkt mit anderen Teilchen nur sehr schwach. Ferner befindet sich seine Masse in einem Bereich, der mit den Beobachtungen der DM kompatibel ist.

Die drei Grundkräfte vereinigen sich im Rahmen von SUSY bei der GUT-Skala. Das liegt daran, dass die SUSY-Teilchen ihren Einfluss geltend machen und das Verhalten der Kräfte in Abhängigkeit von der Energie ändern, sodass sie dergestalt aufeinander zu laufen, dass sie sich zu einer Superkraft vereinigen, s. Abb. 8.4.

Die schwereren SUSY-Teilchen dienen hervorragend dazu, die Wüste zwischen den typischen SM-Massenskalen und der Planck-Skala zu füllen. Sie sorgen dafür, dass die relativ leichte Higgs-Boson-Masse eine natürliche Erklärung findet. Die sich durch die Forderung der Supersymmetrie ergebenden Gesetzmäßigkeiten schirmen die Higgs-Boson-Masse vor dem Einfluss der großen Energieskalen ab.

SUSY bietet Lösungsmöglichkeiten für weitere Rätsel der Teilchenphysik, kann manches aber auch nicht erklären. Es werden daher weitere Theorien neuer Physik diskutiert. All diese Theorien sagen neue Teilchen voraus. Deren Entdeckung am LHC wäre der unmittelbare Beweis für die Realisierung neuer Physik.

8.5 Auf der Jagd nach neuer Physik

Zur Herstellung von Teilchen im Labor bedienen wir uns Einsteins berühmter Formel, $E = mc^2$. Sie besagt, dass die Energie E modulo der Lichtgeschwindigkeit c mit der Masse m verknüpft ist. In anderen Worten, Energie und Masse sind zueinander äquivalent. Konkret bedeutet das, dass wir neue Teilchen der Masse m herstellen können, wenn wir genügend Energie zur Verfügung haben. Diese gewinnen wir in den Beschleunigerexperimenten. Am derzeit leistungsstärksten Beschleuniger der Welt, dem LHC, werden in einem Tunnel 100 m unter der Erde Protonenpakete in zwei Röhren gegenläufig auf nahezu Lichtgeschwindigkeit beschleunigt und dann zur Kollision gebracht. Es entstehen hierbei Myriaden neuer Teilchen, die mit riesigen Mikroskopen, den sogenannten Detektoren, untersucht werden können. Werden in den Kollisionen SUSY-Teilchen hergestellt, so zerfallen diese, da sie nicht stabil sind, sogleich in neue Teilchen, die wiederum zerfallen, bis hin zu dem leichtesten supersymmetrischen Teilchen, dem Neutralino, das stabil ist. Es entwischt wegen seiner schwachen Wechselwirkung mit der Materie unentdeckt dem Detektor und hinterlässt als einzige Spur einen Fehlbetrag in der Impulsbilanz. In der vorausgegangenen Zerfallskaskade entsteht eine Vielzahl von Leptonen und Quarks. Somit hinterlässt die Erzeugung von SUSY-Teilchen einen für sie typischen Fußabdruck, bestehend aus vielen Leptonen oder Quarks und fehlendem Transversalimpuls. Nach diesen und weiteren von anderen neuen Theorien vorhergesagten Spuren suchen die Experimentalphysikerinnen und -physiker am LHC. Die theoretischen Physikerinnen und Physiker helfen ihnen bei dieser Suche nach der Nadel im Heuhaufen, der hier bildlich gesprochen, bezogen auf das Gewicht einer Nadel, auch mal 100 Millionen Tonnen schwer sein kann. Sie rechnen in den von ihnen angenommenen Modellen aus, mit welcher Wahrscheinlichkeit gewisse Teilchen produziert werden und wie sie sich im Detektor bemerkbar machen. Werden schließlich neue Teilchen gefunden, so vermessen die Experimentalphysikerinnen und -physiker ihre Eigenschaften, und die Theoretikerinnen und Theoretiker interpretieren diese im Rahmen ihrer Modelle, um der fundamentalen Theorie auf die Spur zu kommen. Bisher jedoch entzieht sich die neue Physik ihrer Entdeckung. Dies ist, um es mit den Worten des Physikers Guido Altarelli zu sagen, deprimierend, aber kein Grund zur Verzweiflung [4]. Die Suche am LHC ist im vollen Gange, und es wird jeder noch so kleine Stein umgedreht, um in dem komplexen Gewirr des Feuerwerks neuer Teilchen die einen zu finden, die uns der allem zugrunde liegenden Theory of Everything näher bringen, die das Universum vollständig erklären kann, von seiner kosmologischen Struktur bis hin zum Mikrokosmos der Elementarteilchen!

Literatur

[1] CERN/LHC-Kommunikation   Deutschland.   https://www.weltmaschine.de/sites/sites_custom/site_
     weltmaschine/content/e36287/e36322/e36334/materiebausteine_hr_ger.jpg

[2] Bahr B, Resag J, Riebe K (2015) Faszinierende Physik. Springer, Berlin, Heidelberg

[3] The Nobel Prize in Physics 2004. https://www.nobelprize.org/prizes/physics/2004/popular-information

[4] Alterelli G (2012) "The situation is depressing but not desperate." Mündliches Zitat bei einem Festvortrag anläss-
     lich des ihm verliehenen Julius-Wess-Preises am 16.01.2012 in Karlsruhe https://www.kceta.kit.edu/english/
     julius-wess-award-2011.php

9 Quantengravitation – Physik an der Grenze des Denkbaren
— Renate Loll —

Zusammenfassung

Das Fehlen einer Theorie der Quantengravitation ist eine der größten Herausforderungen der modernen Hochenergiephysik. Das Schließen dieser eklatanten Lücke in unserem Verständnis der physikalischen Welt verspricht Aufschluss über die Ursprünge von Raum und Zeit und den Anfang unseres Universums. Zur quantitativen Beschreibung von Quantengravitationseffekten auf der für sie charakteristischen ultrakurzen Planck-Skala sind nicht-störungstheoretische Methoden unerlässlich. Die Entwicklung effektiver numerischer Methoden und das Verständnis einiger theoretischer Fallstricke haben in jüngerer Zeit wichtige Fortschritte möglich gemacht. Ein herausragendes Beispiel hierfür ist der Zugang der Kausalen Dynamischen Triangulierungen (KDT), der in diesem Beitrag beschrieben wird. Zur Illustration der Tragweite und Aussagekraft der auf KDT basierten Quantengravitationstheorie stelle ich zwei ihrer zentralen Ergebnisse vor: die Emergenz eines klassischen De-Sitter-Universums aus reinen Quantenfluktuationen und den Quanteneffekt der Dimensionsreduktion auf der Planck-Skala.

© Springer-Verlag GmbH Deutschland, ein Teil von Springer Nature 2019

D. Duchardt et al. (Hrsg.), *Vielfältige Physik*, https://doi.org/10.1007/978-3-662-58035-6_9

Prof. Dr. Renate Loll

Wo ein Wille ist, ist auch ein Weg.

- 1984 Baccalaureus Physik, Univ. Freiburg
- 1985 Studienjahr London School of Economics
- 1989 Promotion Theor. Physik, Imperial College London
- 1996–2001 Wiss. Assistentin, Heisenberg-Stipendiatin, Albert-Einstein-Institut Potsdam/Golm
- 2005–2012 Professur, Univ. Utrecht, Niederlande
- Seit 2012 Professur, Radboud Univ. Nijmegen, NL
- Seit 2011 Gastprofessur, Perimeter Institute for Theoretical Physics, Waterloo, Kanada
- Seit 2015 Mitglied der Königlichen Niederländischen Akademie der Künste und Wissenschaften

Wie ich zur theoretischen Physik gefunden habe

Als Schülerin habe ich mich für viele Fächer und darunter natürlich auch für Physik und andere Naturwissenschaften interessiert. Die Wahl eines Studienfachs fiel mir daher nicht leicht. Ich bin letztendlich bei der Physik gelandet, weil sie die Aura des schwierigsten Fachs von allen hatte und man deswegen damit offensichtlich nicht viel „falsch" machen konnte. Allerdings hatte ich mir dabei selbst eine spätere Auszeit verordnet, um einmal etwas anderes auszuprobieren. Mein Studienjahr an der London School of Economics nach sechs Semestern Physik war lehrreich und spannend, hat mich jedoch primär darin bestärkt, dass Physik erstens einfacher (da weniger komplex) und zweitens interessanter (da universell gültig) ist. Die Entscheidung, wieder in die (theoretische) Physik zurückzukehren, habe ich bis heute nicht bereut.

Wohin sie mich bis heute gebracht hat

Die Arbeit als Professorin ist vielfältig und regt dauerhaft meine grauen Zellen an. Ich leite seit vielen Jahren eine universitäre Arbeitsgruppe zur Quantengravitation, was mich mit zahllosen jungen und talentierten Wissenschaftlerinnen und Wissenschaftlern zusammenbringt. Des Weiteren habe ich das Glück, einen neuen und bisher erfolgreichen Zugang zur Quantengravitation mitbegründet und ausgearbeitet zu haben, mithilfe der hier skizzierten Methode. Die Frage, inwieweit sich Phänomene auf der Planck-Skala noch mit den Mitteln und Methoden der theoretischen Physik begreifen und quantifizieren lassen, ist und bleibt ungemein interessant und führt uns vielleicht wirklich an die Grenzen des durch uns Menschen Denk- und Vorstellbaren.

Mein Tipp

Folge deinen Interessen und lasse dich nicht beirren. Glaube an dich selbst, lerne und verstehe die Physik auf deine Weise, finde deinen eigenen Weg in der Wissenschaft.

9.1   Was ist Quantengravitation?

Als Quantengravitation wird die der klassischen allgemeinen Relativitätstheorie zugrunde liegende fundamentale Quantentheorie bezeichnet, die alle Gravitationswechselwirkungen und -phänomene quantitativ beschreibt, bis hin zu den allerkleinsten Skalen. Eine Theorie der Quantengravitation ist nötig, um die Quantenanfänge unseres eigenen Universums besser zu verstehen und um den Ursprung und die mikroskopische Struktur von Raum und Zeit physikalisch zu begreifen. Des Weiteren erhofft man sich Aufschluss über die viel diskutierten Quanteneigenschaften Schwarzer Löcher und über spekulative Ideen zu Wurmlöchern, Raumzeitschaum und der Existenz von Zeitreisen. Auf der Suche nach einer solchen Theorie sind in den letzten 50 Jahren verschiedene Wege beschritten worden, die jedoch bislang nicht zu einem eindeutigen und befriedigenden Ergebnis geführt haben. Das Fehlen einer Quantengravitationstheorie ist die letzte große Herausforderung der theoretischen Hochenergiephysik jenseits des Standardmodells der Teilchenphysik, und wirft gleichzeitig die Frage auf, bis zu welchen extremen Skalen sich physikalische Wirklichkeit zumindest prinzipiell mit den objektiven Methoden und Techniken der modernen Naturwissenschaft erfassen lässt.

Im Vergleich zu den drei anderen bekannten Wechselwirkungen (Elektromagnetismus, starke und schwache Kernkraft) besitzt die Gravitation Besonderheiten, die auch die Konstruktion einer zugehörigen Quantentheorie erschweren. Zum Ersten wird in der Relativitätstheorie die Raumzeit selbst zum Gegenstand der Dynamik und kann somit nicht als unveränderliche Hintergrundstruktur behandelt werden, wie es üblicherweise in der Quantenfeldtheorie geschieht. Zum Zweiten sind Gravitationskräfte vergleichsweise schwach, was dazu führt, dass die zu erwartenden Quantengravitationseffekte auf sehr kleinen Abständen auftreten, der sogenannten Planck-Länge. Diese charakteristische Längenskala $\ell_{\mathrm{PL}} = 1{,}6 \times 10^{-35}\,m$ erhält man auf eindeutige Weise, indem man die drei für die Quantengravitation benötigten Naturkonstanten, Newtons Konstante G_N, die Lichtgeschwindigkeit c und die Planck-Konstante $\hbar$, zu einer Größe mit der Dimension einer Länge zusammensetzt. Leider können selbst die Teilchenbeschleuniger mit der zurzeit höchsten verfügbaren Energie derart kleine Distanzen noch nicht auflösen. Eine direkte Bestätigung einer vorgeschlagenen Quantengravitationstheorie wird es daher in absehbarer Zeit wahrscheinlich nicht geben, ebenso wenig wie Experimente, die uns einen direkten Weg dorthin weisen könnten. Daher ist die Entwicklung alternativer Kriterien notwendig, anhand derer man Kandidatentheorien testen kann. Ein solches Kriterium ist die Existenz eines wohldefinierten klassischen Limes, d. h. eines Grenzwertes, von dem im Folgenden noch mehrfach die Rede sein wird.

9.2 Kausale Dynamische Triangulierungen: Weniger ist mehr

In diesem Artikel wird ein spezifischer Zugang zur Quantengravitation vorgestellt: der der Kausalen Dynamischen Triangulierungen (KDT, engl.: *Causal Dynamical Triangulations*, CDT). Er zeichnet sich durch seine konzeptuelle Einfachheit und seine Effizienz im Einsatz technischer Mittel aus, gemäß dem Einstein'schen Motto „so einfach wie möglich, aber nicht einfacher". Der Ansatz unterscheidet sich wesentlich von dem der Stringtheorie und der Schleifenquantengravitation, die beide die Existenz eindimensionaler, elementarer Objekte auf der Planck-Skala voraussetzen, eben der Fäden (*strings*) oder Schleifen (*loops*). Die KDT-Quantengravitation macht keine Annahmen dieser Art und beruft sich auch nicht auf andere exotische (d. h. bisher nicht nachgewiesene) Strukturen, wie beispielsweise Supersymmetrie oder Extradimensionen. Stattdessen spielt sie sich, wie alle anderen Wechselwirkungen, im Rahmen der gewöhnlichen Quantenfeldtheorie ab, nur mit dem Unterschied, dass die Raumzeit selbst an der Dynamik teilnimmt.

Ein derart minimalistischer und konservativer Ansatz stellt ein Kontrastprogramm insbesondere zur Stringtheorie dar, deren Reichtum an dynamischen Freiheitsgraden und freien Parametern eine Ableitung eindeutiger Ergebnisse so gut wie unmöglich macht. Die Quantengravitation gemäß der KDT hat eine sehr kleine Anzahl freier Parameter (zwei) und auch sonst wenige *Schrauben*, an denen man drehen könnte, falls die abgeleiteten Resultate zu Widersprüchen führen sollten (was sie bisher nicht getan haben). Da sich zusätzlich in dieser Formulierung auch konkrete, quantitative Ergebnisse ableiten lassen, gehört sie zur seltenen Spezies der falsifizierbaren Quantengravitationstheorien!

Die Kausalen Dynamischen Triangulierungen bauen auf dem früheren Ansatz der Dynamischen Triangulierungen (DT) auf, die ursprünglich die Dynamik zweidimensionaler String-Weltflächen in der bosonischen Stringtheorie beschreiben sollten, bevor sie zur Beschreibung vierdimensionaler gekrümmter Raumzeiten im DT-Modell der Quantengravitation eingesetzt wurden. Aus Gründen, die noch näher in Abschnitt 9.4 erläutert werden, scheint diese Theorie jedoch keinen klassischen Limes zu besitzen, der mit der allgemeinen Relativitätstheorie im Einklang wäre. Im Vergleich zu den DT haben die KDT eine entscheidende neue Eigenschaft: Alle Raumzeiten in der Quantenüberlagerung (dem *Pfadintegral*) werden mit einer wohldefinierten kausalen Struktur ausgestattet, und daran gekoppelt gibt es eine analytische Fortsetzung des komplexen Pfadintegrals, die dessen numerische Auswertung im Reellen ermöglicht. Die Kombination dieser neuen Bestandteile mit den vorhandenen Stärken der Dynamischen Triangulierungen hat auf eine vielversprechende *neue* Theorie der Quantengravitation geführt. Einige Eigenschaften und Errungenschaften dieser neuen Formulierung werde ich im Folgenden skizzieren.

9.3   Die Methodik der KDT

Eine zentrale Größe, aus der sich im Prinzip die gesamte Quantendynamik der Gravitation ableiten lässt, ist das sogenannte Pfadintegral

$$Z = \int_{\mathscr{G}} \mathscr{D}g \; e^{iS_{\mathrm{grav}}(g)}, \tag{9.1}$$

in dem über alle möglichen gekrümmten Raumzeiten g integriert wird. Jede Raumzeit wird mit einem komplexen Phasenfaktor $\exp(iS_{\mathrm{grav}}(g))$ gewichtet, der von der klassischen Einstein-Wirkung $S_{\mathrm{grav}}(g)$ abhängt. Das Pfadintegral – ursprünglich von Feynman im Rahmen der Quantenmechanik eingeführt – verleiht somit dem Quantenüberlagerungsprinzip komplexer Amplituden Ausdruck. In der Quantengravitation wird das Pfadintegral (9.1) auch *Summe über alle Geschichten* genannt, weil jede vierdimensionale Raumzeit g die Geschichte eines dreidimensionalen, räumlichen Universums in der Zeit (der vierten Dimension) darstellt.

Beim Pfadintegral (9.1) handelt es sich um einen rein formalen Ausdruck, mit dem sich erst einmal nichts berechnen lässt, weil die rechte Seite der Gleichung mathematisch nicht wohldefiniert und typischerweise gleich unendlich ist. Verkürzt gesagt liefert nun die KDT-Quantengravitation präzise Vorschriften zum Definitionsbereich $\mathscr{G}$, zum Integrationsmaß $\mathscr{D}g$ und zur konkreten Berechnung des Integrals. Wie bereits in Abschnitt 9.2 erwähnt, gehört hierzu auch eine analytische Fortsetzung des komplexen Pfadintegrals Z ins Reelle. Im Gegensatz zur Situation in vielen anderen Kandidatentheorien der Quantengravitation ermöglicht die Existenz dieser analytischen Fortsetzung systematische Computersimulationen, die bei der Analyse der physikalischen Eigenschaften der Theorie unentbehrlich sind.

Ein wesentliches Konstruktionselement, um das Pfadintegral berechenbar zu machen, ist eine vereinfachte Darstellung des Raums $\mathscr{G}$ aller Raumzeitgeometrien. Eine allgemeine vierdimensionale Raumzeit $g \in \mathscr{G}$ ist ein sehr kompliziertes Gebilde, das lokal (d. h. in jedem Raumzeitpunkt) beliebige Krümmungseigenschaften haben kann und daher *unendlich* viele Daten zu seiner exakten Beschreibung benötigt. Wie der

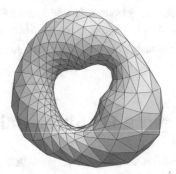

Abb. 9.1 Triangulierter Torus als Beispiel einer gekrümmten zweidimensionalen Fläche. (Von lazyges [1]; mit freundlicher Genehmigung von © lazyges (2018). All rights reserved)

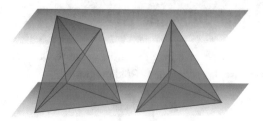

Abb. 9.2 Die elementaren Dreiecksbausteine der KDT-Quantengravitation sind vierdimensionale Simplizes. Dies verallgemeinert das zweidimensionale Simplex (Dreieck) und das dreidimensionale Simplex (Tetraeder)

Name schon andeutet, benutzt man in den KDT triangulierte Objekte, um solche gekrümmten Räume anzunähern. Dieses Prinzip kann man leicht anhand zweidimensionaler Flächen illustrieren (s. Abb. 9.1). Die Verformungen und Ausbuchtungen einer beliebig gekrümmten Fläche lassen sich umso besser annähern, je feiner die gewählte Triangulierung ist, d. h. je kleiner ihre Dreiecke sind. Dabei ist eine Triangulierung ein wesentlich einfacheres Objekt als eine kontinuierlich gekrümmte Fläche, da die einzelnen Dreiecke flach (ungekrümmt) sind und die Angabe der Kantenlängen eines Dreiecks dessen geometrische Eigenschaften eindeutig festlegt. Man muss dann nur noch angeben, wie die verschiedenen Dreiecke miteinander verklebt sind, um eine vollständige Beschreibung der gekrümmten Geometrie zu erhalten. Eine triangulierte Fläche endlicher Größe wird daher durch eine *endliche* Anzahl n von Daten beschrieben, was alle Rechnungen entscheidend vereinfacht. Das gleiche Prinzip kann man zur Approximierung vierdimensionaler gekrümmter Raumzeiten verwenden, wobei der elementare Baustein ein vierdimensionales Simplex ist (s. Abb. 9.2).

Im KDT-Ansatz arbeitet man mit zwei Typen solcher simplizialen vierdimensionalen Bausteine, die sich bezüglich der Orientierung der Lichtkegel im Innern zu den Kanten des Simplex unterscheiden. Ein wesentlicher Aspekt bei der Konstruktion von Raumzeiten aus diesen Simplizes sind *Verklebungsregeln*, die angeben, wie die Bausteine aneinandergesetzt werden dürfen. In der KDT-Quantengravitation muss das so geschehen, dass die resultierende Raumzeit g überall eine wohldefinierte kausale Struktur (d. h. Lichtkegelstruktur) besitzt. Nur in diesem Fall lässt man die Konfiguration g zum Pfadintegral (9.1) beitragen. Diese Einschränkung, die es im DT-Modell nicht gab, führt zu völlig neuen und aus Sicht der Quantengravitation wesentlich interessanteren Ergebnissen.

9.4 Das emergente De-Sitter-Universum

Ein Schlüsselergebnis der KDT-Quantengravitation ist die Tatsache, dass die durch das Pfadintegral (9.1) gegebene Quantenüberlagerung von kausalen Raumzeitkonfigurationen bei geeigneter Wahl der Kopplungskonstanten der Theorie eine Quantenraumzeit erzeugt, die makroskopische Eigenschaften eines *klassischen* Universums aufweist. Das ist aus zwei Gründen bemerkenswert. Zum Ersten geschieht die Konstruktion des Pfadintegrals auf eine hintergrundsunabhängige Weise, die nicht schon von vornherein eine spezifische klassische Raumzeit auszeichnet. Die fluktuierende, nichtklassische Natur der zu einem solchen Pfadintegral beitragenden Konfigurationen illustriert die aus zweidimensionalen Dreiecken zusammengesetzte Quantenraumzeit aus Abb. 9.3. Im Gegensatz dazu wird in störungstheoretischen Versionen des Pfadintegrals nur über solche Raumzeiten integriert, die nur wenig von einer gegebenen (und daher a priori ausgezeichneten) klassischen Raumzeit g_0 abweichen. Eine solche Situation illustriert die Triangulierung aus Abb. 9.1, die einen klassischen, glatten Torus annähert.

Zum Zweiten hat bisher keine andere Quantengravitationstheorie ein vergleichbares Ergebnis erzielt. Stattdessen stößt man oft auf starke, sogenannte entropische Effekte, die zu einer Entartung jedweder dynamisch erzeugten Quantenraumzeit führen, und keine sinnvolle physikalische Interpretation zulassen. Ein Beispiel hierfür ist die Quantengravitation mittels Dynamischer Triangulierungen. Eine der entarteten Phasen der DT wird beispielsweise von verzweigten Polymeren dominiert, die leider auf keiner Längenskala etwas mit vierdimensionaler, ausgedehnter Geometrie zu tun haben. Das Auftauchen niedrigdimensionaler polymerer Strukturen steht hierbei nicht im Widerspruch dazu, dass die ursprünglichen elementaren Bausteine vierdimensional waren. Wie bereits im klassischen Fall stellt die Darstellung gekrümmter Räume durch Triangulierungen lediglich eine zwischenzeitliche Approximation dar, die man am Ende der Konstruktion *entfernt*, indem man die Triangulierungen unendlich fein macht. Die in diesem nichttrivialen, unendlichen Limes entstehenden Quantengeometrien können Eigenschaften aufweisen, die wenig mit denen der ursprünglichen Triangulierungen

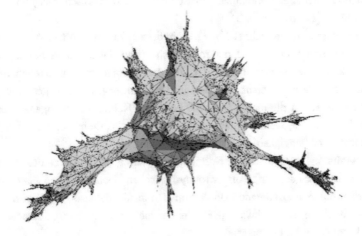

Abb. 9.3 Dynamisch triangulierte Quantengeometrie, erzeugt in einem vereinfachten Quantengravitationsmodell für zweidimensionale Raumzeiten. Es illustriert die Tatsache, dass die im Text erwähnten Quantenraumzeiten auf kleinen Abständen völlig anders als die schönen, glatten Raumzeiten der klassischen Theorie aussehen

zu tun haben. Wie noch in Abschnitt 9.5 näher beschrieben, gehört hierzu auch die *Dimension* dieser Geometrien.

Das KDT-Pfadintegral lässt sich mit bekannten analytischen Methoden nicht exakt auswerten, was bei einer nichtperturbativ (d. h. nicht-störungstheoretisch) formulierten, wechselwirkenden Quantenfeldtheorie in vier Raumzeitdimensionen auch nicht anders zu erwarten ist. Umso wichtiger sind wirkungsvolle numerische Methoden, die hier glücklicherweise in der Form von Monte-Carlo-Simulationen zur Verfügung stehen. Ein sogenannter Metropolis-Algorithmus definiert einen Zufallsspaziergang im Raum $\mathcal{G}$ der triangulierten Raumzeitkonfigurationen, wobei die Wahrscheinlichkeit, eine gegebene Geometrie g zu finden, proportional zum Wick-rotierten (d. h. analytisch fortgesetzten), reellen Phasenfaktor $\exp(-S_{\mathrm{grav}}(g))$ ist. Die physikalische *Quantenraumzeit* entsteht aus der Überlagerung aller kausalen Raumzeiten $g \in \mathcal{G}$ mit dieser Gewichtung. Wie üblich hat eine einzelne zum Pfadintegral beitragende Konfiguration keine direkte physikalische Bedeutung und wird auch als virtuelle Konfiguration oder virtueller Zustand bezeichnet.

Ist man nun an einer gegebenen Eigenschaft X der Quantenraumzeit interessiert, so misst man diese während der Simulation für jede zufällig erzeugte Konfiguration g, wiederholt diesen Prozess so oft wie möglich und kann daraus unter anderem den statistischen Erwartungswert $\langle X \rangle$ von X bestimmen. Im Fall der Quantengravitation interessieren wir uns für Observablen X, die Aussagen über geometrische Eigenschaften der Quantenraumzeit machen. Die Werte, die solche geometrischen Quantenobservablen annehmen, müssen im Prinzip nicht mit denen einer klassischen Raumzeit übereinstimmen, jedenfalls nicht im Regime sehr kurzer Abstände, wo Quanteneffekte eine Rolle spielen können. Dies lässt sich anhand einer Observablen illustrieren, die die Dimension der Quantenraumzeit misst und auf ein klassisch völlig unerwartetes Ergebnis führt (s. Abschnitt 9.5).

Im Gegensatz dazu bezeichnet *Emergenz* in diesem Zusammenhang das Phänomen, dass die Quantenraumzeit eine makroskopische (und daher klassische) Eigenschaft aufweisen kann, die die einzelnen in der Quantenüberlagerung enthaltenen virtuellen Raumzeitkonfigurationen nicht besitzen. In der Quantengravitation gemäß der KDT trifft das konkret auf die makroskopische Form der Raumzeit, ihr sogenanntes *Volumenprofil* $\langle V_3(t) \rangle$, zu, womit einfach die Größe, d. h. das räumliche Volumen V_3, des Universums in Abhängigkeit von der Zeit t gemeint ist.

Wie bereits aus der klassischen Kosmologie bekannt, ist die Größe des Universums eine dynamische Eigenschaft. Aus astrophysikalischen Beobachtungen wissen wir weiterhin, dass das real existierende Universum sich ausdehnt, also größer wird, und das sogar mit wachsender Geschwindigkeit. Bei der hier genannten Zeit t handelt es sich um die kosmologische Eigenzeit.

Der Erwartungswert des räumlichen Volumens $\langle V_3(t) \rangle$ lässt sich in den Computersimulationen zuverlässig messen und stimmt mit hoher Genauigkeit mit dem Volumenprofil eines De-Sitter-Universums überein, einer wohlbekannten, kosmologischen Lösung der klassischen Einstein'schen Gleichungen in Gegenwart einer positiven kos-

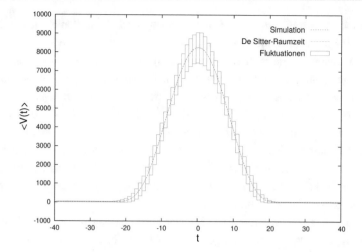

Abb. 9.4 Das in Computersimulationen gemessene Volumenprofil $\langle V_3(t) \rangle$ der Quantenraumzeit (blau gestrichelte Linie) unterscheidet sich innerhalb der Messgenauigkeit nur unwesentlich von dem einer klassischen De Sitter-Raumzeit (grün gestrichelte Linie). Die roten Balken geben die typische Größe der Quantenfluktuationen $\delta V_3(t)$ des räumlichen Volumens $V_3(t)$ an. (Adaptiert nach Ambjørn et al. [2]; mit freundlicher Genehmigung von © World Scientific Publishing Co. Pte. Ltd. 2018. All rights reserved)

mologischen Konstante (s. Abb. 9.4)! Dies ist ein hochgradig nichttriviales Ergebnis, da die Quantenfluktuationen auf der betrachteten Längenskala sehr groß sind und es daher keineswegs von vornherein gesichert ist, dass sie sich *herausmitteln*, und dass des Weiteren der Mittelwert des Volumenprofils irgendetwas mit dem einer klassischen Raumzeitgeometrie zu tun hat.

Das Wiedergewinnen einer bekannten, klassischen Eigenschaft aus der Überlagerung wild fluktuierender Quantenzustände ist ein wertvolles Indiz dafür, dass die mit der Methode der KDT konstruierte Quantengravitationstheorie einen guten klassischen Limes besitzt. Letzteres bezeichnet die notwendige Eigenschaft einer solchen Theorie, auf genügend großen Skalen und bei vernachlässigbaren Quanteneffekten die Physik der allgemeinen Relativitätstheorie zu reproduzieren – bislang eine Seltenheit bei Kandidatentheorien der Quantengravitation.

9.5 Merkwürdige „Dimensionen"

Ergänzend zur Diskussion emergenter makroskopischer Eigenschaften der Quantenraumzeit beschreibe ich in diesem Abschnitt noch eine echte, mikroskopische *Quanten*eigenschaft der Quantenraumzeit, die sich nicht aus klassischen Erwägungen ableiten lässt. Die Observable, von der hier die Rede ist, ist die *Dimension* der Raumzeit. Klassisch ist der Begriff der Dimension prägeometrisch und unveränderlich: Die Tatsache, dass alle Gravitationsfelder auf einer vierdimensionalen glatten Raumzeit definiert sind, ist eine der Grundannahmen der allgemeinen Relativitätstheorie.

In der Quantentheorie stellt sich jedoch überraschenderweise heraus, dass eine wie auch immer definierte Raumzeitdimension nicht unbedingt den Wert 4 annehmen muss. Im Sinne der Diskussion des letzten Abschnitts lässt sich hierzu erst einmal feststellen, dass in einer physikalisch konsistenten Quantengravitationstheorie die Dimension der Quantenraumzeit *auf genügend großen Skalen* gleich 4 sein *muss*. Ist dies nicht der Fall, hat die Quantentheorie keinen klassischen Limes und ist physikalisch uninteressant. Ein Beispiel hierfür ist die schon erwähnte DT-Quantengravitation, in der man bisher für keine Wahl der freien Parameter (Kopplungskonstanten) des Modells vierdimensionales Verhalten finden konnte.

Untersuchungen nichtperturbativer Modelle haben bislang zu folgenden Erkenntnissen geführt. Auf Planck'schen Längenskalen, wo sich Raumzeitgeometrie nicht mehr mit rein klassischen Begriffen fassen lässt, ist der Begriff der Dimension nicht mehr eindeutig. Dimensionsbegriffe, die über unterschiedliche Messvorschriften definiert werden, erfassen im Allgemeinen verschiedene Aspekte von *Quantengeometrie*. Daher können auch die Werte dieser verschiedenen Dimensionen, die übrigens nicht ganzzahlig sein müssen, voneinander abweichen. Auch wenn die Dimension der Quantenraumzeit auf großen Skalen 4 beträgt, muss dies nicht auch auf kleine Skalen zutreffen. Genau diese Situation finden wir im Fall des KDT-Modells.

Die wichtigsten Dimensionsbegriffe in der KDT-Quantengravitation sind die spektrale Dimension und die Hausdorff-Dimension. Beide lassen sich auf wesentlich allgemeinere Räume als glatte Raumzeiten anwenden (wo sie lokal mit der gewöhnlichen, topologischen Dimension der Raumzeit zusammenfallen), beispielsweise auch auf fraktale Strukturen. Wir beschränken uns in dieser Diskussion auf die spektrale Dimension, die man erhält, indem man im betrachteten Raum einen fiktiven Diffusionsprozess aufsetzt. Dazu lässt man den Prozess an einem Punkt des Raums zum Zeitpunkt 0 beginnen und beobachtet dann, wie groß das Volumen V des vom Diffusionsprozess erfassten Teilraums als Funktion der Diffusionszeit σ ist. Die spektrale Dimension D_S ist dann als die führende Potenz im Skalierungsverhalten $V(\sigma) \propto \sigma^{D_S/2}$ des Diffusionsvolumens definiert.

Die untere, gekrümmte Kurve in Abb. 9.5 illustriert schematisch, was bei der Messung der spektralen Dimension in der dynamisch erzeugten KDT-Quantenraumzeit passiert. Lässt man den Diffusionsprozess nur kurz laufen (kleine Werte von σ), so erhält man die spektrale Dimension der Quantenraumzeit auf der Planck-Skala, die innerhalb der Messgenauigkeit bei 2 liegt. Je länger man den Prozess laufen lässt, desto makroskopischer ist die zugehörige Längenskala, die man der gemessenen spektralen Dimension D_S zuordnet. Wie aus der Abbildung ersichtlich, wächst die spektrale Dimension kontinuierlich und erreicht asymptotisch den klassischen Wert 4 – ein weiterer Hinweis darauf, dass die KDT-Formulierung der Quantengravitation einen wohldefinierten klassischen Limes besitzt.

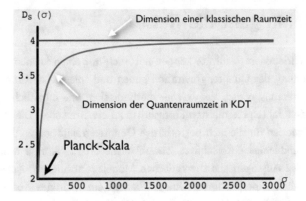

Abb. 9.5 Spektrale Dimension D_s der Quantenraumzeit, als Funktion der Diffusionszeit σ, ein effektives Maß für die untersuchte Längenskala (gekrümmte Kurve). Zum Vergleich: die skalenunabhängige Dimension einer rein klassischen Raumzeitmannigfaltigkeit (gerade Linie)

Allein aus der Betrachtung der spektralen Dimension ist damit ersichtlich, dass die Quantenraumzeit auf kurzen Abständen echte Quanteneigenschaften besitzt, da es keine klassische Raumzeit gibt, deren Dimension sich mit der betrachteten Skala kontinuierlich verändert. Ohnehin gibt es keine klassische Interpretation einer nicht ganzzahligen Dimension. Dieses völlig unerwartete Verhalten wird durch die großen Quantenfluktuationen der Raumzeit auf der Planck-Skala verursacht und illustriert, dass *Quantengeometrie* neue und andere Eigenschaften als klassische Geometrie besitzt, die zurzeit intensiv erforscht werden.

Nach der Entdeckung dieser *dynamischen Dimensionsreduktion* auf kurzen Skalen in der KDT-Quantengravitation hat man in anderen Kandidatentheorien ebenfalls nach einem solchen Effekt gesucht und diesen vielfach auch gefunden. Inwieweit diese Ergebnisse stichhaltig sind und den Fund der KDT-Formulierung auf unabhängige Weise reproduzieren, ist wegen der Vielzahl freier Parameter in diesen Theorien noch im Detail zu klären. Sehr interessant ist auf jeden Fall die Tatsache, dass man mit der spektralen Dimension eine universell berechenbare Observable in der Quantengravitation gefunden hat, auch wenn man diese bisher noch nicht mit tatsächlich beobachtbaren Phänomenen in Verbindung gebracht hat.

Das Beispiel der spektralen Dimension unterstreicht zusätzlich die Wichtigkeit numerischer Methoden: Ein in erster Linie numerisch gefundenes Resultat (die der Abb. 9.5 zugrunde liegende Messkurve von D_s) hat eine neue Forschungslinie in der Quantengravitation begründet und mit der spektralen Dimension ein Kriterium geliefert, verschiedene Theorien miteinander zu vergleichen und selbst Kandidatentheorien auszuschließen, wenn deren Dimension für große Abstände nicht gegen den klassisch erforderlichen Wert 4 konvergiert.

9.6   Wohin geht die Reise?

Die oben beschriebenen Resultate können natürlich nur einen kleinen Einblick in die aktuelle Forschung der Quantengravitation geben und spiegeln außerdem meine persönliche Einschätzung wider, aus welcher methodischen und inhaltlichen Richtung in den kommenden Jahren die meisten Fortschritte zu erwarten sind. Die Bedeutung numerischer Methoden für die nichtperturbative Quantengravitation wird im Fachgebiet noch immer tendenziell unterschätzt, obwohl diese oft die einzige Möglichkeit bieten, quantitative Aussagen aus theoretischen Modellen abzuleiten. Außerdem stellen sie in Abwesenheit experimenteller Überprüfbarkeit ein wichtiges Korrektiv für allzu fantasievolle theoretische Konstruktionen auf der Planck-Skala dar.

Natürlich muss noch der Beweis erbracht werden, dass die Gravitation auf beliebigen Skalen mit rein quantenfeldtheoretischen Mitteln und ohne exotische Ingredienzen beschrieben werden kann, wie ich hier befürwortet habe. Im Wettlauf um die richtige Quantengravitationstheorie wird es auch weiterhin wichtig bleiben, quantitative Kriterien zu entwickeln, um die Gemeinsamkeiten und Unterschiede verschiedener Kandidatentheorien auszuloten, ähnlich wie wir am Beispiel der in Abschnitt 9.5 beschriebenen spektralen Dimension gesehen haben. Die fruchtbaren neuen Ideen und Entwicklungen der letzten Jahre stimmen mich sehr optimistisch, dass wir mit den hier vorgestellten konservativen Methoden auf dem richtigen Weg sind, eines der letzten großen Rätsel der physikalischen Grundlagenforschung endlich zu knacken.

Als weiterführende Literatur bieten sich z. B. [3, 4] an.

Literatur

[1] lazyges (2018). A triangulation of the torus. https://commons.wikimedia.org/wiki/File:A_triangulation_of_the_torus.svg

[2] Ambjørn J, Görlich A, Jurkiewicz J, Loll R (2012) Nonperturbative Quantum Gravity. Physics Reports, 519:127–212 https://arxiv.org/abs/1203.3591

[3] Merali Z (2013) Theoretical Physics: The Origins of Space and Time. Nature 500:516–519, http://www.nature.com/news/theoretical-physics-the-origins-of-space-and-time-1.13613

[4] Musser G (2015) The Case for Fewer Dimensions. Nautilus 29 http://nautil.us/issue/29/scaling/the-case-for-fewer-dimensions

10 Plasmaphysik und Fusionsforschung
— Sibylle Günter —

Zusammenfassung

Eine wichtige Anwendung der Plasmaphysik ist die Fusionsforschung. In gewissem Sinn ist Kernfusion die direkteste Nutzung der „Sonnenenergie", denn ein Fusionskraftwerk soll – ähnlich wie die Sonne – Energie aus der Verschmelzung von Wasserstoffkernen gewinnen. Um eine ausreichende Anzahl von Fusionsreaktionen zu erzielen, müssen in einem künftigen Kraftwerk Temperaturen von mehr als 100 Millionen Grad vorherrschen. Bei solch hohen Temperaturen bildet sich ein Plasma, ein Gas aus geladenen Teilchen. Plasmen können in Käfigen aus Magnetfeldern eingeschlossen werden, die auch für die nötige Wärmeisolierung sorgen. Im Laufe der Fusionsforschung haben sich zwei Konzepte für solche Magnetfeldkonfigurationen herauskristallisiert: der Tokamak und der Stellarator.

© Springer-Verlag GmbH Deutschland, ein Teil von Springer Nature 2019
D. Duchardt et al. (Hrsg.), *Vielfältige Physik*, https://doi.org/10.1007/978-3-662-58035-6_10

Prof. Dr. Sibylle Günter

Ein Beruf in der Wissenschaft lässt Arbeit zum Hobby werden.

- *1964 in Rostock, 1982 Abitur
- 1987 Diplom Physik, 1990 Promotion, Univ. Rostock
- 1996 Habilitation, Univ. Rostock
- Seit 2001 apl. Professorin, Univ. Rostock
- Seit 2005 Honorarprofessur, TU München
- Seit 2000 Direktorin, MPI Plasmaphysik (IPP), Garching
- Seit 2011 Wiss. Direktorin IPP, Garching und Greifswald

Wissenschaftliche Rätsel

Mathematik und Physik haben mir in der Schule viel Spaß gemacht. Besonders haben mir knifflige mathematische Fragestellungen gefallen, die für mich wie Rätsel waren. Ich fand es spannend, hinter die Geheimnisse der Natur zu kommen. Noch heute ist Physik für mich wie Detektivarbeit. Daher habe ich nach dem Abitur Physik studiert und mich vor allem für theoretische Physik interessiert. Nach dem Studium habe ich mich dann der Plasmaphysik zugewandt und mich mit der Lichtemission aus dichten Plasmen beschäftigt. Das war für mich interessant, weil die Analyse der Strahlung aus Plasmen oft die einzige Möglichkeit ihrer Diagnostik ist. Das gilt für astrophysikalische Objekte, aber auch für die sehr heißen Plasmen der Fusionsforschung, mit denen ich mich heute befasse.

Mein heutiges Forschungsgebiet: Fusionsforschung

Nach der Habilitation bin ich an das Max-Planck-Institut (MPI) für Plasmaphysik gegangen. Dort haben mich die experimentellen Möglichkeiten begeistert. Schon immer wollte ich gern meine theoretischen Ergebnisse möglichst schnell am Experiment testen. Mit einem Großexperiment im Gebäude nebenan hatte ich somit die perfekte Umgebung. Leider komme ich heutzutage kaum noch dazu, selbst mit im Kontrollraum zu sitzen. Als Wissenschaftliche Direktorin des Instituts kann ich aber die Zukunft unseres Instituts mitgestalten – und Zeit für gemeinsame Forschungsarbeiten mit jungen Nachwuchswissenschaftlern finde ich trotzdem noch.

Mein Tipp

Beruf und Familie unter einen Hut zu bringen, ist in der Wissenschaft nicht einfach. Dies gelingt nur mit einem Partner, der bereit ist, die Familienarbeit fair zu teilen – und man muss Prioritäten setzen, Dinge unterscheiden, die man unbedingt selbst machen möchte und solche, die man delegieren kann.

(Foto mit freundlicher Genehmigung des IPP, Silke Winkler)

10.1 Plasma – der vierte Aggregatzustand

Obwohl Plasmen im Alltag keine große Rolle spielen, besteht doch mehr als 99 % der sichtbaren Materie im Universum aus Plasmen. Der Plasmazustand wird oft als vierter Aggregatzustand bezeichnet: Mit steigender Temperatur, typisch jenseits der 10,000 °C, geht Materie nach den Zuständen fest, flüssig und gasförmig in den Plasmazustand über. Ein wesentliches Merkmal von Plasmen ist, dass eine ausreichende Anzahl von Atomen und Molekülen im ionisierten Zustand vorliegt, sodass die wesentliche Wechselwirkung im Plasma die langreichweitige Coulomb-Wechselwirkung ist. Damit haben Plasmen ganz andere Eigenschaften als neutrale Gase [1]:

- Plasmen sind zwar elektrisch neutral, bestehen aber zu einem wesentlichen Anteil (sodass Coulomb-Wechselwirkung vorherrscht) aus elektrisch geladenen Teilchen,
- Plasmen besitzen eine sehr gute elektrische Leitfähigkeit,
- Magnetfelder üben über die Lorenz-Kraft eine starke Wirkung auf Plasmen aus,
- Plasmen senden über einen weiten Spektralbereich elektromagnetische Strahlung aus, die durch Stöße oder durch beschleunigte Bewegung der Ionen in Magnetfeldern entstehen kann.

10.2 Energiegewinnung aus Fusionsreaktionen

Bei Kernfusion wird Energie aus der Verschmelzung von Atomkernen freigesetzt. So gewinnt auch die Sonne Energie: In aufeinander folgenden Reaktionen verschmelzen vier Wasserstoffkerne (Protonen) zu einem Heliumkern. Diese Reaktion läuft sehr langsam ab, weil die schwache Wechselwirkung dazu nötig ist, Protonen in Neutronen umzuwandeln. In einem Kraftwerk gelingt die Kernfusion am einfachsten mit den beiden Wasserstoffsorten Deuterium und Tritium. Statt eines einzelnen Protons, wie gewöhnlicher Wasserstoff, enthalten die Atomkerne von Deuterium (schwerer Wasserstoff) und Tritium (superschwerer Wasserstoff) ein bzw. zwei zusätzliche Neutronen. Die Fusion von Deuterium- mit Tritiumkernen involviert keine schwache Wechselwirkung und läuft daher erheblich effektiver ab, um etwa 25 Größenordnungen, als die Fusion von leichtem Wasserstoff. Um Fusionsreaktionen stattfinden zu lassen, muss die elektrostatische Abstoßungskraft zwischen den positiv geladenen Atomkernen überwunden werden. Dazu müssen sich die Kerne mit großer Geschwindigkeit aufeinander zubewegen. Damit die Verschmelzung stattfindet, ist ein einzelner Zusammenstoß nicht ausreichend, sondern die schnellen Kerne müssen viele Male Gelegenheit zum Zusammenstoßen haben. Dazu muss das Plasma bei einer Temperatur von über 100 Millionen Grad eingeschlossen werden, das ist zehnmal heißer als im Inneren der Sonne.

10.3 Magnetischer Einschluss von Plasmen

Um solch hohe Temperaturen zu erzeugen und dennoch eine positive Energiebilanz aus den Fusionsreaktionen zu erreichen, ist eine extrem gute Wärmeisolierung erforderlich. Diese kann erreicht werden, indem man die Plasmen in Käfigen aus Magnetfeldlinien einschließt. Die oben erwähnte Lorentz-Kraft zwingt die Elektronen und Ionen des Plasmas auf Schraubenbahnen um die Magnetfeldlinien. Senkrecht zu den Feldlinien können sich die Teilchen kaum von den Feldlinien entfernen, längs der Feldlinien werden sie in ihrer Bewegung nicht beeinflusst. Damit die Teilchen entlang der Magnetfeldlinien nicht entweichen können, benutzt man für Fusionsanlagen Magnetfelder, die in sich ringförmig geschlossen sind. In einem Ringfeld sinkt die Feldstärke allerdings nach außen hin ab. In einem solch inhomogenen Magnetfeld treten Teilchendriften auf, die im Fall eines reinen ringförmigen Feldes dazu führen würden, dass die geladenen Teilchen sehr schnell senkrecht zum Magnetfeld nach außen driften. Man braucht daher Felder, deren Feldlinien nicht nur kreisförmig verlaufen, sondern sich zudem schraubenförmig um eine Fläche winden. Dabei spannen sie sogenannte magnetische Flächen auf, die in sich geschlossen sind. Man kann sich diese Flächen wie ineinander liegende Zwiebelschalen vorstellen. Im Laufe der Forschungen wurden viele Magnetfeldkonfigurationen getestet. Die beiden vielversprechendsten – Tokamak und Stellarator – werden im Folgenden kurz beschrieben [2].

10.3.1 Tokamaks und Stellaratoren

Das bisher am Weitesten entwickelte Konzept ist der Tokamak. Beim Tokamak wird ein Teil des Magnetfeldkäfigs durch Magnetspulen aufgebaut, die ein ringförmiges Magnetfeld erzeugen. Die erforderliche Verdrillung der Feldlinien wird durch einen im Plasma fließenden elektrischen Strom erreicht. Er wird pulsweise von einem Transformator induziert (s. Abb. 10.1a). Tokamaks können deshalb ohne Zusatzmaßnahmen nur in Pulsen arbeiten. Diese können in einem künftigen Kraftwerk allerdings mehrere Stunden andauern. Das Magnetfeld in einem Tokamak ist axialsymmetrisch. Das ist sehr wichtig für den Teilcheneinschluss: Teilchen, die nicht durch Stöße mit anderen Teilchen aus ihrer Bahn gebracht werden, laufen auf geschlossenen Bahnen im Magnetfeldkäfig um [3].

Im Unterschied zu Tokamaks können Stellaratoren problemlos im Dauerbetrieb arbeiten: Der Magnetfeldkäfig wird in diesem Fall ausschließlich durch äußere Spulen erzeugt. Dafür sind jedoch wesentlich komplexer geformte Magnetspulen nötig als beim Tokamak. Das resultierende Magnetfeld hat eine dreidimensionale Geometrie (s. Abb. 10.1b). Wegen der fehlenden Axialsymmetrie können geladene Teilchen aus dem inhomogenen Magnetfeldkäfig im Allgemeinen hinausdriften. Erst eine Optimierung der Magnetfeldgeometrie mithilfe von Hochleistungsrechnern (ab den 1980er-

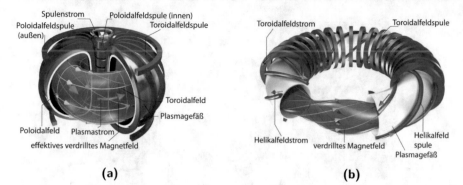

(a) (b)

Abb. 10.1 a Der Tokamak ist eine axialsymmetrische Anordnung. Die Toroidalfeldspulen erzeugen einen Teil des Magnetfelds, das Toroidalfeld (Feldlinien in gelb). Die (innere) Poloidalfeldspule induziert vor allem einen Strom im Plasma (rote Pfeile), der die zweite Magnetfeldkomponente erzeugt, ein Poloidalfeld (blaue Feldlinien). Die Überlagerung beider Magnetfelder liefert das einschließende Magnetfeld (grüne Magnetfeldlinien). Die verdrillten Feldlinien laufen auf geschlossenen, sogenannten „magnetischen" Flächen um. Die äußeren Poloidalfeldspulen bestimmen Lage und Form des Plasmas. **b** Im Stellarator wird das gesamte Magnetfeld durch äußere Spulen erzeugt. Zusätzlich zu den Toroidalfeldspulen besitzt ein klassischer Stellarator helikal umlaufende Spulenpaare, in denen der Strom jeweils gegenläufig fließt (rote Pfeile). Die Kombination beider Felder führt zu den gewünschten verdrillten Magnetfeldlinien, die auf geschlossenen Flächen umlaufen. (Mit freundlicher Genehmigung von © C. Brandt, IPP. All rights reserved)

Jahren) ermöglichte es, geschlossene Teilchenbahnen wie in Tokamaks zu erreichen, was Voraussetzung für eine ausreichend gute Wärmeisolierung ist.

10.3.2 Der Weg zu einem gezündeten Plasma

Temperaturen zehnmal heißer als im Sonneninneren zu erzeugen, scheint auf den ersten Blick das schwierigste Problem zu sein. Diese Temperaturen und mehr (bis zu 400 Millionen Grad) sind allerdings in bisherigen Fusionsexperimenten schon erreicht worden. Wichtig ist aber zugleich eine extrem gute Wärmeisolierung, denn diese hohen Temperaturen müssen in nur 1–2 m Abstand von den Wänden aufrechterhalten werden. Das verlangt eine Wärmeisolation, die rund fünfzigmal besser ist als die des bekannten Dämm-Materials Styropor – bei millionenfach höherer Temperatur. Die erforderliche Wärmeisolation legt eine gewisse Mindestgröße für ein Kraftwerk fest. Trotz der exzellenten Wärmeisolation durch Magnetfelder wären allerdings ohne weitere Maßnahmen die Wände ähnlich hohen Wärmeflüssen wie auf der Sonnenoberfläche ausgesetzt. Die Lösung dieses Problems ist der deutschen Fusionsforschung zu verdanken: Das Divertorkonzept wurde am Tokamak ASDEX entwickelt. Dabei wird das Plasma nicht mehr direkt durch materielle Wände begrenzt, sondern so verformt, dass der Kontakt zwischen Plasma und Wand nur in einem speziell dafür vorgesehenen Bereich, dem Divertor, stattfindet.

Der Fortschritt der Fusionsforschung wird allgemein mit dem Parameter $n\,T\,\tau$ (Dichte × Temperatur × Energieeinschlusszeit, letzteres ein Maß für die Wärmeisolierung)

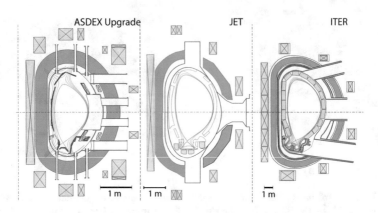

Abb. 10.2 Plasmaquerschnitte der Tokamaks ASDEX Upgrade (Garching, Deutschland), JET (Europäisches Gemeinschaftsexperiment in Culham, Großbritannien) und ITER (Cadarache, Frankreich) im Größenverhältnis 1:2:4. Die Plasmaform ist bei diesen Tokamaks sehr ähnlich. Eingezeichnet ist jeweils die letzte geschlossene magnetische Fläche (rot). Sie trifft nur in der Divertor-Kammer auf Wandmaterialien. (Mit freundlicher Genehmigung des © IPP. All rights reserved)

gemessen. Seit den ersten Tokamaks in den 1960er-Jahren konnte dieser Parameter um einen Faktor 100.000 gesteigert werden. In Tokamaks wurden die erforderlichen Dichten und Temperaturen für ein Fusionskraftwerk bereits erreicht. Für eine ausreichende Wärmeisolierung sind die heutigen Anlagen jedoch zu klein. An der bisher größten Anlage, dem Europäischen Gemeinschaftsexperiment JET (Joint European Torus) [4] wurde kurzzeitig eine Fusionsleistung von 16 MW erzeugt. Hierbei wurde etwa 60 % der für die Plasmaheizung nötigen Leistung durch Fusionsreaktionen erzeugt. Um tatsächlich eine positive Leistungsbilanz zu erreichen, wird zurzeit in Cadarache/Südfrankreich die internationale Großanlage ITER [5] gebaut. Partner in diesem Projekt sind die Europäische Union, China, Indien, Japan, Russland, Südkorea und die USA. ITER soll zehnmal mehr Energie liefern als für die Heizung des Plasmas benötigt wird. Damit wird an ITER erstmals ein weitgehend thermonuklear geheiztes Plasma demonstriert werden können. Bei der Entwicklung der Operationsszenarien für ITER sind heutige Tokamak-Anlagen von großer Bedeutung. Innovative Konzepte werden meist an den flexibleren mittelgroßen Tokamaks, wie beispielsweise ASDEX Upgrade [6], entwickelt, an JET getestet und dann, wenn möglich, basierend auf belastbaren theoretischen Modellen, zu ITER und einem Kraftwerk extrapoliert. Dies ist möglich, weil nach der Entwicklung des Divertor-Konzepts die Plasmaform aller Anlagen in etwa gleich ist (s. Abb. 10.2).

Die Notwendigkeit der Optimierung der Magnetfeldgeometrie bei Stellaratoren hat dazu geführt, dass bisher Tokamaks einen deutlichen Vorsprung vor Stellaratoren haben. Der erste optimierte Stellarator ausreichender Größe, Wendelstein 7-X (Abb. 10.3), ist das Ergebnis solcher Rechnungen. Die supraleitende Anlage ist 2015 in Betrieb gegangen und soll beweisen, dass Stellaratoren ähnlich gute Einschluss-

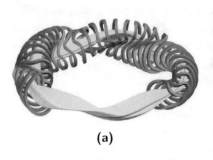

(a)

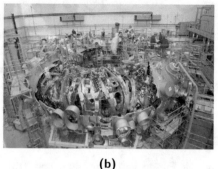

(b)

Abb. 10.3 a Spulensystem des Stellarators Wendelstein 7-X (Greifswald, Deutschland) – Ergebnis einer Optimierung des einschließenden Magnetfeldes. Hier wurde auf die helikalen Spulen (s. Abb. 10.1b) verzichtet; das gesamte Spulensystem ist modular aus Einzelspulen aufgebaut. **b** Die Forschungsanlage Wendelstein 7-X während des Aufbaus. (Mit freundlicher Genehmigung von © Anja Richter Ullmann, IPP. All rights reserved)

eigenschaften wie Tokamaks erreichen können. Mit Entladungen bis zu 30 Minuten Länge soll Wendelstein 7-X auch die wesentliche Stellaratoreigenschaft vorführen, den Dauerbetrieb.

10.4 Ausgewählte Forschungsthemen der Fusionsforschung

10.4.1 Magnetohydrodynamische Stabilität

Der Magnetfeldkäfig ist nicht nur dafür verantwortlich, die Bewegungsfreiheit der geladenen Teilchen senkrecht zum Magnetfeld einzuschränken, er muss auch den Druck des Plasmas $p = nT$ auffangen. Trotz der extrem hohen Temperaturen beträgt der Druck nur einige Atmosphären, weil die Teilchendichte im Bereich von $10^{20}\,\mathrm{m^{-3}}$ und damit deutlich unterhalb der Teilchendichte in der Atmosphäre liegt. Die Fusionsleistung steigt mit dem Plasmadruck ($P \propto p^2$). Da die Kosten einer Fusionsanlage im Wesentlichen mit der Magnetfeldstärke B steigen, ist ein wichtiges Optimierungsziel, den auf den Magnetfelddruck normierten Plasmadruck $\beta = p^2/(B^2/(2\mu_0))$ im Zentrum von Fusionsanlagen zu maximieren. Der Gradient des Plasmadrucks ist aber – wie auch der Plasmastrom in Tokamaks – eine Quelle freier Energie, die Plasmainstabilitäten treiben kann. Solche Instabilitäten können den Magnetfeldkäfig ganz oder teilweise zerstören. Dies ist besonders beim Tokamak problematisch. Da sein Magnetfeldkäfig teilweise durch einen Strom im Plasma aufrechterhalten wird, kann es zum totalen Verlust des magnetischen Einschlusses kommen, wenn der Plasmastrom aufgrund einer Instabilität abreißt. Dies wäre dann mit einer großen Belastung der Wände durch das heiße Plasma und mit enormen Kräften auf das Plasmagefäß verbunden. Großska-

lige Instabilitäten kann man vermeiden, indem man weit genug von den Stabilitäts-
grenzen, vor allem im normierten Plasmadruck, entfernt bleibt. Da andererseits ein
Fusionskraftwerk aber besonders bei hohem β attraktiv ist, bemüht man sich um ein
stabiles Plasma bei hohem Druck und hat dafür in den vergangenen Jahren erfolgreich
Methoden der aktiven Stabilisierung entwickelt [7, 8].

10.4.2 Suprathermische Teilchen

Bei der Fusion von Deuterium und Tritium entstehen ein Heliumkern und ein Neutron. Der Heliumkern trägt mit 3,5 MeV ein Fünftel der bei der Fusion frei werdenden
Energie. Da das Neutron nicht elektrisch geladen ist, verlässt es das Plasma sofort
und überträgt seine Energie auf die Wände des Plasmagefäßes, wo sie in Wärme
umgewandelt und nutzbar gemacht wird. Die schnellen Heliumkerne können ebenfalls
großskalige Instabilitäten anregen, die unter Umständen dazu führen, dass sie aus dem
Plasma geworfen werden und ungebremst auf die Wände des Plasmagefäßes treffen.
Solche Instabilitäten werden bereits bei ITER erwartet, wo erstmals ein weitgehend
thermonuklear geheiztes Plasma demonstriert werden soll. An heutigen Experimenten lassen sich diese Bedingungen wegen der geringen Anzahl an Fusionsreaktionen
nicht einstellen. Um dennoch gute Vorhersagen zu ermöglichen, sind die Entwicklung
theoretischer Modelle und Computercodes unerlässlich. Sie können an heutigen Experimenten getestet werden, bei denen externe Heizungen die schnellen Ionen erzeugen.

10.4.3 Turbulenter Transport

Zu Beginn der Fusionsforschung war man sehr optimistisch, dass bereits kleine Fusionsanlagen eine ausreichend gute Wärmeisolierung aufweisen würden. Man wusste zwar,
dass Coulomb-Stöße zwischen den geladenen Plasmateilchen diese auf benachbarte
Feldlinien versetzen und so den magnetischen Einschluss stören könnten, da aber solche Stöße in den heißen, dünnen Fusionsplasmen selten sind, war dadurch kein großer
Transport zu erwarten. Allerdings zeigten die Experimente, sobald effiziente Methoden für die Plasmaheizung entwickelt waren, deutlich größeren Transport. Als Ursache
erwies sich eine turbulente Durchmischung des Plasmas: Ständig entsteht und zerfällt
eine Vielzahl unterschiedlich großer Wirbel. Angetrieben wird dieser Vorgang durch
den steilen Abfall der Plasmatemperatur, auf nur 2 m Entfernung um mehr als 100
Millionen Grad. Ab einem bestimmten logarithmischen Temperaturgradienten ($\nabla T/T$)
kann man bei gegebener Randtemperatur oftmals die Plasmatemperatur im Zentrum
überhaupt nicht mehr erhöhen, weil man durch Heizung nur den turbulenten Transport
antreibt. Daher bestimmt der turbulente Transport die Mindestgröße eines künftigen
Fusionskraftwerks. Den turbulenten Transport auf Basis grundlegender physikalischer
Modelle zu beschreiben, ist ein sehr spannendes aktuelles Forschungsgebiet [7, 9].

10.5 Forschung für künftige Energieversorgung

Ob und wann die Kernfusion zur Energieversorgung genutzt werden wird, ist derzeit noch offen. Was an dieser Idee begeistert, sind die nahezu unerschöpflichen Brennstoffe, die weltweit überall verfügbar sind: Deuterium findet man zu 0,015 % im Meerwasser. Tritium kommt in der Natur nicht vor. Es kann aber mithilfe der bei den Fusionsreaktionen frei werdenden Neutronen direkt in einem künftigen Kraftwerk aus Lithium erbrütet werden. Die Brennstoffe Deuterium und Tritium werden sehr effizient genutzt: Ein Gramm Wasserstoff könnte in einem Kraftwerk 90.000 Kilowattstunden Energie freisetzen, die Verbrennungswärme von elf Tonnen Kohle.

Fusionskraftwerke hätten eine elektrische Leistung von etwa 1 GW, vergleichbar mit heutigen Großkraftwerken. Damit wären sie insbesondere zur Versorgung großer Städte oder Industriebetriebe geeignet und könnten bisherige Kohle- oder Spaltungskraftwerke ersetzen. Die Sicherheitseigenschaften von Fusionskraftwerken sind viel vorteilhafter als die von Spaltungskraftwerken:

- Es gibt keine Kettenreaktion oder ähnliche Leistungsanstiege, die zum „Durchgehen" des Kraftwerks führen könnten.
- Selbst ein Totalausfall der Kühlung hätte keine dramatischen Folgen, weil nur eine geringe Nachwärme infolge der Aktivierung der Wände durch Neutronenbeschuss zu erwarten ist.
- Bei Verwendung geeigneter Materialien wäre nach 100 Jahren Abklingzeit eine Rezyklierung des Abfalls möglich.

In einem Mix mit Sonnen- und Windenergie könnte die Kernfusion in der zweiten Hälfte dieses Jahrhunderts einen Beitrag zu CO_2-freier Energieversorgung leisten [10]. Dazu sind neben Arbeiten zur Plasmaphysik insbesondere Forschungen zu geeigneten Materialien und der Technologie erforderlich.

Literatur

[1] Stroth U (2011) Plasmaphysik: Phänomene, Grundlagen, Anwendungen. Springer, Berlin, Heidelberg

[2] Kaufmann M (2013) Plasmaphysik und Fusionsforschung. 2. Auflage. Springer, Berlin, Heidelberg

[3] Wesson J (2011). Tokamaks. 4th Edition. Oxford University Press, Oxford

[4] Gormezano C (Hrsg) (2008) Special Issue on Joint European Torus (JET). Fusion Science Tech 53 4:861–1227

[5] Ikeda K et al (2007) Progress in the ITER physics base. Nucl Fusion 47

[6] Herrmann A (Hrsg) (2003) Special Issue on ASDEX Upgrade. Fusion Science Tech 44 3:569–742

[7] Günter S, Lackner K (2007) Wie bändigt man ein heißes Plasma. Physik in unserer Zeit 3:134

[8] Zohm H (2015) Magnetohydrodynamic Stability of Tokamaks. Wiley, New York

[9] Günter S (Hrsg) (2002) Focus on Turbulence in Magnetized Plasmas. New J Phys 4

[10] Hamacher T et al (2005) The Possible Role of Nuclear Fusion in the 21st Century. In: Dinklage A, Klinger T, Marx G et al (Hrsg) Plasma Physics: Confinement, Transport and Collective Effects. Lecture Notes in Physics 670:461–482, Springer, Berlin, Heidelberg

III

Festkörper-, Material- und Nanophysik

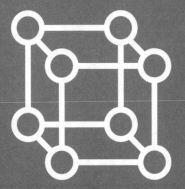

11 Einführung in die Festkörper- und Nanophysik

— *Margit Zacharias* —

Zusammenfassung

Nanomaterialien, Nanophysik und Nanotechnologie eröffnen neue Wege in Wissenschaft und Anwendung. Die dabei gemachten Entdeckungen werden unser Leben nachhaltig prägen und verändern. Mit dem zunehmenden Verständnis von chemischen Vorgängen, Materialien, Grenzflächen, Bauelementen und biologischen Einheiten auf atomarer Ebenen kann man das Zusammenwirken von Makro, Mikro und Nano völlig neu gestalten und vor allem neu denken.

© Springer-Verlag GmbH Deutschland, ein Teil von Springer Nature 2019

D. Duchardt et al. (Hrsg.), *Vielfältige Physik*, https://doi.org/10.1007/978-3-662-58035-6_11

Prof. Dr. Margit Zacharias

Manchmal müssen Mauern fallen, um eigene Wege gehen zu können.

- *1957 in Torgau, 1974 Abitur
- 1980 Diplom Physik, Univ. Leipzig
- 1984 Promotion (Dr.-Ing.), 1999 Habilitation Exp. Physik, Univ. Magdeburg
- 2000–2005 Gruppenleitung, MPI Mikrostrukturphysik
- 2006 Professur für Angewandte Physik, Univ. Paderborn
- Seit 2007 Professur für Nanotechnologie, Univ. Freiburg
- 2014–2018 Prorektorin, Univ. Freiburg
- Zwei Kinder (*1980, *1989)

Am Anfang: Meine Begeisterung für Physik und Mathematik

Als Kind bekam ich einen Baukasten zur „Elektrifizierung" meiner Puppenstube und baute mit dem Metallbaukasten meines Vaters Schaukeln, Bagger und Kräne für die Puppen. So war es vielleicht kein Zufall, dass Mathematik und alle Naturwissenschaften mein größtes Interesse fanden. Aber nur für Physik und für alte Geschichte/Archäologie holte ich mir zusätzliche Bücher aus der Bibliothek. Marie Curie und Heinrich Schliemann waren meine größten Vorbilder. Nicht immer sind Wege gerade, insbesondere unter den Randbedingungen einer „geplanten Volkswirtschaft". So folgte auf ein Physikstudium eine Doktorarbeit in Prozessmesstechnik und danach wieder „geplante" Forschung in der Physik. Der Fall der Mauer ermöglichte mir eine eigenständige Ausrichtung der Forschung zu Germanium-Nanokristallen. Erst mit 36 Jahren hatte ich eine international zählende Publikation. Seither habe ich die verlorenen wissenschaftlichen Jahre aufgeholt, mit guten Ideen, viel Begeisterung und einer Kombination aus Grundlagen und angewandter Forschung.

Themenschwerpunkte: Was ich heute mache

Das kontrollierte Wachstum und die Strukturierung von Nanomaterialien sind die Grundlage zur Untersuchung von Nanobauelementen. Wir funktionalisieren Oberflächen mit nur wenigen Atomlagen und verändern dadurch die optischen und sensorischen Eigenschaften und loten so die Grenzen des Machbaren aus. Dabei habe ich das Privileg, ständig Neuland im physikalischen Verständnis zu betreten. Als Prorektorin für Innovation und Technologietransfer habe ich vier Jahre aktiv die Politik einer der forschungsstärksten deutschen Universitäten mitgestaltet.

Mein Tipp

Eine Begabung für Physik sollte gelebt werden. An der Vorderfront der Wissenschaft zu arbeiten ist ungeheuer befriedigend. Ständiges kritisches Hinterfragen ist der Schlüssel zum Erfolg. Man muss Hürden überwinden, eigene und in den Köpfen von anderen.

11.1　Faszination „Nano"

Spricht man heute über „Nano" so sollte man aus historischer Sicht nicht vergessen, an die berühmte Rede des Physikers Richard Feynman im Dezember 1959 zu erinnern. Seine wegweisenden Visionen, die der spätere Nobelpreisträger in seinem Vortrag bei der Jahrestagung der Amerikanischen Physikalischen Gesellschaft und in späteren Vorträgen prägte, kann man heutzutage mit Fug und Recht als die Geburtsstunde der aktiven Gestaltung von „Nano" sehen. Sie prägten Generationen von Wissenschaftlern und Wissenschaftlerinnen.

- "There's Plenty of Room at the Bottom." (Es gibt viel Spielraum nach unten.)
- "The principles of physics, as far as I can see, do not speak against the possibility of maneuvering things atom by atom." (Die Prinzipien der Physik, so wie ich es sehe, sprechen nicht gegen die Möglichkeit, Dinge Atom für Atom zu bewegen.)
- "The problems of chemistry and biology can be greatly helped if our ability to see what we are doing, and to do things on an atomic level, is ultimately developed – a development which I think cannot be avoided." (Die Probleme der Chemie und Biologie können gelöst werden, wenn unsere Möglichkeiten, zu sehen, was wir machen, und die Dinge auf atomarem Niveau zu realisieren, endlich voll entwickelt ist – eine Entwicklung, welche, wie ich denke, nicht verhindert werden kann.)

Schon damals hat Feynman über den Tellerrand der „reinen" Physik gesehen und die Verbindung zur Chemie und Biologie adressiert. Dies ist auch heute noch die Grundlage der Erfolgsstory „Nano". Die vielfältigen Entwicklungen haben in den letzten 20 Jahren zur Etablierung neuer Forschungsgebiete geführt, in einer Vielzahl, wie man sie hier kaum aufzählen, geschweige denn erläutern kann: Nanomaterialien, Nanotechnologie, Nanomedizin, Nanophotonik, Nanokatalyse usw. Jetzt, 70 Jahre später, sind wir genau an diesem Punkt: Wir fangen an, Materialien, Grenzflächen, Bauelemente, biologische Einheiten, chemische Vorgänge und vieles mehr auf atomarer Ebene Atom für Atom zu verstehen, zu gestalten und vor allem *neu zu denken*. Das ist für mich die Faszination unserer Arbeit, die ich gern an die nächste Generation weitergebe.

Wenn man makroskopisch ausgedehnte Materialien und ihre Eigenschaften verstehen will, dann sind viele dieser Eigenschaften durch die atomare Struktur verursacht. Die atomare Zusammensetzung, die Anordnung der Atome, aber auch die Art und Stärke der Bindungskräfte zwischen den Atomen sind von entscheidender Bedeutung. Für ausgedehnte Materialien spielt es kaum eine Rolle, wenn es zu Fehlordnungen einzelner Atome kommt, solange sich diese für makroskopische Ausdehnungen und Eigenschaften im Mittel aufheben. Was passiert aber, wenn ein Material in seinen Ausdehnungen stark eingeschränkt ist? Ist eine solche Fehlordnung immer noch tolerabel?

Um „Nano" besser vorstellbar zu machen, können wir z. B. ein menschliches Haar betrachten. Dieses hat einen Durchmesser von ungefähr 100 μm, d. h. 0,1 mm. Stellen wir uns nun vor, dass wir dieses Haar im Durchmesser in 100.000 Teile einteilen, dann ist jedes dieser Teile 1 nm dick. Fragen wir uns nun, wie viele Atome linear auf diesem 1 Nanometer aufgereiht sind? Dann ist dies von den Atomen (Größe, Elektronenstruktur, Zahl der Elektronenschalen) und den Bindungen abhängig. Für Silizium sind es gerade mal vier Atome. Betrachten wir nun einen Würfel von $(2{,}5 \times 2{,}5 \times 2{,}5)\,\text{nm}^3$, dann enthält dieser abzählbar ca. 1000 Atome, wovon jedes zehnte Atom an der Oberfläche ist. Hat ein solches Nanoobjekt noch die gleichen Eigenschaften wie ein ausgedehnter makroskopischer Körper? Was ist mit den Oberflächen, können diese aufgrund von gestörten Bindungen die Eigenschaften dominieren? Die Antwort ist ein klares „Ja".

Nanotechnologie ist die kontrollierte Herstellung von Nanomaterialien und deren Verständnis. Sie spielt in unserem täglichen Leben in Form von sehr nützlichen Anwendungen eine immer größere Rolle. Wenn man diese Gedanken konsequent weiterdenkt, dann ist auch die Natur, sind Lebewesen aus Nanoeinheiten zusammengesetzt. Ein Beispiel sind Proteine, also umgangssprachlich Eiweiße, welche je nach molarer Masse von 0,6 Nanometern bis einigen hundert Nanometer groß sein können [1].

Worin liegt also heute die Faszination von „Nano" in Forschung und Anwendung? Brauchen wir diese? Nanotechnologie hat unser Leben revolutioniert, ohne dass es die meisten von uns mitbekommen haben. Kein Smartphone, keine Mikrowelle, keine LED-Leuchte, kein Laserpointer, kein Flachbildschirm usw. würde funktionieren und unser Leben bereichern, wenn dort nicht Bauelemente basierend auf den Errungenschaften der Nanotechnologie eingebaut wären. Wichtige Beiträge zu dieser elektronischen und optoelektronischen Revolution waren unter anderem die Entwicklung des ersten Transistors durch Shockley, Bardeen und Brattain, die Entdeckung von Tunneleffekt und Supraleitung durch Esaki, Giaever und Josephson sowie die Entwicklung der heutigen LEDs auf der Basis von Galliumnitrid durch Amano und Nakamura, um nur einige zu nennen [2].

Lassen Sie mich dieses letzte Beispiel aufgreifen: die Entwicklung der Leuchtdioden (LEDs, Light Emitting Diodes). Diese Entwicklung kann man als die „Revolution des Lichtes" bezeichnen. Die in einer solchen Leuchtquelle eingebauten Halbleiterbauelemente sind Punktlichtquellen, wobei die eigentlich aktiv Licht erzeugende Schicht einer solchen Leuchtdiode nur wenige Nanometer dick ist. Trotzdem sind diese Bauelemente effektiver, haben eine längere Lebensdauer und stellen somit insgesamt einen signifikanten Beitrag zur Energieeinsparung dar. Sie verbrauchen so wenig Strom, dass man sie auch noch mit Solarzellen speisen kann. Ihr Einsatz in Gebieten ohne Stromnetz (Wüsten, Gebirgen) kommt dann z. B. auch der Bildung und dem Lebensstandard der Bewohner in solch abgelegenen Gebieten zugute.

11.2 Herstellung von Nanostrukturen

In der Herstellung von „Nano" gibt es zwei Ansätze, die zu Nanostrukturen und Nanobauelementen führen können. Die erste, eher konventionelle Route, ist, die derzeitige
fotolithografische Strukturierung auf den Sub-Mikrometerbereich zu erweitern. Diese
konventionelle Lithografie wird *Top-down*-Ansatz genannt, wobei durch die Kombination von Lithografie mit selektivem Materialabtrag (chemisches oder physikalisches
Ätzen) feinste Strukturen in einem Material erzeugt werden. Auch ultradünne Schichten von wenigen Nanometern, gezielt in ein Bauelement eingebaut, können durch
sogenannte *Quanteneffekte* eine besondere Effektivität des elektronischen Bauelemen-
tes bewirken. Dies sind die gängigen Wege in der Mikro- und Optoelektronik und in
Verstärkerbauelementen für die Telekommunikation. Jeder hat heute ein Mobiltele-
fon, einen Computer, Bilder werden digital in höchsten Auflösungen gespeichert auf
immer kleineren Speichermedien. Auch hier ist die Basis für die immer kleinere Spei-
cherzelle ein „Nanotransistor". Die kleinsten Strukturen in solchen Speicherzellen sind
mittlerweile wenige Nanometer groß, einige der verwendeten Schichten wie z. B. das
hochwertige Oxid zur Isolierung von Kontakten oder zur Steuerung von elektronischen
Transport- und Speichervorgängen, sind dünner als 5 nm. Je kleiner die Strukturen,
desto höher die Packungsdichte der Bauelemente, desto mehr Informationen kann
man speichern. Je kleiner die Strukturen, desto kürzer die erforderlichen Wellenlängen zur Fotobelichtung bei der Lithografie, desto höher aber auch der Aufwand für
Belichtung und Strukturierung. Dies hat Grenzen, sowohl monetär, d. h. durch die
Kosten für das Equipment, als auch physikalisch, d. h. durch tolerierbaren, räumlichen
Versatz von fotolithografischen Masken. Durch die erforderliche Präzision bei nahezu
allen Schritten im Herstellungsprozess, durch die Notwendigkeit einer mehrfachen Ab-
folge der Schritte bis zum fertigen Bauelement, und dies unter den Bedingungen der
Massenherstellung, laufen die Installations- und Herstellungskosten der erforderlichen
Reinraumtechnik völlig aus dem Ruder und sind dann irgendwann untragbar. Somit
sind alternative oder Hybridmethoden der Nanoherstellung oft gewünscht.

Dieser zweite *Bottom-up*-Ansatz geht davon aus, dass man über ein lokales Wachstum die Strukturen in den gewünschten individuellen Nanodimensionen erzeugt. Dies
kann durch die schrittweise Anordnung von Atomen oder Molekülen entweder durch
physikalische oder chemische Methoden erfolgen. Dabei besteht die besondere Schwierigkeit darin, die Nanoanordnungen regulär, selektiv und periodisch über vor allem
makroskopischen Dimensionen vorzunehmen.

Während eine lokale Anordnung über kleine Bereiche (einige 10 Nano- oder Mikrometer) noch relativ einfach ist, kommt es bei großflächiger Anordnung zu Fluktuationen in Zusammensetzung, Position und Größe und damit in den physikalisch-
chemischen Eigenschaften. Oder mit anderen Worten: Jede einzelne Nanoanordnung
ist ggf. individuell in ihren Eigenschaften, was aber nicht das ist, was man für eine
Massenproduktion von optischen oder elektronischen Bauelementen braucht. Um dies

zu vermeiden oder zu verringern, entwickelt man hybride Ansätze, wobei man konventionelle Top-down-Ansätze mit lokalem Bottom-up-Wachstum kombiniert. Dies verringert die Fluktuationen oder grenzt sie zumindest ein. Abb. 11.1 zeigt ein lokal gewachsenes Zinkoxid (ZnO)-Nanodrahtarray aus unserer Forschung. Jeder Nanodraht emittiert bei entsprechender Anregung Licht einer etwas anderen Wellenlänge, da der Nanostab entsprechend seiner Dimension (Länge, Durchmesser) eine Selektion der Lichtemission vornimmt.

Bottom-up-Ansätze verwenden typischerweise Selbstorganisationsprozesse, wie man sie z. B. auch in der Natur findet. Denken Sie an Schneeflocken, wo jede ihre eigene Struktur hat. Oder an die Farben von Opalen, welche durch die periodische Anordnung von Sub-Mikrometer großen Siliziumdioxid (SiO$_2$)-Perlen im Opal, dreidimensional in hexagonaler dichtester Kugelpackung und mit Luft-Wassereinschlüssen dazwischen entstehen. Selbstorganisation verbunden mit Strukturbildung sind charakteristische Eigenschaften von Vielteilchenprozessen. Abb. 11.1a zeigt ZnO-Nanodrähte, die aus

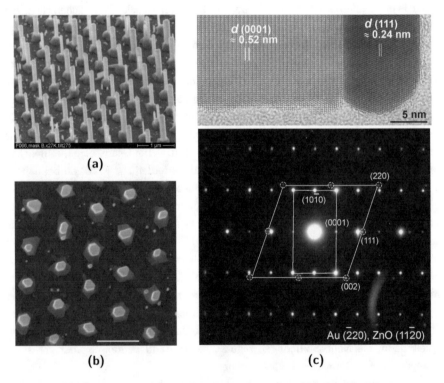

(a)

(b)   (c)

Abb. 11.1 a Selbstorganisierte, regelmäßige Anordnung von einkristallinen ZnO-Nanodrähen. In der Sicht von oben **b** sieht man die Unterschiede im Durchmesser der Drähte und die Ausbildung von Kristallfacetten [3]. Zur Demonstration des sogenannten VLS (Vapor-Liquid-Solid)-Wachstums ist in **c** ein hochauflösendes Bild eines ZnO-Drahtes mit Au-Kopf zu sehen. In der Analyse kann man sowohl die Abstände der Gitterebenen der ZnO-Atome (0,52 nm) als auch der Au-Atome (0,25 nm) sehen. Das Punktmuster im darunter angeordneten Bild entsteht durch die Streuung der Elektronen des Elektronenmikroskops an den regelmäßig angeordneten Gitteratomen, hier in Überlagerung des Bildes für ZnO und Au in dem entsprechenden Draht [4]

regelmäßigen Anordnungen von Gold (Au)-Punkten, erzeugt mittels Selbstorganisation, in einem sogenannten Vapour-Solid (VS)-Prozess gewachsen sind. Deutlich sind die noch vorhandenen, aber mit ZnO überwachsenen Goldpunkte als „Wurzel" erkennbar aus denen die Drähte herausgewachsen sind. Dabei ist in der Draufsicht Abb. 11.1b die Ausbildung von facettierten Querschnitten sichtbar, die für jeden Draht unterschiedlich sind. Im Gegensatz dazu sind im oberen Bild der Abb. 11.1c ein mittels Vapour-Liquid Solid (VLS) gewachsener Nanodraht im Hochauflösungsmodus des Transmissionenelektronenmikroskops (TEM) und im unteren Bild das Streubild der Elektronen am Nanodraht im Streumodus des TEMs zu sehen. Das Punktmuster ist charakteristisch für die regelmäßige Anordnung der Atome in Kristallgitter. Die weißen Linien im oberen Bild markieren die Abstände der Gitterebenen im ZnO in kristalliner Wachstumsrichtung (0001) und (111) der Goldkappe. Die perfekte Einkristallinität führt im darunter angeordneten Elektronenstreubild zu einem Punktmuster, aus dem man Kristalltyp und Gitterkonstanten berechnen kann.

Aktuelle Entwicklungen sind z. B. auf Nanostrukturen auf der Basis von Kohlenstoff fokussiert. Die sogenannten Kohlenstoffnanoröhren kann man sich so vorstellen, als ob man einen Teppich aus regelmäßigen und zu vernetzten Hexagonen angeordneten Kohlenstoffatomen aufrollt. Und je nachdem, über welche Achse dieser Rollvorgang geschieht, sind die atomare Dichte, aber auch die elektronischen Transporteigenschaften unterschiedlich. Dies sind nur einige Beispiele, die nachfolgenden Kapitel 13 bis 12 geben Ihnen spannende und interessante Einblicke in die aktuelle Forschung.

Literatur

[1] Erickson HP (2009) Size and Shape of Protein Molecules at the Nanometer Level Determined by Sedimentation, Gel Filtration, and Electron Microscopy, Biol Proced Online, 11:32–51

[2] Nobelpreise in Physik https://www.nobelprize.org/nobel_prizes/physics/

[3] Fan HJ, Lee W, Scholz R et al (2005) Arrays of vertically aligned and hexagonally arranged ZnO nanowires: a new template-directed approach. Nanotechnology 16:913

[4] Fan HJ, Fuhrmann B, Scholz R et al (2006) Well-ordered ZnO nanowire arrays on GaN substrate fabricated via nanosphere lithography. Journal of Crystal Growth 287:34–38

12 Faszination Festkörperphysik: Theorie

— Roser Valentí —

Zusammenfassung

Warum und wie beschreiben wir Festkörper mit Mathematik? Die Festkörperphysik untersucht die makroskopischen und mikroskopischen physikalischen Eigenschaften von Festkörpern. Ein Kubikzentimeter eines Festkörpers enthält in etwa 10^{23} Elektronen und Atomrümpfe. Eine der herausfordernden Aufgaben der theoretischen Festkörperphysik besteht darin zu verstehen, wie die kollektiven *emergenten* Phänomene in Festkörpern, wie z. B. Supraleitung, Magnetismus und viele andere faszinierende Eigenschaften, entstehen. Emergent bedeutet, dass diese Phänomene einzig und allein durch die Wechselwirkungen der elementaren Bestandteile des Festkörpers untereinander hervorgebracht werden. Wie können wir diese Vielfalt mathematisch beschreiben? Dies wird in dem folgenden Kapitel präsentiert, indem wir exemplarisch drei repräsentative und spannende emergente Phänomene behandeln, mit welchen ich mich in meiner Forschung befasse: Supraleitung, Magnetismus und topologische Phasen.

© Springer-Verlag GmbH Deutschland, ein Teil von Springer Nature 2019
D. Duchardt et al. (Hrsg.), *Vielfältige Physik*, https://doi.org/10.1007/978-3-662-58035-6_12

Prof. Dr. Roser Valentí

The world of physics surprises me every day.

- *1963 in Manresa (Barcelona), Spanien
- 1986 Studium Physik, Univ. de Barcelona, Spanien
- 1989 Promotion Physik, Univ. de Barcelona
- 1990 Fulbright Stipendiatin, Univ. of Florida
- 2000 Habilitation Physik, TU Dortmund
- 2002 Heisenberg-Stipendiatin, Univ. des Saarlandes
- Seit 2003 Professorin für Physik, Univ. Frankfurt
- Seit 2016 American Physical Society Fellow
- 3 Kinder (*1992, *1994, *1996)

Am Anfang: Meine Begeisterung für die Physik

Bei mir hat sich das Interesse für die Physik bereits früh abgezeichnet. Mathematik und Physik waren, zusammen mit Geschichte und Sprachen, meine Lieblingsfächer in der Schule. Nachdem ich mit 18 Jahren mein Abitur gemacht hatte, kam die große Frage: Was tue ich nun? Ein reines Mathematikstudium war mir zu theoretisch, außerdem gefiel mir der Gedanke, die Welt um mich herum genauer zu verstehen. Also entschied ich mich für Physik. Bereits nach wenigen Semestern begann ich mich sehr für ein besonderes Themengebiet zu interessieren, nämlich die Quantenmechanik.

Quantenmechanik beschreibt die Welt bei sehr kleinen Längenskalen (10^{-9} m). Bei diesen Distanzen folgt die Natur deutlich anderen Prinzipien verglichen mit denen, die wir in unserem Alltag gewohnt sind. Supraleitung (wenn sich in einem Metall Elektronen ohne Widerstand fortbewegen) ist ein Beispiel für ein Phänomen, das aus der quantenmechanischen Natur von Elektronen in einem Metall entsteht. Die Frage ist, wie funktioniert Supraleitung? Können wir dieses Phänomen ausgehend von den elementaren Bestandteilen eines Metalls verstehen? Können wir Metalle mit diesen Eigenschaften voraussagen? Seitdem bin ich auf diesem Gebiet tätig.

Themenschwerpunkte: Was ich heute mache

Der Schwerpunkt meiner Forschung liegt in der Entwicklung von Algorithmen und Simulationen, um die grundlegenden Gleichungen der Quantenmechanik zu lösen (Schrödinger, Dirac), die die Wechselwirkungen zwischen Elektronen und Atomrümpfen in Festkörpern beschreiben. Die Lösungen dieser Gleichungen erlauben das Verständnis der Ursache von Eigenschaften von Festkörpern wie Supraleitung, Magnetismus oder topologische Phasen und können außerdem neue Materialien mit exotischen Eigenschaften wie *Quantenspinflüssigkeit* voraussagen.

Mein Tipp

Folge deinen Träumen und gib nicht auf.

12.1 Neuartige Phänomene in der Festkörperphysik

Wie Physiknobelpreisträger P.W. Anderson einmal sagte: „Bei einem Festkörper ist das Ganze mehr als eine Summe seiner Einzelteile" [1]. Das macht dieses Forschungsgebiet so besonders. Festkörper (Abb. 12.1) ebenso wie Atome und Moleküle können nur im Rahmen der Quantenphysik verstanden werden; und zwar, weil die Bestandteile – Elektronen und Atomrümpfe – Quantenteilchen sind mit Spin, Ladung und Masse.

Wichtig in der Quantenphysik ist der Welle-Teilchen-Dualismus des Lichts und der Materie: Jedem Teilchen lässt sich eine Wellenfunktion $\Psi(\mathbf{r}, t)$ zuordnen, deren Betragsquadrat die Aufenthaltswahrscheinlichkeit abhängig vom Ort $\mathbf{r}$ und Zeit t angibt. Die Quantenphysik ist für die Stabilität der Materie und für die chemische Bindung verantwortlich. Ein großer Unterschied zwischen einem Festkörper und einem Molekül besteht in der Zahl der Atome, die bei Molekülen von zwei bis hin zu Tausenden reicht, im makroskopischen Festkörper aber in der Größenordnung von 10^{23} liegt.

Von den vier bekannten elementaren Wechselwirkungen (schwache Wechselwirkung, starke Wechselwirkung, elektromagnetische Wechselwirkung und Gravitation) spielt für die Festkörperphysik (wie für Atom- und Molekülphysik) nur eine einzige eine Rolle: die elektromagnetische Wechselwirkung (Coulomb-Wechselwirkung). Die entsprechende grundlegende Gleichung, die die Dynamik zwischen wechselwirkenden Elektronen und Atomrümpfen in einem Festkörper beschreibt, ist die Schrödinger-Gleichung:

$$i\hbar\frac{\partial}{\partial t}\Psi(\mathbf{r}, t) = H\Psi(\mathbf{r}, t) \tag{12.1}$$

oder in der stationären Form:

$$E\Psi(\mathbf{r}, t) = H\Psi(\mathbf{r}, t), \tag{12.2}$$

in der $\Psi(\mathbf{r}, t)$ die Wellenfunktion des Quantensystems darstellt, $\mathbf{r}$ alle Positionen der Elektronen und Atomrümpfe zu einem Zeitpunkt t bezeichnet, $\hbar$ das reduzier-

Abb. 12.1 Kristalline Darstellung eines Festkörpers bestehend aus Elektronen (blaue Kugeln) mit Spin 1/2 (rote Pfeile) und Atomrümpfen (graue Kugeln)

te Planck'sche Wirkungsquantum ist und E für die Energie des Systems steht. H ist der sogenannte *Hamilton-Operator* und besteht aus eine Summer der kinetischen Energie und der potenziellen Energie (elektromagnetische Wechselwirkungen zwischen den Elektronen und Atomrümpfen). Wenn wir diese Differenzialgleichung lösen können, haben wir die besten Voraussetzungen, aus der Kenntnis von $\Psi(\mathbf{r}, t)$ Rückschlüsse auf die Eigenschaften des Festkörpers zu ziehen. Zu beachten ist, dass diese Gleichung durch die Coulomb-Zweikörperwechselwirkung ein komplexes System von 10^{23} gekoppelten Gleichungen umfasst. Selbst die leistungsstärksten Computer dieser Welt könnten dieses System von Gleichungen nicht in einer Zeit lösen, die kürzer als das Alter des Universums ist. Die Kunst besteht nun darin, möglichst geeignete Näherungen dieser Gleichungen zu finden, um so die Materialeigenschaften abzuleiten. Es bieten sich zwei alternative Vorgehensweisen an.

Die erste Möglichkeit besteht in der Vereinfachung des Hamilton-Operators H in Gl. 12.1 und Gl. 12.2 zu sogenannten *effektiven* „Modellen". Diese sind minimale Modelle, die, abhängig von dem genauen Fall, die Wechselwirkungen der Teilchen in vereinfachter Form enthalten. Eines der erfolgreichsten effektiven Modelle stellt das Heisenberg-Modell dar [2]:

$$H_{Heis} = J \sum_{i,j} S_i S_j. \tag{12.3}$$

H_{Heis} beschreibt die Kopplung der Stärke J zwischen Elektronenspins S, die auf den Atomen i und j sitzen. Die Grundursache dieser Spin-Spin-Wechselwirkung ist die Coulomb-Abstoßung zusammen mit der Tatsache, dass die Elektronen fermionische Teilchen sind und das Pauli-Prinzip erfüllen. Im Festkörper ist H_{Heis} für Eigenschaften wie z. B. Magnetismus verantwortlich (s. Kapitel 2.3). Ein großer Teil meiner Forschungsarbeiten ist diesem Modell gewidmet.

Der zweite Weg, Gl. 12.1 und Gl. 12.2 zu behandeln, besteht darin, die Schrödinger-Gleichung durch Annahmen zu *entkoppeln*, um ein System von lösbaren Einteilchen-Schrödinger-Gleichungen zu erhalten (jede Differenzialgleichung hängt nur noch von einem einzigen Teilchen ab). Ein Beispiel hierfür sind Metalle. Die Elektronen in einem metallischen Zustand bewegen sich im Festkörper mit delokalisierten Wellenfunktionen (nicht an die Atomrümpfe gebunden). Aufgrund der *Delokalisierung* ist die Coulomb-Abstoßung zwischen Elektronen stark reduziert, sodass Gl. 12.1 und Gl. 12.2 entkoppelt werden können, da der Wechselwirkungsterm in jeder Differenzialgleichung wegfällt. Eine sehr wirkungsvolle mathematische Methode ist in diesem Zusammenhang die Dichtefunktionaltheorie (DFT) [3], die eine parameterfreie Beschreibung der Festkörper ausgehend von Grundprinzipien darstellt.

Konzepte wie *Quasiteilchen* oder *kollektive Anregungen* fußen auf dem oben genannten grundlegenden Gleichungssystem und sind verantwortlich für die verschiedenen Zustände der Materie.

12.2 Magnetismus

Festkörper können verschiedene Phasenübergänge aufweisen, wenn Temperatur, Druck, chemische Dotierung oder andere äußere Parameter variieren. Sehr bekannt sind z. B. die Phasenübergänge zwischen gasförmigen, flüssigen und festen Phasen. Wenn in einem Festkörper die Quantenwechselwirkungen über thermische Fluktuationen vorherrschen, findet unter geeigneten Bedingungen der Phasenübergang zu einem Quantenzustand statt. Ein herausragendes Beispiel hierfür ist der Phasenübergang von einem Paramagnet zu einem (Anti-)Ferromagneten unter Reduktion der Temperatur und ohne Anwendung eines externen Magnetfeldes (s. Abb. 12.2a). Dieser findet bei der materialspezifischen sogenannten Néel-Temperatur T_c statt. In einem Paramagnet ($T>T_c$) sind die Spins der Elektronen ungeordnet aufgrund von starken Temperaturschwankungen. Sobald die Temperatur absinkt ($T<T_c$), sind die Wechselwirkungen zwischen den Spins stark genug, um das System in eine Phase mit langreichweitiger Quantenordnung zu treiben; ein Ferromagnet entsteht. Ein solcher Zustand lässt sich schön mit dem Heisenberg-Modell erklären (Gl. 12.3).

Eine langreichweitige Ordnung wie diese, die einzig und allein auf den reinen lokalen Wechselwirkungen benachbarter Spins beruht, kann in der Tat an vielen Fallbeispielen außerhalb der Physik beobachtet werden. Nehmen wir z. B. den „La-Ola-Effekt"

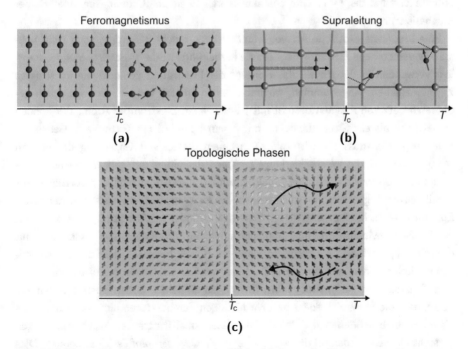

Abb. 12.2 Phasenübergänge im Festkörper in Abhängigkeit von der Temperatur. **a** Ferromagnet ($T<T_c$) – Paramagnet ($T>T_c$), **b** Supraleiter ($T<T_c$) – Metall ($T>T_c$), **c** gebundener ($T<T_c$) – ungebundener ($T>T_c$) Vortex-Antivortex-Zustand

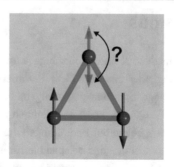

Abb. 12.3 Frustrierte Spin-Wechselwirkung

im Fußballstadion: Jeder Zuschauer steht gleichzeitig mit seinen jeweiligen Nachbarn vom Sitzplatz auf. Es entsteht eine Welle, die sich durch das gesamte Stadion ausbreitet. Dies ist eine grobe Veranschaulichung des ferro- bzw. antiferromagnetischen Zustandes.

Der paramagnetische-ferromagnetische Phasenübergang wird von einem *spontanen* Bruch einer Symmetrie begleitet. Die paramagnetische Phase ist invariant unter Drehsymmetrie, während im Ferromagneten (oder im Antiferromagneten) eine Drehrichtung bevorzugt wird, sodass die Drehsymmetrie spontan gebrochen wird. Der geordnete Zustand bei $T<T_c$ wird charakterisiert von einem „Ordnungsparameter": der Magnetisierung.

Eine besonders exotische Art von Magnetismus, welche neuartige, noch nicht vollständig verstandene Zustände der Materie herbeiführt, ist der *frustrierte* Magnetismus. Wir verwenden in der Physik das Konzept der Frustration genauso wie im sozialen Zusammenleben. Angenommen, wir haben einen Kristall vor uns, der aus einem geordneten Satz von Atomen besteht mit jeweils einem Elektron pro Atom. Wir können den Kristall als ein Gitter darstellen mit einem Spin-$1/2$ pro Gitterplatz. Gehen wir nun davon aus, dass die Gitterplätze in einem dreieckigen Gitter angeordnet sind (Abb. 12.3) und die Wechselwirkung zwischen den Spins auf den am nächsten benachbarten Gitterplätzen antiferromagnetisch ist, also Nachbarspins bevorzugt in die jeweils entgegengesetzte Richtung zeigen. Es ist offensichtlich, dass sich der dritte Spin im Dreieck in einer frustrierten Situation befindet (s. Abb. 12.3), das bedeutet, es gibt keine evidente optimale Spinanordnung, in der alle Spins glücklich sind mit dieser Konfiguration. „Glücklich" im Sinne der Physik bedeutet, dass das System seinen minimalen Energiezustand erreicht. Einer der Grundsätze der Natur besteht darin, einen Zustand der geringstmöglichen Energie zu erreichen. Diese Frustration hat zur Folge, dass die Spins sich sogar bei sehr niedrigen Temperaturen nicht ordnen, anders als im voher beschriebenen Beispiel. Aus diesen lokal frustrierten Wechselwirkungen entsteht ein neuer Zustand der Materie, den wir *Quantenspinflüssigkeit* nennen. Dies ist ein höchst *verschränkter* Quantenzustand der Materie, dessen Eigenschaften wir aktuell intensiv erforschen.

12.3 Supraleitung

In diesem Abschnitt beschäftigen wir uns mit dem Übergang eines Metalls zur supraleitenden Phase. Supraleitung ist nicht nur eine wunderschöne makroskopische Manifestation von Quantenzuständen der Materie, sondern verfügt auch über wichtige technologische Anwendungsmöglichkeiten.

1911 kühlte Kamerlingh-Onnes das Metall Quecksilber langsam ab und beobachtete, dass der Widerstand zunächst stetig abnahm. Bei einer Temperatur von 4 K verschwand der Widerstand jedoch abrupt. Er nannte dieses Phänomen Supraleitung. Seit 1911 hat ein enormer Fortschritt im Verständnis dieser supraleitenden Phase stattgefunden und viele Nobelpreise wurden in diesem Feld vergeben. Nicht nur der Widerstand verschwindet innerhalb eines Supraleiters, auch das Magnetfeld wird verdrängt und ist im Inneren gleich null (Meißner-Ochsenfeld-Effekt). Ein Supraleiter ist somit ein idealer Diamagnet. Dieses magnetische Verhalten ist bisher noch von keinem anderen Material bekannt.

Was ist nun die mikroskopische Ursache dieses Verhaltens? Der quantenmechanische Schlüsseleffekt ist die hohe Synchronisation der *Quantenwellen* der Elektronen, sodass Effekte auf makroskopischer Ebene entstehen. Dieses Phänomen heißt *Kohärenz*. Derselbe grundlegende Effekt findet auch in Lasern statt: In einem Laser sind alle Photonen (Lichtwellen) synchronisiert und stellen deshalb eine einzelne kohärente Welle dar. Der Unterschied zu einem Supraleiter ist, dass es im Supraleiter sich um Quantenwellen der Elektronen handelt. Die grundlegende quantenmechanische Eigenschaft ist allerdings dieselbe. Diese makroskopische Kohärenz findet sich auch in Bose-Einstein-Kondensaten. Hier werden Atome auf Temperaturen im Nanokelvinbereich heruntergekühlt und kollabieren dadurch alle in denselben Zustand. Die Frage bleibt allerdings, wie dieser makroskopische kohärente Zustand in einem Supraleiter entstehen kann, wenn man beachtet, dass Elektronen negativ geladene Teilchen sind, die sich gegenseitig durch die Coulomb-Wechselwirkung abstoßen. Ebenso gilt für sie als Fermionen das Pauli-Prinzip, welches verbietet, dass ein Zustand von mehreren Teilchen gleichzeitig besetzt wird.

Die Lösung liegt darin, dass der Zustand des Metalls seine Energie bei einer kritischen Temperatur T_c dadurch minimiert (s. Abb. 12.2b), dass jeweils zwei Elektronen ein *Cooper-Paar* formen. Die effektive attraktive Wechselwirkung zwischen den Elektronen eines solchen Paars ist durch die Deformation des aus positiv geladenen Atomrümpfen bestehenden Gitters in der Nähe der negativ geladenen Elektronen zu erklären. Anschaulich kann man sich hierbei das Gitter als ein gespanntes Tuch vorstellen und die Elektronen als Kugeln. Wenn sich das Elektron an einer gewissen Stelle befindet, drückt es das Tuch sozusagen etwas ein, wodurch ein anderes Elektron dazu verleitet wird, ebenfalls in diese entstandene Mulde zu kommen und dadurch mit dem ersten Elektron ein Paar zu bilden.

Mathematisch wurde dies durch Bardeen, Cooper und Schrieffer gezeigt (BCS-Theorie), indem Annahmen bezüglich der Elektron-Elektron- und Elektron-Atomrumpf-Wechselwirkungen in Gl. 12.1 und Gl. 12.2 gemacht wurden. BCS hat sich als sehr erfolgreiche Theorie erwiesen, die Vorhersagen möglich macht, konventionelle (BCS-artige) Supraleiter zu finden. Analog zu dem Phasenübergang von Paramagnet zu Ferromagnet verfügt auch der Phasenübergang von der metallischen zur supraleitenden Phase über einen Ordnungsparameter, der nur in der supraleitenden Phase ungleich null ist.

Die faszinierendsten Supraleiter sind Materialien, deren supraleitende Eigenschaften in den letzten Jahrzehnten entdeckt wurden. Diese Materialien werden bei relativ hohen Temperaturen schon zu Supraleitern (bis zu 150 K, was zwar für unsere Begriffe noch recht kalt ist, aber heiß genug, um kostengünstige Techniken wie flüssigen Stickstoff zum Kühlen zu verwenden). Prominente Beispiele sind die Hoch-Temperatur-Kupfer-Oxid-basierten Materialien [4] und seit neuestem Eisen-basierte Supraleiter [5]. Supraleitung in diesen Materialien ist nicht BCS-artig und noch nicht vollständig verstanden. Diese unkonventionellen Supraleiter sind durch die Tatsache charakterisiert, dass Elektronen stark korreliert sind und Supraleitung häufig in der Nähe einer magnetischen Phase stattfindet. Das hat zu der Annahme geführt, dass die attraktive Wechselwirkung innerhalb der Cooper-Paare magnetischer Natur ist. Intensive aktuelle Forschung widmet sich diesem Thema.

12.4   Topologische Zustände

Der Physik-Nobelpreis 2016 ist als Anerkennung der Wichtigkeit der Topologie in der modernen Physik zu verstehen. Topologie ist ein Zweig der Mathematik, welcher die bei Deformationen, Verdrehungen und Streckungen erhaltenen Eigenschaften von Objekten untersucht. So sind z. B. ein Ball und eine Schale (keine Löcher, topologische Ladung 0) topologisch äquivalent, während ein Ring (ein Loch, topologische Ladung 1) zu einer anderen topologischen Klasse gehört. Ohne in ihn hineinzuschneiden, wird ein Ball nie zu einem Ring werden.

Während die zwei oben präsentierten Phasenübergänge mit einer Änderung der Symmetrie und dem Vorkommen eines Ordnungsparamenters einhergehen (Magnetisierung bzw. Cooper-Paar-Wellenfunktion), ist der topologische Phasenübergang ein neuer Typ einer Phase: Die Phase kann nicht durch stetige Variation eines Parameters entstehen. Kosterlitz, Thouless und Berezinskii haben gezeigt, dass in zweidimensionalen Systemen topologische Anregungen (sogenannte Vortices) existieren können. Ein Vortex (Abb. 12.2c, blaue Pfeile) ist eine Struktur bestehend aus Pfeilen, welche bei einer Drehung gegen den Uhrzeigersinn um den Vortexkern sukzessiv rotieren. Bei einer kompletten Umdrehung ändern sich ihre Ausrichtungen um 2π. In diesem Fall ist die topologische Ladung 1. Ein Antivortex (s. Abb. 12.2c, gelbe Pfeile) hat eine topologische Ladung von -1. Durch stetige Deformationen ist es unmöglich, einen Vortex zu einem Antivortex zu transformieren: Vortex und Antivortex sind *topologisch geschützt*. Als Funktion der Temperatur können Vortex und Antivortex stark gebundene Paare formen bei $T=T_c$ und so einen neuen Typ topologischer, langreichweitiger Ordnung („BKT", Berezinskii-Kosterlitz-Thouless) [6]. Beispiele dieser Ordnung sind das xy-Modell, welches in der Natur realisiert ist [7], und superfluides Helium.

Durch Übertragung des Konzepts der Topologie in den Impulsraum der Elektronen können viele weitere Phänomene mithilfe topologischer Konzepte beschrieben werden, wie der Quanten-Hall-Effekt und die vor Kurzem entdeckten topologischen Isolatoren [8]. Letztere sind Festkörper, die im Inneren Isolatoren sind (keine leitenden Eigenschaften) und sich auf der Oberfläche wie Metalle verhalten. Durch numerische Simulationen, Gl. 12.1 und 12.2 und die DFT-Methode benutzend, konnten wir mögliche Kandidaten für topologische Isolatoren vorhersagen [9].

Literatur

[1] Anderson, PW (1972) More is Different. Science 177:393

[2] Mattis DC (1987) The Theory of Magnetism. Springer, New York

[3] Kohn W (1999) Electronic structure of matter-wave functions and density functionals. Nobel Lecture, www. nobelprize.org/nobel_prizes/chemistry/laureates/1998/kohn-lecture.html

[4] Keimer B, Kivelson SA, Norman MR et al (2015) From quantum matter to high-temperature superconductivity in copper oxides. Nature 518:179

[5] Chubukov A, Hirschfeld PJ (2015) Iron-based superconductors, seven years later. Physics Today 68:46

[6] Kosterlitz JM (2016) Topological Defects and Phase Transitions. Nobel Lecture, www.nobelprize.org/nobel_prizes/physics/laureates/2016/kosterlitz-lecture.html

[7] Tutsch U, Wolf B, Wessel S et al (2014) Evidence of a field-induced Berezinskii–Kosterlitz–Thouless scenario in a two-dimensional spin–dimer system. Nature Comm 5:5169

[8] Moore J (2010) The Birth of Topological Insulators. Nature 464:7286

[9] Guterding D, Jeschke HD, Valentí R (2016) Prospects of quantum anomalous and quantum spin Hall effect in doped kagome lattice Mott insulators. Scientific Reports 6:25988

13 Atomare und molekulare Schalter
— Elke Scheer —

Zusammenfassung

Computer, Tablets, Mobiltelefone werden immer leistungsfähiger, weil immer mehr und immer kleinere elektronische Bauteile, überwiegend Kondensatoren und Transistoren, darin enthalten sind. Dabei dienen die Kondensatoren zum Speichern der Information und Transistoren als Schalter. Beides wird üblicherweise aus dem Halbleitermaterial Silizium hergestellt. Wenn die Miniaturisierung so weitergeht, könnten demnächst einzelne Moleküle oder Atome Schaltfunktionen übernehmen, die bisher von Transistoren ausgeführt werden. In diesem Kapitel wird erklärt, wie man die Funktion solch kleiner Schalter erforschen kann. Außerdem wird ein Beispiel gezeigt für ein Speicher- und Schaltelement, das durch Umlagerung eines einzelnen Atoms betrieben wird.

© Springer-Verlag GmbH Deutschland, ein Teil von Springer Nature 2019
D. Duchardt et al. (Hrsg.), *Vielfältige Physik*, https://doi.org/10.1007/978-3-662-58035-6_13

Prof. Dr. Elke Scheer

Die Welt im Kleinen ist faszinierend.

- 1990 Diplom Physik, TH Karlsruhe
- 1995 Promotion Physik, TH Karlsruhe
- 1996–1997 Postdoktorandin, Saclay bei Paris
- 1998–2000 Assistentin, TH Karlsruhe
- Seit 2000 Professorin, Univ. Konstanz
- 1999 Gustav-Hertz-Preis der DPG
- 2000 Alfried-Krupp-Förderpreis

Werken statt Häkeln

In der Grundschule haben wir Mädchen Handarbeiten gelernt, die Jungen hatten Werken. An einem Tag, als Handarbeit ausfiel, bin ich mit in den Werkunterricht gegangen. Da haben wir mit Holz, Draht und Laubsäge eine Art Musikinstrument gebaut. Das war viel spannender als Häkeln. Später im Gymnasium hat mir der Physikunterricht Spaß gemacht, weil es eines der wenigen Schulfächer ist, in denen man „warum?" fragen darf, und weil die Natur klare Antworten auf klare Fragen gibt. Mich fasziniert es herauszufinden, wie die Natur und wie technische Geräte funktionieren. Über „Jugend forscht" habe ich die Begeisterung gewonnen, Neues herauszufinden. Physik habe ich studiert, weil ich mir darunter, im Gegensatz zu den Ingenieursfächern, etwas vorstellen konnte. Heute weiß ich, dass Physik die richtige Wahl war, weil die Bandbreite innerhalb der Physik groß ist und weil mich die grundlegenden Fragen mehr bewegen als die Anwendungen. In meinem Werdegang als Wissenschaftlerin wurde ich bestärkt durch Mentorinnen und Mentoren, die mir spannende Projekte anvertraut haben.

Klein, kleiner, am kleinsten

Ich untersuche verschiedene Aspekte des Ladungstransports durch Nanostrukturen. Dies können atomar dünne Drähte sein oder auch etwas größere Strukturen, in denen die Wechselwirkung der Elektronen untereinander und mit dem umgebenden Material eine Rolle spielt. Der besondere Reiz liegt für mich darin, dass die Quantenphysik direkt messbare Größen wie den elektrischen Strom bestimmt und dass die direkte Kooperation mit Kollegen der theoretischen Physik, uns wechselseitig voranbringt.

Mein Tipp

Studiere das Fach, das dich am meisten interessiert, nicht eines, das den größten Verdienst verspricht. Man ist nur wirklich gut aus Begeisterung für das Fach. Und nur dann wirst du glücklich und zufrieden in deinem Job.

13.1 Atome und Moleküle in der Klemme

Um Ladungstransporteigenschaften von atomaren oder molekularen Kontakten untersuchen zu können, muss man diese zunächst herstellen. Dazu gibt es viele Möglichkeiten: Eine sehr bekannte besteht darin, dass man die Metallspitze eines Rastertunnelmikroskops (RTM) mit einer Metallfläche in Berührung bringt und dann langsam zurückzieht [1]. Dabei entstehen atomar feine Drähte. Wenn sich auf der Metallfläche Moleküle befunden haben, können sich Kontakte bestehend aus einem Molekül zwischen der Spitze und der Oberfläche, sogenannte Einzelmolekülkontakte, bilden. Die Lebensdauer solcher Nanodrähte oder molekularer Kontakte wird begrenzt durch unvermeidbare Vibrationen der Spitze gegenüber der Probe auf einige Millisekunden bei Raumtemperatur. Bei einem anderen Verfahren wird ein Draht an einer Stelle eingekerbt und dann langgezogen, wobei er sich ähnlich einem Kaugummifaden ausdünnt. Um das Auseinanderziehen kontrolliert zu machen, klebt man den Draht zuvor an zwei eng benachbarten Stellen auf eine biegsame Unterlage, kerbt ihn zwischen den Klebepunkten ein und biegt dann die Unterlage von hinten durch, sodass der Draht verlängert wird. Das Prinzip ist in Abb. 13.1a gezeigt. Da sich beide Seiten des Kontakts auf derselben Unterlage befinden und die frei beweglichen Arme zwischen den Klebepunkten kleiner sind als in einem typischen RTM, sind diese Kontakte weniger vibrationsanfällig.

Je nachdem, wie man die Probe dabei einspannt, muss man eine Durchbiegung von einigen 10 Mikrometern erzeugen und stabil halten. Bei einer verfeinerten Variante dieser „mechanisch kontrollierte Bruchkontakte (MKB)" genannten Proben verwendet man als Ausgangsdraht eine freitragende Nanobrücke, die mit lithografischen Verfahren hergestellt worden ist, s. Abb. 13.1b. Vorteil hierbei ist, dass man den Abstand der Brückenpfeiler sehr klein machen kann und deshalb recht weit biegen muss, um die Brücke auf ein Atom auszudünnen. Das kann man mit einer Mikrometerschraube recht einfach bewerkstelligen. Außerdem gewinnt man Stabilität, weil Vibrationen den Abstand der beiden Brückenpfeiler zueinander kaum ändern. Dafür hat man hier die Schwierigkeiten in die Probenherstellung verlagert: Zur Herstellung der Brücken benötigt man ein Elektronenmikroskop und andere aufwendige Verfahren. Auch mit MKBs lassen sich Moleküle einfangen, wenn man die Probe vor oder während des Auseinanderziehens in eine molekulare Lösung eintaucht.

13.2 Den Atomen und Molekülen auf der Spur

Woher weiß man aber, dass man einen Einatomkontakt oder einen Einzelmolekülkontakt hat? Atome haben eine typische Größe von weniger als einem Nanometer. Moleküle, die in der molekularen Elektronik verwendet werden, können auch ein paar wenige Nanometer groß sein. Auf jeden Fall sind sie aber viel zu klein, um sie selbst

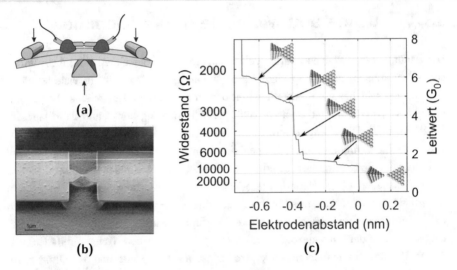

Abb. 13.1 Verschiedene Verfahren zur Herstellung atomarer Kontakte. **a** Prinzipskizze eines mechanisch kontrollierten Bruchkontakts gezeigt für eine Drahtprobe, **b** Rasterelektronenmikroskopaufnahme einer lithografisch hergestellten, freitragenden Nanobrücke aus Palladium, **c** Öffnungskurve: Abstand-Widerstand- bzw. Abstand-Leitwertkurve einer MKB aus Palladium mit idealisierten Atomanordnungen in den verschiedenen Streckzuständen. Am rechten Ende ist der Draht gerissen und bildet einen Vakuumtunnelkonakt mit sehr kleinem Leitwert ($\approx 0{,}001 \cdot G_0$). Das letzte Plateau davor entspricht dem Einatomkontakt mit einem Leitwert von $\approx 1{,}7 \cdot G_0$.

mit dem ausgeklügelsten Lichtmikroskop abbilden zu können. Auch sind die atomaren Drähte oder kontaktierten Moleküle versteckt zwischen den dicken Metallzuleitungen. Deshalb verwendet man als Nachweis der Kontakte ihre elektrischen Transporteigenschaften. Dazu schließt man die beiden Enden des Drahts an eine Spannungsquelle mit Spannung U an und misst den Stromfluss I über die Einschnürung. Da beim Auseinanderziehen der Draht länger und dünner wird, wächst der elektrische Widerstand R.

Dabei wird der Widerstand von der Engstelle dominiert, da dort der Großteil der elektrischen Spannung abfällt. Ein Beispiel für solch eine „Öffnungskurve" ist in Abb. 13.1c gegeben. Dort sind auf der y-Achse der elektrische Widerstand $R = U/I$ und auf der x-Achse der Abstand zwischen den vordersten Atomen aufgetragen. Auf der rechten y-Achse ist der Widerstand umgerechnet in den der Leitwert $G = I/U = 1/R$. Die Atomanordnung in den dickeren Bereichen des Kontakts ist nicht maßgeblich. Wenn gegen Ende des Zugvorgangs die Querschnittsfläche nur noch aus wenigen Atomen besteht, erkennt man einzelne Sprünge, die einer Umordnung der Atome entsprechen. Dazwischen gibt es Stufen, genannt Plateaus, die je nach Element mehr oder weniger eben sind [1]. Auch die Sprunghöhe hängt vom Element ab.

Durch genaue Analyse des Verhaltens dieser letzten Momente der Nanodrähte lässt sich auch nachweisen, ob Einatomkontakte oder atomare Ketten gebildet werden. Gleiches gilt für die Einzelmolekülkontakte: Der Verlauf und der Widerstand des letzten Plateaus sind typisch für die Molekül-Metall-Kombination. Analog dazu kann man ausgeklügelte Messverfahren anwenden, um herauszufinden, wie das Molekül im Kontakt „sitzt" und welcher Art die chemische Bindung zwischen Metall und Molekül ist. Dazu reicht es nicht, den Widerstand bei einer festen Spannung zu messen, sondern man zeichnet Strom-Spannungs-Kennlinien auf. Moleküle besitzen charakteristische Schwingungsanregungen der Atome untereinander. Diese Schwingungen lassen sich durch die stromführenden Elektronen anregen. Wenn eine solche Anregung erfolgt, erhält man einen Knick in der Strom-Spannungs-Charakteristik bei einer Spannung, die mit der Frequenz f der Schwingungsanregung verbunden ist: $e \cdot V = h \cdot f$, wobei e die Ladung eines Elektrons und h das Planck'sche Wirkungsquantum ist, welches signalisiert, dass hier ein quantenmechanischer Effekt vorliegt. Diese Knicke sind somit charakteristisch für das Molekül. Die Identifikation der Moleküle durch dieses Verfahren nennt man Inelastische Elektronentunnelspektroskopie (IETS).

13.3 Gute Drähte, schlechte Drähte

Sind atomare Drähte oder Einzelmolekülkontakte gute Leiter oder schlechte Leiter? Von einem guten Leiter erwartet man einen geringen elektrischen Widerstand und eine hohe Stromtragefähigkeit. Das erste Kriterium erfüllen atomare und molekulare Kontakte eigentlich nicht. Dies liegt an der Wellennatur der Elektronen. Keine Welle kann durch einen unendlich schmalen Schlitz übertragen werden, sondern benötigt Querschnitte, die mindestens ihrer halben Wellenlänge entsprechen, um ohne Dämpfung übertragen zu werden. Bekannt ist dies aus der Optik, wo das Phänomen zu Beugungseffekten und auch zu interessanten Anwendungen wie Wellenleitern führt. Bei Elektronenwellen ist das genauso: Die Wellenlänge eines Metallelektrons liegt im Bereich eines halben Nanometers und damit in der gleichen Größenordnung wie der Atomdurchmesser. Dies bedeutet, dass, optisch gesprochen, nur wenige Moden des Wellenfeldes „durch das Atom passen". Ein etwas verfeinertes Modell, das auf den amerikanischen Physiker Rolf Landauer zurückgeht, besagt, dass die Anzahl der Valenzelektronen die Anzahl der maximal möglichen Moden begrenzt [2, 3]. Die aus der Quantenmechanik abgeleitete Landauer-Theorie besagt, dass jede Mode mit einem maximalen Leitwert zum Transport beiträgt. Dieser maximale Leitwert beträgt $G_0 = 2e^2/h = 77{,}6\mu S = (12{,}9 \text{ k}\Omega)^{-1}$. G_0 nennt man das Leitwertquantum.

Ein chemisch einwertiges Atom, das also nur eine Mode beiträgt, kann bestenfalls einen Widerstand von 12,9 kΩ haben, im Allgemeinen jedoch einen noch höheren, wenn die Moden nicht perfekt übertragen werden. Dieses nicht-perfekte Übertragen wird beschrieben durch einen Transmissionskoeffizienten T, der die Wahrscheinlichkeit beschreibt, mit der eine Mode übertragen wird, und der Werte zwischen null und eins annehmen kann. Der Wert null bedeutet, dass eine Mode gar nicht übertragen werden kann, eins, dass sie ungestört übertragen wird. Mehrwertige Metalle könnten theoretisch einen Leitwert von bis zu $7 \cdot G_0$, erreichen, da es Elemente mit sieben

Valenzelektronen gibt. Jedoch sind diese Elemente keine Metalle, und wiederum aus quantenmechanischen Gründen können nicht alle Transmissionskoeffizienten gleichzeitig den Wert eins annehmen [2]. Das Metall mit dem höchsten bekannten Leitwert im Einatomkontakt ist Niob mit fünf Valenzelektronen und einem Leitwert von etwa $2,4 \cdot G_0$, entsprechend einem Widerstand von etwa 5 kΩ. Das ist ein recht hoher Wert und mehr als sechsmal so hoch, wie man aufgrund des spezifischen Widerstands von Niobdrähten erwarten würde, obwohl Niob kein sehr gutes Drahtmaterial ist. Noch extremer ist es bei dem sehr guten Leiter Gold: Experimentell findet man den optimalen Wert für einen monovalenten Einatomkontakt von 12,9 kΩ, aber aus dem spezifischen Widerstand erwartet man nur 86 Ω.

Besser sieht es bei der Stromtragefähigkeit aus: Da der Widerstand der Einatomkontakte nicht durch Streuung verursacht wird wie bei dickeren Drähten, sondern durch die beschriebenen Quanteneffekte, können extreme Stromdichten von mehr als 10^{10}A/cm^2 erreicht werden, was 10 Millionen mal mehr ist als in üblichen Metalldrähten. Aber selbst das ist keine Obergrenze aufgrund grundlegender physikalischer Prinzipien, sondern ein Erfahrungswert. In Abschnitt 13.6 werden wir darauf zurückkommen.

Einzelmolekülkontakte werden aus chemischen Gründen zumeist mit Gold als Kontaktmaterial gebildet und übertragen in aller Regel ebenfalls nur eine Mode [4]. Aber das ist nicht der limitierende Faktor. Vielmehr haben die Moden in molekularen Kontakten zumeist einen Transmissionskoeffizienten, der deutlich kleiner ist als eins, wobei es Ausnahmen gibt wie z. B. das kleinste Molekül Wasserstoff, das mit Platin kontaktiert und ebenfalls den Bestwert von 12,9 kΩ erreicht [5]. Der im Allgemeinen kleinere Transmissionskoeffizient der Einzelmolekülkontakte ist wieder eine Folge der Überlagerung der Wellenfunktionen benachbarter Atome, die vereinfacht gesprochen bei verschiedenen Atomen nicht so gut funktioniert wie bei gleichartigen. Die elektronische Struktur von Molekülen ähnelt eher der von Halbleitern und „passt" deshalb nicht so gut zu der der Zuleitungsmetalle.

13.4   Einmal ist keinmal

Wir wollen zurückkommen auf die Frage, was passiert, wenn beim Auseinanderziehen der Kontakt abgerissen ist. War dann alle Mühe umsonst? Glücklicherweise nicht, denn man kann den Kontakt wieder schließen. Beim RTM kann man durch seitliches Verschieben der Spitze sogar eine neue Stelle finden, in die man erneut die Spitze hinein drückt. Beim MKB reduziert man die Biegung der Unterlage, bis sich wieder ein massiver Kontakt gebildet hat. Wenn man nun erneut den Kontakt öffnet, wird man feststellen, dass die genaue Abfolge von Plateaus und Stufen anders ist als beim ersten Mal, aber das typische Verhalten, also die Plateauhöhen und -längen reproduzierbar sind, auch nach vielen 1000 Öffnungs- und Schließvorgängen – solange es gelingt, saubere metallische Kontakte herzustellen. Bei reaktiven Metallen benötigt man deshalb sehr gutes Vakuum, um Oxidation oder andere chemische Reaktionen zu vermeiden, mit Edelmetallen wie Gold kann man an Umgebungsbedingungen arbeiten. Aus diesen Öffnungskurven erstellt man ein Leitwerthistogramm, also eine Auftragung der Häufigkeit, mit der ein bestimmter Leitwert angenommen wird, über dem Leitwert. Bei besonders häufigen Leitwerten ergeben sich Maxima. Die Lage, Anzahl und Form der Maxima ist charakteristisch für das jeweilige Element [1]. Bei den einwertigen Metallen (Erdalkalimetalle, Edelmetalle) erhält man scharfe Maxima bei ganzzahligen Vielfachen des Leitwertquantums. Das Maximaum mit dem kleinsten Leitwert entspricht dem Einatomkontakt. Bei mehrwertigen Metallen erhält man oft nur ein gut ausgeprägtes und breiteres Maximum, das bei beliebigen Bruchteilen von G_0 liegen kann. Beispiele sind in Abb. 13.2 gezeigt. Die Details hängen von den Versuchsbedingungen ab. Diese statistischen Untersuchungen sind wichtig, weil die Transporteigenschaften, wie oben erklärt, von der exakten atomaren Anordnung abhängen.

Dies gilt insbesondere auch für Einzelmolekülkontakte. Man „fängt" nicht bei jedem Öffnungsvorgang ein Molekül. Nur wenn nach dem Abreißen des letzten Metallkontakts, dessen typischen Leitwert man aus den Histogrammen kennt, mindestens eine weitere Stufe auftritt, handelt es sich um einen molekularen Kontakt. Bei den meisten Metall-Molekül-Metall-Kombinationen tritt nur ein sehr breites Maximum auf.

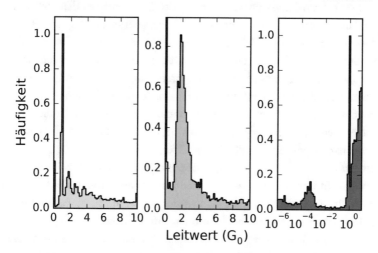

Abb. 13.2 Beispiele von Leitwerthistogrammen atomarer und molekularer Kontakte, die mit lithografischen Bruchkontakten bei tiefen Temperaturen (4,2 Kelvin) erstellt wurden: Gold (*links*), Palladium (*mitte*), Gold-OPE-Gold (*rechts*). OPE ist die Kurzbezeichnung für das stäbchenförmige Molekül Oligo(p-phenyleneethynylene). Die Leitwertskala ist hier logarithmisch. Das breite Maximum um $5 \cdot 10^{-4}\,G_0$ entspricht dem Einzelmolekülkontakt, das scharfe Maximum bei $1\,G_0 = 10^0\,G_0$) dem des Gold-Einatomkontakts. (Mit freundlicher Genehmigung von © S. Hambsch.)

13.5 Anwendungen von Einatomkontakten: Atomares Speicherelement

Zum Abschluss stellen wir nun eine Anwendung eines Einatomkontaktes als mögliches Schalter- und Speicherelemente vor. In der digitalen Mikroelektronik werden Transistoren als Schalter verwendet. Ein Transistor ist ein sogenanntes *three-terminal-device*, also ein elektronisches Bauelement mit drei Zuleitungen mit den Namen *source* (Quelle), *drain* (Senke) und *gate* (Gatter): Der Strom von *source* nach *drain* wird durch eine Spannung am *gate* ein- und ausgeschaltet. In einem Speicherbaustein wird durch solch einen Schalter der Zugang zu einem Kondensator, der als Speicher dient, freigeschaltet: Bei geeigneter Beschaltung wird der Kondensator dann aufgeladen oder entladen. Das bildet den *write* (Schreib-)Prozess einer minimalen digitalen Informationseinheit, also eines Bits. Wenn der Kondensator geladen ist, entspricht dies der Information „1", wenn er leer ist, der „0". Auch zum Auslesen der Information muss man den Schalter öffnen und dabei sicherstellen, dass der Ladungszustand sich nicht ändert, bzw. ihn gleich wieder herstellen. Das ist der *read* (Lese-)Vorgang. Um die Information eines Bits zu speichern, benötigt man also mindestens einen Transistor und einen Kondensator. In Realität verwendet man sogar mehr Komponenten [6].

Den oben beschriebenen Energieübertrag der Elektronen an den Nanodraht kann man sich zunutze machen, um gezielt die atomare Anordnung und damit den Leitwert zu ändern. Der Effekt heißt Elektromigration und tritt auch in dickeren Drähten auf. Dort ist er allerdings zumeist unerwünscht, da er auf Dauer zum Ausfall der Bauelemente führt. In Drähten mit atomaren Abmessungen kann man ihn hingegen sehr gezielt einsetzen. Als Startpunkt dient ein Einatomkontakt. Wenn man den Transportstrom erhöht, beobachtet man sprunghafte Änderungen des Leitwerts, die überwiegend zu größeren Leitwerten hin erfolgen, so als ob man den Kontakt zusammenschiebt. Wenn man nach jedem Sprung die Stromstärke wieder reduziert und sie schließlich in umgekehrter Richtung wieder erhöht, beobachtet man häufig, dass bei Überschreiten einer gewissen Stromstärke der Leitwert wieder zu seinem Ausgangswert zurückspringt. Auch nach diesem Sprung reduziert man wieder die Stromstärke, wechselt das Vorzeichen und erhöht sie wieder, bis der Hochsprung erfolgt. Dieser Vorgang kann viele Male wiederholt werden. Damit hat man einen Schalter vorliegen: Der Leitwert kann durch Wahl der Stromstärke und der Stromrichtung zwischen zwei wohldefinierten Werten hin- und hergeschaltet werden. Ein Beispiel eines solchen Schalters ist in Abb. 13.3 zu sehen. Man hat aber auch einen Speicher: Denn wenn man die Stromstärke nicht so hoch wählt, dass es zu einem Umschalten kommt, bleibt der Schalter in seinem Zustand. Die Information ist also gespeichert und kann ausgelesen werden. Man hat also einen Schalter und ein Speicherelement verwirklicht durch ein einziges *two-terminal-device*, das nur zwei Zuleitungen benötigt. Die Information ist gespeichert in Form des Leitwerts des Kontakts, der einfach zu messen ist und der, wie wir wissen, von der exakten atomaren Anordnung abhängt. Um zu zeigen, dass der Schalter tatsächlich

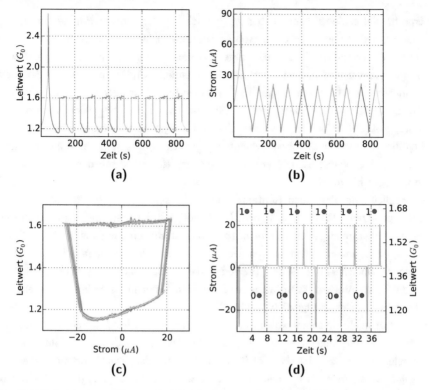

(a)   (b)

(c)   (d)

Abb. 13.3 Beispiel eines atomaren Speicherelementes. **a** Leitwert als Funktion der Zeit eines atomaren Kontakts bei tiefen Temperaturen, wobei der Strom durch den Kontakt dem in **b** gezeigten zeitlichen Verlauf folgt. Vor Beginn der Messung wurde der Kontakt durch Öffnen einer lithografischen MKB auf etwa $1{,}3 \cdot G_0$ eingeregelt. Bei Überschreiten einer gewissen Stromstärke springt der Leitwert auf einen anderen Wert. Bereits nach einem Schaltvorgang ist der Kontakt im bistabilen Zustand, bei dem er zwischen zwei reproduzierbaren Leitwerten (hier: $\approx 1{,}2 \cdot G_0$ und $\approx 1{,}6 \cdot G_0$) hin- und hergeschaltet wird bei Stromstärken von $\approx \pm 22\,\mu A$. **c** Kompakte Darstellung der Daten aus **a** und **b** durch Auftragung des Leitwerts über dem Strom im gleichen Farbcode. Beim Leitwertsprung ändert sich aufgrund des gewählten Schaltkreises der resultierende Strom leicht, weshalb die Sprünge in dieser Grafik nicht senkrecht erfolgen. **d** Einsatz als Speicherelement mit den Zuständen 0 und 1 sowie dem *read* und *write*-Vorgang (positive Strompulse zum Schreiben von 1, negative Strompulse zum Schreiben von 0, kleine konstante Ströme zum Lesen des Zustands. (Mit freundlicher Genehmigung von © D. Weber.)

durch die Umlagerung eines einzigen Atoms in der Kontaktstelle erfolgt, muss man den Zusammenhang zwischen Leitwert und Atomanordnung genau kennen, was durch Simulationsrechnungen erfolgen kann [7].

Theoretisch handelt es sich also um das denkbar kleinste elektronische Speicherelement, jedoch benötigt man in der gezeigten Realisierung recht große Zuleitungen. Auch ist der genaue Mechanismus der Elektromigration in diesen Kontakten noch Gegenstand aktueller Forschung. Für die Anwendung ist wichtig zu wissen, welche Elemente geeignet sind, wie schnell und zuverlässig die Schalter arbeiten, wie viel Energie der Schaltvorgang benötigt, und ob sie auch bei Raumtemperatur funktionieren. Da alle Metalle außer Gold an Umgebungsbedingungen oxidieren, wurde als Erstes Gold erprobt und erwies sich brauchbar [8]. Hinsichtlich der anderen Punkte gibt es noch Klärungsbedarf und Verbesserungspotenzial. Ein Problem liegt im recht hohen elektrischen Widerstand der Einatomkontakte. Der hohe Widerstand hat zur Folge, dass der Vorgang langsam wird, auch wenn sich der eigentliche Umlagerungsprozess des Atoms vermutlich innerhalb von einigen Pikosekunden bewerkstelligen lässt. Zusammen mit den unvermeidbaren Kapazitäten der Zuleitungen hat der hohe Widerstand die Wirkung, dass der Strom nicht schnell ein- und ausgeschaltet werden kann. Außerdem benötigt man wegen der oben erwähnten großen Stromtragefähigkeit hohe Schaltströme, was einer Verlustleistung entspricht, die vergleichbar ist mit der von Transistoren in heutigen Mikrochips.

Möglich sind aber auch Kontakte, die größer sind als Einatomkontakte, die also einen geringeren Widerstand haben. Die benötigten Schaltströme könnte man reduzieren, indem man gezielt eine nicht so stabile Atomanordnung wählt. Dieses Prinzip verfolgen sogenannte Memristoren. Der Name setzt sich zusammen aus den Begriffen *memory* (Speicher) und *resistor* (Widerstand). Hierbei handelt es sich um Bauelemente, die üblicherweise aus verschiedenen Elementen bestehen, deren Funktionsweise aber ebenfalls auf Elektromigration beruht [9].

Es gibt auch Einzelmolekülkontakte, deren Transporteigenschaften sich durch den Strom bzw. die angelegte Spannung schalten lassen und dabei ebenfalls wie Speicherelemente wirken [10]. Hier ist jedoch der genaue Schaltmechanismus bisher noch weniger verstanden als bei den atomaren Systemen. Wegen der großen Vielfalt der Chemie kann es jedoch gelingen, geeignete Moleküle und Kontaktmaterialien zu finden. Bis zu einer echten Technologie, in der ja nicht nur das Funktionsprinzip gezeigt werden muss, sondern auch kostengünstige Möglichkeiten der Verschaltung mehrerer Elemente aufgezeigt werden müssen, ist es jedoch noch ein weiter Weg.

13.6   Ausblick

Die heutige Mikroelektronik basierend auf Halbleiterbauelementen wird bald an ihre physikalischen Grenzen stoßen [11]. Zurzeit wird in die verschiedensten Richtungen geforscht, welche Technologie eine mögliche Nachfolge darstellen könnte. Unter anderem werden molekulare und atomare Bauelemente erforscht. Die grundlegenden Funktionsprinzipien sind demonstriert worden, aber es handelt sich noch nicht um eine ausgefeilte Technologie. Allerdings gibt es auch komplett andere Ansätze, wie z. B. die Quanteninformationsverarbeitung, für die größere Bauelemente infrage kommen, da man wegen der grundsätzlich anderen Art der Rechenstrategien nicht so viele Einheiten braucht wie bei herkömmlichen digitalen Speichern und Prozessoren. Die nächsten Jahre versprechen spannend zu werden!

Literatur

[1] Agrait N, Levy Yeyati A, van Ruitenbeek JM (2003) Quantum properties of atomic-sized conductors. Physics Rep 377:81–279

[2] Scheer E (1999) Stromfluss durch einzelne Atome. Spektrum der Wissenschaft 95

[3] Scheer E (1999) Stromfluss durch ein einzelnes Atom. Physikal. Blätter 55:43

[4] Weber HB, Mayor M (2003) Stromfluss durch ein Molekül. Physik in unserer Zeit 34:272–278

[5] Cuevas JC, Scheer E (2010) Molecular electronics: an introduction to theory and experiment. World Scientific Publishing, Singapore

[6] Rhein D, Freitag H (2013) Mikroelektronische Speicher. Springer, Wien

[7] Schirm C, Matt M, Pauly F et al (2013) A current-driven single-atom memory. Nature Nanotechnology 8:645–648

[8] Wang Q et al (2016) Single-atom switches and single-atom gaps using stretched metal nano-wires. ACS Nano 10:9695–9702

[9] Schmidt H, Mikolajick T, Waser R et al (2015) Neuartige, lernfähige Memristor-Logik: Big Data ohne Energiekollaps. Physik in unserer Zeit 46:84–89

[10] Lörtscher E, Ciszek JW, Tour J et al (2006) Reversible and controllable switching of a single-molecule junction. Small 2:973–977

[11] Waldrop MM (2016) The chips are down for Moore's law. Nature 530:144–147

14 Nanostrukturen und Oberflächen: Physik bei atomarer Auflösung
— Petra Reinke —

Zusammenfassung

In diesem Kapitel gebe ich einen Einblick in unsere Arbeiten, die sich im Wesentlichen auf die Entwicklung von Nanomaterialien und Oberflächenreaktionen konzentrieren. Diese Arbeiten sind direkt mit technischen Anwendungen verknüpft. Wir verfolgen zurzeit unter anderem Projekte, die sich erstens mit den atomaren Mechanismen der Oxidation und Korrosion befassen und zweitens die Synthese und Eigenschaften zweidimensionaler Materialien untersuchen. Letztere sind vor allem für die Nanotechnologie und -elektronik von Interesse. Dazu benutzen wir die Rastertunnelmikroskopie, mit der wir Materie mit atomarer Auflösung untersuchen können. Die Forschung, die ich hier vorstelle, ist nicht abgeschlossen und viele Fragen sind noch offen und werden uns noch lange beschäftigen.

© Springer-Verlag GmbH Deutschland, ein Teil von Springer Nature 2019

D. Duchardt et al. (Hrsg.), *Vielfältige Physik*, https://doi.org/10.1007/978-3-662-58035-6_14

Prof. Dr. Petra Reinke

„Science is not only a disciple of reason, but, also, one of romance and passion"
– Stephen Hawking (1942–2018)

- 1989 Diplom Chemie, Univ. Konstanz
- 1992 Promotion Physik, TU München, MPI Plasmaphysik
- 1992–1994 Postdoktorandin, Univ. de Montréal, Kanada
- 1994–2000 Habilitation, Univ. Basel, Schweiz
- 2001–2003 Forschungsgruppenleiterin, Univ. Göttingen
- 2003–2018 Associate Prof., seit 2016 H.&D. Wilsdorf Distinguished Research Assoc. Prof., Univ. of Virginia
- 2011 Gastprofessur, Lund Univ., Schweden
- Seit 2018 Professur, Univ. of Virginia, USA

Am Anfang: Meine Begeisterung für die Physik

Wenn ich zurückdenke, haben mich Fragen, wie die Welt funktioniert, schon immer fasziniert. Mit sieben Jahren habe ich im Schlafzimmer meiner Eltern heimlich Radio gehört, um nur ja die Berichterstattung eines Apollo-Flugs nicht zu verpassen, und mit zehn alte Medizinbücher meiner Mutter gelesen; ich konnte mich schon damals nicht auf ein einziges Fachgebiet festlegen! Bis heute faszinieren mich die vielen verschiedenen Fragen, die sich in der Wissenschaft stellen. Dabei ist mir die Physik mit ihrer mathematischen und logischen Sprache besonders nahe. Ich liebe es, Zusammenhänge zu erkennen, komplexe Probleme zu untersuchen, abstrakt zu denken, das Wesentliche einer Frage zu destillieren. Eigentlich ist dieser Moment der Klarheit, wenn man auf einmal, oft nach langer, harter Arbeit, neue Zusammenhänge erkennt, das Wichtigste in meiner Arbeit. Fast so wie ein Maler, der lange an einem Porträt arbeitet und nur aufhören kann, wenn es Seele und Gemüt des Modells widerspiegelt [1].

Themenschwerpunkte: Was ich heute mache

Heute habe ich meine intellektuelle Heimat in der Oberflächenphysik und -chemie gefunden. Die Probleme in diesem Fachgebiet sind oft in sehr praktischen Fragestellungen verankert, und verlangen ein tiefes Verständnis unterschiedlicher Fachgebiete. Wir betrachten komplexe Probleme, zerlegen diese in einzelne Teilprobleme und entwickeln dann entsprechende Experimente oder Modelle. Die Fragestellungen, die wir bearbeiten, reichen von Korrosion zur Nanoelektronik – überall spielen Oberflächen eine entscheidende Rolle! Die Arbeiten meiner Forschungsgruppe sind an der Schnittstelle von Physik, Chemie, und Materialwissenschaften angesiedelt.

Mein Tipp

Wissenschaft ist eine Entdeckungsreise – man weiß nicht genau, wo man ankommt oder wie lange es dauern wird, muss seine eigene Karte zeichnen und sieht oft nur einzelne Wege, aber nicht den ganzen Kontinent. Man muss seinen eigenen Weg finden, begleitet von Mentoren, Freunden, Studierenden und Kollegen.

14.1   Materialwissenschaft auf atomarer Ebene

Alle Materie besteht aus Atomen – das ist seit Langem bekannt, und wir denken im täglichen Leben selten darüber nach, obwohl viele der technischen Errungenschaften unserer Zeit erst durch ein tiefes Verständnis der geometrischen und elektronischen Struktur auf atomaren Längenskalen erreicht wurden. Im Großen ist dies eine Brücke mit hochwertigen Stahlträgern, im Kleinen ein Transistor – das Herz unserer Smartphones. Letztendlich ist alle Materie und damit alle Materialien mit ihren spezifischen und interessanten Eigenschaften aus Atomen aufgebaut, deren Anordnung im Raum durch die chemische Bindung kontrolliert wird.

Ein kurzer Blick auf das Periodensystem zeigt die schier unendliche Vielfalt an Materialien, die sich aus der Kombination der verfügbaren Elemente herstellen lassen. Die Frage ist nun nicht nur: Wie viele verschiedene Materialien können wir herstellen? Sondern: Wie können wir ein Material mit den gewünschten Eigenschaften herstellen? Die große Herausforderung der Materialwissenschaft ist es, den Zusammenhang zwischen Struktur und Eigenschaften zu verstehen und Methoden und Prozesse zu entwickeln, die zu ebendiesen Eigenschaften führen.

Unsere Arbeiten sind an der Zweigstelle von Chemie, Physik und Materialwissenschaften positioniert. In diesem Artikel werde ich mich auf Beispiele aus der Nanowissenschaft und Oberflächenchemie konzentrieren, bei denen die Manipulation von Materie auf atomarer Längenskala ausgenutzt wird, um elektronische, chemische, und magnetische Eigenschaften zu kontrollieren. Der Traum ist, Materie auf atomarer Ebene zu programmieren, wobei man die Position der einzelnen Atome kontrolliert und damit den Festkörper und ein Material mit ganz spezifischen Eigenschaften aufbaut. Dies scheint Zukunftsmusik zu sein, aber mit der schnellen Entwicklung und Vertiefung der Nanotechnologie sind wir in den letzten Jahren diesem Traum doch ein gutes Stück näher gekommen.

In der Nanotechnologie bewegen wir uns im Längenbereich unterhalb von etwa 100 Nanometern (nm) – das entspricht ungefähr 500 Atomen in einer Reihe. Materialeigenschaften hängen sehr stark von der Größe der Nanostruktur ab – Gold ist in unserer makroskopischen Welt ein Metall, d. h. leitfähig, aber ein kleiner Goldklumpen mit weniger als 50 Atomen ist ein Isolator. Diese Abhängigkeit der Eigenschaften von der Größe kann man auf vielfältige Weise nutzen, und es ist eine große technische Herausforderung, Nanostrukturen gezielt herzustellen. In diesem Artikel beschreiben wir einige Arbeiten über zweidimensionale (2D) Materialien, die aus einer einzigen Atomlage aus Kohlenstoff (Graphen) oder Silizium (Silizen) bestehen [5]. Hier ändern sich die Eigenschaften mit der Anzahl der Atomlagen: Zwei Lagen Graphen verhalten sich bezüglich ihrer elektronischen Eigenschaften deutlich anders als eine einzelne Graphenlage.

Die Entwicklung der Nanotechnologie ist eng mit Fortschritten in der Mikroskopie verknüpft: Je mehr wir sehen können, umso mehr lernen wir über ein Material und können damit ein tiefes Verständnis der Prozesse auf atomaren Längenskalen entwickeln. In unseren Forschungsarbeiten nutzen wir vor allem das sogenannte Rastertunnelmikroskop, um chemische Reaktionen an Oberflächen und die Bildung von Nanostrukturen zu untersuchen. Das Rastertunnelmikroskop, abgekürzt STM vom englischen Scanning Tunneling Microscope, wurde 1982 erstmals in der Literatur beschrieben. H. Rohrer und G. Binning erhielten den Nobelpreis in Physik 1986 für seine Entwicklung. Die Vielseitigkeit dieses Instruments trug zur schnellen Verbreitung der Methode bei [7]. Nur wenige Jahre später kam das Rasterkraftmikroskop (Atomic Force Microscope, AFM) hinzu, und beide Instrumente haben entscheidend zu Fortschritten in der Nanotechnologie und Oberflächenchemie beigetragen.

14.2 Das Rastertunnelmikroskop

Im STM wird eine scharfe Spitze, in der Regel ein geätzter Wolframdraht, beinahe in Kontakt mit der Oberfläche gebracht, die man untersucht. Es ist nun möglich, einen quantenmechanischen Effekt, das sogenannte Tunneln, auszunutzen, bei dem Elektronen von der Spitze zur Oberfläche (oder umgekehrt, je nach Vorzeichen des elektrischen Feldes) fließen. Dieses Feld ist eine elektrostatische Barriere für die Elektronen. Der Tunneleffekt kann makroskopisch nicht beschrieben werden. Es ist ein reines Quantenphänomen, das auf der Wellennatur des Elektrons beruht. In der makroskopischen Welt, in der wir uns bewegen, wäre Tunneln so, als ob wir durch eine Wand liefen. Das funktioniert nicht, da wir als recht schwere Teilchen, zumindest verglichen mit dem Elektron, eine sehr kleine Wellenlänge besitzen. Nur wenn die Wellenlänge vergleichbar den Dimensionen der Wand wird, ist Tunneln möglich und die Wand wird durchlässig.

Die Spitze wird schrittweise über die Oberfläche geführt. Allerdings sieht die Oberfläche in diesen Längenskalen nicht mehr eben aus – die einzelnen Atome stellen Hügel dar und tragen damit lokal zu einem größeren Tunnelstrom bei. In Abb. 14.1 ist ein Bild einer Siliziumoberfläche gezeigt, die mit einem STM gemessen wurde. Die Größe des Tunnelstroms hängt sehr empfindlich vom Abstand zwischen Oberfläche und Spitze ab: Der Tunnelstrom als Funktion der Spitzenposition ist das STM-Bild – hell ist ein größerer Tunnelstrom, dunkler ein kleinerer Tunnelstrom, bzw. eine Vertiefung. Ein weiterer Beitrag zum Tunnelstrom ist die elektronische Struktur der Oberfläche: Die sogenannte Zustandsdichte ist material- und positionsspezifisch und beschreibt, wie viele Elektronen für den Tunnelprozess zur Verfügung stehen. Damit kann man mit dem STM sowohl die geometrische als auch die elektronische Struktur einer Oberfläche messen.

In meiner Forschungsgruppe bearbeiten wir viele verschiedene Fragestellungen, die oft eng mit einer Anwendung verknüpft sind und Probleme aus der Nanowissenschaft und der Oberflächenchemie umfassen. Wir betrachten komplexe Probleme und entwi-

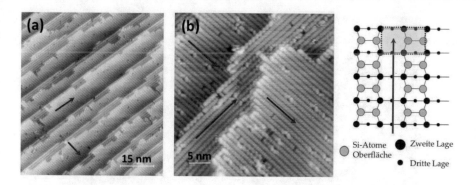

Abb. 14.1 STM-Bild der Si(100)-(2×1)-Oberfläche. Diese Oberfläche entsteht, wenn man einen Si-Kristall in der (100)-Ebene spaltet. Die Si-Atome bilden Reihen, in denen jeweils zwei Atome paarweise gebunden sind, um die Oberfläche zu stabilisieren. Diese Paare sind in Reihen angeordnet, und das Bild erinnert stark an einen Reißverschluss, wobei die einzelnen Zähne die Atome in den Paarreihen darstellen. **a** Bildausschnitt, in dem die mono-atomaren Stufen auf der Oberfläche gut zu erkennen sind. Die Richtung der Atompaarreihen sind mit einem Pfeil gekennzeichnet und rotieren an jeder Stufe um 90°. **b** Bildauschnitt mit atomarer Auflösung: Die Atompaarreihen und Stufen sind klar zu erkennen. (Mit freundlicher Genehmigung der © American Chemical Society 2018. All rights reserved)

ckeln Experimente, die uns helfen, ebendiese Prozesse auf atomarer Ebene zu verstehen. Dies ist eine wunderbare Herausforderung und verlangt eine ständige Weiterentwicklung unserer Methoden; zurzeit investieren wir insbesondere in die Untersuchung neuer Materialien und in die Bildanalyse, um eine Brücke zwischen Experiment und Theorie zu bauen.

Ein großer Teil unserer Arbeit ist experimentell: Wir entwickeln Methoden, um bestimmte Oberflächen und Oberflächenstrukturen herzustellen und zu manipulieren, suchen die besten Strategien für die Materialsynthese und verbessern die Methoden zur Auswertung unserer STM-Bilder. Andere analytische Methoden kommen natürlich auch zum Einsatz, aber für dieses Kapitel möchte ich mich auf STM beschränken, denn diese Arbeiten zeigen besonders gut die faszinierende Welt der atomaren Strukturen und Oberflächen. Als erstes Beispiel diskutiere ich, warum Korrosion (oder Rost, wenn es um Eisenoxid geht) so kompliziert ist: Rost und Korrosion sind überall und verursachen enorme Kosten. Ein besseres Verständnis der chemischen Prozesse der Korrosion führt zur Entwicklung neuer Legierungen und Stähle, die langlebiger sind und damit die volkswirtschaftlichen Kosten, die durch Korrosion entstehen, reduzieren. Das zweite Beispiel ist eher im Bereich der Physik angesiedelt und beschreibt zwei verschiedene 2D Materialien – Graphen und Silizen –, die unter anderem für neue und superschnelle elektronische Bauteile von Interesse sind.

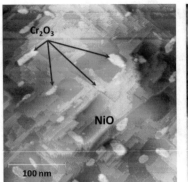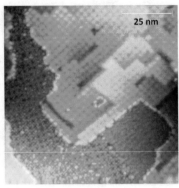

Abb. 14.2 STM-Bild einer oxidierten NiCr-Legierung. Die Legierung enthält 14 % Cr-Atome, und die Oxidation wurde im Mikroskop durchgeführt. Dieses Verfahren verhindert, dass die Oberfläche sich an der Luft unkontrolliert verändert. Bereiche mit Nickel- und Chromoxid sind im Bild gekennzeichnet. Auf dem rechten Bild ist ausschließlich Nickeloxid zu sehen. (Mit freundlicher Genehmigung der © American Chemical Society 2018. All rights reserved)

14.3   Korrosion

Legierungen aus Nickel (Ni) und Chrom (Cr) sind als Superlegierungen bekannt, und werden in hoch-korrosiven Umgebungen, wie z. B. Meerwasser, eingesetzt. Es bilden sich zwei verschiedene Oxide auf diesen Oberflächen: Nickeloxid und Chromoxid, allerdings ist nur Letzteres ein gutes Schutzschild gegenüber dem aggressiven Meerwasser. Wir untersuchen, wie die Oxidation von NiCr-Legierungen verläuft, und beobachten die chemischen Reaktionen auf atomarer Ebene. Dabei ist es besonders wichtig, das Wechselspiel zwischen den beiden Oxiden zu erfassen, denn davon ausgehend können neue Verfahren entwickelt werden, die die Bildung des Chromoxids und damit die Korrosionsresistenz fördern [4]. Die Zusammensetzung der Legierung und die Temperatur, bei der die Oxidation stattfindet, bestimmen im Wesentlichen die Zusammensetzung der Oxidschicht. Andererseits ist Cr sehr teuer und hat keine guten mechanischen Eigenschaften. Diese Randbedingungen verlangen, dass man eine Legierung mit möglichst geringem Chromanteil, typischerweise weniger als 30 %, benutzt.

Abb. 14.2 zeigt eine sehr dünne Oxidschicht, die auf einer NiCr-Legierung mit nur 14 % Cr gewachsen wurde. Die Oberfläche besteht vorwiegend aus Nickeloxid mit einigen kleinen Chromoxideinschlüssen Cr_2O_3, die im Bild markiert sind. Die Atome im Nickeloxid (NiO) sind so angeordnet wie in Kochsalz. Überraschenderweise zeigt das STM-Bild eine Vielzahl von Strukturen, die durch die Wechselwirkung des Oxids mit der darunter liegenden NiCr-Legierung entstehen. Dies gibt uns wichtige Hinweise zum Wachstum des NiO und zeigt auch, wie die Grenzfläche zwischen dem Metall und dem Oxid aussieht. Gleichzeitig ist dieses Bild ein gutes Beispiel für eine der spannendsten Herausforderungen der Mikroskopie im Nanometerbereich – wie verstehen wir die Bilder? Welche Informationen sind enthalten, was lernen wir daraus?

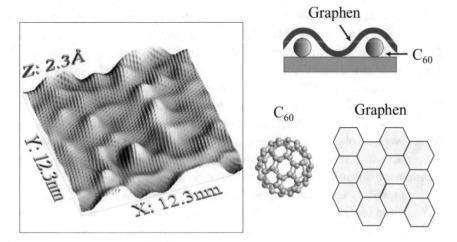

Abb. 14.3 Graphen mit „begrabenen" Molekülen an der Graphen-Kupfer-Grenzfläche. Dieses STM-Bild (*links*) zeigt atomare Auflösung der Graphenlage. Die Moleküle sind in diesem Fall zufällig angeordnet. Die Wahl der Prozessbedingungen, insbesondere Temperatur in diesem Fall, bestimmt die räumliche Verteilung der Moleküle an der Grenzfläche. (Mit freundlicher Genehmigung der © American Chemical Society 2018. All rights reserved)

14.4 2D-Materialien

Zweidimensionale (2D) Materialien bestehen aus einer einzigen Atomlage, wie bei der in Abb. 14.3 dargestellten Struktur von Graphen. Bis vor wenigen Jahren haben viele bezweifelt, dass eine einzige, freistehende Atomlage überhaupt stabil sein kann. Mit der Isolation von Graphen ist diese Frage eindeutig beantwortet: Man kann tatsächlich freistehende Membranen aus einer einzigen Graphenlage herstellen. Graphen kann entweder durch schrittweises Abtragen von Graphit, das aus vielen Graphenlagen aufgebaut ist, oder durch Pyrolyse von Kohlenwasserstoffen auf einer heißen Metalloberflächen hergestellt werden. Mittlerweile ist Graphen eines der am meisten untersuchten Materialien und in der Physik vor allem aufgrund seiner ungewöhnlichen elektronischen Eigenschaften interessant. Die Isolierung von Graphen hat eine Lawine an Forschungsarbeiten ausgelöst. Es wurden zahlreiche andere 2D-Materialien entdeckt, und ein Ende ist nicht abzusehen. Da viele der 2D-Materialien ganz verschiedene Eigenschaften haben, kann man diese Lagen wie bei Lego in verschiedensten Abfolgen stapeln [6]. Je nach Stapelfolge erreicht man ganz unterschiedliche Eigenschaften des Gesamtpakets. Das ist unglaublich spannend, denn man kann eine Vielfalt an Eigenschaften mit wenigen Grundbausteinen erreichen.

Ich möchte hier zwei Beispiele aus unseren Arbeiten zu 2D-Materialien besprechen: Das erste Beispiel dreht sich um die Frage, wie man die elektronischen Eigenschaften von Graphen verändern kann, und das zweite Beispiel zeigt eine neue Methode der Synthese von Silizen, d. h. 2D-Strukturen aus Silizium.

Seit 1970 hat sich die Mikroelektronik mit enormer Geschwindigkeit entwickelt. Dies wird oft mit dem sogenannten Moore's Law beschrieben: Die Anzahl von Transistoren, die man auf einen Quadratzentimeter eines Mikroprozessors aufbringt, verdoppelt sich demnach alle zwei Jahre. Bis vor Kurzem hat die industrielle Entwicklung tatsächlich mit dieser exponentiellen Rate Schritt gehalten, aber das Ende ist abzusehen. Ein Transistor ist ein Schalter – offen, wenn Strom (Elektronen als negative Ladung oder Löcher als positive Ladung) fließt, geschlossen, wenn kein Strom fließt. Wie schnell das Öffnen und Schließen geschieht, hängt davon ab, wie schnell sich die Ladungsträger, Elektronen oder Löcher, bewegen. Dies wird als Mobilität bezeichnet und ist eine der wichtigsten Kenngrößen des Transistors. Aus diesem Grund wird viel Forschungsarbeit in die Entwicklung von Materialien mit einer hohen Ladungsträgermobilität investiert.

Ausgehend von den Transistoren als elementare Bausteine wird dann der Schaltkreis aufgebaut. Die Herausforderung ist aber nicht nur: Wie kann ich einen Transistor möglichst klein machen oder schneller schalten? Sondern auch: Wie kann ich einen Transistor möglichst energieeffizient betreiben? Wie kann ich die Abwärme, die beim Betrieb entsteht, vermeiden oder abführen? Es gibt viele verschiedene Ansätze, diese Probleme zu lösen, einer davon ist, andere Materialien zu verwenden, wie z. B. Graphen oder Silizen.

14.4.1 Wellen und Hügel in Graphen

Die hexagonale Struktur von Graphen führt zu einer außerordentlich hohen Ladungsträgermobilität. Leider hat Graphen keine Bandlücke, und damit kann man den offenen und geschlossenen Zustand des Transistors nur schwer unterscheiden, was den gesamten Schaltkreis sehr fehleranfällig macht. Die außerordentlich hohe Ladungsträgermobilität des Graphens beruht auf der hexagonalen Anordnung der Atome: Graphen hat eine Struktur wie Bienenwaben, bei denen jede Ecke aus einem Kohlenstoffatom besteht. Diese hexagonale geometrische Struktur bedingt die außerordentlichen elektronischen Eigenschaften und erzeugt sogenannten Dirac-Elektronen, die sich wie ein Lichtquant, das massenlose Photon, verhalten.

Aufgrund von theoretischen Berechnungen wurde vorhergesagt, dass man eine Bandlücke erzeugen kann, indem man Graphen dehnt und diese gedehnten Bereiche in einem regelmäßigen Gitter anordnet. Man kann sich das Graphen als Tuch vorstellen, das einen Eierkarton abdeckt: Der Abstand der Dellen und Hügel, die man im Tuch sieht, ist durch den Eierkarton vorgegeben. Diese Idee ist wunderbar – in der Theorie. Unsere Herausforderung war nun, dieses System experimentell herzustellen [2].

Dazu haben wir Graphen benutzt, dass auf einer Kupferoberfäche gewachsen wurde. Auf dieses Graphen haben wir nun Fullerennmoleküle C_{60} aufgebracht, diese sind rund und haben einen Durchmesser von einem Nanometer. Wenn man nun dieses 3-Lagensystem heizt, dann bewegen sich die Moleküle in den Zwischenraum von Kupfer und Graphen und verschwinden von der Oberfläche des Graphens (dies ist in Abb. 14.3

gezeigt). Damit können wir nun genau das in der Theorie beschriebene Material herstellen, und der nächste Schritt ist, die elektronischen Eigenschaften zu messen! Dieses Verfahren ist eigentlich sehr einfach – der Teufel steckt im Detail, denn es ist schwierig, eine ausreichend große Fläche dieser Struktur herzustellen. Außerdem kann man das metallische Kupfer nicht direkt in einen Transistor einbauen, und wir müssen dieses Verfahren auf andere Materialkombinationen übertragen. Mit diesem Experiment haben wir jedoch die Grundlage für einen neuen Ansatz zur Manipulation von Graphen geschaffen.

14.4.2 Silizen auf Umwegen

Unsere Graphenexperimente waren bis ins Detail geplant, und wir waren uns von Anfang an einigermaßen sicher, dass wir die Lagenstruktur mit dem Fullerenmolekül herstellen können. Dies ist nicht immer der Fall: Viele Experimente verlaufen ganz anders als geplant, insbesondere wenn wir neue Materialien und Oberflächen untersuchen. Die erste Enttäuschung ist aber meistens schnell verflogen, denn sehr oft folgen Beobachtungen, die in eine ganz neue Richtung führen. Dies war bei uns in der Silizensynthese der Fall. Silizen ist strukturell eng mit dem Graphen verwandt; man muss nur die Kohlenstoffatome durch Silizium ersetzen [3]. Theoretische Berechnungen zeigen, dass Silizen ein große Vielfalt an sogenannten Quantenzuständen besitzt, die man auch als exotische Materialien bezeichnet und die ihre Anwendung möglicherweise in Quantencomputern finden werden.

Unser Ziel war es, die Oxidation von Molybdänsilizid zu untersuchen – diese Materialien werden in Heizelementen verwendet (Silizide sind Silizium-Metall-Verbindungen). Also eine Anwendung, die sehr weit von exotischen Materialien entfernt ist! Um die Silizidoberflächen zu untersuchen, haben wir kleine Silizidkristalle studiert, die durch

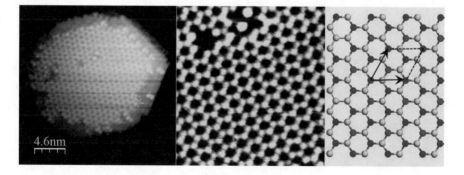

Abb. 14.4 Typischer Molybdänsilizidnanokristall (*links*), Silizengitter mit atomarer Auflösung und entsprechendes Strukturmodell (*mitte/rechts*): Jeder Kreis markiert die Position eines Atoms, und nur die dunkelgrau markierten sind im STM-Bild sichtbar. All anderen liegen etwas tiefer, denn das Silizengitter ist verspannt und nicht perfekt eben. (Mit freundlicher Genehmigung der © American Chemical Society 2018. All rights reserved)

Heizen einer dünnen Molybdänschicht auf Silizium (siehe Abb. 14.1) hergestellt werden. Dabei ist uns die in Abb. 14.4 abgebildete Struktur aufgefallen, die der hexagonalen Struktur des Graphens doch sehr ähnlich ist.

Einige weiterführende Experimente haben dies bestätigt: Wir haben tatsächlich Silizen hergestellt! Dies ist nun der Anfang einer ganz neuen Reihe von Experimenten und Anwendungen. Natürlich möchten wir jetzt nachweisen, ob einige der exotischen Quantenzustände tatsächlich realisierbar sind, und das wird uns für ein paar Jahre beschäftigen.

Literatur

[1] Lord J (1980) A Giacometti Portrait. Farrar, Straus and Giroux, New York

[2] Monazami E, Bignardi L, Rudolf P, Reinke P (2015) Strain Lattice Imprinting in Graphene by C60 Intercalation at the Graphene/Cu Interface. Nano Lett 15:7421–7430

[3] Volders C, Monazami E, Ramalingam G, Reinke P (2017) Alternative Route to Silicene Synthesis via Surface Reconstruction on h–MoSi2 Crystallites. Nano Lett 17:299–307

[4] Atkinson A (1985) Transport processes during the growth of oxide at elevated temperatures. Rev Mod Phys 57:437–470

[5] Geim AK, Novoselov KS (2007) The rise of graphene. Nature Materials 6:183–191

[6] Geim A, Grigorieva IV (2013) Van der Waals Heterostructures. Nature 499:419–425

[7] Binning G, Rohrer H, Gerber C et al (1982) Surface Studies by Scanning Tunneling Microscopy. Phys Rev Lett 48:57–60

15 Plasmonische Nanostrukturen
— Monika Fleischer —

Zusammenfassung

In Analogie zu TV- oder Radioantennen gibt es auch für sichtbares Licht geeignete Antennen. Mit diesen kann die Energie eines Lichtfeldes konzentriert bzw. in kollektive Schwingungen der freien Elektronendichte von Metallpartikeln (Plasmonen) umgewandelt werden. Wegen der sehr kurzen Wellenlängen von Licht müssen solche Antennen entsprechend klein sein. Die Entwicklung der Nanotechnologie ermöglicht es, solche plasmonischen Nanostrukturen kontrolliert herzustellen. Wir entwickeln Prozesse zu deren definierter Fabrikation sowie Verfahren, um gezielt an Stellen hoher Feldstärke weitere Nanoobjekte anzubinden. An den Systemen werden fundamentale Zusammenhänge der Licht-Materie-Wechselwirkung untersucht. Als praktische Anwendung werden z. B. Rastersonden oder Biosensoren hergestellt.

© Springer-Verlag GmbH Deutschland, ein Teil von Springer Nature 2019

D. Duchardt et al. (Hrsg.), *Vielfältige Physik*, https://doi.org/10.1007/978-3-662-58035-6_15

Prof. Dr. Monika Fleischer

Antennen für Licht

- MSc, Sussex, GB, und Diplom Physik, Univ. Tübingen
- Promotion Physik, Univ. Tübingen
- Forschung an der Molecular Foundry, Lawrence Berkeley National Laboratory, USA
- Habilitation, Univ. Tübingen
- Eingeladene Professorin, Univ. Troyes, Frankreich
- MEE Young Investigator Award 2014
- Juniorprofessur, Univ. Tübingen

Am Anfang: Meine Begeisterung für die Physik

Mein Interesse an Physik und Mathematik war immer vorhanden und wurde durch Praktika und AGs in der Schule gefördert. In einem freiwilligen sozialen Jahr habe ich einen wertvollen Perspektivwechsel erfahren. Anschließend entschied ich mich für das Studienfach Physik. An der Universität kam früh ein Engagement in Fachschaft, Gremien und Organisation wissenschaftlicher Veranstaltungen hinzu. Während der Promotion wurde meine Begeisterung für Nanostrukturierung geweckt. Unterstützt durch Nachwuchsprojekte konnte ich während der Habilitation eine eigene Gruppe aufbauen und internationale Kontakte knüpfen. Aktuell habe ich eine Juniorprofessur an der Universität Tübingen inne.

Themenschwerpunkte: Was ich heute mache

Meine Gruppe widmet sich der Herstellung und Kontrolle von Strukturen mit Nanometerabmessungen. Dazu werden Methoden der Mikro- und Nanolithografie eingesetzt und Fabrikationsverfahren geeignet weiterentwickelt. An den metallischen Nanostrukturen, die als Antennen für Licht wirken, werden mit optischer Spektroskopie grundlegende Prozesse der Licht-Materie-Wechselwirkung untersucht. Die Nanoantennen werden darüber hinaus zu Hybridstrukturen aus Metallnanostrukturen und Nanoemittern weiterentwickelt.
Als Teil des Direktoriums der Tübinger Core Facility für Licht-Materie-Interaktion, Sensoren und Analytik (LISA$^+$) habe ich diese mit aufgebaut. 2013–2017 habe ich die Europäische COST Action MP1302 Nanospectroscopy geleitet.

Mein Tipp

Sich früh engagieren, aktiv sein und Gelegenheiten nutzen – jede Erfahrung hilft.

15.1 Antennen für Licht

Antennen sind allgemein Gebilde, die sich ausbreitende elektromagnetische Wellen an einem Ort konzentrieren und die Welle in einen elektrischen Strom umwandeln, bzw. umgekehrt ein elektrisches Signal in Form einer Welle abstrahlen können. Die Länge der Antenne bewegt sich dabei typischerweise auf der Skala der Hälfte der entsprechenden Wellenlänge. Bekannt ist das Konzept hauptsächlich von Radio- und Fernsehantennen. Ganz analog können aber auch Antennen für Licht bereitgestellt werden, die die Energie einer propagierenden elektromagnetischen Welle im Bereich des sichtbaren Lichtes am Ort der Antenne konzentrieren, die Welle in eine Elektronenschwingung umwandeln und in Form eines Dipolstrahlers, mit einem positiven und einem negativen Pol, wieder emittieren können [1]. Im Gegensatz zu Radiowellen hat sichtbares Licht Wellenlängen von nur ca. 380 bis 780 nm [2]. Optische Antennen, also Antennen für Licht, müssen dementsprechend extrem klein sein. Bis ins 20. Jahrhundert war es nicht möglich, solche Strukturen gezielt herzustellen. Erst die rasante Entwicklung der Nanotechnologie in der 2. Hälfte des 20. Jahrhunderts lieferte die Methoden, Instrumente und Genauigkeiten, um Strukturen auf der Nanoskala einerseits herstellen und andererseits abbilden und charakterisieren zu können. In Abb. 15.1 sind einige Beispiele für nanostrukturierte optische Antennen aus Gold gezeigt.

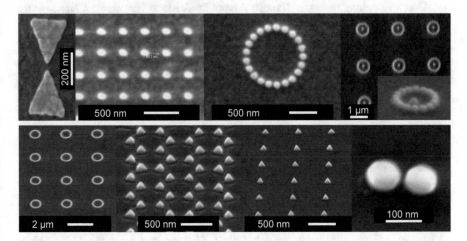

Abb. 15.1 Rasterelektronenmikroskopische Bilder von Goldnanostrukturen in unterschiedlichen Formen und Konfigurationen, die als Antennen für Licht wirken. Die typische Strukturgröße bewegt sich auf einer Längenskala von ca. 100 nm. (Mit freundlicher Genehmigung von © F. Laible, A. Horrer, J. Fulmes, S. Dickreuter, Arbeitsgruppe M. Fleischer, Univ. Tübingen 2018.)

15.2   Plasmonische Nanostrukturen

Optische Antennen werden vorwiegend aus Edelmetallen, typischerweise aus Gold oder Silber, hergestellt [3, 4]. Werden diese Nanostrukturen beleuchtet, führt dies zu einer Wechselwirkung der elektromagnetischen Lichtwelle mit der freien Elektronendichte, d. h. den frei beweglichen Leitungselektronen im Metall. Die Elektronen folgen der Anregung durch das externe elektrische Feld. Die resultierende Ladungstrennung innerhalb des Partikels führt zu Rückstellkräften, wodurch die Elektronen in kollektive Oszillationen, d. h. Schwingungen, versetzt werden. Diese werden als lokalisierte Oberflächenplasmonpolaritonen, kurz *Plasmonen* bezeichnet [3]. Die Oszillation ist durch die Abmessungen des Nanopartikels begrenzt. Dies führt zu wellenlängenabhängigen Resonanzbedingungen, die durch die Größe und Form, das Material und die Umgebung der Nanostruktur beeinflusst werden. Bei der Wellenlänge der Plasmonenresonanz weisen die Nanostrukturen einen sehr hohen Absorptions- und Streuquerschnitt auf, d. h., sie wechselwirken besonders stark mit dem einfallenden Licht. Der Partikel kann näherungsweise als nanoskaliger Dipolstrahler beschrieben werden [1]. Zusätzlich tritt an den Polen der Oszillation eine stark erhöhte elektrische Feldstärke auf, die als *evaneszentes Nahfeld* bezeichnet wird und über eine Distanz von wenigen 10 nm exponentiell abfällt. Die Gebiete hoher lokaler Nahfeldstärke werden auch als *Hotspots* bezeichnet. Durch Kopplung mehrerer Nanostrukturen im Abstand von wenigen Nanometern lassen sich die Hotspots weiter verstärken.

Die Intensität des gestreuten Lichts kann mit geeigneten Detektoren aufgezeichnet werden. Dazu wird häufig Dunkelfeldmikroskopie bzw. -spektroskopie eingesetzt. Hier wird das anregende Weißlicht ausgeblendet, sodass ausschließlich das Streulicht der Nanostrukturen detektiert wird. In einer CCD-Kamera erscheinen die Nanostrukturen als helle Punkte, deren Farbe von der jeweiligen Resonanzwellenlänge abhängt [5, 6]. Mit einem Spektrometer wird die Intensität in Abhängigkeit von der Wellenlänge aufgezeichnet. Resonanzen erscheinen als Maxima im Spektrum. Abb. 15.2a,b zeigt Beispiele einer Dunkelfeldabbildung und eines Plasmonenresonanzspektrums. Da die Nanostrukturen kleiner als die Wellenlänge des Lichts sind, kann ihre Form in der Dunkelfeldabbildung nicht aufgelöst werden. Aufgrund des Beugungslimits erscheinen die Lichtpunkte größer als die Struktur. Um Einzelpartikelspektroskopie durchführen zu können, müssen die Antennen daher einen Abstand von mehreren Mikrometern haben.

Die Farbwirkung von plasmonischen Nanostrukturen ist phänomenologisch schon lange bekannt und wurde als historische Kulturtechnik z. B. zum Einfärben von Kirchenfenstern eingesetzt (Abb. 15.2c).

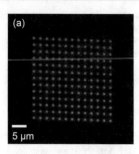
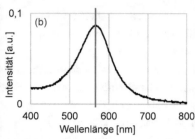

Abb. 15.2 a Dunkelfeldabbildung eines Feldes aus 13x13 Goldnanokegeln mit einer Resonanzwellenlänge von ca. 620 nm, wodurch orangerotes Licht besonders stark gestreut wird, **b** Plasmonenresonanzspektrum eines Nanokegels; breites Intensitätsmaximum der Resonanz bei ca. 570 nm, **c** Kirchenfenster der Kathedrale in Troyes, Frankreich. Die Farbwirkung entsteht durch die Beimischung von Metallpartikeln im Glas

15.3 Nanofabrikation von optischen Antennen

Um Strukturen auf der Nanoskala herzustellen, werden besondere Fabrikationstechniken benötigt [7]. Anschaulich gesprochen muss beim Malen die Spitze des Stifts immer kleiner sein als das kleinste Bilddetail, das damit skizziert wird. Zur Herstellung von Nanoantennen braucht man also eine Technik, die die Oberfläche mit Nanometergenauigkeit bearbeiten kann. In der Forschung wird zu diesem Zweck häufig Elektronenstrahllithografie eingesetzt. Bei dieser Methode wird ein Elektronenstrahl auf eine Probe fokussiert und zeilenweise mit einer Spotgröße von ca. 1 nm über diese gerastert. Das gewünschte Muster wird am Computer programmiert und über einen Musterschreiber, der den Strahl lenkt, auf die Probe belichtet. Die Probe ist dünn mit einem elektronenempfindlichen Lack beschichtet. Nach Abschluss der Lithografie wird in einer Flüssigkeit entwickelt, wobei an den belichteten Stellen der Lack entfernt wird. Damit entsteht eine Lackmaske in der Form des belichteten Musters. Anschließend kann auf die gesamte Probe z. B. ein dünner Goldfilm aufgedampft werden. Wird die Probe nun in ein Lösungsmittel eingelegt, so löst sich die Lackmaske mit dem darauf befindlichen Metall. Dies wird als Lift-Off-Verfahren bezeichnet. An den zuvor freigelegten Stellen verbleibt das programmierte Muster als dünne Goldstruktur auf der Oberfläche (s. Abb. 15.1).

Alternativ existieren zahlreiche weitere Verfahren zur Herstellung von Nanostrukturen. In der Ionenstrahllithografie werden die Elektronen durch Ionen ersetzt. Da diese deutlich schwerer sind, kann die Probe mit dem Ionenstrahl lokal abgetragen und das programmierte Muster so direkt in einen dünnen Metallfilm geätzt werden. Elektronen- und Ionenstrahllithografie sind serielle Verfahren, bei denen eine Struktur nach der anderen geschrieben wird und die damit sehr zeitaufwändig sind. Möchte man die Fabrikation beschleunigen, kann z. B. einmalig ein Stempel hergestellt werden, der das gewünschte Muster als Relief enthält. Mithilfe der Nanoimprintlithografie kann der Stempel per Abdruck dann beliebig oft in belackte Proben übertragen werden. Darüber hinaus gibt es zahlreiche weitere Ansätze zur Nanostrukturierung durch selbstanordnende Systeme.

In meiner Arbeitsgruppe werden verschiedene Lithografieverfahren kombiniert, um gezielt optische Antennen mit bestimmten Formen und Eigenschaften herzustellen. Als sehr interessantes System haben sich Goldnanokegel herausgestellt, die wir intensiv untersuchen [8, 9]. Diese haben eine kreisförmige Basis und eine Höhe von je etwa 100 nm. Die Kegelspitze zeigt senkrecht oder schräg von der Oberfläche weg und hat einen Radius von nur wenigen Nanometern. Nahe der Spitze können sehr starke lokale Nahfelder, d. h. Hotspots, erzeugt werden. Im Folgenden sind exemplarisch zwei Strategien gezeigt, um beliebige Anordnungen solcher Nanokegel zu erzeugen.

Elektronenstrahllithografie mit Lift-Off Der Prozess ist in Abb. 15.3a skizziert. Ein Substrat, z. B. ein Siliziumplättchen oder ein leitend beschichtetes Deckglas, wird mit einem dünnen Lackfilm bedeckt. Mittels Elektronenstrahllithografie werden kreisförmige Scheibchen mit dem gewünschten Kegeldurchmesser in den Lack belichtet. Nach dem Entwickeln entsteht so eine Lochmaske. Auf diese Maske wird mit thermischem Verdampfen ein dünner Goldfilm aufgebracht, wobei die Lochmaske lateral zuwächst. Dadurch reduziert sich zunehmend der Radius der Goldstrukturen in den Nanolöchern, und es entsteht eine Kegelform. Die Höhe der Kegel wird durch die

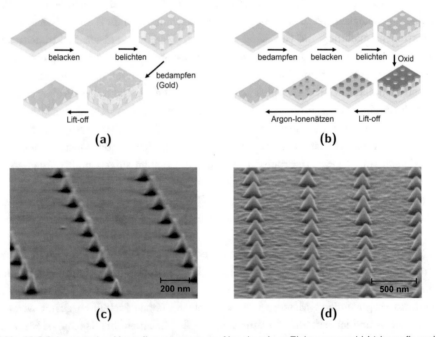

Abb. 15.3 Schematischer Herstellungsprozess von Nanokegeln. **a** Elektronenstrahl-Lithografie und Lift-Off, **b** Elektronenstrahllithografie und Ätzmaskentransfer, **c,d** Rasterelektronenmikroskopbilder der jeweils resultierenden Goldkegelantennen. (Mit freundlicher Genehmigung von © A. Bräuer, Arbeitsgruppe M. Fleischer, Univ. Tübingen 2017. All rights reserved)

Kombination aus Lochdurchmesser und lateraler Wachstumsrate bestimmt. Werden die Löcher vollständig geschlossen, ergeben sich spitze Nanokegel. Im abschließenden Lift-Off wird der Lack mit der Goldschicht entfernt, die Goldnanoantennen verbleiben auf der Oberfläche. Abb. 15.3c zeigt ein Beispiel einer regelmäßigen Nanokegelanordnung, die mit diesem Verfahren hergestellt wurde.

Elektronenstrahllithografie mit Ätzmaskentransfer Das Verfahren ist schematisch in Abb. 15.3b dargestellt. In diesem Fall wird zunächst eine geschlossene Goldschicht von der Dicke der gewünschten Kegelhöhe auf das Substrat aufgebracht. Die Probe wird nun dünn belackt. In der Lackschicht wird mit Elektronenstrahllithografie eine Nanolochmaske erzeugt, die mit einer dünnen Oxidschicht (z. B. SiO_x, Al_2O_3) bedampft wird. Nach dem Lift-Off verbleiben Nanoscheibchen aus diesem Material auf dem Gold. Das Oxid hat eine geringe Ätzrate und dient als Hartmaske für den folgenden Ätzprozess. In diesem wird mit Argonionenätzen die Oberfläche sukzessive abgetragen, wobei das freiliegende Gold mit höherer und die Maske mit geringerer Rate entfernt wird. Durch die Eigenheiten des Ätzprozesses und das laterale Schrumpfen der Maske entstehen dabei kegelstumpfförmige Nanostrukturen. Das Ätzen wird fortgesetzt, bis die Maske gerade vollständig entfernt ist und spitze Goldkegel auf der Oberfläche verbleiben. Abb. 15.3d zeigt ein Beispiel einer regelmäßigen Nanokegelanordnung, die mit diesem Verfahren hergestellt wurde.

Mit diesen flexiblen Prozessen lassen sich Kegel mit variablen Durchmessern und Höhen aus verschiedenen Metallen erzeugen, während ihre Anordnung durch die Lithografie bestimmt wird. So können auch regelmäßige Gitteranordnungen oder ausgedehnte Felder von optischen Antennen strukturiert werden. An diesen Nanoantennen können nun grundlegende Zusammenhänge zwischen der Geometrie und den optischen Eigenschaften untersucht werden [9].

15.4 Charakterisierung und Einsatzmöglichkeiten

Die Geometrie von optischen Antennen wird vorwiegend mit Rasterelektronen- (REM), Transmissionselektronen- (TEM) oder Rasterkraftmikroskopie (engl.: *Atomic Force Microscopy*, AFM) untersucht. Tomografie ermöglicht auch 3D-Abbildungen einzelner Nanostrukturen. Zur Untersuchung der plasmonischen Eigenschaften kommen unter anderem Dunkelfeldspektroskopie, Extinktion, konfokale (auch ultraschnelle) Lasermikroskopie, optische Nahfeldmikroskopie (engl.: *Scanning Nearfield Optical Microscope*, SNOM), Elektronenenergieverlustspektroskopie (engl.: *Electron Energy Loss Spectroscopy*, EELS) oder *back focal plane*-Mikroskopie zum Einsatz. Häufig werden polarisationsabhängige Untersuchungen durchgeführt. Die hochauflösende SNOM stellt dabei selbst eine neuartige Anwendung optischer Antennen dar [10, 11].

In einer einzelnen Nanostruktur können geometrieabhängig zahlreiche Plasmonen-
moden angeregt werden. Deren Anzahl kann sich weiter erhöhen, sobald Kopplungsef-
fekte zwischen dicht benachbarten Strukturen auftreten. Eine Zielrichtung der Grundlagenforschung besteht darin, die Plasmonenstruktur aufzuklären. Dazu werden oft
ergänzend numerische Simulationen hinzugezogen. Ist die Abhängigkeit der Plasmonenresonanzen und der Nahfeldverteilung von den relevanten Parametern bekannt,
so können die Eigenschaften gezielt auf bestimmte Anwendungen hin optimiert werden. Dazu gehört z. B. die Einstellung der Plasmonenresonanzen auf die resonan-
te Anregung mit einer bestimmten Laserwellenlänge, die Maximierung nichtlinearer
Effekte oder die Anpassung an bestimmte optische Übergänge in Hybridsystemen.
Häufig wird das Ziel verfolgt, Hotspots zu maximieren. Diese spielen eine wichtige
Rolle für die oberflächen- oder spitzenverstärkte Raman-Spektroskopie (engl.: *Surface
Enhanced* bzw. *Tip Enhanced Raman Spectroscopy*, SERS bzw. TERS) [12]. Raman-
Spektroskopie ist eine mächtige Methode, um chemisch spezifisch die Materialzusammensetzung und Eigenschaften einer Oberfläche zu identifizieren. Anhand von SERS
oder TERS lässt sich die Signalintensität und damit die Empfindlichkeit der Methode
um viele Größenordnungen erhöhen. Dies bietet eine hervorragende Grundlage zur Entwicklung von optischen Nanosensoren. Alternativ kann die Verschiebung der Resonanzwellenlänge bei spezifischer Anbindung von Analytmolekülen, z. B. in Bioassays, für
empfindliche Sensoren herangezogen werden. Darüber hinaus wird die Wechselwirkung
mit Nanosystemen (Quantenpunkte, Moleküle, zweidimensionale Systeme, ...) in Hotspots intensiv untersucht, um neue Erkenntnisse zur Licht-Materie-Wechselwirkung
und zu Energietransferprozessen auf der Nanoskala zu gewinnen. Diese können wiederum bei der Entwicklung neuartiger Materialien, medizinischer Anwendungen oder
optoelektronischer Bauelemente gewinnbringend eingesetzt werden [13, 14].

Meine Arbeitsgruppe beschäftigt sich mit den grundlegenden Eigenschaften von
neuartigen optischen Antennen sowie der Kombination einzelner Antennen mit einzelnen Nanoobjekten zu Hybridsystemen. Die Antennen werden als funktionelle Elemente
für Rastersonden, optische Sensoren oder Optoelektronik integriert.

So können z. B. in der optischen Nahfeldmikroskopie neben massiven Metallspitzen
auch Cantilever mit einer einzelnen Nanoantenne als Rastersonden eingesetzt werden.
Mit solchen Sonden kann Streulicht reduziert und die Resonanz gezielt eingestellt
werden. Wir haben einzelne Goldnanokegel mit scharfen Spitzen auf SNOM-Spitzen
demonstriert (Abb. 15.4a) [15]. Als weiteres Anwendungsfeld koppeln wir plasmonische Goldnanogitter mit organischen Dünnfilmen. In Extinktionsmessungen wird untersucht, wie sich das Hybridsystem aus Gitter und Molekülen im Vergleich zum reinen
Gitter und dem reinen organischen Film verhält. Dabei konnte spektral abhängig eine erhöhte Absorption (Abb. 15.4b) sowie ein starker Einfluss der Plasmonen auf
die Fluoreszenz der Moleküle beobachtet werden [16]. Solche Erkenntnisse können
z. B. zur Erhöhung der Effizienz organischer Solarzellen oder LEDs genutzt werden.
Ein weiteres Hybridsystem wurde erzeugt, indem Halbleiterquantenpunkte selektiv an
die Spitzen von Goldkegelantennen angebunden wurden (Abb. 15.4c) [17]. Es konnte

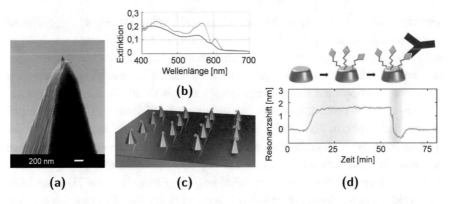

Abb. 15.4 a Goldnanokegel auf einer Rastersondenspitze, **b** Erhöhte Extinktion in einem Hybridsystem Goldgitter + organischer Film (helle Kurve) im Vergleich zum reinen Gitter (dunkle Kurve). (Adaptiert nach Gollmer et al.[16]; mit freundlicher Genehmigung der © American Physical Society 2017. All rights reserved) **c** Illustration der Anbindung von Quantenpunkten an Kegelspitzen. (Mit freundlicher Genehmigung von © L. Lüder, Arbeitsgruppe M. Fleischer, Univ. Tübingen 2017. All rights reserved) **d** Sensorprinzip eines plasmonischen Bioassays: Nanoantenne → Erkennungsstruktur → Antikörperdetektion (*oben*) und Nachweis der Anbindung durch Resonanzverschiebung (orange) und Rückkehr zum Ausgangswert nach Regeneration (rosa). (Adaptiert nach Horrer et al.[20]; mit freundlicher Genehmigung der © Royal Society of Chemistry. All rights reserved)

gezeigt werden, dass durch die Kopplung mit der Antenne die Intensität der Quantenpunktemission deutlich erhöht und die Lebensdauer der Quantenpunktzustände drastisch verkürzt wird. Im Fall einzelner Quantenpunkte wurde das charakteristische Verhalten eines Zweiniveausystems nachgewiesen.

Ein letztes Beispiel sei die Entwicklung von optischen Sensoren auf der Basis von plasmonischen Nanostrukturen (Abb. 15.4d). Zu diesem Zweck wurden optische Antennen in Mikrofluidikumgebungen integriert. In einem Bioassay zur Detektion von Testosteronantikörpern wurde ein Sensorverhalten auf zwei Längenskalen beobachtet [18]. Durch den Einsatz von Dielektrophorese konnten Analytmoleküle aus der Lösung zusätzlich an den Nanoantennen akkumuliert werden [19]. In einem weiteren Schritt wurde der optische Aufbau kompakter gestaltet, indem das Objektiv durch eine in den Aufbau integrierte nanostrukturierte Gradientenindexlinse ersetzt wurde [20]. Diese monolithische Anordnung ist ein weiterer Schritt in Richtung kostengünstiger, mobiler optischer Sensoren, die z. B. für den flexiblen *point-of-care*-Einsatz, zur Wasser- oder Blutanalyse, Umweltanalytik oder Schadstoffdetektion geeignet sind.

15.5   Ausblick

Edelmetallnanostrukturen mit Abmessungen um die 100 nm können als Antennen zur lokalen Konzentration von sichtbarem Licht und als nanoskalige Lichtstreuer mit definierten, wenn auch breiten, Resonanzen eingesetzt werden. Das Forschungsgebiet ist erst wenige Jahrzehnte jung. Methoden der modernen Nanotechnologie ermöglichen es, solche Nanostrukturen mit kontrollierten Formen, Dimensionen und Anordnungen aus unterschiedlichen Materialien gezielt herzustellen. Die optischen Eigenschaften der Antennen lassen sich mit Dunkelfeldspektroskopie oder Extinktionsmessungen gut untersuchen. Die Experimente werden durch numerische Simulationen unterstützt und interpretiert. Optische Nanoantennen bieten vielfältiges Anwendungspotenzial bei der Verbesserung der hochauflösenden Mikroskopie oder Spektroskopie, in der optischen Sensorik, der Materialforschung, Optoelektronik oder Medizin. Durch die Kombination z. B. mit Quantenemittern, organischen Dünnfilmen, Farbstoffen oder 2D-Materialien lassen sich neuartige hybride Systeme erstellen und optimieren. Es gibt daher auf dem Gebiet der plasmonischen Nanostrukturen noch viel zu erforschen.

Literatur

[1]   Novotny L, Hecht B (2012) Principles of Nano-Optics. 2. Aufl, Cambridge University Press, Cambridge

[2]   Lexikon der Physik: Licht (1998) Spektrum Akademischer Verlag, Heidelberg

[3]   Maier SA (2007) Plasmonics: Fundamentals and Applications. Springer, Berlin, Heidelberg

[4]   Henzie J, Lee J, Lee MH (2009) Nanofabrication of plasmonic structures. Annu Rev Phys Chem 69:147–165

[5]   Mie G (1908) Beiträge zur Optik trüber Medien, speziell kolloidaler Metalllösungen. Annalen der Physik, 4. Folge 25(3):377–445

[6]   Kreibig U, Vollmer M (1995) Optical Properties of Metal Clusters. Springer Series in Material Science 25, Springer, Berlin, Heidelberg

[7]   Cabrini S, Kawata S (Hrsg) (2012) Nanofabrication Handbook. CRC Press, Taylor & Francis Group, LLC

[8]   Fleischer M, Stanciu C, Stade F et al (2008) Three-dimensional optical antennas: Nanocones in an apertureless scanning near-field microscope. Appl Phys Lett 93:111114

[9]   Schäfer C, Gollmer DA, Horrer A et al (2013) Single particle plasmon resonance study of 3D conical nanoantennas. Nanoscale 5:7861

[10] Lewis A, Isaacson M, Harootunian A et al (1984) Development of a 500 Å spatial resolution light microscope: I. Light is efficiently transmitted through $\lambda/16$ diameter apertures. Ultramicroscopy 13:227–231

[11] Pohl DW, Denk W, Lanz M (1984) Optical stethoscopy: image recording with resolution $\lambda/20$. Appl Phys Lett 44:651–653

[12] Stöckle RM, Suh YD, Deckert V et al (2000) Nanoscale chemical analysis by tip-enhanced Raman spectroscopy. Chem Phys Lett 318:131–136

[13] Stockman MI (2011) Nanoplasmonics: The physics behind the applications. Physics Today 64(2):39–44

[14] Di Fabrizio E, Schlücker S, Wenger J et al (2016) Roadmap on biosensing and photonics for nanomedicine. J Opt 18:063003

[15] Fleischer M, Weber-Bargioni A, Altoe MVP et al (2011) Gold nanocone near-field scanning optical microscopy probes. ACS Nano 5:2570–2579

[16] Gollmer DA, Lorch C, Schreiber F et al (2017) Enhanced light absorption in organic semiconductor thin films by 1D gold nanowire gratings. Phys Rev Mater 1:054602

[17] Fulmes J, Jäger R, Bräuer A et al (2015) Self-aligned placement and detection of quantum dots on the tips of individual conical plasmonic nanostructures. Nanoscale 7:14691

[18] Horrer A, Krieg K, Rau S et al (2015) Plasmonic vertical dimer arrays as elements for biosensing. Anal Bioanal Chem 407 27:8225

[19] Schäfer C, Kern DP, Fleischer M (2015) Capturing molecules with plasmonic nanotips in microfluidic channels by dielectrophoresis. Lab Chip 15:1066

[20] Horrer A, Haas J, Freudenberger K et al (2017) Compact plasmonic optical biosensors based on nanostructured gradient index lenses integrated in microfluidic cells. Nanoscale 9:17378–17386

16 Nanomagnetismus im Röntgenlicht

— Gisela Schütz —

Zusammenfassung

Magnetische Systeme spielen eine bedeutende Rolle in innovativen Techniken wie der Datenspeicherung, Sensorik, Motorik und Energieumwandlung. Moderne Technologien erlauben es, künstliche Funktionswerkstoffe und Materialsysteme auch auf atomarer Skala maßzuschneidern und diese Strukturen sichtbar zu machen, um ein grundlegendes Verständnis und eine gezielte Optimierung zu erreichen. Der zirkulare magnetische Röntgendichroismus und die darauf basierende Röntgentransmissionsmikroskopie bieten hier einzigartige Möglichkeiten. Mit höchster Präzision werden hier atomare magnetische Momente getrennt nach Spin- und Bahnanteil ermittelt. Mit hochbrillianter, polarisierter und gepulster Synchrotronstrahlung kann sogar die Dynamik fundamentaler magnetischer Prozesse und Anregungen gefilmt werden.

© Springer-Verlag GmbH Deutschland, ein Teil von Springer Nature 2019
D. Duchardt et al. (Hrsg.), *Vielfältige Physik*, https://doi.org/10.1007/978-3-662-58035-6_16

Prof. Dr. Gisela Schütz

Forschung ist meine Passion.

- *1955 in Ottobeuren, 1973 Abitur in Hanau
- 1979 Diplom Physik, 1984 Promotion, TU München
- 1992 Habilitation Experimentalphysik, TU München
- 1993–1996 C3-Professur, Univ. Augsburg
- 1997–2001 C4-Professur, Univ. Würzburg
- Seit 2001 Direktorin, MPI Intelligente Systeme, Stuttgart
- Seit 2003 Honorarprofessur, Univ. Stuttgart

Am Anfang: Meine Begeisterung für die Physik

Schon sehr früh hat mich Astronomie begeistert. Später faszinierten mich die Experimentierkästen für Elektronik und Chemie. Physik war in der Schule mein absolutes Lieblingsfach mit entsprechend sehr guten Noten, auch in Mathematik. Gegen den Willen meiner Eltern, die beide Lehrer waren und mich ebenfalls gerne als abgesicherte Beamtin gesehen hätten, begann ich mit dem Physikstudium. Mir war klar, nur so einen wirklichen Einblick in die Natur und ihre Gesetze gewinnen zu können. Allerdings musste ich anfangs sehr hart lernen. Nach dem schweren Vordiplom konnte ich relativ schnell das Studium mit einer Diplomarbeit am Reaktor in Grenoble abschließen. Nach meiner Dissertation im Bereich der Kernphysik wollte ich einer eigenen, neuartigen Idee folgen, um mit polarisierter Röntgenstrahlung magnetische Festkörper zu erforschen. Dies war so erfolgreich, dass ein weiterer Weg in der Forschung sicher geebnet war.

Themenschwerpunkte: Was ich heute mache

Meinen neu entdeckten Effekt, den zirkularen magnetischen Röntgendichroismus, wende ich auch im Rahmen meiner jetzigen Forschung an. Inzwischen wird diese Methode an allen Synchrotrons weltweit genutzt. Nach über 30 Jahren bearbeite ich immer noch spannende festkörperphysikalische Themen mit Fokus auf Magnetismus von Nanostrukturen. Inzwischen habe ich mit meinen Teams ein Röntgenmikroskop entwickelt, das neue Einblicke in die nanoskopische Natur von Festkörperstrukturen sowie deren Dynamik auch von technologisch relevanten Materialien gibt, wie sie z. B. für die moderne Datenverarbeitung und Batterieforschung gebraucht werden.

Mein Tipp

Keine Angst haben Neuland zu betreten, um eigene Ideen zu entwickeln! Eine sehr gute physikalische Allgemeinbildung und auf dem Stand bleiben in einem nicht zu engen Fachgebiet helfen ungemein. Rückschläge sportlich nehmen und einen Plan B parat haben. Parallel eine Familie zu gründen ist sehr herausfordernd, aber lohnend.

16.1 Die magnetische Nanowelt

In Systemen mit reduzierten Dimensionen im Mikro- bis Nanometerbereich bis hin zu atomaren Strukturen wird durch die Geometrie in die fundamentalen Längen- und Zeitskalen der Wechselwirkungen eingegriffen. Auch der Magnetismus zeigt dabei immer wieder unerwartete und überraschende Phänomene. Generell existiert in realen Materialien ein komplexer Zusammenhang zwischen der Struktur auf der Mikro- bis Nanometerskala und den makroskopischen Eigenschaften. Das Verständnis dieses Wechselspiels ist der entscheidende Motor für die Entdeckung und Weiterentwicklung technologisch relevanter Systeme. Durch die rasanten Erfolge der Nanostrukturierungsverfahren und der gezielten Materialsynthese in der jüngsten Zeit gelingt es, eine Vielfalt neuartiger magnetischer Materialien zu kreieren und zu optimieren. Die Verfügbarkeit bzw. die Entwicklung entsprechender Abbildungsverfahren sind hierbei essenziell. Mit der normalen optischen Mikroskopie ist man durch die relativ große Wellenlänge begrenzt und kann Strukturen bis ca. 300 nm auflösen. Außerdem ist die magnetische Wechselwirkung von Photonen mit Materie (magnetooptischer Effekt) in diesem Wellenlängenbereich mit höchstens 1 Promille sehr klein. Allerdings können zeitliche Phänomene mit neuen gepulsten Lasersystemen bis in den Attosekundenbereich studiert werden. Hochauflösende Elekronenmikroskope hingegen machen inzwischen sogar subatomare Details im Bereich von 40 Pikometer sichtbar und sind in der Lage, auch magnetische Strukturen von einigen Nanometern aufzulösen. Eine ausreichende Zeitauflösung zu realisieren, ist jedoch extrem aufwendig. Das Gleiche gilt für die atomar auflösenden, aber langsamen Rastersondenverfahren wie Kraftmikroskopie und ihre magnetische Variante (Magnetic Force Microscopy), die allerdings inhärent oberflächensensitiv sind.

Die Längen- und Zeitskalen der bedeutenden magnetischen Wechselwirkungen und typischen magnetischen Mikro- und Nanostrukturen sind in Abb. 16.1 dargestellt. Der farblich unterlegte Bereich deutet an, welche Kombination dieser Größen von Bedeutung und bisher nur mit einer von uns entwickelten Methode der magnetischen Röntgentransmissionsmikroskopie verlässlich zugänglich sind.

16.2 Der zirkulare magnetische Röntgendichroismus

Röntgenstrahlen wurden vor über 120 Jahren entdeckt. Sie besitzen je nach Energie eine deutlich kleinere Wellenlänge als Licht (10 nm bis 0,1 nm) und zeichnen sich durch eine hohe Durchdringungsfähigkeit von mehreren Mikrometern bis Millimetern aus. Durch die Verfügbarkeit von hochbrillianter kollimierter und energetisch durchstimmbarer Röntgenstrahlung mit variabler Polarisation an modernen Synchrotronquellen an heute ca. 50 Großforschungseinrichtungen sind diese Quellen sehr gut zugänglich.

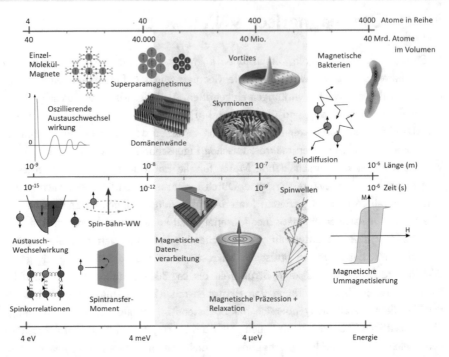

Abb. 16.1 Magnetische Phänomene und Strukturen als Funktion der involvierten Längen und Zeiten. Die Energie, die mit der Zeit über die Relation *Energie in Elektronenvolt = Wirkungsquantum/Zeit in Sekunden* zusammenhängt, sowie die mittlere Anzahl von Atomen pro Längeneinheit sind in der unteren bzw. oberen Skala angegeben

16.2.1 Das XMCD-Spektrum

Die Sensitivität von Röntgenstrahlen auf die magnetische Charakteristik basiert auf den von mir im Jahr 1985 entdeckten Effekt des XMCD (X-ray Magnetic Circular Dichroism). Im Prinzip können alle Methoden, die auf Röntgenstrahlen basieren, auf dieses Phänomen zurückgreifen, was inzwischen an allen Synchrotronlaboratorien weltweit genutzt wird. Das Phänomen des XMCD ist mittlerweile relativ einfach zu beobachten. Es zeigt sich in einem Unterschied der Absorption von zirkular polarisierten Photonen für eine umgekehrte Magnetisierung der Probe. Das Spannende an diesem universalen Effekt ist, dass er an jeder Absorptionskante in jedem Element auftritt, sofern diese Atomkomponente ein magnetisches Moment aufweist, was aber außer für Edelgase bei den meisten Elementen der Fall ist. Bei elementspezifischen Energien, den sogenannten Absorptionslinien (s. Abb. 16.2) „schluckt" ein stark atomar gebundenes Elektron das Röntgenquant. Die ursprüngliche Polarisation der Röntgenstrahlung – man spricht auch von dem Spin des Photons – muss auf diesem Elektron aufgrund der Drehimpulserhaltung übertragen werden. Es besitzt daher nicht nur einen definierten Elektronenspin, sondern auch eine orbitale oder Bahnpolarisation. Im Fall einer magnetischen Ausrichtung des Absorberatoms in Strahlrichtung sind aber auch unbe-

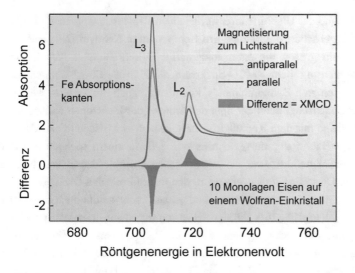

Abb. 16.2 Typisches Absorptionsspektrum von 10 Monolagen Eisen (Fe), gewachsen auf einem Wolfram-Einkristall. Sie unterscheiden sich im Bereich der L_3- und L_2-Linien deutlich für parallele (blau) und antiparallele Orientierung (rot) der Magnetisierung. Daraus ergibt sich eine Differenz (grün unterlegt) bzw. ein XMCD von etwa 40 % an der L_3-Kante. Aufgrund quantenmechanischer Betrachtung wird ein Verhältnis des XMCD an der L_3- und L_2-Linie von genau −1 erwartet, wenn das Eisenmoment rein spinartig ist. Aus der Abweichung von diesem Wert lässt sich entnehmen, dass hier auch ein kleines Bahnmoment existiert und parallel zum Spin orientiert ist. (Adaptiert nach Dedkov [1]; mit freundlicher Genehmigung von © Y. Dedkov. All rights reserved)

setzte Zustände, in die das Photoelektron übergehen muss, spin- und bahnpolarisiert. Je nachdem ob das passt, wird eine Absorption stattfinden oder nicht. Typische Spektren für Eisen (Fe) und ihre Veränderung, wenn die Magnetisierung und damit die Polarisation dieser möglichen Endzustände umgedreht wird, zeigt Abb. 16.2. Nach der experimentellen Verifizierung dieses Phänomens wurden einfache, sogenannte Summenregeln entwickelt. Damit kann der Absolutwert des sogenannten magnetischen Momentes direkt bestimmt und sogar nach Spin- und Bahnmomenten des Absorberatoms separiert werden. Aufgrund der relativen Stärke des XMCD von über 50 % ist dies mit bisher unerreichter Genauigkeit möglich.

16.2.2   Die Bedeutung des Bahndrehimpulses

Der Spin ist eine elementare Eigenschaft der Elektronen und wechselwirkt mit anderen Spins oder äußeren Magnetfeldern wie ein elementarer Stabmagnet. Eine bedeutende Klasse von magnetischen Substanzen sind die Hartmagnete, die eine enorme technische Bedeutung haben. Während früher relativ schwach magnetische Eisenoxide, Stähle oder andere Legierungen zur Verfügung standen, sind seit der Entdeckung der Verbindung Samarium-Cobalt (SmCo) und Neodym-Eisen-Bor (NdFeB) sogenannte Supermagnete im Einsatz. Die atomistische Ursache des Auftretens hartmagnetischer

Eigenschaften und der Ursprung ihrer anziehenden Kraft ist weitgehend ungeklärt. Die gemeinsame Eigenschaft der Seltene-Erd-Komponenten Neodym (Nd) und Samarium (Sm) ist ein sehr großer, am Atom lokalisierter Bahndrehimpuls. Wie in Abb. 16.2 erklärt, lässt sich aus dem XMCD-Spektrum diese Größe direkt ablesen. Der neue Zugang zum atomaren Bahndrehimpuls, kaum zugänglich mit anderen Methoden, ist von enormer Bedeutung, denn der Spin der Atome oder Elektronen wechselwirkt prinzipiell nicht alleine mit dem Kristallgitter bzw. seinem elektrischen Feld. Das Elektron hat aber einen Bahndrehimpuls, wenn es sich z. B. in einem sogenannten d-artigen Zustand im Atom befindet, wo die magnetischen Orbitale des Eisens, Kobalts und Nickels sitzen. Diese sind im Gegensatz zu den kugelförmigen s-Orbitalen in verschiedenen Raumrichtungen unterschiedlich und „sehen" sehr empfindlich die elektrischen Kristallfelder, wie in Abb. 16.3 skizziert. Hier kommt eine weitere Wechselwirkung ins Spiel, die *Spin-Bahn-Kopplung*. Sie ist nur im Rahmen einer relativistischen Quantentheorie exakt zu beschreiben und relativ klein (über 100.000-mal kleiner als die elektrische Wechselwirkung und die Spin-Spin-Wechselwirkung). Aber sie hat enorme Konsequenzen, da der dominante Spin nun doch an das Kristallgitter koppelt und wie bei den Hartmagneten auch an inneren Grenzflächen und Fehlstellen festhängt.

Im Rahmen unserer Forschungsaktivitäten konnten wir die herausragende universelle Rolle des Bahndrehimpulses für eine Vielzahl von technologisch wichtigen Materialien über den XMCD eindeutig belegen. Auch wenn sich einige Phänomene noch immer einer geschlossenen Beschreibung auf atomarer Ebene entziehen, verstehen wir jetzt besser, was magnetische Materie magnetisch hart macht und warum magnetische Lagen in modernen Leseköpfen mehr Feld brauchen, um sie umzupolen. Die vorliegenden Ergebnisse liefern schon jetzt wertvolle Hinweise für die Formulierung der entspre-

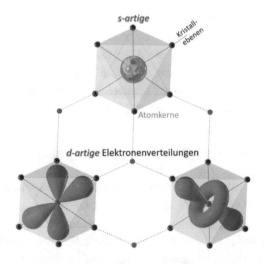

Abb. 16.3 Elektronenaufenthaltswahrscheinlichkeiten eines Atoms im Kristallgitter. Für s-artige Zustände mit Bahndrehimpuls 0 ist die Elektronendichte kugelsymmetrisch. Für d-artige Zustände mit einem Bahndrehimpuls von 2 ist sie deutlich unterschiedlich in Richtung der Kristallionen

chenden Beziehungen und zeigen Wege für weitere technologische Optimierungen von magnetischen Materialien auf.

Die Arbeitsgruppe um Prof. Schmahl aus Göttingen entwickelte in den 1970er-Jahren erstmals ein Transmissionsröntgenmikroskop und baute dies an dem damaligen Speicherring BESSY I (**B**erliner **E**lektronen**s**peicherring-Gesellschaft für **Sy**nchrotronstrahlung m.b.H.) in Berlin auf. Die Ortsauflösung dieses Gerätes ist aufgrund der kürzeren Wellenlänge ca. 30-mal besser als ein optisches Mikroskop. Ursprünglich war es dafür vorgesehen, biologische Strukturen, ihre Elementverteilungen und deren Bindungszustände zu visualisieren. Dies gelingt anhand der Kombination von Mikroskopie und Spektroskopie durch Aufnahme von Bildern für verschiedene Energiepunkte eines Spektrums, wie es exemplarisch für das Eisenmetall in Abb. 16.2 gezeigt ist. Die Absorptionslinien können in ihrer energetischen Position und Form stark variieren, wenn sich die Chemie und damit z. B. die Valenz ändert, und stellen einen Fingerabdruck der Bindungsverhältnisse dar.

Mit dem Installieren einer Magnetspule und dem Einstellen der Energie auf die Linie mit starkem XMCD (s. Abb. 16.2 bei 706 eV) konnten wir mit diesem Gerät sofort auch magnetische Strukturen mit bis dahin kaum erreichter Genauigkeit von

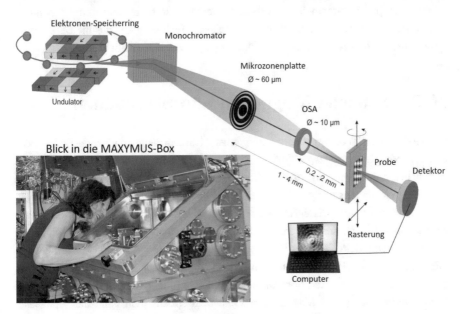

Abb. 16.4 Schematischer Aufbau und Foto des Rasterröntgenmikroskops MAXYMUS am BESSY II Speicherring in Berlin. Die Elektronen im Speicherring durchlaufen eine spezielle Magnetstruktur (Undulator) und senden kurze Röntgenblitze in Richtung des Mikroskops aus. Nachdem sie einen Monochromator passiert haben, treffen sie auf die Röntgenoptik (Mikrozonenplatte) mit nachgeschalteter Ringblende (OSA, engl.: *Order Selection Aperture*). Der Röntgenstrahl wird dadurch auf die Probe mit einem Brennfleck von 15–25 nm fokussiert. Diese wird über Piezobühnen mit Nanometergenauigkeit positioniert und dadurch abgerastert. Ein schneller Detektor misst die durchgelassene Intensität der Strahlung pro Rasterpunkt. Am Computer wird dann „on-line" das entsprechende Bild dargestellt

20 nm ansehen. Es dauerte dann nicht lange und große Herstellerfirmen von Festplatten haben uns gebeten, ihre Module zu untersuchen. Vor etwa zehn Jahren haben wir
am Speichering BESSY II mit dem Helmholtz-Zentrum Berlin ein innovatives Rastertransmissionsmikroskop aufgebaut mit weltweit bisher unerreichten Eigenschaften und
Möglichkeiten. Es wurde MAXYMUS getauft entsprechend seiner Funktion: **MA**gnetic
X-ra**Y** **M**icroscope with **U**ltra-High-Vacumm **S**pectroscopy und ist seit 2011 auch für
externe Nutzer zugänglich. In Abb. 16.4 ist der schematische Aufbau erklärt und ein
Foto der Mikroskopbox gezeigt.

Die Röntgenstrahlung, wie sie von einem Synchrotron geliefert wird, hat eine definierte innere Zeitstruktur von 10 Pikosekunden. Wie in Abb. 16.1 dargestellt ist, liegen in diesem Bereich fundamentale magnetische Strukturen und Zeitskalen. Um die
Zeitstruktur der Synchrotronstrahlung zu nutzen, haben wir moderne Hochfrequenztechniken implementiert und sind so in der Lage, Filme der Magnetisierungsreaktion
auf beliebige, entsprechend kurze Anregungen zu visualisieren.

Für die elektronische Anregung nutzen wir kurze Pulse oder kontinuierliche Hochfrequenzen im GHz-Bereich bis etwa 50 GHz. Damit deckt man perfekt den Bereich der
heutigen Telekommunikations- und GPS-Technik ab. Jedoch beinhaltet dieses Verfahren, das große Datenmengen korrekt aufnehmen, sortieren und normieren muss,
eine Vielzahl von eigens entwickelten komplexen Technologien, die im Bereich der
ultraschnellen Röntgentransmissionsmikroskopie derzeit nur wir beherrschen.

16.3 Schnelle Magnonen und Skyrmionen

Im Bereich des Nanomagnetismus erregen seit Kurzem neue spannende Phänomene
und technologische Konzepte Aufsehen, die mit der erforderlichen Schnelligkeit und
räumlichen Schärfe nur im MAXYMUS „beleuchtet" werden können. Die Ergebnisse
der erfolgreichen Zusammenarbeit von Max-Planck-Forschenden und externen Wissenschaftlerinnen und Wissenschaftlern (wie z. B. vom Helmholtz-Zentrum Dresden-
Rossendorf (HZDR), der Universität Mainz, dem Paul Scherrer Institut in Villigen in
der Schweiz und dem CNRS in Paris) wurden in mehreren Veröffentlichungen zusammengefasst [2–5]. Sie beinhalten grundlegende Studien zur sogenannten Magnonik,
ein besonders interessanter, hoch aktueller und sehr junger Bereich der angewandten
Festkörperforschung. Ein Magnon (im Wellenbild spricht man von einer Spinwelle,
s. auch Abb. 16.1) ist eine elementare Anregung der Magnetisierung, die mit dem
Umklappen von Spins verknüpft ist und genau mit GHz-Wellen angeregt wird. Im
Gegensatz zur konventionellen Elektronik bewegt sich das Elektron selbst aber nicht
und es wird daher keine ohmsche Wärme erzeugt. Aufgrund der geforderten Miniaturisierung in der Datenverarbeitung sollen entsprechende neue Module klein und schnell
sein. Daher braucht man auch für die Magnonik kurze und schnelle Spinwellen. So

haben wir kürzlich entdeckt, dass sich dies in einem Vortex, das ist ein magnetischer Grundzustand (s. Abb. 16.1) mit Magnetisierungsschluss realisieren lässt.

Die ultraschnellen und kurzwelligen Spinwellen sollen daher eine strom- und damit energiesparende Datenprozessierung ermöglichen, die durch die heutige ausgefeilte Mikrowellentechnik gesteuert werden kann.

Ebenso spektakulär ist die Beobachtung der Entstehung und Manipulation von Skyrmionen, sogenannte magnetische Wirbel, die sich wie Teilchen endlicher Masse verhalten und im Prinzip, wie theoretisch vorausgesagt, mit minimalen Strömen gesteuert werden können (s. Abb. 16.5). Auch hier wird in den unzähligen Beiträgen auf entsprechenden internationalen Konferenzen die Relevanz für eine zukünftige Anwendung auf dem Gebiet der Informationstechnologie heiß diskutiert. In Zusammenarbeit mit der Universität Mainz und Kollegen vom MIT in Boston haben wir solche Gebilde betrachtet und untersucht, wie gut sie sich wirklich bewegen lassen. Wir haben beobachtet, dass sie sehr gut auf Strompulse reagieren, aber mit etwa 100 m/s noch etwas langsam sind. Allerdings sind die Systeme, in denen schon bei Zimmertemperatur Skyrmionen auftreten, sehr dünne Vielschichtsysteme aus nur etwa je drei Atomlagen, in denen der erhöhte Bahndrehimpuls an der Grenzfläche mit verzerrten Kristallfeldern (s. auch Abb. 16.3) die Skyrmionenbildung begünstigt. Kleinste Unregelmäßigkeiten in der Struktur stören aber die Fortbewegung. Doch im Bereich der Probenpräparation ist noch viel Raum für Optimierungen, die durch unsere Forschung gezielt erreicht werden können. Mit den neuen leistungsfähigen Röntgenquellen, wie der Freie Elektronen-Laser (FEL) am DESY in Hamburg, und der besseren Zeitstruktur am BESSY VSR (**V**ariable Pulse-length **S**torage **R**ing) in Berlin, wird das Potenzial der magnetischen Röntgenspektroskopie und Röntgenmikroskopie demnächst einen deutlichen Schub bekommen. Als weiterführende Literatur empfehlen sich z. B. [6–8].

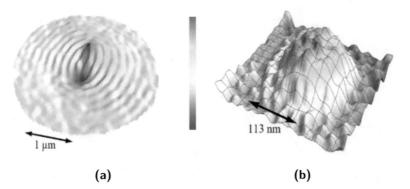

(a)   (b)

Abb. 16.5 a Schnappschuss der Spinwellen, die von einem magnetischen Plättchen durch Mikrowellenanregung erzeugt werden (rot: Magnetisierung zeigt vollständig nach oben, blau: nach unten). Hierbei wird der Kern des magnetischen Vortex (s. auch Abb. 16.1) zu kleinen kreisförmigen Bewegungen angeregt und sendet sehr kurze (bis unter 100 nm Wellenlänge) und schnelle (bis 1 km/s Geschwindigkeit) spiralförmige Spinwellen aus. **b** Statische Aufnahme eines Skyrmions (s. auch Abb. 16.1)

Literatur

[1] Dedkov Y, Wikimedia Commons (2009) XMCD of 30A Fe film on W(110). https://upload.wikimedia.org/wikipedia/commons/c/c4/Xmcd-fe-on-w.png

[2] Wintz S, Tiberkevich V, Weigand M (2016) Magnetic vortex cores as tunable spin wave emitters. Nature Nanotechnology 11:948–953

[3] Moreau-Luchaire C, Moutafis C, Reyren N et al (2016) Additive interfacial chiral interaction in multilayers for stabilization of small individual skyrmions at room temperature. Nature Nanotechnology 11:444–448

[4] Woo S, Litzius K, Krüger B (2016) Observation of room-temperature magnetic skyrmions and their current-driven dynamics in ultrathin metallic ferromagnets. Nature Materials 15:501–506

[5] Litzius K, Lemesh I, Krüger B (2017) Skyrmion Hall effect revealed by direct time-resolved X-ray microscopy. Nature Physics 13:170–175

[6] Schütz G (2012) The principles of XMCD and its application to L-edges in transition metals. In: Schattschneider P (Hrsg) Linear and Chiral Dichroism in the Electron Miroscope. Pan Stanford Publishing Pte. Ltd., Singapore, S 23–42

[7] Schütz G, Goering E, Stoll H (2007) Synchrotron radiation techniques based on X-ray magnetic circular dichroism. In: Kronmüller H, Parkin S (Hrsg) Handbook of Magnetism and Advanced Magnetic Materials. Vol. 3: Materials Novel Techniques for Characterizing and Preparing Samples. Wiley, Chichester, S 1311–1363

[8] Stöhr J, Siegmann HC (2006) Magnetism: From Fundamentals to Nanoscale Dynamics. Springer, Berlin, Heidelberg

17 Strukturlandschaften für den Transport von Anregungen
— Sylvia Speller —

Zusammenfassung

Vielfältige Licht-Materie-Landschaften können aus kleinen Bausteinen auf Oberflächen konstruiert werden. Sie dienen als prototypische Strukturen, um neuartige Konzepte in Elektronik, Sensorik, Katalyse und für höhere Energieeffizienz zu entwickeln. Die Übertragung von Energie bzw. Information durch Molekülaggregate erfordert anisotrope, kabel-artige Strukturbausteine. Lokalisierte Lichtquellen werden mittels Beleuchtung metallischer Nanostrukturen bereitgestellt. Zunächst werden Landschaftselemente aus nur zwei Modulen, metallischen Nanoteilchen und Farbstoffmolekülaggregaten, betrachtet. Die rudimentäre Funktion solcher Einheiten ist der Energietransfer aus dem Lichtfeld in das Nanoteilchen, vom Nanoteilchen in das Molekülaggregat und der weitere Transport der Anregung. Anregungen sollen möglichst lange Laufzeit und -strecken erreichen, sodass sie an anderen Orten für eine Verarbeitung zur Verfügung stehen bzw. ihre Energie genutzt oder gespeichert werden kann. Die Beziehung des räumlich-zeitlichen Verhaltens von Anregungen zur Morphologie ist hilfreich, um intermolekulare Kopplungen und Transportmechanismen zu verstehen.

© Springer-Verlag GmbH Deutschland, ein Teil von Springer Nature 2019
D. Duchardt et al. (Hrsg.), *Vielfältige Physik*, https://doi.org/10.1007/978-3-662-58035-6_17

Prof. Dr. Sylvia Speller

Kleine Dinge können eine große Bedeutung entfalten.

- *1967 in Haren (Ems), 1986 Abitur
- 1992 Diplom Physik, Promotion 1995, Univ. Osnabrück
- 1996 Postdoktorandin, TU Eindhoven, Niederlande
- 1997–2001 Wissenschaftl. Assistentin, Univ. Osnabrück
- 1997 Postdoktorandin, KU Leuven, Belgien
- 2001–2012 Professur Exp. Physik, Univ. Nijmegen, NL
- Seit 2012 Professur Exp. Physik, Univ. Rostock

Am Anfang: Meine Begeisterung für die Physik

Ich habe schon immer gerne in Ruhe nachgedacht. Bis in die Nacht haben wir als Jugendliche über die Raumzeit diskutiert. Geheimnisse aller Art haben mich magisch angezogen. In der Physik werden Hypothesen durch Experimente geprüft und weiterentwickelt, falsche Gedanken werden so schnell entlarvt. Attraktiv ist, dass physikalische Inhalte vergleichsweise gut objektivierbar sind, die Wahrnehmung spielt eine untergeordnete Rolle. Mir gefällt der vertikale Aufbau der Physik: Mechanik, Elektromagnetismus, Quantenmechanik, usw. Jeder Baustein ist essenziell, und es ergeben sich mit Studienfortschritt immer wieder neue logische Verbindungen, sodass sich das Wissen irgendwann auf ein recht kleines Volumen verdichten kann; es bleibt dann im Kopf schön übersichtlich, und das vermittelte Wissensgerüst taugt gut als Instrument, um ein breites Spektrum von Fragen und Problemen anzugehen.

Themenschwerpunkte: Was ich heute mache

Mein Spezialgebiet sind Nanostrukturen, die kleinsten noch kontrollierbaren Strukturen, die wir einigermaßen stabil einrichten können. Faszinierend daran finde ich, dass ihre physikalischen Eigenschaften extrem fremdartig sind, auch wenn Quanteneffekte noch keine Rolle spielen, z. B. Energie-Übertragungs-Mechanismen, Adhäsion und Strömungswiderstand. Ich möchte gerne nanoskopische Landschaften auf Oberflächen realisieren – für das Verarbeiten von Anregungen, auf kleinstem Raum eine Art Infrastruktur einrichten, für Transport, Speicher und Sortierung nach neuartigen Prinzipien. Am liebsten beziehe ich auch biologische Bausteine mit ein, wodurch aber oft in Flüssigkeiten gearbeitet werden muss. Glücklicherweise sind meine Lieblingsmethoden, Rastersondenverfahren, Nanoprobing und -manipulation – nach ein wenig Entwicklungsarbeit –, grundsätzlich kompatibel mit einer flüssigen Umgebung.

Mein Tipp

Nur in wenigen Berufen darf man seine Ziele frei definieren. In der Grundlagenforschung ist es wichtig, eine wirklich große wissenschaftliche Fragestellung zu entwickeln, die über Jahrzehnte tragen kann. Genauso wichtig ist es, die richtigen Leute ins Boot zu holen und ein inspirierendes Umfeld zu finden. „Herumkommen" ist nützlich, um den Denkhorizont zu erweitern und ein internationales Netzwerk aufzubauen.

17.1 Kleine Strukturen

Zwei der großen gegenwärtigen Herausforderungen unserer Gesellschaft betreffen die umweltschonende Bereitstellung von Energie und die Verbesserung der Gesundheit im Alter. Neuartige Systeme sollen helfen, Energie zu „ernten" oder als Sensoren fungieren. Einen Schlüssel zur Entwicklung von innovativen Konzepten in diesen Bereichen stellen kleinste Grenzflächenstrukturen dar. Auf der Grundlagenebene ergeben sich entsprechende wissenschaftlichen Fragen: Wie lassen sich Grenzflächensysteme nach Bedarf aus kleinen Bausteinen wie Atomen und Molekülen gestalten? Welche Strukturtypen können die gestellten Aufgaben am besten erfüllen? Grundlagenforschung ist zweckfrei und verfolgt keine wirtschaftlichen Interessen. Allerdings können die Ergebnisse wirtschaftlich genutzt werden. Falls es zur Umsetzung von Grundlagenwissen in Anwendungen kommt, erfolgt dies meistens viele Jahre später. Das führt manchmal zu einem Befremden, einer Art Kluft zwischen den Wissenschaftlern und der allgemeinen Bevölkerung. Denn nahezu alle anderen Branchen setzen sich Ziele, die fassbarer sind und die näher in der Zukunft liegen. Letztlich zahlt Grundlagenforschung sich aus, das ist vielfach belegt.

Warum sollen die Funktionseinheiten von Systemen überhaupt stets kleiner werden? Einerseits geht es darum, neuartige Konzepte in Elektronik, Sensorik, Katalyse zu etablieren und für eine höhere Energieeffizienz zu sorgen. Die Basis dazu sind Mechanismen, die vor allem zum Vorschein treten, wenn Anregungen auf kleinem Raum lokalisiert und in ihrer Dynamik kontrolliert werden können, beispielsweise durch fein abgestimmte, hierarchisch aufgebaute Strukturmerkmale. Aufgrund ihrer kleinen Abmessungen benötigen mesoskopische und Nanostrukturen um Größenordnungen weniger Material und Energie für die Herstellung bzw. im Betrieb, was eine bessere Umweltverträglichkeit impliziert. Andererseits können Nanostrukturen, wenn sie eine hohe Reaktivität aufweisen, dadurch auch automatisch eine hohe, teilweise unerwünschte, Wirksamkeit in Organismen entwickeln. Die Nanotoxikologie untersucht Wirkungen von flüchtigen und gelösten Nanoteilchen, z. B. [1].

Fazit: Der Schlüssel zur Entwicklung von innovativen Konzepten sind kleine Strukturen an Grenzflächen.

Wieso nutzt die Wissenschaft Atome und Moleküle und nicht direkt die noch kleineren Bausteine, wie Elementarteilchen? Elementarteilchen bieten noch keinen Gestaltungsspielraum, denn sie können nicht festgehalten, positioniert, und verarbeitet werden; als Einzelobjekte sind sie aufgrund der hohen Bindungsenergien bzw. ihrer Flüchtigkeit nicht adressierbar. Um Elementarteilchen überhaupt aus ihrem Materieverband zu befreien, sind Teilchenbeschleunigeranlagen nötig, und entsprechende Zustände sind destruktiv und von sehr kurzer Dauer.

Theoretisch haben sowohl Atome als auch Moleküle aufgrund der Elektronendichte-Verteilungs-Funktionen unendlich große Ausdehnungen. Aus praktischen Gründen wird daher die Größe der Objekte durch ihren Wechselwirkungsabstand charakterisiert. Kleine organische Moleküle haben dann Abmessungen von etwa einem Nanometer, Atomabmessungen betragen Bruchteile davon. Wichtig ist der Aspekt des Eingreifens; zwar sind in einem makroskopischen Festkörperkristall die Atome auf einem nanoskopischen Gitter angeordnet, aber hier wurde nicht gestalterisch eingegriffen; anders ist das bei Nanoteilchen, bei denen eine einheitliche Größe von wenigen Nanometern durch das Setzen eines Wachstumsstopps erreicht wurde. Die kleinen Abmessungen der Teilchen resultieren in einer Vielzahl besonderer Eigenschaften, wie diskrete elektrische und optische Energien, die durch die Größe der Teilchen eingestellt werden können [2, 3]. Dass die Nanoteilchen nicht wieder agglomerieren, wird durch das Anbringen einer molekularen Schutzschicht verhindert. So werden die Nanoteilchen verfügbar, sie können als Wechselwirkungspartner an andere Strukturen gekoppelt, und einzeln adressiert werden. Die Natur der Kopplung hängt von der jeweiligen geometrischen Konfiguration ab, und die vielfältigen neuen Eigenschaften erlauben es, neue Funktionen zu realisieren.

Besonders reichhaltige Möglichkeiten ergeben sich durch sogenannte hybride Strukturen. Das „Hybride" kann sich auf die Strukturgröße beziehen, z. B. wenn Nanostrukturen an größere, mesoskopische (ca. 100 nm bis mehrere μm) Strukturen angebracht werden, oder auf die Herkunft der Bausteine, z. B. Kopplung von physikalischen an biologische Module. Beispiele hierfür sind die Kontaktierung von Kohlenstoffnanoröhren an Metallmikroelektroden [4] oder das Einkapseln von Halbleiterquantenpunkten oder Nanoteilchen in virusbasierten Proteinmänteln [5]. Die beiden Komponenten werden nicht einfach durchmischt und auf der Oberfläche präpariert, sondern die Objekte werden möglichst einzeln platziert, oder es werden Strategien verwendet, die zur selektiven Anlagerung führen, sodass sich gewünschte Konfigurationen ergeben. Auch bzgl. der Modifikation („Manipulation") existieren hybride Herangehensweisen, z. B., wenn Nanosonden und Mikromanipulatoren bei der Einrichtung einer Strukturlandschaft kombiniert werden.

Die Arbeit auf der Nanometerskala erfordert einen enormen Aufwand; zur Visualisierung und Manipulation werden überwiegend Rastersondenverfahren eingesetzt. Die räumliche Auflösung dieser Methoden erreicht den Subnanometerbereich. Das Grundprinzip wurde Anfang der 1980er-Jahre erstmals erfolgreich implementiert. Seitdem hat es viele Weiterentwicklungen hinsichtlich der Spezifizität und der Kompatibilität mit Medien gegeben [6]. Beispiele sind die nanooptische Mikroskopie [7], das Monitoring von chemischen Reaktionen direkt an Flüssig-Fest-Oberflächen [8] und Nanosonden für weiche Systeme wie lebende Zellen [9]. Die Rastersondenmethoden beruhen auf folgendem Prinzip: Auf eine Oberfläche werden Strukturlandschaften präpariert und eine sehr feine Spitze wird herangeführt, bis eine messbare, lokale Wechselwirkung erreicht wird. Während des Abrasterns eines Feldes auf der Probe wird diese Wechselwirkung auf einem bestimmten Sollwert gehalten, indem über eine Regelschleife der lokale Abstand zwischen Oberflächenstrukturen und Spitze entsprechend verändert wird. Hierfür genutzte lokale Wechselwirkungen können sehr divers sein, beispiels-

Abb. 17.1 Eine Nanosonde wird an eine strukturierte Moleküllandschaft angenähert, wodurch sowohl die Geometrie als auch die optischen und elektronischen Eigenschaften ortsabhängig erfasst werden. Die Topografie zeigt einen Ausschnitt von ca. $10\,\mu m \times 10\,\mu m \times 100\,nm$ mit länglichen Molekülkristalliten. Die Sonde kann auch dazu benutzt werden, die Nanoobjekte zu modifizieren. (Mit freundlicher Genehmigung von © Kraft S 2018.)

weise elektrischer Tunnelstrom, Kraftwirkung, optisches Nahfeld, und vieles andere mehr. Besonders aussagekräftig sind Kombinationen von Mikroskopie und Spektroskopie (wenn an jedem Rasterpunkt ein Spektrum aufgenommen wird) und Kombinationen von verschiedenen Mikroskopiekanälen, z. B. elektronische Anregungsdichte und Morphologie (Abb. 17.1). Dann können Eigenschaften und Funktionen direkt dem entsprechenden Strukturmodul zugewiesen werden, ohne dass mehrere „gleiche" Strukturen präpariert und gemessen werden müssen. Bei nanoskopischen Dimensionen und wenn Sonden erneut angenähert werden müssen, ist das Wiederauffinden der zuvor gemessenen Region (derselben Struktur) aufgrund der Größenverhältnisse ein schwieriges Unterfangen. Ohne Vorkehrungen würde man sich verirren. Das Navigieren in der Landschaft, das Nutzen und Setzten von Orientierungshilfen und das Einbeziehen von Überblickskarten ist ein wichtiger Aspekt.

Fazit: Das Einrichten und die Charakterisierung heterogener Strukturlandschaften aus nanoskopischen Modulen erfordern Methoden der korrelativen Mikroskopie, der Nanomanipulation und der Navigation.

17.2 Einkopplung und Transport von Anregungen

Eine Landschaft beinhaltet eine Anordnung von Bausteinen, wie Nanoteilchen, Nanoresonatoren bzw. molekularen Drähten. Die Zielsetzung ist die Realisierung dedizierter Funktionen, ähnlich wie bei einer makroskopischen Infrastruktur. Beispiele sind Energietransport und -versorgung, Ermitteln von Umgebungsparametern, Filtern und Mischen, Logikoperationen, Signaltransduktion sowie Trennen, Sammeln und Verteilen von Anregungen bzw. Ladungen. Entsprechende Landschaften können auf Oberflächen und Grenzflächen gestaltet und mithilfe von Mikromanipulatoren und Rastersondenmethoden eingerichtet und untersucht werden. Zunächst untersuchen wir Landschaften aus nur zwei Modulen: metallischen Nanoteilchen und Farbstoffmolekülaggregaten. Die rudimentäre Funktion solcher Einheiten ist der Energietransfer aus dem Lichtfeld in das Nanoteilchen, vom Nanoteilchen in das Molekülaggregat und der weitere Transport der Anregung (Abb. 17.2). Das Molekülaggregat soll als Kabel funktionieren. Im Molekülaggregat soll die Anregung möglichst lange Laufzeiten und Wegstrecken erreichen, sodass sie am anderen Ende für eine Verarbeitung zur Verfügung steht oder gespeichert werden kann.

Ein Molekülaggregat hat im Vergleich zum konventionellen Festkörperkristall recht schwache, sogenannte supramolekulare Bindungen [10]. Aggregate aus Farbstoffmolekülen können gebundene Elektronen-Loch-Paare (Exzitonen) beherbergen und transportieren [11]. Dabei können das Elektron und das Loch intermolekular (nach Förster) bzw. intramolekular (nach Dexter) koinzident „überspringen", was beides auf einen Transport zum Nachbarmolekül hinausläuft. Die Anregung wird normalerweise nach einer gewissen Zeit durch strahlende Rekombination, die Aussendung eines Photons (Photo-Lumineszenz), abgeregt [12].

Die äußere Morphologie der Aggregate ist mittels Kraftmikroskopie zugänglich. Einige Moleküle bilden ein verzweigtes Netzwerk von strangartigen Kristalliten. Abb. 17.1 und 17.3 zeigen Morphologien, Letztere in Korrelation mit der Anregungsdichte und der Lumineszenz von Exzitonen. Die Kraftmikroskopie erlaubt es allerdings nicht, auf die innere Struktur zu schließen. Einen Zugang zur inneren Struktur könnten Rastersonden- bzw. Transmissionselektronenmikroskopiestudien direkt im Lösungsmittel bieten. Entsprechende Modi, mit denen Sequenzen der Struktur aufgenommen werden können, während die Kristallite wachsen bzw. sich auflösen, befinden sich erst in der Entwicklung. Die innere Struktur von organischen Mikrokristalliten ist mittels Röntgenmethoden schwer zugänglich, denn die Kristallite sind klein und meistens handelt es sich um einen hierarchischen Strukturaufbau, in dem viele Motive auf unterschiedlichen Längenskalen involviert sind.

Einen indirekten Zugang, die Ausrichtung der Moleküle im Kristall zu bestimmen, bieten polarisationsabhängige Messungen der Lumineszenz. Übergangsdipolmomente

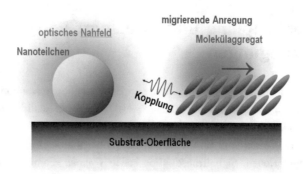

Abb. 17.2 Konfiguration aus Nanoteilchen und Molekülaggregat auf Festkörperkristalloberfläche

für Absorption und Emission liegen in der Molekülebene entlang bestimmter Achsen. Daher kann die beobachtete Fluoreszenzanisotropie den Grad der strukturellen Ordnung innerhalb der Kristallite offenbaren. Im Fall der hier betrachteten Kupfer-Porphyrin-Kristallite ergibt sich eine Anisotropie von mindestens 50 %, was auf eine substanzielle Ordnung und eine bezüglich Substrat und Längsachse längs stehende Molekülebene schließen lässt [13].

Eine andere Fragestellung betrifft die Nanoteilchen bzw. -strukturen; sie sollen als „Leuchtkugeln" in der Landschaft fungieren, das Licht lokalisieren und verstärken, sodass es effizient in die Molekülaggregate einkoppelt. Licht wird dann aus dem Nahfeld der Teilchen von den Farbstoffmolekülen absorbiert, und es entstehen intramolekulare elektronische Anregungen, besagte Exzitonen. Dazu bedarf es einer auf die Hauptabsorption der Molekülkristallite gut eingestellten Resonanz der lokalisierten Plasmonen, in unserem Fallbeispiel bei gut 400 nm Wellenlänge, entsprechend einer Energie von drei Elektronenvolt. Bei Plasmonen handelt es sich wiederum um Anregungen in metallischen Nanoteilchen; durch das Lichtfeld werden die quasifreien Metallelektronen zu Eigenschwingungen angeregt. Das hat zur Folge, dass das optische Nahfeld (gegenüber dem anregenden Feld) in einem Bereich von einigen 10 nm um das Nanoteilchen herum deutlich verstärkt wird. Zum Vergleich: Eine makroskopische, schwingende Ladung führt zu Abstrahlung von elektromagnetischen Feldern. Eine Nanostruktur- oder ein Nanoteilchen konstituiert auch eine Art Antenne, allerdings ist die Abmessung der Antenne dann viel kleiner als die Wellenlänge. Das elektromagnetische Feld wird durch die starken Gradienten so deformiert, dass keine Ausbreitung stattfindet und es am Ort „stehen" bleibt. Die Ausbreitungsgeschwindigkeit des Lichts ist in diesem Fall null, dieses Licht kann durch Mikroskope oder unser Auge nicht gesehen werden.

Aufgrund ihrer Eigenschaften werden plasmonische Nanoteilchen bzw. -strukturen gerne vorgesehen, elektromagnetische Felder für die Anregung lokal zu verstärken und so mehr Energie in die Molekülkristalle einzukoppeln [14]. Im Prinzip kann die Anwesenheit einer metallischen Struktur aber in beide Richtungen wirken: die Erhöhung der Anregungsdichte im Molekülkristall oder aber leider auch Verluste durch das Zugänglich-Machen neuer, nichtstrahlender Abregungsmöglichkeiten (*quenching*). Welcher Effekt überwiegt, hängt unter anderem von der geometrischen Konfiguration, dem Abstand vom Substrat und der Polarisation des Lichtes ab [15]. Eine Anzahl von Studien hat optimale Abstände (im Sinne einer maximalen Anregung) zwischen Farbstoffmolekül und Nanoteilchen von 5 nm bis 20 nm ermittelt [16, 17]. So gesehen, erscheint es zunächst suboptimal, Farbstoffkristallite direkt auf die Metallnanostrukturen zu bringen. Andererseits sind die Kristallite durchaus hoch genug, dass eine „tote" Schicht mit geschwächter oder nicht vorhandener Exzitonendichte toleriert werden kann. Im Folgenden zeigen wir Resultate einer Studie mit mesoskopischen Farbstoffkristalliten aus Kupfer-Porphyrin im direkten Kontakt mit Silbernanostrukturen. Porphyrine sind polyzyklische Metallkomplexe mit quadratisch-planarer Geometrie. Säugetiere nutzen solche Porphyrine als aktive Einheiten im Hämoglobin des Blutes zwecks Sauerstofftransports, und Pflanzen nutzen diesen Farbstoff um aus dem

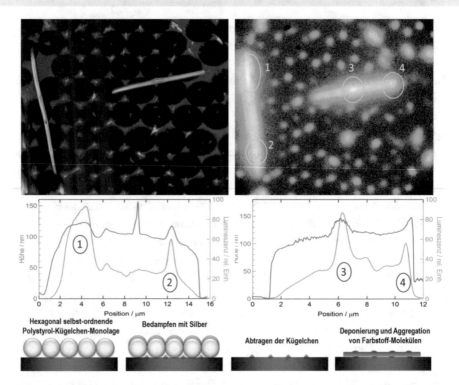

Abb. 17.3 Rasterkrafttopografie und Lumineszenzkarte von zwei stäbchenförmigen Molekülkristalliten auf einer Strukturlandschaft aus Silber. Die Silberstrukturen sind 35 nm hoch und in der Karte links türkis-blau gefärbt. Die Lumineszenzkarte zeigt die Phosphoreszenz (bei einer Wellenlänge um 800 nm). Die runden Phosphoreszenzsignaturen stammen von kleinen Mengen Farbstoff (grün in der Topografie), der präferenziell auf Silber adsorbiert. Im mittleren Teil des Bildes werden Profile der topografischen Höhe (blaue Kurven) und der Phosphorezenzausbeute (orange Kurven) entlang der langen Kristallitachse korreliert. Unten sind die Präparationsschritte gezeigt. (Mit freundlicher Genehmigung von © Bahrami MR 2018. All rights reserved)

Sonnenlicht Energie zu „ernten". Synthetische Porphyrine unterscheiden sich vor allem im Metallzentrum und den Seitengruppen; Kupfer-Porphyrine mit Alkanseitengruppen assemblieren sich selbst zu einer geordneten Monolage mit flach auf der Oberfläche adsorbierten Molekülen [18]. Darauf formt sich ein Netzwerk mit länglichen kabelartigen Kristalliten [13], Abb. 17.1 enthält ein Beispiel.

Abb. 17.3 zeigt zwei mesoskopische Molekülkristalle, die auf einer Oberfläche mit Silbernanostrukturen gewachsen sind. Im linken Teil der Abbildung ist eine Rasterkraftaufnahme zur morphologischen Charakterisierung zu sehen, die andere Aufnahme (rechts) zeigt die Lumineszenz, die im Wesentlichen proportional zur Anregungsdichte ist. Die Fluoreszenz ergibt sich aus Singulettexzitonenanregungen, die Phosphoreszenz aus Triplettexzitonen. Singulettzustände beinhalten eine Drehimpulskonfiguration von Elektron und Loch ($\uparrow\downarrow$), die einen Gesamtdrehimpuls null ergibt, während die Triplett-Konfiguration ($\uparrow\uparrow$) eine Gesamtdrehpulsquantenzahl von eins ergibt.

Die zwei stäbchenförmigen Kristallite weisen eine Höhe von 120 nm und eine Breite von ca. 500 nm auf. Ihre Längen sind 13 μm bzw. 10 μm und ihre gegenseitige Orientierung ist in etwa rechtwinkelig. Die vier Positionen, an denen die beiden Kristallite Silberstrukturen touchieren, sind mit „1", „2" bzw. „3", „4" gekennzeichnet. Schon mit dem bloßen Auge ist eine Verstärkung der Photolumineszenz an diesen Positionen erkennbar. Allerdings ist ein Teil dieser Verstärkung auf eine bessere Reflektivität von Silber im Vergleich zum Substrat zurückzuführen. Die gewachsenen Silberstrukturen weisen aufgrund ihrer körnigen Struktur eine raue, plasmonisch aktive Oberfläche mit Modulationsamplituden von einigen Nanometern auf (hier nicht gezeigt). Nach quantitativer Auswertung ergibt sich eine verbleibende plasmonische Verstärkung aufgrund der Silberstrukturen von mindestens 1,4. Das scheint jetzt noch nicht besonders viel, allerdings kann die Lichtlandschaft gezielt auf die Absorptionswellenlänge abgestimmt werden. Die Silberstrukturen wurden mittels Nanokugel-Lithografie erzeugt. Dabei wird Silber durch eine hexagonal geordnete Maske aus Polysterolkugeln deponiert; im Anschluss wird die Maske entfernt (s. dazu Abb. 17.3, unten). Je kleiner die Kugeln, desto kleiner die erhaltenen Strukturgrößen. Mit kleiner werdenden Strukturgrößen verschieben sich die plasmonischen Resonanzen spektral vom nahen Infrarot- in den optischen Bereich [19]. Damit kann die Wellenlänge der Hauptabsorption der Moleküle, das sogenannte Soret-Band bei gut 400 nm, besser getroffen werden. Silbernanoteilchen, z. B. kolloidal präparierte, mit Durchmessern um 20 nm, haben eine energetisch weitaus besser passende Plasmonresonanz. Leider stören die molekularen Schutzschichten der kolloidal präparierten Nanoteilchen, sodass es zu stochastisch wiederkehrendem Aus- und Einsetzen der Anregung (*blinking*) kommt [20]. Man vermutet, dass Ladungstransferprozesse auf die Umgebung die Anregungen transient unterdrücken. Aus diesem Grund sind physikalisch erzeugte, im Ultrahochvakuum deponierte Nanoteilchen (*cluster*), eine vielversprechende Option. Die Agglomeration wird in diesem Fall durch die Bindung an das Substrat verhindert. **Fazit: Längliche, kabelartige Molekülkristalle dienen als Bausteine in gestalteten Licht-Materie-Landschaften und sind geeignet, Transferpfade von Anregungen zu testen.**

Die Lebensdauer der Exzitonen im Molekülkristall wurde mit optischen Methoden und Photoemissionselektronenmikroskopie bestimmt [21]. Bei der Photoemissionselektronenmikroskopie wird die Bevölkerung durch Anregungen in den Strukturen auf der Oberfläche kartografiert [22]. Dabei zeigt sich, dass die strahlenden Singulett- und Triplettexzitonen in den Molekülkristallen Lebensdauern von einigen Nanosekunden bzw. einigen 10 Nanosekunden aufweisen. Besonders vielversprechend sind Anregungen, deren Abregung aufgrund von Symmetrieeigenschaften des Lichts verboten ist. Diese sogenannten Dunkelzustände sind besonders langlebig ($\approx$ 20 μsec) und dadurch für den langreichweitigen Transport von Energie oder Information potenziell gut geeignet. Dunkelzustände können − wie der Name sagt − nicht optisch detektiert werden, sondern sie werden über Photoelektronen im Vakuum nachgewiesen [21]. Will man die Laufstrecke der dunklen Triplettexzitonen durch die Molekül-Kabel-Strukturen ermitteln, werden Anrege-Abfrage-Experimente mit gut definierten Zeitabständen erforderlich. Dazu wird die Beleuchtung mit einer Zeitstruktur versehen, wobei Laser mit repetierenden Femtosekundenpulsen bzw. rotierende Sektorblenden (*chopper*) zum Einsatz kommen. Dunkle Zustände werden dann innerhalb der Pulsdauer des Lasers bevölkert und sind aufgrund ihrer langen Lebensdauer relativ beständig. Die Anregungen können durch die Landschaft migrieren, und ihre Existenz wird nach einer bestimmten Zeitspanne „abgefragt". Hierbei ergibt sich dann, wie groß die Verluste sind und welche räumlichen Abzweigungen die Anregungen durch das Netzwerk der Molekülaggregate genommen haben. Solche Untersuchungen erlauben es, die Reichweite der Anregungen und deren räumliche Ausbreitung zu erfassen. Eine Herausforderung besteht darin, die Strukturen stets kleiner zu machen und Verlustkanäle durch die Umgebung zu minimieren. Eine andere Fragestellung zielt auf die dynamische Beeinflussung der Pfade, die die Anregungen durch das verzweigte Netzwerk nehmen, im Sinne einer Weichenstellung.

Plasmonische Nanostrukturen sind außerdem als nanoskopische Lichtlandschaft für biophysikalische Fragestellungen interessant. Insbesondere an den Lücken zwischen zwei Metallspitzen (*bow-tie*) kann eine hohe Verstärkung des optischen Nahfeldes erreicht werden, wenn die Geometrie gut auf die Wellenlänge abgestimmt ist. Da es sich um Nahfelder handelt, propagiert das Licht nicht und die optische Zustandsdichte ist nur im Bereich der Metallstrukturen erhöht. Eine Lichtlandschaft ist eine nützliche Substratstruktur in Hinblick auf die Unterstützung der Adhäsion von lebenden Zellen an Oberflächen, eine wichtige Fragestellung in Bezug auf die Gewebe- und Knochenakzeptanz bei medizinischen Implantaten, beispielsweise Gelenkprothesen. Knochenzellen liegen nicht direkt auf der Oberfläche, sondern es bildet sich ein Zwischenraum von einigen 10 nm aus, der wässriges Medium und extrazelluläre Matrix enthält. Von optischen Nahfeldern gehen anziehende Kräfte aus, außerdem könnte die Zelle Energie lokalisiert aus dem Nahfeld „abzapfen" beispielsweise um biochemische Prozesse für die Zelladhäsion anzutreiben. Dafür darf die Beleuchtung nicht zu stark sein, da sonst fotochemisch freie Radikale im Zwischenraum entstehen, die die Zelle beschädigen können [23]. Die Zelle würde in dem Fall Reparaturprogramme priorisieren und Energie primär dafür beziehen; infolgedessen könnte sie als Sekundärantwort Orte mit geringerer Lichtleistung aufsuchen. Es ist hilfreich, die plasmonischen Nanostrukturen in eine transparente Matrix, beispielsweise Plexiglas, einzubetten, um topografische Trigger zu unterbinden und das beobachtete Verhalten der Zelle weitgehend der Antwort auf die Nahfeldtrigger zuordnen zu können.

Danksagung

Diese Arbeiten wurden durch die Sonderforschungsbereiche 652 „Starke Korrelationen und kollektive Phänomene im Strahlungsfeld" und 1270 „Elektrisch aktive Implantate" der Deutschen Forschungsgemeinschaft unterstützt.

Literatur

[1] Kettler K, Veltman K, van de Meent D et al (2014) Cellular uptake of nanoparticles as determined by particle properties, experimental conditions, and cell type. Environ Toxicol Chem 33:481

[2] Motl NE, Smith AF, DeSantisa CJ et al (2014) Engineering plasmonic metal colloids through composition and structural design. Chem Soc Rev 43:3823

[3] Vanmaekelbergh D, Liljeroth P (2005) Electron-conducting quantum dot solids: novel materials based on colloidal semiconductor nanocrystals. Chem Soc Rev 34:299

[4] Fuhrer MS, Nygard J, Shih L et al (2000) Crossed nanotube junctions. Science 288:494

[5] Manchester M, Steinmetz NF (2009) Viruses and Nanotechnology. Springer, Berlin, Heidelberg

[6] Meyer E, Hug HJ, Bennewitz R (2004) Scanning Probe Microscopy, The Lab on a Tip. Springer, Berlin, Heidelberg

[7] Keilmann F, Hillenbrand R (2009) Near-field nanoscopy by elastic light scattering from a tip. In: Zayats A, Richards D (Hrsg) (2009) Nano-Optics and Near-Field Optical Microscopy. Artech House, Norwood

[8] Hulsken B, Van Hameren R, Gerritsen JW et al (2007) Real-time single-molecule imaging of oxidation catalysis at a liquid-solid interface. Nature Nanotechnology 2:285

[9] Chen CC, Zhou Y, Baker LA (2012) Scanning Ion Conductance Microscopy. Ann Rev Analytical Chem 5:207

[10] Schwoerer M, Wolf HC (2012) Organische Molekulare Festkörper: Einführung in die Physik von pi-Systemen. Wiley, Weinheim

[11] Yost SR, Hontz E, Yeganeh S et al (2012) J Phys Chem C 116:17369

[12] Saikin SK, Eisfeld A, Valleau S (2013) Photonics meets excitonics: natural and artificial molecular aggregates. Nanophotonics 2:21

[13] Bahrami M, Kraft S, Becker J et al (2018) Correlative microscopy of morphology and luminescence of Cu porphyrin aggregates. J Phys B 51:144002

[14] Liu X, Qiu J (2015) Recent advances in energy transfer in bulk and nanoscale luminescent materials: from spectroscopy to applications. Chem Soc Rev 44:8714

[15] Lakowicz JR (2001) Radiative Decay Engineering: Biophysical and Biomedical Applications, Analytical Biochem 298:1

[16] Anger P, Bharadwaj P, Novotny L (2006) Phys Rev Lett 96:113002

[17] Sorokin AV, Zabolotskii AA, Pereverzev NV et al (2014) Plasmon Controlled Exciton Fluorescence of Molecular Aggregates. J Phys Chem C 118:7599

[18] Coenen MJJ, Cremers M, den Boer D et al (2011) Little exchange at the liquid/solid interface: defect-mediated equilibration of physisorbed porphyrin monolayers. Chem Commun, 47:9666

[19] Jensen TR, Duval Malinsky M, Haynes CL et al (2000) J Phys Chem B 104:10549

[20] Stefani FD, Hoogenboom JP, Barkai E (2009) Beyond quantum jumps: Blinking nano-scale light emitters. Physics Today 62:34

[21] Hartmann H, Barke I, Friedrich A et al (2016) Mapping Long-Lived Dark States in Copper Porphyrin Nanostructures, J Phys Chem C 120:16977

[22] Bauer E (2014) Surface Microscopy with Low Energy Electrons. Springer, Berlin, Heidelberg

[23] Kolesnikova TA, Kohler D, Skirtach AG et al (2012) Laser-Induced Cell Detachment, Patterning and Regrowth on Gold Nanoparticle Functionalized Surfaces. ACSnano 6:9585

IV

Quantenoptik und Photonik

18 Photonik – Von der klassischen Optik zur Zukunft des Lichts
— Cornelia Denz —

Zusammenfassung

Die Photonik beschäftigt sich mit Anwendungen des Mediums Licht in ganz verschiedenen Bereichen – von der Informationsübertragung bis hin zum Einsatz von Licht in der Medizin. Der Erfolg der Photonik liegt in den besonderen Eigenschaften des Lichts begründet. Es zeigt die höchste erreichbare Geschwindigkeit im Universum und kann daher Daten unvorstellbar schnell übertragen. Es kann auf einen sehr kleinen Bereich, auf den Millionstel Teil eines Millimeters, fokussiert werden und daher kleinste Strukturen auflösen. Und es kann höchste Leistungen bis zu Milliarden von Megawatt erzeugen, sodass Hochleistungslaser heute für die Materialbearbeitung genauso wie für die Fusionsforschung eingesetzt werden können.

Wie sich die klassische Optik von Linsen, wie sie schon in der Antike bekannt war, bis heute in einen so spannenden Forschungszweig, der Quantenoptik und Nanophotonik beinhaltet, mit so vielfältigen Anwendungen in der Datenübertragung, der Nano- und der Biotechnologie entwickeln konnte, wird in diesem Kapitel beschrieben.

© Springer-Verlag GmbH Deutschland, ein Teil von Springer Nature 2019
D. Duchardt et al. (Hrsg.), *Vielfältige Physik*, https://doi.org/10.1007/978-3-662-58035-6_18

Prof. Dr. Cornelia Denz

Physik ist immer spannend – sie begeistert mich immer wieder aufs Neue.

- *1963 in Frankfurt am Main
- 1988 Diplom Physik, 1992 Promotion, TU Darmstadt
- 1991–1992 Forschung am Institut d'Optique, Paris
- 1999 Habilitation Experimentalphysik, TU Darmstadt
- Seit 2001 Professur für Physik, WWU Münster
- 2010–2016 Prorektorin, WWU Münster
- Seit 2016 Professur für Experimentalphysik und Geschlechterforschung in der Physik, WWU Münster
- Verheiratet, zwei Kinder (*1990, *1992)

Am Anfang: Meine Begeisterung für die Physik

Schon als Mädchen bastelte und konstruierte ich sehr gerne, und viele technische Geräte faszinierten mich. In der Schule machte mir besonders die Mathematik Spaß. Erst die Begeisterung, die einige Lehrerinnen und Lehrer für die Physik vermittelten, hat mich angesteckt, sodass ich nach dem Abitur Physik studierte. Im Verlauf des Studiums haben mich die grundlegenden Fragen der Physik des Lichts immer mehr interessiert. Dazu hat auch beigetragen, dass die experimentelle Optik ein Gebiet ist, in dem Teamarbeit und internationale Kooperationen wichtig sind. So konnte ich mein Interesse für Sprachen und andere Länder mit der Optik verbinden. Ich freue mich jeden Tag, mich mit Licht zu beschäftigen. Licht ist nicht nur ästhetisch schön und trägt zum Verständnis von Materie bei, es eröffnet mir auch interdisziplinäre Bereiche wie die Biomedizin. Die Begeisterung für Licht weiterzugeben, ist einer meiner aktuellen Arbeitsschwerpunkte. In unserem Experimentierlabor MExLab Physik zeigen wir Schülerinnen und Schüler, was die Physik spannend macht.

Themenschwerpunkte: Was ich heute mache

Unsere Arbeitsgruppe verbindet grundlegende Fragen der Strukturierung von Licht mit Anwendungen in der Laserphysik, der Informationsverarbeitung, der Biophotonik und der Nanophotonik. So kann ich – wie ich es mir als Schülerin vorgestellt habe – neben den Grundlagen auch angewandte Themen bearbeiten und ganz handfest dazu beitragen, dass maßgeschneidertes Licht die Welt von morgen gestaltet. Zudem möchte ich Mädchen und Frauen unterstützen, in der Physik ihren Weg zu finden. Daher habe ich seit 2016 eine Professur inne, die neben der Experimentalphysik auch die Geschlechterforschung in der Physik beinhaltet.

Mein Tipp

Bewahre dir die Begeisterung für das, was du tust, und lass' dich durch Alltagshürden nicht entmutigen. Suche dir Verbündete, denn gemeinsam ist man stärker.

18.1 Licht – der erste Maler: Eine kurze Geschichte der Optik

Licht ist nicht nur der Motor für die Entwicklung des Universums und unser Leben, es ist auch gegenwärtig in Natur, Kunst und Alltag. Dies hat der englische Autor Ralph Waldo Emerson mit seinem Ausspruch „Licht ist der erste Maler. Kein Objekt ist so unschön, dass es starkes Licht nicht schön machen kann" [1] poetisch sehr treffend beschrieben. Auch für uns ist Licht heute genauso schön wie selbstverständlich. Wir freuen uns über Farben, ob an Regenbögen oder schimmernden Seifenblasen, wir wissen um die heilende Wirkung des Lichts, und wir nutzen Licht als Beleuchtung, zur Datenübertragung oder im Straßenverkehr.

Licht ist aber auch historisch ein ganz besonderes Phänomen [2]. Schon in der Antike haben die pythaogoreischen Philosophen versucht, Licht als Naturphänomen zu erklären. Sie kannten schon das Brennglas und die Brechung von Licht beim Übergang in Wasser, auch wenn sie noch glaubten, dass Licht vom Auge in Form von Sehstrahlen ausgehe. Während dieses Wissen im Mittelalter in Europa wieder verloren ging, entwickelten Gelehrte in der arabischen Welt die Optik weiter. Abu Ibn-Al Haitham – kurz Alhazen genannt – kannte schon um die erste Jahrtausendwende nach Christus das Reflexions- und Brechungsgesetz und hat die erste Lochkamera entwickelt.

Die Übersetzung von Alhazens Schriften ins Englische im 13. Jahrhundert entdeckte Robert Bacon, der vielfach als Wegbereiter der modernen Wissenschaft nach heutigem Verständnis betrachtet wird. Sein großer Verdienst neben der Erforschung der Entstehung des Regenbogens war die Idee, Linsen zur Korrektur des Sehvermögens zu nutzen oder sie zur Beobachtung kleinster und größter Objekte einzusetzen – Vorläufer von Brille, Mikroskop und Teleskop.

Im 16. und 17. Jahrhundert, als die „wissenschaftliche Revolution" stattfand, ging die Entwicklung auch in der Optik Schlag auf Schlag: Johannes Kepler entwickelte ein Fernrohr, um die Bewegung der Jupitermonde zu beobachten, und Ole Römer bestimmte an ihnen erstmals die Lichtgeschwindigkeit. Im Verlauf der Jahrhunderte wurde diese immer genauer gemessen, und heute wissen wir: Im Vakuum breitet sich Licht mit der Lichtgeschwindigkeit von 299.792,458 m pro Sekunde aus. Es ist die Basis für unsere hoch genaue Zeitmessung heute.

Francesco Grimaldi erklärte die Beugung von Licht an kleinen Öffnungen, und Newton und Goethe gerieten über die Entdeckung, dass weißes Licht aus Farben besteht, in einen wissenschaftlichen Streit, ob Licht als eine Welle oder ein Strahl aus Teilchen angesehen werden kann. Emilie du Châtelet, die in Frankreich Newton übersetzte, zeigte, dass Wärme und Licht ein- und dasselbe sind, und war damit Wegbereiterin der modernen Lichtauffassung, die heute weit mehr als sichtbares Licht umfasst. Zwar glaubte man, dass Licht einen *Äther* als Trägermedium brauchte, wie Schall Luft zur Ausbreitung braucht, doch schien die Lichtausbreitung verstanden.

Im 19. Jahrhundert schien auch der Streit, welche Natur das Licht hat, entschieden: Licht als Welle erklärte Phänomene wie Interferenz, Beugung, und Polarisation. James C. Maxwell konnte dies umfassend theoretisch mit seinen berühmten Formeln erklären, und Heinrich Hertz gelang es schließlich, Lichtwellen für die Datenübertragung anzuwenden.

In diesem schönen blauen Himmel der optischen Welt entstanden zu Beginn des 20. Jahrhunderts einige – zunächst als unbedeutend angesehene – Wolken. Albert A. Michelson und Edward W. Morley hatten experimentell gezeigt, dass es keinen Äther geben kann, der für die Lichtausbreitung verantwortlich ist. Dass ihr Interferometer 130 Jahre später, technisch weiterentwickelt, auch Gravitationswellen entdecken würde, haben sie sicher nicht geahnt. Albert Einstein untersuchte das Auftreffen von Licht auf Material und zeigte mit dem Photoeffekt, dass Licht aus Teilchen bestand, den Photonen. Einstein konnte damit das Rätsel lösen, wie Licht entsteht: Elektronen, die um ein Atom oder Molekül herum auf Bahnen kreisen, können diese durch Aufbringen oder durch Abgeben von Energie wechseln. Die Bahnen sind nichts anderes als Energieniveaus für die Elektronen. Beim Übergang von einem zum anderen Energieniveau wird Energie frei – in genau der „Portion", die dem Energieunterschied zwischen den Niveaus entspricht. Lichtemission aus einem Atom entsteht also immer dann, wenn ein Elektron das Energieniveau ändert, und sie kann nur als „Lichtportion", als Photon, frei werden. Schließlich entdeckte Max Planck, dass man die Emission von Licht sowohl als Teilchen- als auch als Wellenphänomen erklären kann, wenn man in beide Modelle Lichtquanten als solche Lichtportionen einführt. Damit gab Licht den Anlass für die zweite wissenschaftliche Revolution: die Entstehung der Quantenphysik, die uns in die heutige Zeit der modernen Physik führt.

18.2   Die Physik des Lichts – wie Licht erklärt und beschrieben werden kann

Unser heutiges Verständnis von Licht ist umfassend. Wir verstehen Licht als eine Form der elektromagnetischen Strahlung (s. Abb. 18.1), von der wir nur einen kleinen Anteil – den sichtbaren Wellenlängenbereich – mit unseren Augen sehen können. Dass dies nicht allein ausschlaggebend für die Definition von Licht sein kann, kann man schon dadurch verstehen, dass nachtaktive Tiere andere Wellenlängen sehen können. So gehören auch sehr kurzwellige Röntgenstrahlen am blauen bzw. ultravioletten Ende des Spektrums sowie Infrarotwärmestrahlung oder Mikrowellen mit sehr großen Wellenlängen am roten Ende des Spektrums zum Phänomen Licht.

Die physikalischen Eigenschaften des Lichts werden durch verschiedene Gebiete in der Optik beschrieben. In der *Strahlenoptik* wird die geradlinige Ausbreitung des Lichts durch Lichtstrahlen beschrieben. Dazu gehören Effekte wie Reflexion und Brechung in Wechselwirkung mit Materialien, aber auch Linsenabbildung und deren Einsatz in

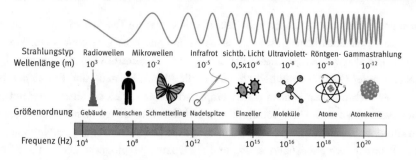

Mikroskop oder Teleskop. Auch wenn es sich dabei um das historisch älteste Gebiet der Optik handelt, ist es dennoch für die moderne Photonik von besonderer Bedeutung.

Reflexion und Brechung sind die Grundlage von Lichtleitung in Glasfasern, die heute aus der Datenübertragung nicht mehr wegzudenken sind. Dabei kann Licht in Fasern, die dünner sind als ein menschliches Haar, über lange Strecken ohne hohe Verluste mit Lichtgeschwindigkeit übertragen werden. Überseekabel aus Glasfasern ermöglichen es uns heute, weltweit direkt zu telefonieren oder Videokonferenzen abzuhalten – mit Datenraten von einigen Terabit pro Sekunde. Für Licht ist die Strecke von 6.500 km zwischen Berlin und New York in 0,02 Sekunden überwunden, sodass wir ohne Zeitverzögerung hohe Datenmengen austauschen können.

Eine weitere Innovation geht auf die Strahlenoptik zurück: das hochmoderne, ultrahochauflösende Mikroskop. Durch geschickte Überlagerung von Lichtfeldern, die Moleküle an- und abregen, kann das Auflösungsvermögen eines Mikroskops heute weit geringer als die Wellenlänge des Lichts sein. Dadurch können kleinste Objekte wie Moleküle oder Zellbestandteile bis zu wenigen zehn Nanometern genau beobachtet und vermessen werden [4]. Möglich macht dies die Methode der stimulierten Emissionserschöpfung (engl.: *Stimulated Emission Depletion*, STED).

Die *Wellenoptik* hingegen untersucht die Lichtausbreitung und Lichtüberlagerung im Raum sowie die Wechselwirkung mit Hindernissen. Licht als Welle wird durch die Farbe oder Frequenz beschrieben, die mit der Wellenlänge über die Lichtgeschwindigkeit zusammenhängt. Es wird durch die Stärke des Lichts, die Amplitude, durch die Verzögerung beim Durchlauf durch Material, die Phase, und durch die Schwingungsrichtung des Lichts, die Polarisation beschrieben. Wenn wir heute von maßgeschneidertem Licht für die Photonik sprechen, dann ist damit gemeint, genau diese Parameter so einzustellen, dass das Licht besondere Formen annimmt. Mit geschickter Modulation von Amplitude, Phase und Polarisation kann Licht sich spektakulär verhalten, wie ich in Abschnitt 18.3 beschreiben werde.

Die *Quantenoptik* betrachtet Licht als eine Abfolge von Quantenobjekten, den Photonen. Da diese Lichtteilchen sich mit Lichtgeschwindigkeit bewegen und damit nach

Einsteins Prinzip der Masse-Energie-Relation als schnellste Teilchen im Universum keine Masse innehaben können, sind sie seltsame und gleichzeitig besondere Objekte, an denen viele allgemeine Hypothesen der Quantenphysik getestet werden können. Fragestellungen der Quantenoptik berühren daher die Atom-, Molekül- und Festkörperphysik. Zwei Lichtquanten können derart präpariert werden, dass sie untrennbar miteinander verbunden sind. Diese verschränkten Lichtteilchen können mehr Information als ein einzelnes Teilchen transportieren und damit die Datenübertragung revolutionieren. Die Quanteninformationsübertragung und die Quantenkryptografie beruhen auf Photonen, deren Polarisation oder deren Amplitude verschränkt ist, sodass Quanten-Bits mit hoher Informationsdichte abhörsicher übertragen werden können [5].

Ein wichtiges Gebiet der Optik ist auch die *Erzeugung von Licht*. Historisch war schon die Erfindung der Glühlampe durch Thomas A. Edison eine Revolution, da sie es ermöglichte, auch ohne Tageslicht zu lesen und zu arbeiten. Die Glühlampe ist jedoch ein Wärmestrahler. Genau wie heißes Feuer in gelber Farbe leuchtet, so leuchtet der erhitzte Wolframfaden in einer Glühlampe so hell, dass wir es als Licht wahrnehmen. Die Weiterentwicklung der Glühlampe, die Halogenlampe, basiert auf demselben Prinzip. Eine Entladungsröhre regt Moleküle an, sodass diese Lichtquanten freisetzen. Durch geschickte Mischung von Gasen können diese Moleküle Licht in allen Farben erzeugen, sodass der weiße Lichteindruck entsteht. Da beide, Glüh- und Halogenlampe, für die Lichterzeugung viel Energie benötigen, sind andere Lichtquellen heute attraktiver. Die neuesten Lichtquellen sind Leuchtdioden. Sie beruhen auf der Erzeugung von Licht aus Festkörpermaterialien, deren Energieniveaus anders als bei Molekülen und Gasen eigentlich kein sichtbares Licht freisetzen können. Wenn man die Festkörper jedoch mit Zusatzstoffen versieht – dotiert –, dann kann sichtbares Licht emittiert werden.

Die spektakulärste aller Lichtquellen wurde in den 1960er-Jahren entwickelt. Alle Lichtquellen, die wir bisher besprochen haben, beruhen darauf, dass ein Elektron ohne äußeren Anlass und nur durch sein Bestreben, ein niedriges Energieniveau anzunehmen, Energie in Licht umwandelt – es emittiert spontan. Albert Einstein hatte bereits Anfang des 20. Jahrhunderts bewiesen, dass es auch einen anderen Prozess zur Lichterzeugung geben müsste: die durch ein Ereignis induzierte Emission. Er hielt diesen Prozess jedoch für nicht experimentell realisierbar. Es ist den kreativen Ideen der Wissenschaftlerinnen und Wissenschaftler zu Beginn der 1960er-Jahre zu verdanken, dass dies doch Realität wurde. Sie konnten ein von Mikrowellen bekanntes Prinzip auf Licht übertragen und damit Lichtemission durch stimulierte Emission von Strahlung (engl.: *Light Amplification by Stimulated Emission of Radiation*, LASER) entwickeln (s. Abb. 18.2). Der *Laser* ist ein ganz besonderes Licht, das nur emittiert wird, wenn ein Photon auf ein Atom trifft. Dieses Photon erzeugt als *Stimulanz* seinen Zwilling, und diese treffen dann wiederum auf Atome, um weitere gleiche Photonen zu erzeugen. So werden kaskadenartig gleiche Lichtquanten erzeugt, die nicht unterscheidbar sind. Stellt man ein Material, das stimulierte Emission ermöglicht, zwischen zwei Spiegel in einen sogenannten Resonator, kann die Laserstrahlung unvorstellbar stark werden.

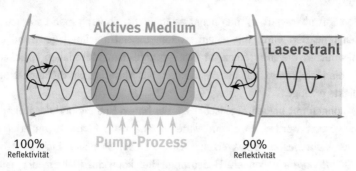

Abb. 18.2 Prinzip des Lasers: Ein aktives Medium, das von außen mit Energie durch einen Pump-Prozess versorgt wird und in dem induzierte Emission stattfindet, wird so zwischen zwei Spiegel platziert, dass dieser optische Resonator die Strahlung hochverstärkt

Obwohl man zu Beginn der 1960er-Jahre glaubte, dass Laser kaum Anwendungen finden würden, sind sie heute aus vielen Bereichen des Alltags oder der Industrie nicht mehr wegzudenken [6]. Laser können mit ihrer hohen Energie heute absolut präzise schweißen, fräsen oder bohren, ohne dabei als Werkzeug abzunutzen. In der Metallbearbeitung, besonders in der Automobilindustrie, wird heute nur mit Lasern Material bearbeitet. Der Erfolg des Lasers liegt in seiner Eigenschaft, hohe Lichtenergien auf kleinstem Raum von wenigen Nanometern zu fokussieren, sodass sehr genaue Werkzeuge mit hoher Kraft entstehen. Laser können auch in sehr kurzen Zeitspannen emittieren. Ein ultrakurzer Laserpuls von wenigen Femtosekunden Dauer, also von einer Dauer von einem Milliardstel einer Mikrosekunde, legt in dieser kurzen Zeit ein halbes Mikrometer zurück, und kann daher Schnitte erzeugen, die 100-mal so dünn sind wie ein menschliches Haar. Einen so kurzen Laserpuls zu erzeugen, stellt eine Herausforderung dar. Diese ist Gerard Mourou und Donna Strickland gelungen, die dafür 2018 mit dem Nobelpreis für Physik ausgezeichnet wurden. Donna Strickland ist erst die dritte Physikerin, die den Nobelpreis erhält. Ihre kurzen Laserpulse können in der Biomedizin Augenlinsen korrigierten und sind auch ideal für die Informationsübertragung geeignet, da er in kürzestem Takt Daten übertragen kann.

Laser haben aber auch eine ganz präzise Frequenz und Wellenlänge, sodass sie exakt mit einer Farbe emittieren. Mit dieser kann man Längen im Nanometerbereich genau messen, so dass Laser in der Industrie als hochgenaue „Zollstöcke" benutzt werden. Interferometer, die Laserlicht mit verschiedenen Laufwegen überlagern, können unvorstellbar kleine Veränderungen in einer Länge detektieren. Das hochpräzise Interferometer, mit dem 2016 erstmals Gravitationswellen gemessen wurde, musste dafür den Millionsten Teil einer Wellenlänge auflösen. Dies ist mit sehr langen Laufwegen von mehreren Kilometern im Interferometer und hohem technischen Aufwand gelungen. Das Thema Gravitationswellen wird in Kapitel 31 weiter ausgeführt.

Die Besonderheit von Laserlicht, dass die Photonen der stimulierten Emission je einen Zwilling gleicher Wellenlänge, Phasenlage und Richtung erzeugen und diese damit exakt gleich sind, eröffnet noch andere Anwendungsgebiete. Solches Licht ist besonders gut überlagerbar, man nennt es kohärent. So kann man Laserlicht, das von Objekten reflektiert wird, mit einem zweiten Laserstrahl überlagern und das Überlagerungsmuster, die Interferenz, in lichtempfindlichen Materialien speichern. Dabei entsteht ein Hologramm, das bei Bestrahlung des Materials ein dreidimensionales Bild des Objekts erzeugt.

Laser können mit beiden Eigenschaften, der hohen Energie und der Kohärenz, auch dafür eingesetzt werden, in einem Material eine neue Farbe zu generieren. Dieser Effekt der *nichtlinearen Optik* erzeugt eine Vielzahl an neuen Lichtquellen und hat in der *Quantenoptik* besondere Bedeutung. Hier kann das Licht in der neuen Farbe aus verschränkten Photonen bestehen, die die Informationsverarbeitung in Zukunft verbessern können.

18.3   Was ist Photonik? – Maßgeschneidertes Licht in allen Facetten

Es ist nach den Beschreibungen der letzten beiden Abschnitte nicht verwunderlich, dass die Optik zahlreiche technische Innovationen hervorgebracht hat. Der Schlüssel dazu ist die Beherrschung von Licht in all seinen Parametern. Dies ist das Gebiet der Photonik, welches sich mit der Erzeugung, Kontrolle, Messung und vor allem der Nutzung von Licht in nahezu allen gesellschaftlich und ökonomisch wichtigen Gebieten beschäftigt. Der Begriff „Photonik" reflektiert dabei den Bezug zum Photon, dem Lichtteilchen, sowie zur Elektronik, die wiederum auf das Elektron und dessen Nutzung in der heutigen Computer- und Datenverarbeitungsindustrie als Speichermedium verweist.

Mithilfe von Lasern kann man heute schon Licht exakt auf Anwendungen abstimmen, indem man die Wellenlänge des Lichts, die Zeitdauer des Lichtpulses oder auch die Stärke, d. h. die Intensität des Lichts, einstellt. Um Licht maßzuschneidern, müssen auch Phase und Polarisation einstellbar werden. Dazu kann man sogenannte Lichtmodulatoren verwenden, die meist durch Flüssigkristalldisplays realisiert werden. Mit diesen kann man aufgeweitete Lichtstrahlen, sogenannte transversale Moden, gezielt einstellen und dadurch spektakuläre Lichtfelder realisieren. So können Lichtfelder entstehen, die bei der Propagation nicht mehr auseinanderlaufen, sogenannte nichtbeugende Lichtfelder, und damit besser Information übertragen können. Dieses Gebiet der *Strukturierung von Licht* [7] hat in den letzten Jahren enorm an Bedeutung gewonnen und der Photonik ganz neue Anwendungen eröffnet.

Strukturiertes Licht eignet sich auch besonders, um als Werkzeuge neue Materialien herzustellen, die Licht besser leiten als Glasfasern. Solche *photonischen Kristalle* gelten als vielseitige, mit Lasern herstellbare Materialien, die auf der Nanoskala für integrierte Schaltungen eingesetzt werden können. Eine Zukunftsvision ist es, damit optische Schaltkreise zu realisieren, die als Bausteine eines optischen Computers wesentlich leistungsfähiger als heutige elektronische Bauelemente sein werden [8]. Dazu werden derzeit kleinste Lichtquellen mit wenigen Photonen sowie Methoden der Lichtausbreitung auf Lichtleitungen und im freien Raum auf der Nanometerskala untersucht. Dies erfolgt im gerade erst entstehenden Gebiet der Nanophotonik, worüber in Kapitel 11 berichtet wird.

Es können auch Lichtfelder erzeugt werden, die Impuls oder Drehimpuls auf bestrahlte Partikel übertragen. Damit kann Licht kleinste Partikel festhalten, bewegen und anordnen. Dies ermöglicht eine ganz neue Physik der *optischen Manipulation*. Einerseits können Atome und Moleküle in maßgeschneidertem Licht angeordnet und damit neue Aggregatzustände erzeugt werden. Bei sehr tiefen Temperaturen entstehen kalte Atomgase, die, wenn sie geschickt angeordnet werden, in einem vierten Aggregatzustand münden, das *Bose-Einstein-Kondensat*. In einem solchen Kondensat verhalten sich die Atome wie Photonen, sodass man damit sogar einen *Atomlaser* realisieren kann. Ordnet man solche Kondensate in maßgeschneiderten Lichtfeldern an, können fundamentale Gesetzmäßigkeiten, die bisher nur theoretisch vorgesagt werden, experimentell überprüft werden. Dies wird in der Physik als *dritte Quantenrevolution* bezeichnet [9]. In Kapitel 20 finden sich hierzu mehr Details.

Mit räumlich maßgeschneidertem Licht in Amplitude, Phase und Polarisation eröffnen sich auch ganz andere Anwendungsgebiete in der Photonik. Licht kann Nanopartikel greifen, bewegen und anordnen. So ist eine Assemblierung von Nanomaterial möglich, sodass auf der Nanoskala ohne Vorstrukturierung strukturierte Materialien entstehen, die wiederum besondere Nanoeigenschaften haben. Neben Anwendungen in der Nanophotonik kann eine solche *optische Pinzette* (s. Abb. 18.3) auch Zellen untersuchen und deren biomechanisches Verhalten bei Krankheiten analysieren [10, 11].

Dieses neue Gebiet der *Biophotonik* ist nur eine der vielen aktuellen Möglichkeiten, mithilfe von Licht in der Biomedizin zu untersuchen, z. B. mit hohem Durchsatz medizinische Analysen durchzuführen, und auch zu heilen. Licht ermöglicht nicht nur Zellen im Mikroskop hochaufgelöst zu betrachten, es kann auch zur Identifikation von

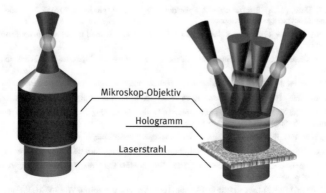

Abb. 18.3 Optische Pinzette: Licht kann Partikel im Fokus eines Laserstrahls fangen (*links*) und damit Partikel anordnen. Kombiniert man eine holografische Strahlmodulation mit dem Prinzip der optischen Pinzette, entsteht eine holografisch-optische Pinzette (HOT, *rechts*).

Krebs- oder anderen krankheitsbehafteten Zellen in vivo genutzt werden. Die Biophotonik und die *biomedizinische Photonik* versprechen als „Photonik für das Leben" eine ganze Palette von Lösungen für die drängendsten Fragen der Medizin, insbesondere für zellbasierte Krankheiten wie Alzheimer, Herzinfarkt oder Gefäßerkrankungen [12].

Schon diese kurze Reise durch die Welt der Photonik zeigt, dass Licht ein Medium der Zukunft ist. Gerade da klassische Technologien wie die elektronische Datenübertragung und -speicherung, aber auch Nanotechnologien und Biotechnologien an ihre Grenzen stoßen, kommt dem Licht eine bedeutende Rolle für die Lösung der drängenden Fragen von heute zu. Licht bestimmt daher unseren technischen Fortschritt in diesem Jahrhundert. Deshalb sprechen Expertinnen und Experten vom Jahrhundert des Photons. Das 19. Jahrhundert brachte die Welt durch die Erfindung der Dampfmaschine voran, weshalb es Jahrhundert des Dampfes genannt wird. Bestimmend für den Fortschritt des 20. Jahrhunderts war die Elektronik, daher Jahrhundert des Elektrons. Unser 21. Jahrhundert ist das Jahrhundert der Grundlagen und Anwendungen des Lichts – von der Optik zur Photonik.

Danksagung

Die Forschungsergebnisse unseres Lehrstuhls (Nichtlineare Photonik; kursiv) basieren auf vielen hervorragenden Arbeiten eines engagierten Teams von PostDocs, Promovierenden und Studierenden. Insbesondere danke ich Eileen Otte für die Unterstützung bei der Erstellung dieses Artikels.

Literatur

[1] Emerson RW (1836) "Light is the first of painters. There is no object so foul that intense light will not make it beautiful." In: Nature, James Munroe and Company, Boston, S 20

[2] Kilian U, Aschemeier R (2012) Das große Buch vom Licht. Primus in Wissenschaftliche Buchgesellschaft (WBG)

[3] My NASA Data (2018) Electromagnetic Spectrum Diagram. https://mynasadata.larc.nasa.gov/science-practices/electromagnetic-diagram

[4] Denz C (2015) Through the looking glass – the adventure of seeing beyond the diffraction limit. Annalen der Physik 527:A77–A80

[5] Zeilinger A, Giese F (2007) Einsteins Spuk: Teleportation und weitere Mysterien der Quantenphysik. Goldmann, München

[6] Eichler HL, Eichler J (2015) Laser: Bauformen, Strahlführung, Anwendungen. Springer, Berlin, Heidelberg

[7] Rubinsztein-Dunlop H et al (2017) Roadmap on structured light. Journal of Optics 19:013001

[8] Lo X, Shao Z, Zhu M, Yang J (2018) Fundamentals of Optical Computing Technology: Forward the Next Generation Supercomputer Springer, Berlin, Heidelberg

[9] Bongs K, Sengstock K (2008) Ultrakalte Quantencocktails. Physik Journal 7:33

[10] Alpmann C, Kruse A, Denz C, Mikrowelt im Lichtgriff – die optische Pinzette, Physik Unserer Zeit 45:36–42

[11] Meißner R, Alpmann C, Barroso A, Denz C (2015) Greifen ohne Berühren, Zelluntersuchungen mit der optischen Pinzette. labor & more, 03.15:42–46

[12] Liedtke S, Popp J (2012) Laser, Licht und Leben: Techniken in der Medizin. Wiley-VCH, Weinheim

19 Nichtlineare Optik an Nanostrukturen
— *Ulrike Woggon* —

Zusammenfassung

Methoden der nichtlinearen Optik finden in der modernen Festkörperspektroskopie ein breites Einsatzfeld von der Grundlagenforschung bis zur angewandten Forschung. Experimente mit ultraschnellen Laserpulsen zur Anregung und Abtastung optischer Übergänge in neuartigen Nanostrukturen erlauben uns Rückschlüsse zu elektronischen Zuständen und ihrer Dynamik. Festkörperbasierte Nanostrukturen sind künstliche Materialien mit neuen Funktionalitäten, die so in der Natur nicht vorkommen. Sie sind interessant für Anwendungen in der Optoelektronik, Biophotonik und Photonik sowie für Bauelemente neuer Quantentechnologien. Wir zeigen an Beispielen, wie durch nichtlinear-optische Spektroskopie derartige nanoskalige Materialsysteme in ihren Eigenschaften untersucht und besser verstanden werden können.

© Springer-Verlag GmbH Deutschland, ein Teil von Springer Nature 2019
D. Duchardt et al. (Hrsg.), *Vielfältige Physik*, https://doi.org/10.1007/978-3-662-58035-6_19

Prof. Dr. Ulrike Woggon

Experimentieren heißt: Das Ergebnis darf auch unerwartet sein.

- *1958 in Berlin
- 1977–1982 Studium der Physik, Jena und Berlin
- 1985 Promotion, HU Berlin
- 1995 Habilitation, Univ. Kaiserslautern
- 1997–2008 Professorin, Univ. Dortmund
- Seit 2008 Professorin, TU Berlin
- Verheiratet, zwei erwachsene Söhne

Am Anfang: Meine Begeisterung für die Physik

Als Schülerin habe ich gern und viel gelesen und dabei eher zufällig zu einem Fachbuch über Kernphysik gegriffen. Daraus erwuchs Neugier und Interesse an der Vielfalt physikalischer Fragestellungen von der Nano- bis zur Astrophysik. Als Studentin beeindruckten mich dann Experimente, die versuchten, „etwas Überraschendes" mit neuen Messverfahren sichtbar zu machen. Gelernt habe ich dabei, dass die richtige Frage zu stellen, ebenso schwierig ist, wie die passende Antwort zu finden. Fasziniert hat mich, dass auch ein vermeintlich enttäuschendes Ergebnis eine Antwort auf eine ganz andere, viel spannendere Frage sein kann. Wichtig ist mir daher bei unserer Forschung, nie zu früh aufzugeben und Resultate immer tiefgehend zu hinterfragen.

Themenschwerpunkte: Was ich heute mache

Nanosysteme, die durch Quantisierungseffekte die Kontrolle über ihre optischen Eigenschaften ermöglichen, haben für mich ihre Anziehungskraft nicht verloren. Einst als reine Modellsysteme der Grundlagenforschung betrachtet, ziehen Quantenpunkte heute in unseren Alltag ein, z. B. als wichtige Bestandteile effizienter Farbdisplays. Für zukünftige Informationstechnologien werden Quantenpunkte als Einzelphotonenquellen eine wichtige Rolle spielen. Wechselwirkungen zwischen Licht und Materie auf nanoskopischen Längenskalen umfassend zu verstehen und diese für Materialien mit neuartigen Funktionalitäten nutzbar zu machen, wird daher auch in Zukunft für mich ein spannendes Forschungsfeld sein.

Mein Tipp

Wissenschaft benötigt Austausch, Zusammenarbeit und wechselseitige gedankliche Bereicherung. Seine Gedanken ohne Scheu klar und verständlich mitzuteilen und Mut für schwierige Fragen und Antworten zu haben, ist unerlässlich. Wissen zu teilen macht selbstbewusst und verantwortungsbewusster.

19.1 Wechselwirkung von Licht und Materie auf der Femtosekundenskala

Ein System reagiert nichtlinear, wenn mit kleinen Ursachen große Wirkungen erzielt werden. In der nichtlinearen Optik (NLO) wechselwirkt ein elektromagnetisches Feld $\vec{E}$ nichtlinear mit einem Medium. Die dielektrische Polarisation $\vec{P}$ des Mediums hängt nichtlinear von der Amplitude der sich im Medium ausbreitenden elektromagnetischen Welle ab. Nur im Fall sehr kleiner Feldstärken ist der Zusammenhang zwischen dem elektromagnetischen Feld $\vec{E}$ und der im Medium erzeugten Polarisation $\vec{P}$ näherungsweise linear, d. h., nur im Grenzfall der konventionellen Optik ist es möglich, Polarisation $\vec{P}$ und Feld $\vec{E}$ linear über einen Proportionalitätsfaktor zu verknüpfen. Dann gilt $\vec{P} = \epsilon_0 \chi \vec{E}$, wobei χ als Suszeptibilität bezeichnet wird und die Eigenschaften des Mediums beschreibt. ϵ_0 ist die Dielektrizitätskonstante des Vakuums. In der nichtlinearen Optik werden höhere Potenzen in den $\vec{E}$-Feldern berücksichtigt und der Zusammenhang zwischen Polarisation $\vec{P}$ und Feldstärke $\vec{E}$ wird genähert beschrieben durch $\vec{P} = \epsilon_0 [\chi^{(1)} \vec{E} + (\chi^{(2)} \vec{E}) \vec{E} + ((\chi^{(3)} \vec{E}) \vec{E}) \vec{E} + \ldots]$, wobei $\chi^{(i)}$ für NLO-Effekte *(i)*-ter Ordnung steht. Da heute nahezu alle Laserlichtquellen über Feldstärken verfügen, die in Festkörpern zu nichtlinear-optischen Effekten führen, sind diese bereits in unseren Alltag eingezogen. Das bekannteste Phänomen ist die Erzeugung von Vielfachen optischer Frequenzen, die wir z. B. in Laserpointern nutzen: Infrarotstrahlung einer Laserdiode wird mittels eines nichtlinear-optischen Kristalls in der Frequenz verdoppelt und in grünes Licht umgewandelt. Weitere Beispiele sind intensitätsabhängige Brechungsindizes, die zu interessanten Linsenwirkungen führen können (Selbstfokussierung), und die Erzeugung und Verstärkung neuer Frequenzen durch Addition oder Subtraktion von $\vec{E}$-Feldern in nichtlinear-optischen Materialien (s. auch [1–4]).

Strahlt man ein starkes $\vec{E}$-Feld mit einer Frequenz resonant zu einem elektronischen Übergang ein, d. h., $\vec{E}$ wird resonant an die Polarisierbarkeit $\vec{P}$ eines atomaren Systems gekoppelt, dann begibt man sich in den interessanten Grenzbereich zwischen klassischer NLO und Quantenoptik und es erscheinen neue Signaturen der Licht-Materie-Wechselwirkung im Experiment. Absorptionslinien können z. B. mit starken Lichtpulsen gesättigt werden, und stark absorbierende Materialien werden plötzlich transparent. Gelingt es zusätzlich, die Besetzung von elektronischen Niveaus durch Anregung mit Licht gezielt zu steuern, eröffnen sich z. B. neue Anwendungen in den Quanteninformationswissenschaften.

In der Forschung werden Effekte der NLO gezielt in der Spektroskopie genutzt, um Informationen zu elektronischen und optischen Eigenschaften neuentwickelter Materialsysteme zu erhalten. So sind z. B. Halbleiternanostrukturen wichtige Modellsysteme für Ladungsträger, die sich nicht in allen drei Raumdimensionen frei bewegen können und dadurch Eigenschaften entwickeln, die denen von Atomen ähneln. Derartige „Quantenpunkte" werden durch einen dreidimensionalen Potenzialtopf erzeugt, dessen Größe und Form experimentell gesteuert werden kann und dessen Tiefe über die Materialzusammensetzung beeinflusst wird. Diese Halbleiternanostrukturen sind so winzig klein, dass man deren Struktur zwar in modernen, hochauflösenden Elektronenmikroskopen sehen kann, aber ähnlich wie bei Atomen lernt man ihre internen elektronischen Eigenschaften im Detail erst dann kennen, wenn man sich mit ihren optischen Spektren beschäftigt. Hier helfen uns Methoden der NLO und Ultrakurzzeitphysik, mehr zu erfahren über Objekte, wie Quantenpunkte (*quantum dots*), Quantendrähte (*quantum rods*) oder Quantengräben (*quantum wells*).

In der nichtlinearen Spektroskopie werden mit Femtosekundenlaserpulsen Anregungs-/Abfrageexperimente durchgeführt, mit denen man die Dynamik von elektronischen Anregungen, Zeitskalen von Wechselwirkungen von Ladungsträgern mit Gitterschwingungen oder anderen Ladungen und die Rekombination in den Grundzustand untersucht. Ein intensiver Pumppuls regt das Material an, und mit einem zeitverzögerten schwachen Testpuls werden Änderungen in der Transmission zeitaufgelöst gemessen (s. dazu auch [4–6]). Besonders attraktiv sind experimentelle Methoden, die es erlauben, Informationen sowohl aus Amplitude als auch aus der Phase zu erhalten, und somit den gesamten quantenmechanischen Zustand rekonstruieren können. Derartige Messmethoden nutzen das Prinzip der Homodyn- bzw. Heterodyntechnik, bei der das Signal des Testpulses mit einem Referenzpuls mit bekannter Amplitude und Phase, dem sogenannten *Local Oscillator* (LO) überlagert wird. Im Ergebnis der Messung erhält man nicht nur die Signalintensität I (über E_{sig}^2), sondern ebenfalls die Amplitude E_{sig} und Phase φ des Signals selbst und damit die volle Information zur Wellenfunktion des Zustandes entsprechend

$$I \propto \left[E_{\text{sig}} \cos(\omega_{\text{sig}} t + \varphi) + E_{\text{LO}} \cos(\omega_{\text{LO}} t) \right]^2$$

$$\propto \frac{1}{2} E_{\text{sig}}^2 + \frac{1}{2} E_{\text{LO}}^2 + 2 E_{\text{LO}} E_{\text{sig}} \cos(\omega_{\text{sig}} t + \varphi) \cos(\omega_{\text{LO}} t).$$

Die Phaseninformation ist über das Produkt aus den Feldamplituden des Signals E_{sig} und des Referenzsignals E_{LO} extrahierbar. In der Quantenoptik wird die vollständige experimentelle Rekonstruktion eines Quantenzustandes mit seiner Amplitude und Phase über seine Licht-Atom-Wechselwirkung als *Quantum State Tomography* (QST) bezeichnet. Das atomare System ist dabei meist ein Zweiniveausystem, welches mit einem intensiven Laserpuls resonant angeregt wird.

Die Kopplung von Licht und Materie kann über das klassische Analogon zweier, miteinander gekoppelter Fadenpendel veranschaulicht werden. Hier beobachten wir eine Überlagerung der beiden Schwingungen im gekoppelten System und sehen einen Wechsel in der Größe der jeweiligen Ausschläge der beiden Fadenpendel. Die Energie pendelt periodisch zwischen beiden Pendeln hin und her: Wenn ein Pendel zur Ruhe gekommen ist, schwingt das andere mit maximaler Auslenkung. In unserer Halbleiternanostruktur, einem künstlichen Zweiniveausystem, ändert sich unter Einwirkung eines resonanten kohärenten Laserlichtfeldes (und bei Vernachlässigung von phasenzerstörenden Streuprozessen) periodisch die Besetzung von Grundzustand und angeregtem Zustand. Eine derartige Oszillation in der Besetzungswahrscheinlichkeit nennt

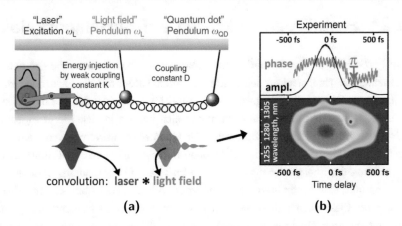

convolution: laser * light field

(a)   (b)

Abb. 19.1 a Licht-Materie-Wechselwirkung am Beispiel gekoppelter Pendel. Die Information zur quantenoptischen Kopplung, die im Lichtfeld eingeprägt ist, wird im Experiment über eine Faltung (engl.: *convolution*) mit einem Referenzlaserpuls ausgelesen. **b** Beobachtung einer Rabi-Oszillation als Indikator für Licht-Materie-Wechselwirkung in einem Halbleiterquantenpunkt durch Analyse der Response des elektromagnetischen Feldes des Laserpulses in Amplitude und Phase (*oben*) und dargestellt mithilfe einer Gabor-Transformation (*unten*). (Mit freundlicher Genehmigung von © M. Kolarczik, TU Berlin 2016. All rights reserved)

man Rabi-Oszillation. Die Oszillationsfrequenz Ω_R ergibt sich aus $\Omega_R = \frac{dE_0}{\hbar}$ mit d der Projektion des optischen Übergangsmatrixelements auf die Richtung des elektrischen Feldes, E_0 der Feldamplitude sowie $\hbar$ dem reduzierten Planck'schen Wirkumsquantum.

Die Existenz einer Rabi-Oszillation als Indiz für starke Licht-Materie-Wechselwirkung lässt sich in einem Anregungs-/Abfrageexperiment in Heterodyntechnik überprüfen, bei dem bei sehr kurzen Zeitverzögerungen, d. h. auf Zeitskalen der Pulsdauer selbst, der Testpuls mit dem Referenzpuls überlagert wird. Abb. 19.1 zeigt als entsprechendes experimentelles Beispiel eine Rabi-Oszillation in einem In(Ga)As-Halbleiterquantenpunkt bei Raumtemperatur und Anregung mit einem 230 fs Laserpuls bei 1281 nm [7]. Gemessen wurde diese über eine mit der Zeit τ zeitverzögerte Überlagerung der elektrischen Felder des Abfragepulses $E_p(t)$ und des Referenzpulses $E_r(t - \tau)$ gemäß $S(\tau) \propto \int E_p(t)E_r(t - \tau)dt$ (Faltung). Für einen Laserpuls, der sich mit einem Gauß-förmigen Intensitätsprofil frei im Raum ausbreitet, würden die experimentellen Daten im sogenannten Gabor-Plot (Abb. 19.1b, unten) einen Kreis liefern. Koppelt aber das Feld dieses Pulses an die Polarisierbarkeit des elektronischen Übergangs im diskreten Zwei-Niveau-System, dann erscheint als Signatur der Licht-Materie-Wechselwirkung eine Rabi-Oszillation in der Amplitude und wir messen einen Phasensprung (Absenkung im Gabor-Plot) im Minimum dieser Oszillation. Im hochzeitaufgelösten NLO-Experiment mit hoher Detektionsempfindlichkeit durch die angewandte Heterodyntechnik und mit einer Schrittweite in der Verzögerungszeit τ zwischen Signal und Referenzpuls von nur 0,2 fs kann die Oszillation in der Besetzung von Grund- und angeregtem Zustand eines Halbleiterquantenpunktes in einem Zeitfenster von rund einer Pikosekunde im Experiment sichtbar gemacht werden.

19.2   Festkörperstrukturen auf der Nanoskala

Wenn Festkörper „immer kleiner" nanostrukturiert werden, beginnt die geometrische Begrenzung der Nanostruktur selbst wie ein Potenzialtopf auf die Elektronen zu wirken. Dadurch nehmen die Energiezustände, ähnlich wie bei Atomen, nur noch diskrete Werte an. Nanostrukturierte Halbleitermaterialien können in vielen ihrer Eigenschaften in Analogie zum Potenzialtopfmodell der Quantenphysik verstanden werden: Die Einschränkung der Bewegung der Elektronen durch den Potenzialwall führt zu einer Verschiebung der Energieniveaus zu höheren Energien. Ein besonderes Beispiel ist der Quantenpunkt, eine nanometergroße Festkörperstruktur, deren Abmessungen klein genug sind, um Elektronen in ihrer Bewegung in allen drei Raumrichtungen zu begrenzen. Diese sogenannten Quantendimensionseffekte (engl.: *quantum confinement*) setzen dann ein, wenn Längenskalen vergleichbar werden mit der DeBroglie-Wellenlänge des Elektrons im Halbleiter $\lambda_B = h/p = h/\sqrt{3\,m_{\mathrm{eff}}\,k_B\,T}$.

Die geometrische Form der Potenzialtöpfe und deren energetische Höhe, bestimmt durch die Energielücken der Halbleitermaterialien, sind wichtige Parameter, die die möglichen Energiezustände und den Spektralbereich der optischen Übergänge dieser Nanoteilchen bestimmen. Die Umgebung, d. h. die dielektrischen Eigenschaften des Materials, in welches die Quantenpunkte eingebettet sind, bestimmt zusätzlich die energetischen Lagen optischer Übergänge. In Nanostrukturen lassen sich so durch Variation von Größe und Form elektronische und optische Eigenschaften maßschneidern und es können Materialien entwickelt werden, die in der Natur nicht vorkommen. Wichtige Arten von Nanostrukturen sind einerseits kolloidale Nanokristalle, welche aus nasschemischen Synthesen gewonnen werden und andererseits winzige Halbleiterinseln, die sich bei Molekularstrahlepitaxie in Vakuumkammern durch verspannungsinduziertes Wachstum auf Halbleitersubstraten bilden. Abb. 19.2 zeigt kolloidale Halbleiternanokristalle aus CdSe, die durch verschiedene chemische Synthesemethoden in unterschiedlichsten Formen hergestellt werden können. Die kleinsten Abmessungen sind im Bereich von 1 bis 5 nm. Im einfachsten Modell des unendlich hohen, sphärischen Potenzialtopfes, wie z. B. bei einem Nanokristallkügelchen aus CdSe (s. Abb. 19.2a), erhält man für die Energie des niedrigsten Zustandes E_{10} im Grenzfall kleiner Radien R mit $R < a_B$ die Gleichung [8]

$$E_{10} = \frac{\hbar^2 \pi^2}{2R^2}\left[\frac{1}{m_e} + \frac{1}{m_h}\right] - \frac{1,8e^2}{\epsilon_r R},$$

wobei m_e und m_h die Massen von Elektronen und Löchern im Halbleiter sind. Wie in Abb. 19.2 zu sehen, unterscheiden wir zwischen drei-, zwei- und eindimensionalen Quantendimensionseffekten, abhängig davon, in wie viel Raumrichtungen wir wirksame Potenzialtöpfe vorfinden. Bedeutend für optoelektronische Anwendungen ist die geometrieabhängige Durchstimmbarkeit der Emissionswellenlängen, wie in Abb. 19.2c am Beispiel zweier CdSe-Nanorodsysteme mit unterschiedlichen Radien illustriert wird. Ähnlich zu atomaren Systemen zeigen Nanokristalle Feinstrukturaufspaltungen und an-

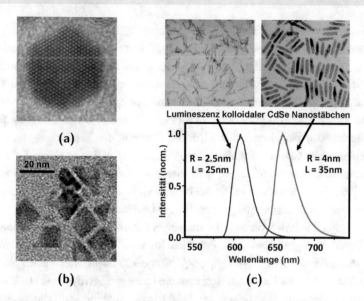

Abb. 19.2 Beispiele für kolloidale Nanoteilchen verschiedener Größe und Form auf der Basis von CdSe-Halbleitern. Die Aufnahmen eines Tranmissionselektronenmikroskops (TEM) zeigen **a** sphärische Teilchen (*quantum dots*) mit einem Radius von R=2,2 nm, **b** Nanoplättchen (*quantum wells*) mit einer Dicke von L=1,3 nm und einer mittleren Länge von L=17 nm, sowie **c** Nanostäbchen (*quantum rods*) mit R=2,5 nm und L = 25 nm (*links*) und R=4 nm, L=35 nm (*rechts*). Mit abnehmender Größe lässt sich die Wellenlänge der Photolumineszenz kolloidaler Teilchen im Spektrum zu kürzeren Wellenlängen verschieben. (TEM-Bilder mit freundlicher Genehmigung von © M.V. Artemyev, BSU Minsk, Weißrussland 2016. All rights reserved)

geregte Zustände (s. z. B. [9–11]). In NLO-Experimenten können weitere interessante Eigenschaften bestimmt werden, wie die erhöhte Wahrscheinlichkeit, gleichzeitig zwei Photonen zu absorbieren [12], oder die Wahrscheinlichkeit, durch Streuprozesse die Phaseninformation zu verlieren (engl.: *dephasing*).

Für In(Ga)As Quantenpunkte, die in der Quanteninformationsverarbeitung Anwendung finden sollen, sind sehr lange Lebensdauern der Phase eine wichtige Voraussetzung. Mittels Vierwellenmischexperimenten der NLO konnte das *dephasing* temperaturabhängig gemessen werden [13], die Rabi-Oszillationen (als einfachste Qubit-Operation) gezeigt [14] und die Besetzung der elektronischen Zustände optisch extern gesteuert werden [15].

19.3 Ultraschnelle Dynamik in Quantenpunktbauelementen

Für Anwendungen in der Optoelektronik eignen sich Quantenpunkte sehr gut, deren optische Übergänge um 1,3 μm bzw. 1,5 μm liegen, d. h. bei Wellenlängen, bei denen die Verluste in optischen Fasern bei der Datenübertragung minimal sind. Hier sind Nanostrukturen auf der Basis von III-V Verbindungshalbleitern, wie Ga, In (Gruppe III) und As, P (Gruppe V) vielversprechende Materialien für ultraschnelle Modulatoren, Laser oder neuartige Einzelphotonenquellen für die Quantenkryptografie. Als ein Beispiel für ein optoelektronisches Bauelement zeigt Abb. 19.3 einen optischen Halbleiterverstärker (engl.: *Semiconductor Optical Amplifier*, SOA) mit elektrisch gepumpten InGaAs-Quantenpunkten (engl.: *Quantum Dots*, QDs), die in eine Wellenleiterstruktur eingebettet sind. Um die Dynamik der Verstärkung und damit die technologischen Grenzen für ultraschnelle Signalmodulation in einem Anregungs-/Abfrageexperiment zu untersuchen, wird wiederum auf Heterodyntechniken zurückgegriffen [16]. Die sich parallel im Wellenleiter ausbreitenden Anregungs- und Abfragepulse werden durch zusätzliche rf-Modulation voneinander unterscheidbar gemacht, nach Durchgang durch den Wellenleiter mit einem Referenzsignal überlagert und dann bei der Differenzfrequenz zwischen Puls und Referenz mittels Lock-in-Technik detektiert. Vierwellenmisch- und Anregungs-/Abfrageexperimente mit Femtosekundenlaserpulsen an QD-SOAs haben gezeigt, dass die Ladungsträgerdynamik stark von der Temperatur T und vom Injektionsstrom I_C abhängig ist. Eine deutliche Verkürzung der Lebensdauer τ_{exz} kann z. B. bei hohen Injektionsströmen, d. h. hoher Nichtgleichgewichtsladungsträgerdichte, beobachtet werden. Eine Abnahme von τ_{exz} bis hin zu einer Größenordnung wird z. B. für $I_C > 10 I_{tr}$ gefunden, wobei I_{tr} der sogenannte Transparenzstrom ist, bei dem der Wechsel von Absorption zu Verstärkung erfolgt. Für Temperaturen $T > 150\,K$ dominieren phasenzerstörende Streuprozesse mit Gitterschwingungen und Coulomb-Wechselwirkung mit injizierten Ladungsträgern [17].

Eine Möglichkeit, Einfluss auf Zeitskalen für Rekombinations- und Streuprozesse zu nehmen, ist das „Engineering" des energetischen Abstandes zwischen QD-Grundzustand und Barriere, d. h. der energetischen Höhe des Potenzialtopfes. Eine Wechselwirkung mit Ladungsträgern in einem elektrisch gepumpten Reservoir, z. B. einer zweidimensionalen Quantengrabenstruktur, erlaubt eine wesentliche Verkürzung der Ladungsträgerrelaxationsprozesse in Quantenpunkten bis in den Bereich weniger

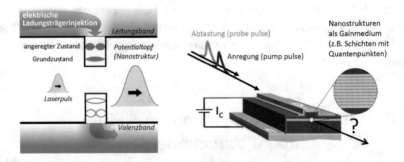

Abb. 19.3 Einsatz von Quantenpunkten in der Telekommunikation zur Verstärkung von Signalen. Mittels nichtlinearer Anregungs-/Abfragespektroskopie können die Eigenschaften von QD-SOAs charakterisiert werden. (Mit freundlicher Genehmigung von © M. Kolarczik, TU Berlin 2016. All rights reserved)

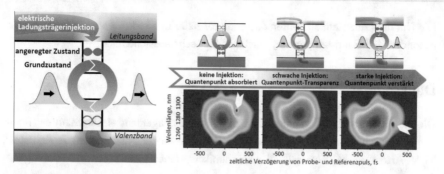

Abb. 19.4 Kontrolle der Rabi-Oszillation in einem elektrisch gepumpten Quantenpunktverstärker. (Mit freundlicher Genehmigung von © M. Kolarczik, TU Berlin 2016.

Pikosekunden hinein [18]. Für Anwendungen werden derzeit dynamische Prozesse auf der Basis inkohärenter Übergänge elektrisch injizierter bzw. optisch angeregter Ladungsträger genutzt mit Relaxationszeiten im Bereich von 10 bis 100 Pikosekunden. Diese Zeitskalen bilden eine fundamentale, obere Grenze für erreichbare Bitübertragungsraten in der halbleiterbasierten Telekommunikation, die mit herkömmlichen Bauelementkonzepten nur sehr schwer überwunden werden kann. Eine Möglichkeit, diese Barriere zu überspringen, setzt die Robustheit von Quantenkohärenz in nanostrukturierten Bauelementen auch bei Raumtemperatur und unter realen Betriebsbedingungen voraus. Festkörperbasierte Quantensysteme zeigen unter realen Umweltbedingungen jedoch innerhalb von 10 bis 100 Femtosekunden einen schnellen Verlust der Quantenkohärenz, d. h. der Phaseninformation der Quantenzustände, verursacht durch deren Wechselwirkung mit Gitterschwingungen oder anderen, sie umgebenden Ladungen [17]. Der, beim Betrieb als ultraschnelles nanophotonisches Bauelement extern injizierte Strom führt einerseits zur Verkürzung der Phasenlebensdauer bis zu Werten unter 30 fs, andererseits erlaubt er jedoch eine Initialisierung der Besetzung der Quantenpunktniveaus im Grund- bzw. invertierten Zustand.

Abb. 19.4 veranschaulicht das Prinzip einer kohärenten Modulation eines Femtosekundenlichtpulses durch quantenoptische Kopplung der diskreten Energieniveaus eines elektrisch gepumpten Halbleiter-Quantenpunkt-Verstärkers. In diesem Experiment wird die kohärente Licht-Materie-Wechselwirkung in ihrer Rückwirkung auf das treibende Lichtfeld nachgewiesen [7]. Es ist das Puls „aufbrechen" in einem Quantenpunktverstärker (QD-SOA) bei Raumtemperatur zu sehen, dargestellt als Faltung des, durch das Bauelement propagierenden Lichtfeldes mit einem ungestörten Referenzfeld. Der kohärente, verlustfreie Energieübertrag zwischen Feld und Quantenpunkt ist über den Phasensprung (Pfeil) nachgewiesen.

Die beobachtete Robustheit von Quantenkohärenz auch bei Raumtemperatur und bei hohen Stromdichten könnte den Weg öffnen zur kohärenten Signalmodulation für optische Kommunikation und Informationsverarbeitung bei höchsten Bitraten, bei der die Licht-Materie-Kopplung über den elektrischen Strom geschaltet werden könnte.

Die Nutzung quantenkohärenter Zustände für neuartige elektrooptische Systeme, insbesondere bei Raumtemperatur, erscheint hier sehr aussichtsreich.

Danksagung

Die hier vorgestellten Ergebnisse sind durch das Engagement eines gesamten Teams von Wissenschaftlerinnen und Wissenschaftlern entstanden, insbesondere A. Achtstein, M. V. Artemyev, M. Kolarczik, N. Owschimikow, denen mein besonderer Dank gilt.

Literatur

[1] Boyd R (2011) Nonlinear Optics. 3. Aufl, Associated Press

[2] Bergmann, Schäfer (2004) Lehrbuch der Experimentalphysik, Bd 3, Optik. Walter de Gruyter, Berlin, New York

[3] Menzel R (2001) Photonics. Springer, Berlin, Heidelberg

[4] Demtröder W (2007) Laserspektroskopie. 5. Aufl, Springer, Berlin, Heidelberg

[5] Shah J (1996) Ultrafast Spectroscopy of Semiconductors and Semiconductor Nanostructures. Springer, Berlin, Heidelberg

[6] Woggon U (1996) Optical Properties of Semiconductor Quantum Dots. Springer Tracts in Modern Physics 136, Springer, Berlin, Heidelberg

[7] Kolarczik M, Owschimikow N, Korn J et al (2013) Quantum coherence induces pulse shape modification in a semiconductor optical amplifier at room temperature. Nature Comm 4:2953

[8] Brus LE (1984) Electron-electron and electron-hole interactions in small semiconductor crystallites: The size dependence of the lowest excited electronic state. The Journal of Physical Chemistry 80:4403

[9] LeThomas N, Herz E, Schöps O, Woggon U, Artemyev MV (2005) Exciton fine structure in single CdSe nanorods. Phys Rev Lett 94:016803

[10] Achtstein AW, Schliwa Andrei A, Prudnikau A et al (2012) Electronic Structure and Exciton-Phonon Interaction in Two-Dimensional Colloidal CdSe Nanosheets. Nano Letters 12:3151

[11] Achtstein AW, Scott R, Kickhöfel S et al (2016) p-state luminescence in CdSe nanoplatelets: Role of lateral confinement and a longitudinal optical phonon bottleneck. Phys Rev Lett 116:116802

[12] Scott R, Achtstein AW, Prudnikau A et al (2015) Two Photon Absorption in II-VI Semiconductors: The Influence of Dimensionality and Size. Nano Lett 15:4985

[13] Borri P, Langbein W, Schneider S, Woggon U et al (2001) Ultralong dephasing times in InGaAs quantum dots. Phys Rev Lett 87:157401

[14] Borri P, Langbein W, Schneider S, Woggon U et al (2002) Rabi Oscillations in the ground state transition of InGaAs Quantum Dots. Phys Rev B 66:081306 (Rapid Comm)

[15] Patton B, Woggon U, Langbein W (2005) Coherent Control and Polarization Readout of Individual Excitonic States. Phys Rev Lett 95:266401

[16] Hall KL, Lenz G, Ippen EP, Raybon G (1992) Heterodyne pump-probe technique for time-domain studies of optical nonlinearities in waveguides. Optics Lett 17:874

[17] Borri P, Langbein W, Schneider S, Woggon U et al (2002) Exciton Relaxation and Dephasing in Quantum-Dot Amplifiers From Room to Cryogenic Temperature. IEEE J Sel Topics of Quantum El 8:984

[18] Gomis-Bresco J, Dommers S, Temnov VV, Woggon U et al (2008) Engineering of Coulomb scattering and its impact on ultrafast gain recovery in InGaAs quantum dots. Phys Rev Lett 101:256803

20 Atom- und Molekülphysik nahe dem absoluten Temperaturnullpunkt

— Silke Ospelkaus —

Zusammenfassung

In den vergangenen drei Jahrzehnten konnten atomare Gase auf immer niedrigere Temperaturen gekühlt werden. Der Rekord wurde 2003 in einem Gas aus Rubidiumatomen aufgestellt, in dem Temperaturen von einigen 500 pK über dem absoluten Temperaturnullpunkt nachgewiesen wurden [1]. Bei diesen tiefen Temperaturen ist die Welt nicht erstarrt, sondern es können eindrucksvolle Phänomene der Quantenmechanik beobachtet werden. Bisher haben sich Moleküle der Abkühlung auf ebenso niedrige Temperaturen widersetzt, jedoch konnten in den vergangenen Jahren enorme Fortschritte gemacht werden, die Welt der ultrakalten Temperaturen auch für Moleküle zu eröffnen. Aufgrund einer Vielzahl von molekularen Freiheitsgraden und neuer Wechselwirkungsmechanismen versprechen ultrakalte Moleküle, ein weites Forschungsfeld zu eröffnen, das von Quantenchemie über Präzisionsmessungen bis hin zu neuartigen Vielteilchenphänomenen reicht.

© Springer-Verlag GmbH Deutschland, ein Teil von Springer Nature 2019
D. Duchardt et al. (Hrsg.), *Vielfältige Physik*, https://doi.org/10.1007/978-3-662-58035-6_20

Prof. Dr. Silke Ospelkaus

„Zum Erfolg gibt es keinen Lift. Man muß die Treppe benutzen."
– Emil Oesch (1894 - 1974)

- *1977, 1996 Abitur am Kant-Gymnasium in Boppard
- 2001 Diplom Physik, Univ. Bonn
- 2006 Promotion Physik, Univ. Hamburg
- 2007–2009 Feodor-Lynen Stipendiatin der Alexander von Humboldt-Stiftung am JILA, Boulder, USA
- 2010 Nachwuchsgruppenleiterin, Max-Planck Institut für Quantenoptik, München
- Seit 2011 Professur Experimentalphysik, Univ. Hannover

Am Anfang: Meine Begeisterung für die Physik

Mathematik und Physik haben mich in der Schule immer begeistert. Nach meinem Abitur habe ich deshalb begonnen, Physik zu studieren. Während des Studiums habe ich einen begeisternden Vortrag von meinem späteren Diplomarbeitsbetreuer zum Thema „Symmetrien in der Physik und Tests fundamentaler Theorien mit Experimenten der Atomphysik" gehört. Dies hat mich zur Atomphysik hingezogen und schließlich über meine Promotion zu quantenentarteten atomaren Gasen zu meiner jetzigen Forschung zu ultrakalten Molekülen gebracht.

Themenschwerpunkte: Was ich heute mache

Nach meiner Promotion bin ich für einen Postdoktorandenaufenthalt am JILA (Joint Institute for Laboratory Astrophysics) in Boulder, Colorado, in die USA gezogen. Das JILA ist ein gemeinsames Forschungsinstitut der University of Colorado und des National Institut of Standards and Technology. Dort haben wir zum ersten Mal ultrakalte Moleküle im Labor erzeugt. Auf diesem Erfolg habe ich meine Arbeitsgruppe an der Leibniz Universität Hannover aufgebaut, wo ich mich als Professorin für Experimentalphysik mit ultrakalter molekularer Materie beschäftige.

Mein Tipp

Folgen Sie Ihren Interessen und Ihrer Begeisterung. Der weitere Weg wird sich finden.

20.1 Was bedeutet ultrakalt?

Temperaturen in der uns bekannten Welt reichen von Temperaturen im Inneren der Sonne von rund 15 Millionen Kelvin (K) bis hin zu den Temperaturen der Hintergrundstrahlung im Universum von rund 3 K. Die kältesten Temperaturen können aber in den Laboren der Atom- und Molekülphysik erzeugt werden: Temperaturen von wenigen nK über dem absoluten Nullpunkt – sogenannte ultrakalte Temperaturen (Abb. 20.1).

Doch was ist Temperatur eigentlich? Der Begriff der Temperatur ist eng mit der Bewegung der Teilchen verknüpft. Betrachtet man ein ideales Gas, so ist Temperatur die mittlere thermische Bewegungsenergie des Gases. Wird das Gas abgekühlt, verlieren die Teilchen des Gases kinetische Energie und bewegen sich immer langsamer, bis sie schließlich aus Sicht der klassischen Physik am absoluten Nullpunkt bei 0 K (−273,15 °C) zum Stillstand kommen [2]. In atomaren und molekularen Gasen der Atom- und Molekülphysik nähert man sich diesem absoluten Nullpunkt bis auf wenige μK oder nK. In diesen Gasen bewegen sich dann die Teilchen nur noch mit Geschwindigkeiten von einigen wenigen cm/s oder mm/s. Man spricht von ultrakalten atomaren oder molekularen Gasen.

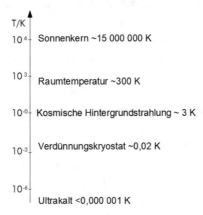

Abb. 20.1 Temperaturen in der uns umgebenden Welt

20.2 Ultrakalte Gase

20.2.1 Präparation ultrakalter atomarer Gase

Die Welt der ultrakalten Temperaturen konnte zuerst mit atomaren Gasen präpariert und studiert werden. Möglich wurde dies durch die Entwicklung ausgefeilter Laserkühlmethoden für Atome, die es erlauben, atomare Gase von Raumtemperatur (ca. 300 K) um sechs bis sieben Größenordnungen bis auf einige 10 oder 100 μK abzukühlen. Laserkühlung beruht auf elementaren Wechselwirkungsprozessen von Lichtteilchen (sogenannten Photonen) aus einem Laserstrahl mit Atomen: Trifft ein Photon aus dem Laserstrahl auf ein Atom, so wird das Atom das Photon absorbieren. Dabei geht ein Elektron des Atoms in einen angeregten Zustand über. Da das Atom das Photon hierbei gewissermaßen schluckt, muss das Atom den Impuls des Lichtteilchens aufnehmen. Das Elektron wird nun nicht lange im angeregten Zustand verweilen, sondern bereits nach sehr kurzer Zeit von einigen Nanosekunden wieder in seinen Grundzustand zurückkehren. Dabei emittiert das Atom ein Photon in eine zufällige Richtung und erfährt einen Rückstoß in eine zufällige Richtung. Werden nun viele, viele Photonen durch Absorption und anschließender spontaner Emission am Atom gestreut, wird das Atom effektiv in Richtung des eingestrahlten Laserstrahles eine Kraft erfahren. Dies passiert, da der Rückstoß der Absorption immer in die gleiche Richtung, der der Reemission, aber zufällig und daher über viele Ereignisse gemittelt null ist. Ist der Laserstrahl der Bewegung der Atome entgegen gerichtet, wird das Atom abgebremst.

Eine Wolke von Atomen kann nun durch das Einstrahlen von sechs Laserstrahlen aus allen Raumrichtungen gekühlt werden. Hierbei ist es wichtig, die Frequenz des Laserlichtes etwas unterhalb der Resonanzfrequenz der Atome zu wählen. So erreicht man, dass die Atome immer vorzugsweise aus dem Laserstrahl Photonen absorbieren, auf den sie sich gerade zubewegen, und alle Atome immer weiter abgebremst und auf Temperaturen von einigen µK gekühlt werden.

Für das weitere Abkühlen bis auf Temperaturen im nK- oder pK-Bereich wird dann ein zusätzlicher Kühlschritt eingeführt, den wir alle aus unserer Alltagserfahrung kennen. Eine Tasse eines heißen Getränkes kühlt nach einiger Zeit ab. Wir können das Abkühlen beschleunigen, indem wir auf das Getränk pusten. Die Abkühlung erfolgt hier durch das Entweichen heißer Teilchen aus dem Getränk in die Dampfphase. Pusten wir, entfernen wir gezielt diese heißesten Teilchen und beschleunigen damit die Abkühlung. Ganz analog können nun atomare Gase auf Temperaturen im nK- oder pK-Bereich gekühlt werden. Die durch Laser vorgekühlten Gase werden in eine Falle aus magnetischen oder optischen Feldern (eine Tasse) geladen, und dann werden die heißesten Atome des Gases gezielt aus der Falle entfernt, sodass das verbleibende Gas immer weiter abkühlt, bis Temperaturen nahe des absoluten Temperaturnullpunkts erreicht werden [2, 3].

20.2.2   Quantenmechanik nahe des Temperaturnullpunkts

Betrachtet man die so präparierten ultrakalten Gase aus Sicht der klassischen Physik, so könnte man sich ein System durcheinander fliegender, nahezu punktförmiger Teilchen vorstellen, deren Geschwindigkeit mit zunehmender Abkühlung immer langsamer wird, bis es schließlich am absoluten Nullpunkt erstarrt. Aus Sicht der Quantenmechanik stellt sich dieses System aber etwas anders dar: Mit zunehmender Abkühlung wird die Wellennatur der Teilchen relevant. Anstatt durch ein nahezu punktförmiges Teilchen, müssen die Teilchen im Gas durch eine Welle, mit einer Ausdehnung von einigen nm oder µm beschrieben werden. Diese Wellen werden umso ausgedehnter, je langsamer die Teilchen werden. Unterhalb einer bestimmten Temperatur werden die Wellen miteinander überlappen. An diesem Punkt ist es dann notwendig, die klassische Physik hinter sich zu lassen und das System durch die Gesetze der Quantenmechanik zu beschreiben. Hier eröffnen sich Möglichkeiten, grundlegende quantenmechanischen Phänomene zu studieren, die bereits vor 100 Jahren vorhergesagt wurden, sich aber sehr lange der Beobachtung widersetzten und schließlich erstmalig in Gasen ultrakalter Atome beobachtet werden konnten:

Atome, die aus einer geraden Anzahl von Elektronen, Protonen und Neutronen zusammengesetzt sind, bilden als Ganzes ein zusammengesetztes Boson. Bosonen sind sehr gesellige Teilchen, die sich zur selben Zeit am selben Ort befinden können. Werden Bosonen so weit abgekühlt, dass ihre thermischen DeBroglie-Wellenlängen überlappen, geht das bosonische atomare Gas in einen neuen Materiezustand über. Die einzelnen Wellenfunktionen der Atome verschmelzen zu einer einzigen makroskopischen Materiewelle, einem Bose-Einstein-Kondensat mit erstaunlichen Eigenschaften. Wird z. B. ein Bose-Einstein-Kondensat mit einem zweiten überlagert, so bilden sich Streifen konstruktiver und destruktiver Interferenz, wie bei der Überlagerung zweier Laser.

Sind die Atome hingegen aus einer ungeraden Anzahl von Bestandteilen zusammengesetzt, dann wird sich das Teilchen als Ganzes als Fermion verhalten. Solche Teilchen sind ungesellig, denn sie gehorchen dem Pauli-Prinzip. Sie gehen sich bestmöglich aus dem Weg und zeigen keinen plötzlichen Übergang in einen neuen Materiezustand unterhalb einer bestimmten Temperatur. Allerdings können sich unter bestimmten Umständen zwei Fermionen zu einem Boson zusammentun. Die so entstehenden bosonischen Moleküle bilden dann wiederum ein Bose-Einstein-Kondensat, was 2003 erstmalig beobachtet wurde.

Die Präparation atomarer Bose-Einstein-Kondensate [4] und atomarer Fermi-Gase [5] hat ein neues Forschungsfeld eröffnet, das in den letzten 20 Jahren rasant gewachsen ist und aus dem eine Vielzahl von Anwendungen entstanden sind. Das Forschungsspektrum reicht vom Studium grundlegender Phänomene, über die gezielte Präparation neuartiger Vielteilchenzustände bis hin zu Präzisionsexperimenten und der Entwicklung immer genauerer Atomuhren.

20.3 Von ultrakalten Atomen zu ultrakalten Molekülen

Ultrakalte Gaswolken aus Molekülen würden das Spektrum der Forschungsmöglichkeiten noch deutlich erweitern. Zusätzliche Freiheitsgrade geben den Blick auf neue Präzisionsmessungen frei. Stöße ultrakalter Moleküle eröffnen den Blick auf chemische Reaktionen bei nahezu verschwindender thermischer Energie der Reaktionspartner. Räumlich verschobene elektronische Ladungsverteilung in Molekülen lassen die Moleküle auf ungewöhnliche Weise miteinander wechselwirken, was auch neue Perspektiven für die gezielte Präparation von neuartigen Vielteilchensystemen eröffnet.

Die Vielzahl der Möglichkeiten erwächst aus zusätzlichen Freiheitsgraden in Molekülen. Zusätzlich zu den elektronischen Freiheitsgraden, die wir bereits von den Atomen kennen, haben Moleküle noch Schwingungs- und Rotationsfreiheitsgrade (s. Abb. 20.2), die auf der einen Seite gezielt für neue Forschungsmöglichkeiten eingesetzt werden können, andererseits die Kühlung von Molekülen auf Temperaturen nahe des absoluten Temperaturnullpunktes im Vergleich zu Atomen deutlich erschweren [2].

Erinnern wir uns an das Abkühlen von Atomen. Der entscheidende Schritt auf dem Weg zu ultrakalten Temperaturen ist das Laserkühlen. Durch die Streuung zahlreicher Photonen an Atomen können die Atome bis auf einige µK über dem absoluten Temperaturnullpunkt gekühlt werden. Genau dieser Schritt des Laserkühlens erweist sich nun in der Anwendung auf Moleküle aufgrund der Vielzahl der molekularen Freiheitsgrade als schwierig. Nach der Absorption und anschließender Reemission eines Photons kehrt ein Molekül im Allgemeinen nicht in seinen Ausgangszustand zurück, sondern ändert seinen Schwingungs- oder Rotationszustand. Da der neue Zustand nicht an das Laserlicht koppelt, können keine weiteren Photonen gestreut werden und der Kühlprozess endet bereits nach der Streuung einzelner oder weniger Photonen.

Aufgrund dieser Schwierigkeiten wurden in den vergangenen Jahren alternative Methoden entwickelt, Moleküle bis auf Temperaturen nahe dem absoluten Temperaturnullpunkts abzukühlen [6].

20.3.1   Aus zwei mach eins – Präparation ultrakalter Moleküle aus ultrakalten Atomen

Der erste Ansatz, um ultrakalte Moleküle im Labor zu erzeugen, beruht auf der kontrollierten Verschmelzung je zweier Atome eines ultrakalten atomaren Gases in ein ultrakaltes Molekül (s. Abb. 20.3). In diesen Experimenten wird zunächst ein ultrakaltes atomares Gas erzeugt. Innerhalb des Gases stoßen die Atome auch bei ultrakalten Temperaturen miteinander. Durch äußere Magnetfelder können nun die Stöße innerhalb des Gases so beeinflusst werden, dass sich während der Stoßprozesse ultrakalte, schwach gebundene Moleküle, sogenannte Feshbach-Moleküle, bilden. Diese Moleküle sind exotisch. Ihre Kerne vibrieren stark gegeneinander, da die Moleküle in ihren Vibrationsfreiheitsgraden hoch angeregt sind. Ihre Größe ist mit einigen 100 bis 1000 Bohr-Radien ein bis drei Größenordnungen größer als typische Moleküle, die wir aus unserer Alltagsumgebung kennen. Dementsprechend klein ist auch ihre Bindungsenergie. Sie beträgt nur einige 10^{-10} eV, was einer thermischen Energie von $1\,\mu$K entspricht. Trotz dieser kuriosen Eigenschaften sind die Moleküle erstaunlich stabil. So können Moleküle, die aus zwei fermionischen Atomen gebildet werden, ein atomares Bose-Einstein-Kondensat bilden. Ferner dienen die Wolken ultrakalter sogenannter Feshbach-Moleküle als fantastische Ausgangsbasis für die Präparation von ultrakal-

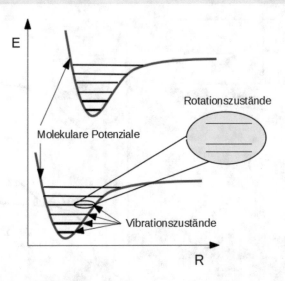

Abb. 20.2 Betrachten wir ein zweiatomiges Molekül. Ein solches Molekül besteht aus zwei Atomkernen, die von gemeinsamen Elektronen umschwärmt werden. Wie in Atomen können Elektronen durch Absorption eines Photons auf ein höheres Energieniveau gehoben werden. Die dazu notwendige Energie ist aber vom Abstand der Atomkerne im Molekül abhängig. Elektronische Energieniveaus in Atomen gehen in sogenannte molekulare Potenziale über. Führen wir den Gedanken weiter, bedeutet dies aus Sicht der klassischen Physik, dass die Atomkerne in den Molekülen im Potenzial der Elektronen gegeneinander schwingen können. Die zugehörigen Schwingungsenergien können nun in der Quantenmechanik nur ganz diskrete Werte annehmen. Die quantisierten Schwingungsenergien werden als Vibrationszustände im molekularen Potenzial bezeichnet. Zusätzlich kann das Molekül eine Drehbewegung um eine Achse senkrecht zur Molekülachse ausführen. Die zugehörige Rotationsenergie ist in der Quantenmechanik wiederum quantisiert, was zu diskreten Rotationszuständen führt

ten Wolken stark gebundener Moleküle. Hierzu werden die Feshbach-Moleküle mit Licht zweier unterschiedlicher Frequenzen bestrahlt. Das Licht koppelt die Feshbach-Moleküle über einen elektronisch angeregten Molekülzustand an den tief gebundenen Molekülzustand und konvertiert Feshbach-Moleküle in tief gebundene Moleküle. Bemerkenswert ist, dass hierbei eine Energiedifferenz zwischen Ausgangs- und Endzustand von einigen eV (was einer thermischen Energie von einigen 1000 K entspricht) überwunden wird, ohne auch nur einen Bruchteil der Energie in die kinetische Energie der Moleküle übergehen zu lassen. Sowohl die Temperatur als auch die Dichte der Feshbach-Moleküle findet sich im Gas der stark gebundenen Moleküle wieder. Es entsteht ein ultrakaltes Ensembles stark gebundener Moleküle bei Temperaturen im einigen 100 nK-Bereich [7].

Die Präparation ultrakalter molekularer Gase konnte erstmalig 2008 demonstriert werden. In den Experimenten wurden Gase ultrakalter Alkaliatome lasergekühlt und dann zu ultrakalten Gasen bi-alkalischer Molekülen verschmolzen, in denen beeindruckende quantenmechanische Phänomene beobachtet werden können.

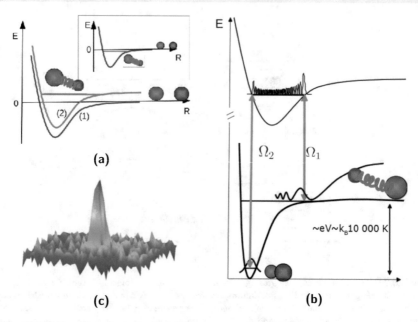

(a)

(c)

(b)

Abb. 20.3 Präparation ultrakalter Moleküle aus einem Gas ultrakalter Atome. **a** Präparation von Feshbach-Molekülen aus einem Gas ultrakalter Atome (i) Inset: Zwei ultrakalte Atome stoßen miteinander. Ihre Relativbewegung wird hierbei durch ein Molekülpotenzial bestimmt. Das stoßende Atompaar unterscheidet sich von schwach gebundenen Molekülen nur dadurch, dass die Gesamtenergie des stoßenden Paares knapp oberhalb der Dissoziationsschwelle des Molekülpotenzials (hier mit 0 Energie gekennzeichnet) und ein gebundenes Molekül eine Energie knapp unterhalb der Dissoziationsschwelle hat. (ii) Großes Bild: In der Nähe einer sogenannten Stoßresonanz, bei der ein schwach gebundener molekularer Zustand eines molekularen Potenzials (roter gebundener Zustand im Molekülpotenzial (2)) energetisch mit dem Stoßzustand (hier im Molekülpotenzial (1)) entartet, können nun stoßende Atome in schwach gebundene Feshbach-Moleküle überführt werden. **b** Die Feshbach-Moleküle werden dann durch einen Zwei-Photonen-Prozess in den absoluten Grundzustand gebracht. Das Bild zeigt ein elektronisches Grundzustandspotenzial eines Moleküls, in das zwei Vibrationszustände eingezeichnet sind: einen sehr schwach gebundenen Zustand nahe der Dissoziationsschwelle und einen stark gebundenen Zustand mit einer Bindungsenergie von eV, was einem thermischen Energieäquivalent von ca. 10.000 K entspricht. Die schwach gebundenen Moleküle werden durch Stöße zwischen zwei ungebundenen ultrakalten Atomen erzeugt. Diese Moleküle werden dann durch zwei Laserstrahlen in den absoluten Grundzustand transferiert. **c** Bild eines ultrakalten Gases aus Kalium-Rubidium KRb-Molekülen. Das Bild wurde durch eine Absorptionsabbildung aufgenommen. Es spiegelt die Dichteverteilung des Gases von Molekülen wieder. Je höher die Dichte desto größer die Absorption

20.3.2 Direkte Kühlung

Die Herstellung ultrakalter Moleküle aus ultrakalten atomaren Gasen ist auf Moleküle beschränkt, die aus zwei laserkühlbaren Atomen zusammengesetzt sind. Dies umfasst vor allem die Klasse der bi-alkalischen Moleküle, wie z. B. Kalium-Rubidium KRb, Natrium-Kalium NaK. Die direkte Kühlung verfolgt das Ziel, möglichst allgemeingültige Methoden zur Kühlung von Molekülen zu entwickeln, unabhängig von dem spezifischen zu kühlenden Molekül. So wurden Moleküle in Puffergaszellen durch Stöße mit Helium auf kryogene Temperaturen abgekühlt, das magnetische oder elektrische

Dipolmoment der Moleküle wurde ausgenutzt, um die Moleküle in einer geschickten Anordnung von elektrischen oder magnetischen Feldern abzubremsen oder sogar zu fangen. All diese Methoden bleiben aber weit davon entfernt, ultrakalte Moleküle zu produzieren.

Vor ca. 10 Jahren wurde dann in einer Pionierarbeit aufgezeigt, dass ausgewählte Moleküle, die eine besondere Energiestruktur aufweisen, mit einigen Tricks vielleicht doch lasergekühlt werden könnten. Erste Experimente in diese Richtung wurden 2010 begonnen und haben heute bereits eine Reife erreicht, die es erlaubt, eine signifikante Anzahl von Molekülen bis auf Temperaturen von einigen $10\,\mu K$ abzukühlen. Die Experimente arbeiten mit sogenannten molekularen Radikalen, molekulare effektive Einelektronensysteme, die chemisch aufgrund ihrer Struktur mit einem Elektron auf der äußeren Schale extrem reaktiv sind. Beispiele umfassen CaF, SrF, BaF, YbF oder AlF, die ein atomares Zwei-Elektronen-System (Calcium Ca, Stontium Sr, Barium Ba, Ytterbium Yb, Aluminium Al) mit Fluor (einem extrem elektronegativen Element, dem ein Elektron fehlt) kombinieren, oder auch die Hydride CaH, SrH, BaH.

All diese Moleküle haben die besondere Eigenschaft, dass sie quasi-geschlossene Übergänge aufweisen. Wird ein solches Molekül im niedrigsten Vibrationszustand des elektronischen Grundzustandes präpariert und dann durch Licht in den Vibrationsgrundzustand eines angeregten molekularen Potenzials gebracht (s. Abb. 20.4), zerfällt das Molekül in 99 von 100 Fällen wieder in den Ausgangszustand. Durch das Einstrahlen zusätzlicher Laser können so letztendlich 10.000 Photonen gestreut werden, ohne dass das Molekül dem Kühlzyklus entweicht. Laserkühlen dieser Moleküle ist damit möglich. Dennoch ergeben sich weitere Komplikationen: Moleküle können auch noch rotieren. Während der Laserkühlung muss darauf geachtet werden, dass das Molekül nicht durch fortwährende Streuung von Photonen in immer schnellere Rotation versetzt wird.

Unter Beachtung all dieser Voraussetzungen wurde in einer beeindruckenden Serie von Experimenten das Abbremsen eines Molekularstrahls durch Laserlicht, das Einfangen dieser Molekularstrahlen durch in einer aus Licht und Magnetfeldern gebildeten Falle und schließlich das Laserkühlen bis auf Temperaturen im μK-Bereich demonstriert. Schreitet der experimentelle Fortschritt weiter in dieser Geschwindigkeit voran, mit diesen Molekülen wohl neben den bi-alkalischen Molekülen weitere Systeme zu Verfügung stehen, mit denen wie in Atomen beeindruckende quantenmechanische Phänomene beobachtet werden können.

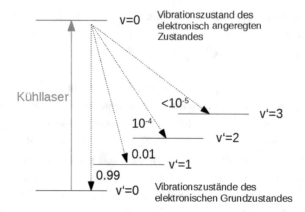

Abb. 20.4 Quasi-geschlossene Übergänge in ausgewählten Molekülen: Das Bild zeigt schematisch die Leiter verschiedener Vibrationszustände (v') des elektronischen Grundzustandes eines Moleküls und den Vibrationsgrundzustand (v=0) des elektronisch angeregten Moleküls. Wird nun ein Molekül durch Absorption eines Photons von v'=0 nach v=0 angeregt, so findet die spontane Emission mit einer Wahrscheinlichkeit von 99 % in den v=0 Zustand statt, nur mit knapp 1 %iger Wahrscheinlichkeit in den v'=1 Zustand und mit Wahrscheinlichkeiten $<10^{-4}$ in noch höhere Vibrationszustände. Man sagt, der Übergang v'=0 nach v=0 sei quasi-geschlossen

20.4   Aktuelle Forschungsrichtungen mit Molekülen

20.4.1   Ultrakalte Stöße und chemische Reaktionen

Moleküle abgekühlt auf Temperaturen nahe des absoluten Temperaturnullpunkts liefern grundlegend neue Einblicke in molekulare Stöße und chemische Reaktionen. In der traditionellen Chemie spielt die thermische Energie der Reaktionspartner eine wesentliche Rolle in der Reaktionsdynamik. Bei ultrakalten Temperaturen ist diese thermische Energie ausgefroren und kleinste chemische Reaktionsbarrieren können klassisch gesehen von den Reaktionspartnern nicht mehr überwunden werden. Die chemische Reaktion müsste ausgefroren sein. Allerdings übernimmt nun wieder die Quantenmechanik das Ruder. Chemische Reaktionsbarrieren können von den Reaktionspartnern mit einer Wahrscheinlichkeit, die von der Höhe der Barriere abhängt, durchtunnelt werden, und die Reaktionsdynamik wird durch die quantenmechanische Tunnelwahrscheinlichkeit bestimmt. Ein erster Einstieg in diese bisher unbekannte Welt der Quantenchemie ist kürzlich gelungen! Durch präzise Manipulation der internen Zustände und der dipolaren Wechselwirkung der Reaktionspartner, konnte die chemische Reaktionsbarriere präzise abgesenkt oder erhöht und so die chemischen Reaktionen entweder verstärkt oder unterdrückt werden: So wird die chemische Reaktion zwischen fermionischen Molekülen durch eine hohe Reaktionsbarriere stark unterdrückt, wenn die Reaktionspartner beide im gleichen internen Zustand des Moleküls präpariert werden. Die Barriere verschwindet hingegen, wenn die internen Zustände der Reaktionspartner unterschiedlich sind. Sofern die Moleküle ein Dipolmoment haben, spielt auch die relative Ausrichtung der Moleküle eine entscheidende Rolle. Stoßen zwei molekulare Dipole seitlich aufeinander, stoßen sich die Dipole ab. Chemische Reaktionen werden stark unterdrückt. Stoßen die Dipole hingegen längs gegeneinander, ziehen sie sich an und die chemische Reaktionsrate wird verstärkt. Diese ersten einfachen Experimente deuten bereits an, welches weites Forschungsfeld die Welt der Chemie mit ultrakalten Molekülen eröffnet. Ein Forschungsfeld, in dem chemische Reaktionen mit nie zuvor erreichter Energieauflösung studiert werden können und die Reaktionsrate durch bewusstes Formen der Reaktionsbarriere bestimmt werden kann [7].

20.4.2 Präzisionsmessungen

Präzisionsspektroskopie an atomaren oder molekularen Systemen spielt in der modernen Physik eine wichtige Rolle. Das Standardmodell der Elementarteilchenphysik beschreibt alle bekannten kleinsten Bestandteile der Materie (sogenannte Elementarteilchen) und ihre Wechselwirkungen untereinander. Gleichzeitig kann es aber einige wichtige, uns bekannte Phänomene wie z. B. die Tatsache, dass es in dem von Menschen erforschten Teil des Universums wesentlich mehr Materie als Antimaterie gibt, nicht erklären. Mit ultrakalten Molekülen können molekulare Energieniveaus mit nie dagewesener Genauigkeit vermessen werden, denn molekulare Übergänge sind bei ultrakalten Temperaturen nicht mehr durch die Bewegung der Moleküle verbreitert. Spektroskopie an Vibrationsfreiheitsgraden der Moleküle erlaubt, präzise das Massenverhältnis zwischen Elektron und Proton zu vermessen. Einige Moleküle mit starken internen elektrischen Feldern eignen sich hervorragend zu testen, ob die Ladungsverteilung des Elektrons rund ist oder ein leichtes Dipolmoment aufweist. Solche Messungen werden dann mit den Vorhersagen des Standardmodells der Elementarteilchenphysik oder neuen Theorien verglichen. Eventuell detektierte Abweichungen könnten dann dazu beitragen, die Richtung in der Entwicklung neuer Modelle zu bestimmen und so einen wichtigen Beitrag zur Entwicklung einer unsere Welt beschreibenden, vereinheitlichten Theorie zu liefern [6].

20.4.3 Ausblick: Dipolare Vielteilchensysteme

Moleküle, die aus zwei unterschiedlichen Atomen zusammengesetzt sind, weisen häufig eine Asymmetrie ihrer elektronischen Ladungsverteilung und damit ein elektrisches Dipolmoment auf. Werden solche Moleküle auf Temperaturen nahe des absoluten Temperaturpunktes abgekühlt, bestimmt die dipolare Wechselwirkung zwischen den Molekülen entscheidend das Verhalten der molekularen Vielteilchensysteme: Beobachtbare dramatische Phänomene reichen von der spontanen Bildung kristallartiger Strukturen, über neuartige Vielteilchensysteme, die gleichzeitig Eigenschaften eines Festkörpers als auch einer Flüssigkeit aufweisen, bis hin zu neuen Formen der Supraleitung [6]. Die Forschung mit ultrakalten Molekülen hat gerade erst begonnen, aber schon jetzt verspricht sie weitreichende neue Erkenntnisse in verschiedensten Bereichen der modernen Physik!

Literatur

[1] Leanhardt AE, Pasquini TA, Saba M. et al (2003) Cooling Bose-Einstein Condensates Below 500 Picokelvin. Science 301(5639)1513–1515

[2] Meschede D (2015) Gerthsen Physik. Springer, Berlin, Heidelberg

[3] Foot C (2011) Atomphysik. Oldenbourg

[4] Ketterle W, Durfee DS, Stamper-Kurn DM (1999) Making, probing and understanding Bose-Einstein Condensation. arXiv:cond-mat/9904034

[5] Zwierlein MW, Ketterle W (2008) Making, probing and understanding ultracold Fermi gases. arXiv:cond-mat/0801.2500

[6] Krems RV, Stwalley WC (2009) Cold Molecules: Theory, Experiments and Applications. CRC Press, Boca Raton

[7] Ospelkaus S (2010) Moleküle kalt gestellt. Physik Journal 6:37–42

V

Nichtlineare Physik

21 Einführung in die nichtlineare Dynamik
— Ulrike Feudel —

Zusammenfassung

Viele Phänomene in der Natur werden durch eine komplexe Dynamik in Raum und Zeit charakterisiert. Hier wird das faszinierende Feld der Anwendung von Methoden der nichtlinearen Dynamik auf Umweltsysteme beschrieben. Dieses Methodenspektrum erlaubt z. B. ein tieferes Verständnis von Klimaphänomenen wie der thermohalinen Ozeanzirkulation, der Wirbelbildung im Meer oder des Entstehens von Vegetationsmustern in niederschlagsarmen Regionen der Erde. Die Komplexität dieses Verhaltens wird durch die nichtlineare Wechselwirkung unterschiedlicher physikalischer Größen hervorgerufen. Besonders spannend sind dabei Kipppunkte, wo sich die Dynamik eines Umweltsystems sprunghaft ändert, wenn z. B. äußere Triebkräfte wie Temperatur oder Nährstoffzufuhr in einem Ökosystem durch den globalen Klimawandel verändert werden und dabei kritische Werte überschreiten.

© Springer-Verlag GmbH Deutschland, ein Teil von Springer Nature 2019
D. Duchardt et al. (Hrsg.), *Vielfältige Physik*, https://doi.org/10.1007/978-3-662-58035-6_21

Prof. Dr. Ulrike Feudel

Offenheit für andere Disziplinen ist meine Quelle der Inspiration.

- 1976–1981 Diplom Physik, 1985 Promotion, HU Berlin
- 1986–1992 Akademie der Wissenschaften der DDR
- 1992–1996 Max-Planck-Arbeitsgruppe, Univ. Potsdam
- 1996 Habilitation, Univ. Potsdam
- 1996–2000 Heisenberg-Stipendium der Deutschen Forschungsgemeinschaft
- Seit 2000 Professur, Inst. für Chemie und Biologie des Meeres, Univ. Oldenburg

Am Anfang: Meine Begeisterung für die Physik

Nachdem in der Schule mein Interesse der Mathematik und der Physik gleichermaßen galt, habe ich mich für ein Studium der Physik entschieden, weil ich es weniger „trocken" fand. Bereits im zweiten Studienjahr habe ich mich besonders für theoretische Physik begeistert, mein experimentelles Geschick war dagegen nicht so ausgeprägt. Bei der Auswahl meines Diplomthemas hatte ich das besondere Glück, in der Arbeitsgruppe von Prof. Werner Ebeling nicht nur die nichtlinearen Physik als ein sehr interessantes wissenschaftliches Feld kennenzulernen, sondern gleichzeitig an interdisziplinäre Forschung herangeführt zu werden. Diese Interdisziplinarität wurde noch größer während meiner Arbeit in der Max-Planck-Arbeitsgruppe Nichtlineare Dynamik an der Universität Potsdam. Dort habe ich mich grundlegenden Fragen der angewandten Mathematik zugewandt, wobei meine Forschungsaufenthalte an der University of Maryland in College Park (USA) bei Prof. Celso Grebogi und Prof. James A. Yorke, zwei herausragenden Chaosforschern, besonders prägend waren.

Themenschwerpunkte: Was ich heute mache

Die Fokussierung auf die Theorie dynamischer Systeme hat mir ein weites Anwendungsspektrum in den unterschiedlichsten Wissenschaftsdisziplinen erschlossen. Gemeinsam mit Ökologen, Ozeanografen, Klimaforschern, aber auch Neurowissenschaftlern und Sozialwissenschaftlern arbeite ich heute an Fragen der Stabilität von natürlichen Systemen gegenüber Störungen, wobei der Einfluss des globalen Wandels auf Ökosysteme und das Klima im Mittelpunkt steht.

Mein Tipp

Für Erfolg in der Wissenschaft braucht man gute Mentoren, die sich für intensive wissenschaftliche Diskussionen Zeit nehmen, ein exzellentes internationales Umfeld und einen Partner, der Verständnis hat, dass Wissenschaft nicht im Achtstundentag gemacht wird. Auf Kinder sollte man nicht verzichten.

21.1 Nichtlinearität und deterministisches Chaos

Viele natürliche Phänomene wie z. B. die Ausbildung von Wirbeln im Ozean, die Grünverschiebung von Laserlicht, die Synchronisation schwach gekoppelter Pendel oder das Umkippen von Seen werden durch die nichtlineare Wechselwirkung unterschiedlicher physikalischer Größen hervorgerufen. Die theoretische Modellierung komplexer Systeme in der Natur basiert auf der mathematischen Verknüpfung dieser Größen in Form von nichtlinearen Zusammenhängen, häufig durch gewöhnliche oder partielle Differenzialgleichungen, die die Entwicklung der betrachteten physikalischen Größen in Raum und Zeit beschreiben. Beispiele hierfür sind mechanische Systeme, die durch Koordinaten und Impulse beschrieben werden, hydrodynamische Systeme, deren Dynamik durch die räumlichen Komponenten des Geschwindigkeitsfeldes gegeben ist, oder thermodynamische Systeme, in denen die Änderung von Druck- und Temperaturverteilungen von Interesse ist. Dabei sind Wechselwirkungen zwischen den Komponenten oder der Antrieb des Systems im Allgemeinen durch Nichtlinearitäten gekennzeichnet, die das Verhalten der Systeme besonders interessant machen. Diese Nichtlinearitäten führen dazu, dass solche Systeme eine besonders komplexe, teilweise nicht vorhersagbare zeitliche Dynamik hervorbringen oder die Fähigkeit besitzen, spontan zeitliche, räumliche oder raumzeitliche Strukturen auszubilden.

Diese Komplexität wurde bereits Ende des 19. Jahrhunderts durch den französischen Mathematiker Henri Poincaré bei der Untersuchung der Bewegung von Himmelskörpern entdeckt und ist seither ein faszinierendes Forschungsgebiet der Physik wie auch der angewandten Mathematik. Ein besonderer Impuls für diese Forschung ging dabei vom Meteorologen Edward Lorenz [1] aus, der 1963 zeigte, dass nichtlineare Systeme irreguläres, nicht vorhersagbares Verhalten zeigen können, obwohl sie durch deterministische physikalische Gesetzmäßigkeiten beschrieben werden und keinerlei zufälligen Einflüssen unterliegen. Dieses Phänomen, dass kleinste Änderungen in den Anfangsbedingungen bereits zu einem vollkommen anderen Verhalten führen können, wird *deterministisches Chaos* genannt und kann in vielen natürlichen Systemen beobachtet werden. Lorenz hat dies für ein stark vereinfachtes Modell für Prozesse in der Atmosphäre gezeigt. Heute kennen wir bereits eine Vielzahl von Experimenten und theoretischen Studien in unterschiedlichen Gebieten der Physik, insbesondere der Optik und der Hydrodynamik, die die Herausbildung von raumzeitlichen, sogenannten kohärenten Strukturen demonstrieren oder eine chaotische Dynamik aufweisen.

Das methodische Herangehen zur Analyse nichtlinearer dynamischer Systeme, das in der Physik und Mathematik seit den 1970er-Jahren intensiv entwickelt wurde, findet heute in vielen anderen Wissenschaftsdisziplinen wie der Klimadynamik, der Chemie, der Biologie und Ökologie sowie in den Neurowissenschaften vielfältige Anwendung. Im Folgenden werden anhand von ausgewählten Beispielen aktuelle Forschungsthemen der nichtlinearen Physik im Überblick dargestellt und deren Anwendung in unterschiedlichen Wissenschaftsdisziplinen beleuchtet, um einen Einblick in die Vielfalt dieser Forschungsrichtung zu geben.

Im Mittelpunkt der Untersuchungen steht die *Dynamik* eines Systems, d. h. dessen zeitliche bzw. raumzeitliche Entwicklung oft auch unter dem Einfluss äußerer Antriebskräfte. Die Dynamik kann dabei bei fixierten Umweltbedingungen ganz unterschiedliche Formen annehmen: Das System kann in ein Gleichgewicht kommen, eine periodische oder quasiperiodische Bewegung ausführen oder auch durch eine chaotische Dynamik charakterisiert werden. Letztere ist dadurch gekennzeichnet, dass kleinste Änderungen in den Anfangsbedingungen einen komplett anderen zeitlichen Verlauf zur Folge haben würden [2, 3]. Für ein räumlich ausgedehntes System würde man homogene Zustände, in denen alle Komponenten homogen im Raum verteilt sind, zeitunabhängige inhomogene Verteilungen (stationäre Muster) oder raumzeitlich veränderliche Muster beobachten [4].

21.2 Übergänge zwischen unterschiedlichen Zuständen in nichtlinearen Systemen

Von besonderem Interesse sind jedoch plötzliche Änderungen der Dynamik, wenn entweder die internen Parameter des Systems oder der äußere Antrieb so verändert werden, dass kritische Werte überschritten werden. In der Physik spricht man von *Phasenübergängen*, wo sich bestimmte physikalische Eigenschaften des Systems sprunghaft ändern. Betrachtet man als Beispiel aus der Umweltphysik den atlantischen Teil der thermohalinen Ozeanzirkulation – eine großräumige, durch Dichteunterschiede des Wassers angetriebene Zirkulation –, dann kann diese z. B. in dem heutigen Zustand sein, in dem permanent Wärme aus dem Süden in die nördliche Hemisphäre transportiert und dort an die Atmosphäre abgegeben wird, oder aber in einem Zustand, in dem diese Zirkulation stark geschwächt ist oder gar zum Erliegen kommt, wie aus paläoklimatischen Untersuchungen bekannt ist [5]. Ein Übergang von dem einen in den anderen Zustand, der langfristig mit einer Abkühlung des Klimas in West- und Nordeuropa verbunden wäre, könnte auftreten, wenn der Antrieb durch den globalen Klimawandel verändert würde. Gegenstand der Forschung ist nun herauszufinden, unter welchen Bedingungen ein solcher Übergang stattfinden würde und wie weit wir ggf. davon entfernt sind.

Übergänge zwischen solch unterschiedlichen Zuständen werden in der Physik und Mathematik als *Bifurkationen* bzw. *Verzweigungen* bezeichnet [3], während man in der Klimadynamik von *tipping points* bzw. *Kipppunkten* spricht [7] (s. Abb. 21.1). Auch in der Ökologie werden solche Übergänge mit den gleichen Methoden der theoretischen Physik analysiert, wobei dort die Kipppunkte als *regime shifts* [8] bezeichnet und mit dem Wechsel der Artenvielfalt und/oder Dominanz bestimmter Arten in einem ökologischen System diskutiert werden. Ein Beispiel wäre das Umkippen von Seen, wenn

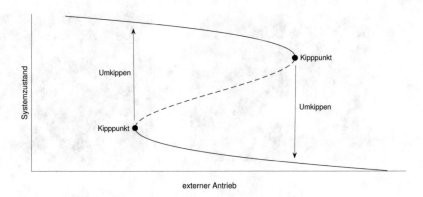

Abb. 21.1 Skizze eines Umkippprozesses: Auf der Abszisse sind die Umweltveränderungen im äußeren Antrieb oder internen Parametern aufgetragen (beim Umkippen der thermohalinen Zirkulation z. B. der Frischwassereintrag in den Ozean); die Ordinate zeigt den Zustand des Systems (z. B. Stärke der Zirkulation). Durchgezogene Linien sind stabile Zustände, während die gestrichelte Linie einen instabilen Zustand symbolisiert. Die Umkipppunkte mit ihren kritischen Parameterwerten (z. B. Frischwassereinträgen) sind durch schwarze Punkte illustriert

ein klarer See mit geringer Grünalgenkonzentration und hoher Sichttiefe innerhalb relativ kurzer Zeit in ein Gewässer mit sehr hoher Grünalgenkonzentration und geringer Sichttiefe umschlagen kann [6].

Die Identifizierung der Annäherung an solche Kipppunkte aus Beobachtungsdaten bildet einen weiteren Schwerpunkt aktueller Forschung. Dabei geht es insbesondere um die Identifizierung von geeigneten Maßen, aus denen sich der Abstand zu einem Kipppunkt abschätzen lässt. Basierend auf solchen Maßen lassen sich Frühwarnsignale ableiten [9], die es gestatten, rechtzeitig die Annäherung an einen Kipppunkt zu erkennen und entsprechende Kontrollstrategien zu entwickeln, um ein Umkippen zu verhindern. Solche Steuerungsstrategien lassen sich für physikalische Systeme wie Laser sehr gut entwickeln [10], während man in der Klimadynamik da sehr schnell an die Grenzen der Realisierbarkeit stößt.

Voraussetzung für solche Kipppunkte ist, dass zu gegebenen, fixierten experimentellen Bedingungen oder in der Natur realisierten Umweltbedingungen mehrere stabile Zustände koexistieren, wobei es entscheidend von den Anfangsbedingungen abhängt, welcher dieser Zustände angenommen wird. Ein solches Verhalten ist eine typische Eigenschaft nichtlinearer Systeme und wird als Multistabilität bezeichnet [11]. Eine besondere Bedeutung kommt dabei der Struktur der Einzugsgebietsgrenzen zu, d. h. der Grenzen zwischen den Mengen von Anfangsbedingungen, die jeweils zu einem bestimmten Zustand konvergieren. Diese können sowohl glatt sein als auch eine fraktale Struktur aufweisen (Abb. 21.2), wobei letztere dazu führt, dass kleine Störungen, wie sie in natürlichen Systemen immer vorkommen, bereits zu einem Umkippen in einen anderen Zustand führen.

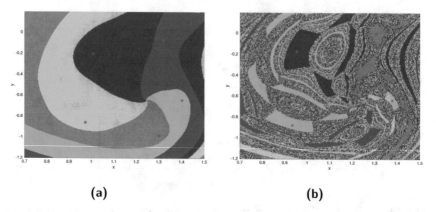

(a)   (b)

Abb. 21.2 Einzugsgebiete in einem multistabilen System mit fünf verschiedenen koexistierenden stabilen Zuständen, die jeweils mit einem Stern symbolisiert sind. Das zugehörige Einzugsgebiet ist in einer Farbe dargestellt. **a** Glatte Einzugsgebietsgrenzen, **b** fraktale Einzugsgebietsgrenzen

21.3 Strukturbildung durch Selbstorganisation

Räumlich ausgedehnte nichtlineare Systeme besitzen die Fähigkeit, durch *Selbstorganisation* räumliche Strukturen zu bilden, die sich z. B. in inhomogenen Konzentrationsverteilungen in chemischen Systemen oder in inhomogenen Artenverteilungen in ökologischen Systemen widerspiegeln. Beispiele aus der Chemie sind die Belousov-Zhabotinskii-Reaktion oder Musterbildung an Oberflächen [12], in der Ökologie sind es Vegetationsmuster in semiariden Gebieten, wo Pflanzenbewuchs in kreisförmigen oder labyrinthartigen Mustern beobachtet wird [13]. Ein Teil dieser Strukturbildungsprozesse basiert auf einer Turing-Instabilität, die auf der Wechselwirkung nichtlinearer chemischer Reaktionen bzw. Wachstumsprozessen von Organismen mit physikalischen Transportprozessen basiert. Die Bedingungen für diese Instabilität hat Turing [14] in seiner bahnbrechenden Arbeit zur Gestaltbildung von Organismen abgeleitet. Auch Übergänge zwischen verschiedenen räumlichen Mustern werden als Kipppunkte interpretiert, wobei neben den abrupten auch graduelle Übergänge beobachtet werden. Letztere beruhen darauf, dass in räumlichen Systemen ein Umkippen zunächst auch lokal begrenzt erfolgen kann, gefolgt von einer Ausbreitung des neuen Musters [15].

21.4 Komplexe Netzwerke

Ein ganz anderer Zugang, der ebenfalls räumliche Systeme beschreibt, jedoch auch allgemeinere Kopplungen berücksichtigt, ist die Untersuchung komplexer Netzwerke [16, 17]. Dabei wird die Dynamik von Teilsystemen auf den Knoten des Netzwerks betrachtet, während die Kanten die Kopplung zwischen den Knoten realisieren. Eine solche Herangehensweise eignet sich z. B. für die Analyse von Energienetzen [18], aber auch von Nahrungsnetzen in der Ökologie. Die Neurowissenschaften nutzen diesen Modellierungszugang, um vereinfachte Modelle neuronaler Informationsverarbeitung im Gehirn zu studieren [19]. Ein besonderer Schwerpunkt dieser Forschung ist die Aufklärung von Zusammenhängen zwischen der Struktur eines Netzwerkes und seiner Funktion. Eine wichtige Fragestellung bei der Analyse gekoppelter Systeme ist, unter welchen Bedingungen die Dynamik auf dem ganzen Netzwerk oder nur Teilen davon synchronisiert [20–23]. Solche Synchronisationszustände, wo die Dynamik auf den einzelnen Knoten synchron erfolgt, treten spontan auf, wenn z. B. die Kopplungsstärke kritische Werte überschreitet, und sind damit ebenfalls ein Resultat einer Bifurkation. Während für Energiesysteme ein vollständig synchrones Arbeitsregime angestrebt wird, ist eine hochgradige Synchronisation von Neuronen in ganzen Arealen des Gehirns nicht wünschenswert, da dies einem epileptischen Anfall entsprechen kann [24].

Diese kurze Einführung kann nur einen kleinen Einblick in die ungeheure Vielfalt der Phänomene, die sich im Rahmen der nichtlinearen Dynamik erklären lassen, geben. Die starke Ausstrahlungskraft der nichtlinearen Physik auf ganz andere Zweige der Naturwissenschaften ist für kaum ein anderes Teilgebiet der Physik so ausgeprägt und hat die interdisziplinäre Erforschung natürlicher Systeme beflügelt.

Literatur

[1] Lorenz EN (1963) Deterministic nonperiodic flow. J Atmos Sci 20:130–141

[2] Ott E (2002) Chaos in Dynamical Systems. Cambridge University Press, Cambridge

[3] Argyris J, Faust G, Haase M (1994) Die Erforschung des Chaos. Vieweg, Braunschweig

[4] Cross MC, Hohenberg PC (1993) Pattern formation outside of equilibrium. Rev Mod Phys 65:854–1112

[5] Rahmstorf S (1995) Bifurcations of the Atlantic thermohaline circulation in response to changes in the hydrological cycle. Nature 378:145–149

[6] Scheffer M, Hosper SH, Meijer ML et al (1993) Alternative equilibria in shallow lakes. Trends Ecol Evol 8:275–279

[7] Lenton TM et al (2008) Tipping elements in the Earth's climate system. Proc Natl Acad USA 105:1786–1793

[8] Scheffer M, Carpenter S, Foley J et al (2001) Catastrophic shifts in ecosystems. Nature 413:591–596

[9] Scheffer M, Bascompte J, Brock WA et al (2009) Early warning signals for critical transitions. Nature 461:53–59

[10] Pisarchik AN, Feudel U (2014) Control of multistability. Phys Rep 540:167–218

[11] Feudel U (2008) Complex dynamics in multistable systems. Int. J. Bifurc. Chaos 18:1607–1627

[12] Mikhailov AS, Showalter K (2006) Control of waves, patterns and turbulence in chemical systems. Phys Rep 425:79–194

[13] Meron E (2014) Nonlinear physics of ecosystems. CRC Press, Boca Raton

[14] Turing A (1952) The chemical basis of morphogenesis. Philos. Trans R Soc Lond 237:37–72

[15] Bel G, Hagberg A, Meron E (2012) Gradual regime shifts in spatially extended ecosystems. Theor Ecol 5:591–604

[16] Boccaletti S, Latora V, Moreno Y et al (2006) Complex networks: structure and dynamics. Phys Rep 424:175–308

[17] Newman MEJ (2010) Networks. An introduction. Oxford University Press, Oxford

[18] Pagani GA, Aiello M (2013) The power grid as a complex network. A survey. Physica A 392:2688–2700

[19] Papo D et al (2014) Complex network theory and the brain. Philos Trans R Soc Lond B 369:20130520

[20] Pikovsky AS, Rosenblum M, Kurths J (2002) Synchronization: A universal concept in nonlinear sciences. Cambridge University Press, Cambridge

[21] Parlitz U et al (2006) Schwingungen im Gleichtakt. Synchronisation – ein universelles Ordnungsprinzip für Oszillationen und Rhythmen. Physik Journal 5:33–40

[22] Arenas A, Diaz-Guilera A, Kurths J et al (2008) Synchronization in complex networks. Phys Rep 469:93–153

[23] Pikovsky A, Rosenblum M, Kurths J (2013) Die Schimäre lebt. Physik Journal 12:18–19

[24] Arnhold J et al (2000) Chaos im Kopf? Nichtlineare Dynamik und Epilepsie. Physikalische Blätter 56:27–32

22 Strukturbildung im Laserlicht
— Kathy Lüdge —

Zusammenfassung

In diesem Beitrag wird die zeitliche Emission von Laserbauelementen mithilfe von numerischen Simulationen untersucht. Aufbauend auf dem Phasenübergang zu geordneter Lichtemission an der Laserschwelle charakterisieren wir auftretende komplexe Pulszüge und chaotisch moduliertes Licht. Das verwendete Beispielsystem ist ein modengekoppelter Halbleiterlaser mit optischer Rückkopplung. Dieses spezielle Lasersystem besteht aus mehreren Teilen: einem elektrisch betriebenen Laserteil, einem absorbierenden Teil (Absorber) und einem externen Spiegel, der für die zeitlich verzögerte Rückkopplung des Lichtes sorgt. In Abhängigkeit der Kontrollparameter, wie z. B. Spiegelabstand oder Laserbetriebsstrom, diskutieren wir Änderungen in der Dynamik des emittierten Lichtes.

© Springer-Verlag GmbH Deutschland, ein Teil von Springer Nature 2019
D. Duchardt et al. (Hrsg.), *Vielfältige Physik*, https://doi.org/10.1007/978-3-662-58035-6_22

Prof. Dr. Kathy Lüdge

Auf zu neuen Ufern!

- *1976 in Berlin
- 2000 Diplom Physik, Promotion 2003, TU Berlin
- 2011 Habilitation in Theoretischer Physik, TU Berlin
- 2015 Gastprofessorin, FU Berlin
- 2017 Feodor Lynen-Stipendium der AvH-Stiftung,
  Univ. of Auckland, Neuseeland
- Seit 2016 Professorin für Theoretische Physik, TU Berlin

Meine Begeisterung für die Physik

Die Begeisterung für die Physik wurde bei mir bereits früh in der Familie geweckt. Meine Eltern, beide in der Wissenschaft tätig, haben jede Art Neugier von uns drei Kindern, meinem älteren und meinem jüngeren Bruder, unterstützt. In der Schule haben mich die Physiklehrerinnen und -lehrer begeistert, und ein Studium der Physik kam mir ganz natürlich vor. Während meines Studiums an der TU Berlin entdeckte ich die Festkörperphysik für mich. Mein Interesse lag zunächst im Experiment. Nach der Promotion ergriff ich die Chance auf eine Habilitation in der Theorie, zeitgleich mit der Entscheidung zur Familiengründung. Der unermüdlichen Unterstützung, die ich seitens des Instituts und der Familie während und nach meinen beiden Kinderpausen erfahren habe, ist es zu verdanken, dass ich der Wissenschaft trotz aller widrigen Umstände bis jetzt treu geblieben bin.

Themenschwerpunkte: Was ich heute mache

Ich beschäftige mich mit der theoretischen Modellierung von optischen Halbleiterbauelementen, wie z. B. Lasern oder optischen Verstärkern. Diese sind interessant für Anwendungen in der Datenübertragung per Glasfaserkabel, aber auch zum Verständnis grundlegender nichtlinearer Effekte. Die Kontrolle und Vorhersage der Emissionsdynamik durch Kopplung verschiedener Laser oder durch Einbau optischer Spiegel haben mein besonderes Interesse. Methodisch verwende ich numerische Integration und Bifurkationsanalyse zur Charakterisierung der Dynamik sowie auch analytische Ansätze zur Vereinfachung der komplexen Gleichungssysteme.

Mein Tipp

Ist Wissenschaft eine Option für mich? Die Antwort wird leichter mit der Frage: Wie bestimmt die Neugier mein Leben? Kann ich ungelöste Probleme leicht beiseite legen oder muss ich eine Lösung finden, um gut schlafen zu können. Bei Letzterem kann der steinige und ungewisse Weg in die Wissenschaft viel Spaß und innere Erfüllung bieten.

22.1 Dynamik im Laserlicht

Ein Laser ist ein auf quantenmechanischen Effekten beruhendes lichtemittierendes Bauelement. Er kann monochromatisches, hoch kohärentes Licht aussenden, d. h. einfarbiges Licht mit langen Wellenzügen (cohaerere = zusammenhängen). Er hat sich seit seiner Vorhersage durch Albert Einstein (1907) und seiner ersten Realisierung durch Theodore Maiman (1960) [2] inzwischen in fast allen Bereichen unseres täglichen Lebens etabliert, angefangen bei der Datenkommunikation via Glasfaserkabel und optischen Computermäusen bis hin zur Materialbearbeitung. In den allermeisten Fällen ist stabile Lichtemission erwünscht, d. h. ein Lichtstrahl mit konstanter Intensität. Für medizintechnische Anwendungen oder bildgebende Verfahren werden als optische Taktgeber Laser im Pulsbetrieb benötigt. In diesem Fall verlassen regelmäßig kurze und intensive Lichtpulse den Laser. Halbleiterlaser sind für viele dieser Anwendungen von großem Vorteil, da sie relativ einfach und kostengünstig hergestellt werden können. Sie bestehen aus halbleitenden Kristallschichten, ähnlich zu denen auf einem Computerchip, und können über elektrischen Strom an- und ausgeschaltet werden [1]. Wir werden uns hier auf solche Halbleiterstrukturen konzentrieren, auch wenn die dynamischen Phänomene in ähnlicher Form auch in anderen Lasersystemen beobachtet werden können.

Von der dynamischen Seite gibt es abgesehen vom stabilem Betrieb oder regelmäßigen Pulsen noch weitere sehr interessante Modi eines Lasers, z. B. chaotische Emission, bei der Laserpulse in unregelmäßigen Abständen ausgesendet werden und das Licht somit chaotisch „flackert". Durch Kombination verschiedener Bauteile, wie z. B. Spiegel und verstärkende Elemente, können solche komplexen Pulszüge erzeugt werden [3]. Anwendungen dieser komplexen Laseremission, d. h. Anwendungen der nichtlinearen Dynamik eines Lasers, stehen vielfach noch im Entwicklungsstadium, sind aber z. B. im Bereich der Kryptografie, d. h. der Verschlüsselung von Information durch chaotisches Laserlicht, denkbar. Hystereseeffekte in der Emissioncharakteristik sind ebenfalls ein Zeichen für Nichtlinearitäten. Sie treten auf, wenn Multistabilitäten zwischen verschiedenen dynamischen Zuständen existieren. Dies ist interessant für die Datenkommunikation und im Hinblick auf rein optische Schaltprozesse [3].

Im Folgenden werden wir die Lichtemission verschiedener Laserbaulelemente kennenlernen und charakterisieren. Im Besonderen wird die Strukturbildung in der zeitlichen Dynamik genauer betrachtet. Während ein einzelner, stabil laufender Laser (Abschnitt 22.2) von der dynamischen Seite eher unspektakulär ist und gleichmäßig Licht emittiert, kann ein zusätzlicher absorbierender Abschnitt bei geeigneter Wahl der Parameter die Phasenlage der verschiedenen Moden (stehende Wellen) im Resonator synchronisieren. So können kurze Pulse erzeugt werden (Modenkopplung). Diese sogenannte selbsterregte Pulsation wird im Abschnitt 22.3 beschrieben. Noch komplexer wird die Dynamik, wenn zusätzlich ein externer Spiegel das Laserlicht in den Laser zurückreflektiert. In diesem Fall induziert das zeitverzögert zurückgekoppelte Licht auch quasiperiodische Pulszüge bis hin zum Chaos, wie wir in Abschnitt 22.4 diskutieren.

22.2   Laser ohne Absorber

Beginnen wir mit einem kurzen Abriss über die dynamische Beschreibung eines Lasers. Das Funktionsprinzip beruht auf der stimulierten Emission von Licht einer Resonator-mode (stehende Lichtwelle) in einem aktiven Medium, d. h. einem als invertiertes 2-Niveau-System beschreibbares Medium. „Invertiert" bezeichnet hier ein thermisches Ungleichgewicht, bei dem entgegen der thermischen Boltzmann-Besetzung mehr Elek-tronen im angeregten Zustand als im Grundzustand sind. Im Fall eines Gaslasers (z. B. ein He-Ne oder ein CO_2 Laser) erreicht man diese Inversion durch Beleuchtung der Gasatome (optisches Pumpen). Bei einem Halbleiterlaser, der in Abb. 22.1a zu sehen ist, ist das aktive Medium eine Halbleiterkristallschicht. Die Inversion wird hier auch zwischen zwei Niveaus erzeugt, jedoch sind diese durch die Wechselwirkungen im Fest-körper stark verbreitert (man spricht von Bändern). Der Vorteil beim Halbleiterlaser ist, dass die Energie zum Invertieren, also zum Erzeugen des für den Laserprozess nötigen Ungleichgewichtes, über das Anlegen einer elektrischen Spannung erfolgen kann (elektrisches Pumpen). Ein weiterer praktischer Nebeneffekt ist, dass die Kris-tallkanten das Laserlicht reflektieren (ca. 30 % Reflektivität) und damit gleichzeitig den Resonator für die Lichtmode bilden. Typische Längen für solche Laser liegen im mm-Bereich, womit sehr viele verschiedene stehende optische Wellen (mit Wellenlänge im sub-μm Bereich) existieren können, die wir longitudinale Moden nennen. Verstärkt wird jedoch nur diejenige Mode, die zur Energiedifferenz der Bänder passt. Durch die breiten Energiebänder haben Halbleiterlaser ein breites Verstärkungsspektrum, d. h., sie können Licht verschiedener Wellenlänge verstärken. Ohne äußere Kontrolle gewinnt jedoch ab einer gewissen Pumpstärke die Lichtmode mit der höchsten Verstärkung (*the winner takes it all*). Welche Mode die beste Verstärkung (*gain*) hat, kann durch äuße-re Einflüsse (z. B. Temperatur) verändert werden. In Abb. 22.1d wurde die Intensität der Lasermode als Funktion des Pumpstromes schematisch gezeichnet. Zu erkennen ist die Laserschwelle J_S, das ist der Punkt, an dem die Verstärkung über die Verluste gewinnt und Laserlicht emittiert wird. Wir nennen diese konstante Lichtemission in Anlehnung an den englischen Begriff *constant wave* im Folgenden *cw*-Betrieb.

Unterhalb der Schwelle verlässt nur optisches Rauschen den Laser. Dies sind spon-tan emittierte Photonen aus den noch nicht ausreichend invertierten Bändern, wenn die Verstärkung noch nicht für Laseremission ausreicht. Schaut man sich ein Fourier-Spektrum der Lichtemission (die Intensität der einzelnen Wellenlängen der Licht-emission) ober- und unterhalb der Schwelle an (Abb. 22.1b), sieht man oberhalb der Schwelle das farblich reine (monochromatische) Laserlicht der verbliebenen Lasermode (*maximum gain mode*) und unterhalb der Schwelle das spontan aus den schwach in-

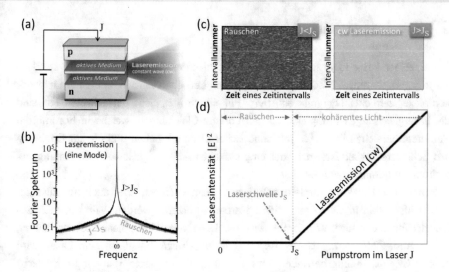

Abb. 22.1 a Prinzipbild eines Halbleiterlasers, Fourier-Transformierte Zeitserien **b** und 2D-Zeit-Darstellung **c** der Laseremission ober- und unterhalb der Schwelle J_S, **d** Input/Output-Charakteristik eines Lasers $E^2(J)$

vertierten Bändern emittierte Licht. Das Spektrum der spontanen Emission wird auch als Verstärkungsspektrum des Lasers bezeichnet, da es den Energiebereich (Frequenzbereich) zeigt, in dem durch Pumpen Inversion erzeugt werden kann. Bei schmalem Verstärkungsspektrum kann die Farbe der Laseremission kaum variieren. Thermodynamisch betrachtet ist die Laserschwelle ein Phasenübergang 2. Ordnung, d. h. ein Übergang von ungeordneter thermischer Lichtemission zu geordnetem einmodigem Betrieb (ähnlich dem Phasenübergang bei der Magnetisierung in magnetischen Materialien). Betrachtet man den Übergang aus dem Blickwinkel der nichtlinearen Dynamik, ist die Laserschwelle eine transkritische Bifurkation: Die beiden für die Gleichungen existierenden Lösungen tauschen an der Schwelle ihre Stabilität: Die lasernde Lösung wird stabil, die Intensität-Null-Lösung verliert ihre Stabilität. Für eine tiefergehende Beschreibung von Bifurkationen sei auf das Lehrbuch von Strogatz [4] verwiesen.

Für die folgenden Abschnitte 22.3 und 22.4 ist noch eine andere Art der Darstellung der Laseremission interessant, und zwar die Darstellung als 2D-Zeitdiagramm. Diese Art Darstellung erhält man, wenn die Intensität als Funktion der Zeit farblich kodiert, in Stücke zerschnitten (die Länge der Stücke ist die x-Achse) und zeilenweise übereinander gezeigt wird (s. Abb. 22.1c). Beim *cw*-Betrieb (rechts) ergibt sich eine einheitliche Fläche, da sich die Intensität über der Zeit nicht ändert. Unterhalb der Laserschwelle ergibt sich das linke Bild in Abb. 22.1c. Hier sieht man von Zeile zu Zeile sehr schön, wie die Emission zeitlich fluktuiert und zufällige Muster bildet.

22.3 Laser mit Absorber

Ein einzelner Laser kann nur im Extremfall schlechter Resonatoren und für spezielle stark gepumpte aktive Medien in einem Bereich betrieben werden, in dem er Licht mit komplexer zeitlicher Dynamik emittiert. Für diesen hier nicht betrachteten Fall sind die Lasergleichungen formgleich zu den Lorentz-Gleichungen, welche in bestimmten Parameterbereichen Lösungen mit chaotischer Dynamik haben und oft zur Erklärung des Schmetterlingseffekts, d. h. der empfindlichen Abhängigkeit von den Anfangsbedingungen, herangezogen werden.

Periodische Pulse und andere komplexe Dynamik können aber auch mit zusätzlichen Hilfsmitteln in einem normalen Laserbauteil erzeugt werden. Wir bedienen uns hier der folgenden Idee: Wir kombinieren das Laserbauteil mit einem Absorberbauteil, wie in Abb. 22.2a skizziert. Der Absorber ist im Prinzip baugleich zum Laser, wird aber in Gegenspannung betrieben. Das bedeutet, die angelegte Spannung führt nicht zum Füllen der Energiebänder mit Elektronen, sondern saugt Elektronen, die durch Lichtabsorption im aktiven Material entstehen, ab. Das Leitungsband (oberes Energieniveau) des Absorbers ist damit leer, das Material ist nicht invertiert, und er kann das energetisch passende Licht (Frequenzen innerhalb des Verstärkungsspektrums) absorbieren. Durch die Absorbtion werden Elektronen vom Valenzband ins Leitungsband angeregt und weitere Absorption ist unmöglich, d. h., der Absorber sättigt und ist nun durchsichtig für das Licht im Resonator. Je nach Lebensdauer der Elektronen im Lei-

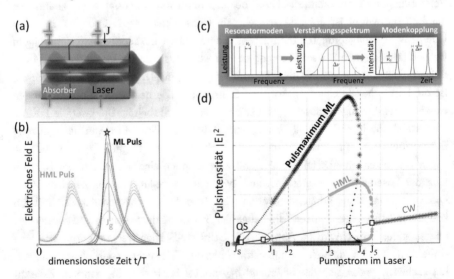

Abb. 22.2 a Prinzipbild für einen Laser mit passiver Modenkopplung bestehend aus einem absorbierenden und einem verstärkenden Teil und **c** Schema der Modenkopplung, **b** Zeitverlauf der Laseremission (einer Periode) bei Modenkopplung (ML) und bei harmonischer Modenkopplung (HML) für verschiedene Pumpströme *J*, **d** Pulsmaxima der ML-, der HML- und der QS- (Q-switching) Emission sowie Intensität des *cw*-Betriebs, aufgetragen über dem Laserpumpstrom *J*. Dicke/dünne Symbole bezeichnen stabile/instabile Lösungen

tungsband (diese variiert auch mit der angelegten Gegenspannung), entleert es sich wieder und der Absorber ist anschließend für erneute Absorption von Licht bereit. Diese interne Ladungsträgerdynamik hat zur Folge, dass die Moden innerhalb des Verstärkungsspektrums zeitlich synchronisiert werden (alle unterlaufen den gleichen Prozess der Modulation durch den Absorber) und ihre zeitliche Überlagerung nun periodische Pulse in der Intensität ergibt (s. Abb. 22.2c). Die zeitliche Überlagerung entspricht einer Addition der elektrischen Felder und ist analog zur Beugung am Gitter, bei der es ebenfalls durch die Überlagerung von Wellenzügen zu einem Interferenzmuster kommt (Spaltfunktion). Mathematisch betrachtet findet eine Summation verschiedener Frequenzen im Fourier-Raum statt und ergibt einen Puls in der Zeitdomäne. Die Breite des Pulses ist indirekt proportional zur Breite des Verstärkungsspektrums: Mehr Moden liefern kürzere Pulse. Für den betrachteten Halbleiterlaser ergeben sich Pulsbreiten um eine Pikosekunde. Die Wiederholfrequenz der Pulse ergibt sich direkt aus der Länge des gesamten Bauteiles und ist z. B. für 1 mm gerade 40 GHz. Ohne den synchronisierenden Effekt des Absorbers hätten die Moden zufällige Phasenbeziehungen untereinander und es würden sich im Mittel nur die zeitlich konstanten Intensitäten addieren, d. h., in diesem Fall käme es nicht zur Modenkopplung. Die Differenzialgleichungen, die die Dynamik beschreiben und für die gezeigten Simulationen verwendet wurden, können von Interessierten z. B. in [5] nachgelesen werden.

Die zeitlich pulsierende Emission der durch die Modenkopplung entstandenen Pulszüge ist anhand der Zeitserien in Abb. 22.2b zu sehen. Hier ist genau eine Periode, also ein Puls, gezeigt. Wir kürzen diese Emission im Folgenden mit ML ab. Mit steigendem Strom J durch den verstärkenden Laserteil ist mehr Energie im System und die Intensität der Pulse steigt. Trägt man die maximale Intensität des Pulses über dem Pumpstrom J auf, erhält man die schwarzen Sterne in Abb. 22.2d. Für kleine Ströme (in der Nähe der Laserschwelle J_S) und für sehr hohe Ströme (über J_5) verschwindet die ML-Intensität und das Bauteil verhält sich wie ein einzelner Laser im cw-Betrieb. Die kleinen Punkte der schwarzen ML-Kurve zeigen die instabile ML-Lösung, d. h., diese Lösung lässt sich nur numerisch finden und tritt nicht im Experiment auf. Für Ströme größer als J_1 (auf der x-Achse in Abb. 22.2d markiert) ist der ML-Pulsbetrieb zunächst stabil. Er erreicht maximale Intensitäten, bevor die Pulse an Intensität verlieren und bei J_4 ihre Stabilität einbüßen (Übergang zu kleinen Punkten der ML-Kurve). Für diesen Strom (J_4) ist der cw-Betrieb noch nicht wieder stabil (die graue gerade cw-Kurve ist noch dünn). Wir sehen in der Abbildung aber noch eine andere Lösung, die harmonische Modenkopplung (HML), deren Pulsmaxima in der grauen Kurve in Abb. 22.2d geplottet sind. Diese Lösung hat die doppelte Wiederholfrequenz der Pulse, wie in den Zeitserien in Abb. 22.2b zu sehen ist. Die Intensität der HML-Pulse ist kleiner als die der ML-Pulse, da sich die Energie auf zwei Pulse verteilen muss. Ab einem Strom von J_3 wird die graue Kurve der HML-Pulsmaxima dick (Abb. 22.2d). Das bedeutet, ab diesem Pumpstrom ist die HML-Emission eine stabile Lösung des Systems. Für sehr hohe Ströme (J_5) verschwindet auch die HML-Lösung und der Laser läuft unmoduliert im stabilen cw-Betrieb. In der Sprache der nichtlinearen Dynamik entstehen und verschwinden die ML- und HML-Lösung in Hopf-Bifurkationen aus der cw-Lösung (erkennbar an dem wurzelförmigen Anstieg der Pulsmaxima beginnend an den mit weißen Quadraten gekennzeichneten Punkten auf der cw-Kurve in Abb. 22.2d). Die ML-Lösung entsteht jeweils instabil und wird in einer Torus-Bifurkation (J_1) und einer Sattel-Knoten-Bifurkation (J_4) stabil.

Interessant ist bei unserem Laser+Absorber-System auch, dass ein fester Strom J nicht immer zu einer eindeutigen Dynamik führt. Das System (und damit das zugrunde liegende Gleichungssystem) ist multistabil. Es hängt von den Anfangsbedingungen und von Störeinflüssen ab, für welche Lösung sich das Lasersystem entscheidet. Dreht man im Experiment den Strom von hohen Werten langsam herunter, bleibt der Laser von J_5 bis J_3 bei der hochfrequenten HML-Emission und springt dann in den ML-Betrieb. Bei langsamer Erhöhung hingegen bleibt der ML-Betrieb von J_1 bis J_4, und erst hier springt der Laser bei weiterer Stromerhöhung auf den HML-Betrieb. Diese Hysterese ist experimentell ein Zeichen für Multistabilität, für ein genaueres Verständnis helfen die numerischen Untersuchungen der Lösungen samt Stabilitätsbetrachtungen.

Bei sehr kleinen Strömen kurz oberhalb der Schwelle tritt noch eine weitere mit QS (Q-switching = Güteschaltung) bezeichnete Lösung auf. Die Bezeichnung kommt aus der Laserphysik, bei der Q die Güte eines Resonators bezeichnet. Schlechte Spiegel (oder hier absorbierende Elemente) erhöhen die Lichtverluste und verringern die Güte. Der QS-Modus liefert sehr breite Pulse (ca. 120 ps) mit einer viel kleineren Wiederholfrequenz im MHz-Bereich. Der Bildungsmechanismus basiert nicht, wie eben bei der Modenkopplung besprochen, auf kohärenter Überlagerung verschiedener Moden. Stattdessen wird Licht einer Mode im Absorber absorbiert (sozusagen gespeichert), bis genügend Inversion erreicht ist, um einen großen Puls zu emittieren (ähnlich einem auf der Kippe stehenden, stetig volllaufenden Wassereimer, der ab einem bestimmten Füllstand kippt).

Abbildung 22.3a zeigt 2D-Zeitdiagramme für die drei diskutierten pulsierenden Lösungen, Modenkopplung (ML), harmonische Modenkopplung (HML) und Q-switching (QS). Die periodischen Intensitätsschwankungen der Laseremission werden in dieser Darstellung erst in Intervalle zerschnitten, dann wird die Intensität farbcodiert (Rot bedeutet hohe Intensität) und anschließend wird das Bild zeilenweise mit den Intervallstücken gefüllt. Der Vorteil dieser Visualisierung ist, dass gleichzeitig das Verhalten der Dynamik auf zwei Zeitskalen betrachtet werden kann, d. h., die Zeit ändert sich schnell auf der x-Achse, variiert aber langsam entlang der y-Achse. Die roten vertikalen Balken in Abb. 22.3a (ML) sind die ML-Pulsmaxima, die sich von einer zur nächsten Periode (von Zeile zu Zeile) nicht verändern. Die Balkenbreite wird von der Pulsbreite bestimmt. Der kleinere Abstand der roten Balken der HML-Dynamik in Abb. 22.3a (HML) ergibt sich durch die höhere Frequenz der periodischen Emission (zwei Maxima pro Intervall), da wir als x-Achse, also als Zeitintervall für die Zerteilung der Zeitserie, wieder die Periode der ML-Pulsation verwendet haben. Die zugehörigen Zeitserien zu den 2D-Zeitdiagrammen sind in Abb. 22.3b dargestellt, wobei die gestrichelten Linien die Schnitte in die Intervallstücke markieren. In Abb. 22.3b (QS) sieht man,

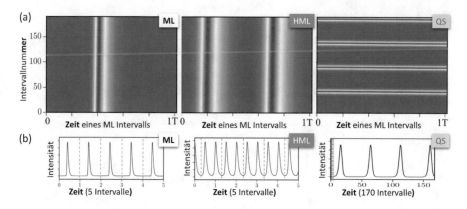

Abb. 22.3 a 2D-Zeitdarstellungen für modengekoppelten Betrieb (ML), harmonisches ML (HML) und Q-switching (QS). Die Intensität der Emission ist in horizontalen Intervallstücken als Farbcode aufgetragen (rote Färbung bedeutet hohe Intensität, blau entspricht verschwindender Intensität, jeweils normiert auf das Pulsmaximum). Die Intervalllänge (Zeit auf der x-Achse) wurde einheitlich als eine ML-Periode gewählt, langsame Intensitätsänderungen des QS sieht man im vertikalen Schnitt. **b** Zeitserien der drei Regime aus **a**, gestrichelte Linien markieren Stückelungsintervalle

dass die Periode des QS-Betriebs sehr viel länger ist (ca. 50 ML-Intervalle) als bei der ML-Lösung. Intensitätsänderungen dauern daher viel länger (langsame Zeitskala der Dynamik) und während einer ML-Periode passiert fast nichts. Folglich zeigt ein vertikaler Schnitt durch die 2D-Zeitdarstellung in Abb. 22.3a (QS) gerade die langsame Intensitätsänderung der QS-Dynamik, während innerhalb einer ML-Periode nichts passiert (horizontale rote Balken). Natürlich ist das Erscheinungsbild der Emissionsdynamik im 2D-Zeitdiagramm sehr abhängig von der Wahl der x-Achse, also der Wahl des Zeitintervalls. Wählt man zur Visulaisierung der QS-Emission die lange Periode des QS als Zeitintervall für die x-Achse (hier nicht gezeigt), ergibt sich ein vertikaler Balken wie bei der Darstellung der ML-Emission in Abb. 22.3a (ML).

22.4 Einfluss optischer Rückkopplung

Als letzten Schritt wollen wir in diesem Abschnitt betrachten, wie sich die Dynamik unter dem Einfluss von optischer Rückkopplung ändert, d. h. mit einem Spiegel, der das Licht in den modengekoppelten Laser (Abschnitt 22.3) zurückreflektiert. Der Aufbau ist in Abb. 22.4a skizziert. Bei diesem Bauelement gibt es zwei neue Kontrollparameter, den Spiegelabstand (umgerechnet in eine Lichtlaufzeit τ) und die Spiegelreflektivität K (Stärke der Rückkopplung). Für den Pumpstrom im Laserteil wählen wir als Betriebspunkt zunächst den Wert J_2 (in Abb. 22.2d definiert). In diesem Bereich existieren bereits ohne Spiegel drei Lösungen, wobei nur die ML-Lösung stabil ist, d. h., der reale Laser emittiert ML-Pulse. Stellt man den Spiegel ungefähr eine Bauteillänge hinter den Laser, dann ist die Verzögerungszeit τ so groß wie die Pulsationsperiode

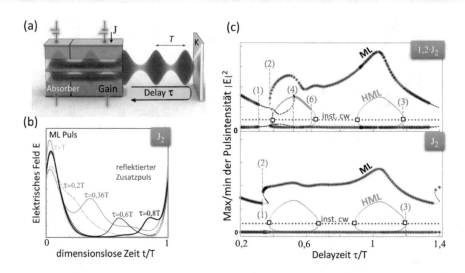

Abb. 22.4 a Prinzipbild eines passiv-modengekoppelten Lasers mit optischer Rückkopplung, **b** Pulsprofil der ML-Lösung für verschiedene Spiegelabstände τ. **c** Pulsmaxima der stabilen und instabilen (dicke und dünne Symbole) ML- und HML-Lösung, aufgetragen über dem Spiegelabstand τ (τ ist normiert auf die ML-Periode T) für zwei verschiedene Pumpströme J. Vertikal-gestrichelte Linien zeigen Bifurkationen: (1)/(6) Torus-Bifurkation der ML-/HML-Lösung, (2) Sattel-Knoten-Bifurkation der ML-Lösung, (3) Hopf-Bifurkation der HML-Lösung, (4) Periodenverdopplung

T der ML-Pulse. Das rückreflektierte Laserlicht eines Pulses trifft so beim Wiedereintritt in den Laser wieder auf einen Puls. Es ist also verständlich, dass sich in diesem Fall des resonanten Feedbacks (allgemein definiert durch $\tau = n\,T; n \in N$) die Dynamik kaum ändert. Ist der Abstand nicht ganz passend, trifft der Puls *daneben* und das Pulsprofil erhält einen oder mehrere Zusatzpulse wie in Abb. 22.4b für *delay*-Zeiten von $\tau = 0,2\,T$ (grau gestrichelte Linie) bis $\tau = 0,8\,T$ (schwarze Linie) zu sehen ist. Dieses durch Feedback veränderte ML-Emissionsverhalten bezeichnen wir mit *ML+*. Die 2D-Zeitdarstellung in Abb. 22.5a (ML+) wurde bei einer Delayzeit von $\tau = 0,5\,T$ simuliert, und man sieht den von der Reflexion stammenden Zusatzpuls als zweiten schwächeren Balken.

Verändert man die Parameter, kann die Zeitverzögerung auch zu neuen Bifurkationen und damit völlig neuer Dynamik führen. In Abb. 22.4c ist die Änderung der Pulsmaxima über τ gezeigt (für zwei verschiedene Ströme J im oberen und unteren Bild). Im unteren Diagramm wurde ein Strom von J_2 zur Simulation verwendet (wie auch in Abb. 22.4b.) Man sieht Veränderungen der ML-Pulsamplitude anhand der schwarzen Kurve. Das Maximum wird bei resonantem Feedback von $\tau = T$ erreicht. Das Verschwinden und Entstehen der instabilen HML-Lösung ist an der grauen Kurve zu erkennen und geschieht in einer Hopf-Bifurkation (weiße Quadrate, beispielhaft mit der vertikalen gestrichelten Linie (3) eingezeichnet). Ein anderer interessanter Punkt bei der Variation von τ ist mit (1) in Abb. 22.4c markiert. Hier verliert die ML-Lösung kurz ihre Stabilität (kleine Punkte). Allerdings sind für diesen Wert von $\tau = 0,35\,T$ we-

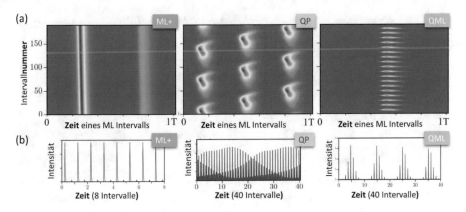

Abb. 22.5 a 2D-Zeitdarstellung der verschiedenen, mit optischer Rückkopplung induzierten Dynamiken: Modenkopplung mit Feedbackpuls (ML+) bei $\tau = 0,5T$; quasiperiodische Dynamik (QP) bei $\tau = 0,35T$, Q-Switched Modenkopplung (QML). Farbcode wie in Abb. 22.3. **b** Zeitserien der Laseremission der drei Bereiche

der HML noch *cw*-Lösung stabil. Stattdessen wird an dieser Stelle eine neue Lösung geboren (in einer Torus-Bifurkation). Die entstehende, als quasiperiodisch bezeichnete Dynamik ist in Abb. 22.5a (QP) zu sehen. Man erkennt zusätzliche Modulationen, die der Dynamik aufgeprägt wird und zu lokalisierten Strukturen in der 2D-Zeitdarstellung führt. Die extra Modulation in y-Richtung ist sehr langsam und auch in der Zeitserie in Abb. 22.5b (QP) zu erkennen (die Periode umfasst ca. 40 ML-Perioden). Die x-Achse des 2D-Zeitdiagrammes ist unverändert eine ML-Periode T, d. h., die Modulation, die man in x-Richtung sieht, stammt von den durch das *delay* induzierten Zusatzpulsen. Bei einem Wert von $\tau = 0,35T$ passen gerade zwei Zusatzpulse in das ML-Intervall, wie man auch am Zeitprofil des Pulses (gepunktete dunkelgraue Linie in Abb. 22.4b sehen kann. In der 2D-Zeitdarstellung erhält man also drei modulierte vertikale Balken mit Intensitätmodulation, also neun lokalisierte Strukturen. Von Balken zu Balken verschieben sich die Maxima innerhalb des Balkens nach oben. Der Grund hierfür ist, dass die zwei Zusatzpulse und der ML-Puls noch zusätzlich ihre Intensitäten verändern (abwechselnd ist immer einer der drei maximal).

Verfolgt man die ML-Lösung von (1) weiter über τ in Abb. 22.4c , so wird die ML-Lösung wieder stabil in der mit (2) bezeichneten Sattel-Knoten-Bifurkation. Die zusätzlichen Nebenmaxima reduzieren sich auf einen Zusatzpuls und verschwinden kurz bevor resonantes *delay* ($\tau \approx T$) erreicht ist. Für einen leicht höheren Betriebsstrom J, wie in Abb. 22.4c oben gezeigt, ist der Verlauf über τ auf den ersten Blick ähnlich. In der Nähe von $\tau = 0,4T$ sind nun allerdings die beiden Lösungen (ML und HML) verbunden (der zusätzliche Feedbackpuls führt zu einer dem HML äquivalenten Lösung). Der Kontaktpunkt (mit (4) in Abb. 22.4c bezeichnet) ist eine Periodenverdopplungs-Bifurkation, d. h., die HML-Lösung erhält eine Modulation mit der doppelten Periode und ist dann äquivalent zur ML-Lösung mit zentriertem Feedbackpuls. Die HML-Lösung selbst hat bei diesem höheren Strom von $1,2 J_2$ auch stabile Bereiche (di-

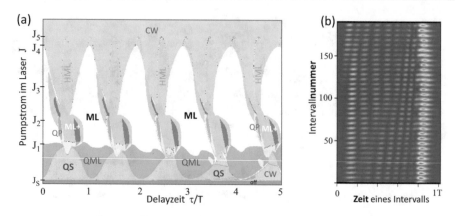

Abb. 22.6 a Numerisch beobachtete Dynamik des ML-Lasers mit optischer Rückkopplung dargestellt im Parameterraum aus *delay*-Zeit und Pumpstrom, Farben repräsentieren verschiedene Dynamik wie in Abb. 22.3 und Abb. 22.5 eingeführt. *ML*: Modenkopplung, *ML+*: Modenkopplung mit zusätzlichen Zwischenpulsen, *HML* harmonische Modenkopplung, *QP*: Quasiperiodische Dynamik, *QS*: Q-switching, *QML*:Q-switched Modenkopplung, **b** 2D-Zeitdarstellung chaotisch modulierter ML-Dynamik

cke Punkte auf der Kurve der Maxima) und verliert die Stabilität bei (6) in einer Torus-Bifurkation (hier verschwindet die zuvor entstandene QP-Lösung wieder). Die Rückkopplung induziert also noch zusätzlich Multistabilität im System.

Für einen besseren Überblick der Dynamik schauen wir abschließend auf einen zweidimensionalen Parameterscan der Dynamik in Abb. 22.6a. Hier wurden gleichzeitig *delay*-Zeit τ und Pumpstrom J verändert und farblich kodiert in der Ebene dargestellt. Die Farben entsprechen den bereits in den 2D-Zeitdiagrammen in Abb. 22.3 und 22.5 eingeführten dynamischen Regimes. Da zum Erstellen des Bildes das Differenzialgleichungssystem an jedem Punkt für eine spezielle Anfangsbedingung numerisch integriert wurde, sieht man immer genau eine Lösung. Multistabilität ist trotzdem vorhanden, kann aber nur gesehen werden, wenn man die einzelnen Lösungen wie in Abb. 22.2d oder Abb. 22.4c verfolgt. Ein Schnitt durch Abb. 22.6a bei $\tau = 0$ ergibt Abb. 22.2d, und ein kurzer Schnitt bei J_2 liefert Abb. 22.4c. Die einzelnen Bereiche in Abb. 22.6 sind durch die erwähnten Bifurkationen voneinander getrennt, die in diesem Parameterraum oft auch überlappen, der Rand der HML-Lösung (Hopf-Kurve) liegt z. B. hinter den Sattel-Knoten-Rändern der ML-Lösung. Unterhalb von J_1 sieht man nicht nur das langsame Q-switching, sondern auch eine Kombination von ML und QS, wir nennen es QML. Ein 2D-Zeitdiagramm und eine Zeitserie der QML-Dynamik sind in Abb. 22.5 (QML) zu sehen. Hier erkennt man, dass es sich bei dieser Laseremission um kurze ML-Pulse handelt, deren Amplitude durch die langsame Q-switching Oszillation (Periode ca. $10T$) moduliert ist. Wie bereits bei der QP-Lösung besprochen, erhält der rote Balken der ML-Emission eine zusätzliche Modulation in y-Richtung, diesmal nur mit höherer Modulationsfrequenz und ohne Zusatzpulse. Die Bereiche mit QML-Dynamik (dunkelblau in Abb. 22.6a) sind begrenzt von ML-Dynamik (weiß) und QS-Dynamik (gelb). Trennungslinien sind Torus-Bifurkationslinien, in denen die zusätzlichen Modulationen entstehen. Im Übergang von den weißen zu den hell- und dunkelrosa Bereichen tritt jeweils ein zusätzlicher Feedbackpuls in der Zeitserie auf.

Der Wertebereich für die *delay*-Zeit (Spiegelabstand) geht in Abb. 22.6a bis $\tau = 5\,T$. Während sich die Dynamik im Prinzip im Abstand von $\Delta\tau = T$ wiederholt und bei resonantem Feedback immer die ML-Lösung (weißer Bereich) stabil ist, erkennt man leichte Verbiegungen bei höheren τ Werten (die weißen Bereiche werden sehr asymmetrisch). Für sehr viel größere Spiegelabstände wird dieser Effekt noch dominanter und die einzelnen Bereiche schieben sich übereinander. Das bedeutet, dass das lange *delay* zu zusätzlichen Multistabilitäten zwischen Lösungen aus verschiedenen Resonanzen führt. Insgesamt wird die Dynamik mit wachsendem *delay* komplexer und auch chaotische Lösungen treten auf. Abb. 22.6b zeigt exemplarisch ein 2D-Zeitdiagramm für chaotisch pulsierende Laseremission. Man erkennt das ML noch als zugrunde liegende Dynamik (rote, vertikal angeordnete Strukturen), allerdings treten zusätzlich noch unregelmäßige Zusatzpulse auf (hellblaue Strukturen).

22.5 Zusammenfassung

In diesem Beitrag haben wir das Emissionsverhalten von mehrteiligen Laserbauelementen charakterisiert. Mithilfe von numerischen Verfahren wie Lösungsverfolgung und direkter Integration haben wir, angefangen beim einzelnen Laser, einen modengekoppelten Laser mit Absorber und einen durch externe Rückkopplung beeinflussten Laser besprochen. Festzuhalten ist die in diesen komplexen, nichtlinearen Systemen auftretende Multistabilität verschiedener Lösungen sowie der Effekt von Zeitverzögerung, der ganz neue Lösungen im System hervorruft. Zentraler Punkt der Visualisierung waren 2D-Zeitdarstellungen, in denen komplexe Dynamik in der Laseremission (Pulsationen) als lokalisierte Strukturen erscheinen, wenn die zeitliche Modulation auf unterschiedlichen Zeitskalen geschieht.

Danksagung

Als Leiterin der Arbeitsgruppe *Nichtlineare Laserdynamik* wäre meine Forschungsarbeit undenkbar ohne die hervorragenden Arbeiten der Postdocs, Promovierenden und Masterstudierenden. Im Speziellen danke ich Dr. Lina Jaurigue, die ihre Dissertation zum Thema Modengekoppelte Halbleiterlaser im September 2016 verfasst hat, für ihre Mithilfe an dem Artikel.

Literatur

[1] Bimberg D (2012) Vom hässlichen Entlein zum Schwan – vor fünfzig Jahren wurde der Halbleiterlaser erfunden. Physik Journal 5

[2] Fischer EP (2010) Erhellende Entdeckung. Fünfzig Jahre Laser. Physik unserer Zeit 8

[3] Lingnau B, Lüdge K (2014) Quantenpunktlaser – Laserlicht auf den Punkt gebracht. Physik unserer Zeit 45 3:140

[4] Strogatz SH (2014) Nonlinear Dynamics and Chaos. Westview Press, Boulder

[5] Jaurigue L (2017) Dynamics and Stochastic Properties of Passively Mode-Locked Semiconductor Lasers Subject to Optical Feedback. Springer Best Thesis Series. Springer, Berlin, Heidelberg

23 Quantenchaos
— *Martina Hentschel* —

Zusammenfassung
Strahlen-Wellen-Korrespondenz zu Ende gedacht: Die Korrespondenz von Strahlen und Wellen, von klassischer und Quantenmechanik ist ein tiefliegendes Prinzip und fundamental für unser physikalisches Weltbild. Im Grenzfall verschwindender Wellenlänge bzw. großer Energien soll die Quantenmechanik in die klassische Mechanik übergehen, sollen Wellen als Teilchen beschreibbar sein. Die Fragestellungen im Gebiet des Quantenchaos sind in gewisser Weise durch die umgekehrte Herangehensweise motiviert: Gegeben seien zwei klassische Systeme mit unterschiedlicher Dynamik der (Punkt-) Teilchen, verursacht z. B. durch das Fehlen von Symmetrien und damit Erhaltungsgrößen in einem der beiden Systeme. Werden dann auch ihre quantenmechanischen Pendants unterschiedliche Eigenschaften aufweisen? Wie wird der Unterschied beider Systeme greifbar und ist er beobachtbar?

© Springer-Verlag GmbH Deutschland, ein Teil von Springer Nature 2019
D. Duchardt et al. (Hrsg.), *Vielfältige Physik*, https://doi.org/10.1007/978-3-662-58035-6_23

Prof. Dr. Martina Hentschel

Dem sind keine Grenzen gesetzt, der sie nicht hinnimmt. (Zen-Weisheit)

- *1971 in Dresden, 1990 Abitur
- 1997 Diplom Physik, TU Dresden, Imperial College London
- 2001 Promotion, MPI Physik komplexer Systeme, Dresden
- 2002–2006 Postdoktorandin, Duke Univ., USA; Univ. Regensburg; ATR Labs, Japan
- 2006–2016 Emmy-Noether-Gruppe der DFG
- 2011 Hertha-Sponer-Preis der DPG
- Seit 2012 Professur für Theoretische Physik, TU Ilmenau

Auf Umwegen zur Physik: Am Anfang standen die Sterne

Meine Faszination für die Natur begann als Kind mit Archäologie, verlagerte sich aber rasch auf die Astronomie. Mein erstes Fernrohr bekam ich mit 14 Jahren zur Jugendweihe, es reichte (knapp!) für die Saturnringe. Naturgemäß wollte ich lange Zeit Astronomie studieren, oder wenigstens Astrophysik. Zum Glück wurde mir rechtzeitig klar, dass astronomische Beobachtungen unter Umständen über lange Zeiten in großer Abgeschiedenheit stattfinden, und mein großartiger Physiklehrer an der Spezialschule MANOS Dresden entfachte mein Interesse für die Physik als Ganzes (wobei auch die Mathematik bei mir hoch im Kurs stand – und steht). Bei der Wahl der Spezialisierungsrichtungen im Physikstudium spielte sicher der Zufall eine gewisse Rolle; die Kurse in Quantenfeldtheorie am Imperial College unter dem Tutorat von Tom Kibble waren zweifellos meine intensivste und glücklichste Zeit als Physikstudentin.

Was ich heute bin: Eine Grenzgängerin in der Mesoskopie

Mit der Promotion „landete" ich in der mesoskopischen Physik – näher an Anwendungen wie Mikrolasern, doch an der Schnittstelle zwischen klassischer und Quantenphysik nicht weniger faszinierend. Wie ändern sich z. B. physikalische Phänomene, wenn die Systeme immer kleiner werden? Die Technische Universität Ilmenau bietet ein ideales Umfeld für spannende Kooperationen mit Ingenieurinnen und Ingenieuren. Derzeit beschäftigen wir uns mit der Frage, wie man fundamentale Erkenntnisse (zum Beispiel aus dem Quantenchaos) in bahnbrechende Anwendungen umsetzen kann. Unser Ansatz ist die Mesoskopische Optik, die wir etablieren, um Licht in mesoskopischen Systemen so zu manipulieren, dass z. B. neuartige Lichtquellen entstehen.

Mein Tipp

Trauen Sie sich, Ihren Weg zu gehen – Physik zu studieren, Kinder zu haben (bei mir sind es drei), Dinge einfach zu tun. Ihr Mut wird belohnt werden! Warnhinweis: Der Weg kann kurvig werden, ein Plan B in petto ist hilfreich, Kritikfähigkeit ein Muss! Und: Seien wir Frauen kollegial und fair, insbesondere zueinander.

23.1 Chaos mit Quanten: Anders als erwartet

Der Begriff des Chaos, wie er in der Physik im Forschungsgebiet der nichtlinearen Dynamik verwendet wird, bezieht sich zumeist auf das sogenannte deterministische Chaos, siehe Kapitel 21 und [1]. Das hat nichts mit Unordnung oder Chaos im umgangssprachlichen Sinn zu tun, sondern meint vielmehr, dass ein physikalisches System zwar durch (möglicherweise komplizierte) Gleichungen exakt beschrieben werden kann, die Vorhersage seines Verhaltens aber dennoch nur für ein vergleichsweise kleines Zeitintervall in der Zukunft möglich ist. Ein bekanntes Beispiel hierfür ist das Wetter. Beispiele aus dem Labor sind das Doppel- oder das Magnetpendel als mechanische Systeme, elektrische Schwingkreise mit nichtlinearen Bauelementen und autokatalytische chemische Reaktionen. Ein populäres Studienobjekt sind sogenannte Billards: zweidimensionale Gebilde, in denen Testteilchen mit einer bestimmten Anfangsbedingung gestartet und an den Wänden des Billards gemäß Einfallswinkel = Ausfallswinkel reflektiert werden. Während im Kreisbillard nahe beieinander gestartete Bahnen durch die Drehimpulserhaltung im rotationssymmetrischen System immer dicht beieinander bleiben werden, gilt das bereits im geringfügig deformierten Kreisbillard nicht mehr, s. Abb. 23.1. Wenn man hier zwei Testbälle mit (nahezu) gleichen Anfangsbedingungen startet, werden sie sich eine Zeitlang nah beieinander bewegen, letztendlich aber sehr verschiedene Bahnen einschlagen: Ihr Abstand wird, anders als im Kreisbillard, schnell wachsen. „Schnell" bedeutet hier ein exponentielles Wachstum, also wie $\exp(\lambda t)$, wobei t die Zeit und λ der Ljapunov-Exponent, ein Maß für das Auseinanderlaufen der Teilchenbahnen, sind.

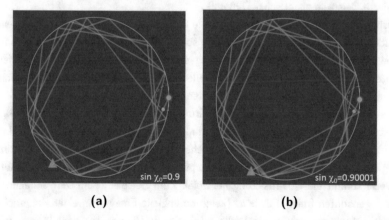

(a)　　　　　　　(b)

Abb. 23.1 Sensitive Abhängigkeit von den Anfangsbedingungen als Indikator für chaotische Dynamik. Limaçon-Billard mit einem Geometrieparameter $\epsilon = 0{,}43$ (s. Text). **a** Strahlenbahn mit Anfangsbedingung Polarwinkel $\phi_0=0$ und Sinus des Ausfallswinkel $\sin\chi_0 = 0{,}9$ (markiert durch Punkt und kleinem Punkt auf gestricheltem Kreis), verfolgt für 26 Reflexionen. **b** Ausfallswinkel der Trajektorie am Start von $\sin\chi_0 = 0{,}9$ minimal auf $\sin\chi_0 = 0{,}90001$ erhöht, sonst ist nichts verändert. Die Abweichung im Verlauf der Trajektorie ist klar ersichtlich, das Dreieck markiert den Endpunkt der hier betrachteten Bahnen

Ein Grund für deterministisches Chaos ist also, dass man die Anfangsbedingungen in realen Situationen schon aufgrund der Messgenauigkeit nur bis zu einem gewissen Maße kennen *kann*. Ist dieser Vorrat an Wissen aufgebraucht, lässt sich die Dynamik in nichtlinearen, „komplizierten" Systemen nicht mehr vorhersagen, selbst wenn deren Dynamik an sich deterministisch ist: Man sagt, die Dynamik des Systems ist chaotisch. Das ist in Abb. 23.1 für ein Billard in der sogenannten Limaçon-Form gezeigt. In Polarkoordinaten (r, φ) ist es darstellbar als

$$r(\varphi) = R_0(1 + \epsilon \cos\varphi) \tag{23.1}$$

mit dem mittleren Radius R_0 und einem Geometrieparameter ϵ, der zwischen 0 (Kreis mit Radius R_0) und dem Maximalwert 1 liegt. Über die Wahl von ϵ kann man also in gewisser Weise bestimmen, „wie groß das Chaos ist", eine für viele Überlegungen und Anwendungen nützliche Eigenschaft des Limaçon- und anderer Billards. Den Anteil an chaotischer Dynamik bzw. regulärer Dynamik erkennt man recht einfach im sogenannten Phasenraum, s. auch Abb. 23.2a: Punktwolken sind charakteristisch für chaotische Dynamik, während linienartige Strukturen, entweder als Geraden oder in Form geschlossener Kurven um ein Zentrum, dann die sogenannten regulären Inseln bilden. Im gezeigten Fall ist $\epsilon = 0,43$ gewählt, und obwohl die Abweichung von der Kreisform kaum erkennbar ist, tritt der chaotische Charakter des Systems klar zutage.

Andere Abweichungen von der Kreisform, in Polarkoordinaten gut beschreibbar mittels eines oder mehrerer Geometrieparameter, zeigen ähnliches Verhalten; aber auch Billards in Form eines Stadions (zwei Halbkreise, die Stadionkurven, werden durch Geradenstücke verbunden) und das Sinai-Billard (Quadrat mit zentralem Loch) sind etablierte Beispiele chaotischer Dynamik.

Bisher haben wir unsere Testteilchen, die Billardkugeln, als *klassische* Punktteilchen betrachtet, die den Gesetzen der Newton'schen Mechanik folgen, also als geradlinige Bewegung mit Stößen gemäß Reflexionsgesetz. Wollen wir ein solches Teilchen als *quantenmechanisches* Objekt, also als Welle beschreiben, gelangt man im einfachsten Fall zur Schrödinger-Gleichung der Quantenmechanik [2].

Die Schrödinger-Gleichung ist eine Grundgleichung der Quantenmechanik. Ihre Struktur ist Hamilton-Operator · Wellenfunktion = Energie · Wellenfunktion. Lösungen für die Wellenfunktion (die das Teilchen beschreibt) gibt es nur für bestimmte Energien, sogenannte Paare von Eigenenergien und Eigen(wellen)funktionen: Auf diese Weise kommt die Quantisierung ins Spiel. Zum Beispiel ist im sehr einfachen Fall eines sogenannten freien Teilchens (keine potenzielle Energie) in einer Raumrichtung die Wellenfunktion eine ebene Welle $\psi(x) \sim exp(i/\hbar \cdot px)$ mit dem Impuls p. Der Hamilton-Operator hat dann die Form $H = -\hbar^2/2m \cdot d^2/dx^2$, sodass man aus

$$H\,\psi = -\frac{\hbar^2}{2m} \cdot \frac{i}{\hbar}\,p \cdot \frac{i}{\hbar}\,p\,\psi = \frac{p^2}{2m}\,\psi \tag{23.2}$$

tatsächlich die aus der klassischen Mechanik bekannte kinetische Energie erhält. Die Quantisierung kann zum Beispiel durch die (geometrische) Begrenzung des Systems entstehen, weil dadurch nur Wellenfunktionen mit bestimmten Wellenlängen (also Energien) „zum System passen": Diese wählt die Natur gleichsam aus. Die Gesamtheit der erlaubten Energiewerte nennt man das Spektrum des Systems. Das Betragsquadrat der Wellenfunktion, $|\psi(\vec{r})|^2$, gibt die Wahrscheinlichkeit an, das Teilchen am Ort $\vec{r}$ zu finden.

Die Frage ist nun: Wird sich auch das quantenmechanische Objekt chaotisch verhalten? Im Sinne des Korrespondenzprinzips, das den Übergang von der Quantenmechanik zur klassischen Mechanik als Grenzfall kleiner Wellenlängen (im Vergleich zur typischen Systemausdehnung gesehen) beschreibt, ist dies die kanonische Fragestellung. Und dennoch ist sie nicht sinnvoll!

Der Grund sind die Eigenschaften der Quantenmechanik. Abgesehen von der Linearität der Schrödinger-Gleichung, ist an erster Stelle die Heisenberg'sche Unschärferelation zu nennen. Ort und Impuls eines Teilchens sind nicht gleichzeitig genau messbar – damit ist aber die klassische Argumentation, die ja auf Teilchenbahnen, also der Angabe von Ort und Impuls zu einem bestimmten Zeitpunkt, beruht, gar nicht anwendbar.

All das ist natürlich kein Grund, die Flinte ins Korn zu werfen. Man kann stattdessen fragen: Unterscheidet sich das quantenmechanische Verhalten von Systemen, deren klassische Analoga eine chaotische bzw. reguläre Dynamik besitzen? Die Antwort ist ein klares Ja und begründet das Forschungsgebiet des Quantenchaos [3–6]. Jedoch muss man nun auf die Gesamtheit der quantisierten Zustände schauen: An die Stelle deterministischer Aussagen für ein Testteilchen treten statistische Aussagen für das Gesamtsystem – auf diese Weise wird dem Wesen der Quantenmechanik Rechnung getragen, das prinzipiell nur Aussagen über Wahrscheinlichkeiten erlaubt.

23.2 Wo und wie begegnet man Quantenchaos?

In den 1960er-Jahren wurde versucht, Ordnung in die Spektren komplexer Atomkerne zu bringen [7]. Man ergänzte den Hamilton-Operator auf der linken Seite der Schrödinger-Gleichung um immer weitere Terme – und fand am Ende, dass die Zufallsmatrixtheorie [8, 9], also ein Hamilton-Operator mit zufälligen Einträgen, deren Verteilung gleichwohl bekannt und systemabhängig ist, die Statistik der Spektren hervorragend erklären konnte. Eine zentrale Erkenntnis der Folgejahre war, dass dies für *alle* chaotischen Systeme gilt.

Ordnet man z. B. die Energieniveaus eines im klassischen Pendant chaotischen Systems aufsteigend an, bildet dann die Differenzen benachbarter Niveaus und betrachtet deren Verteilung (Energieniveaustatistik), so findet man in Experimenten wie Modellrechnungen, dass die Niveaus fast nie unmittelbar aufeinanderfolgen, sondern meist einen typischen Abstand aufweisen (Wigner-Verteilung). Man nennt dies Niveauabstoßung; in Systemen mit regulärer Dynamik wurde dagegen eine Anziehung von Niveaus gefunden, man wird also häufiger zwei Energieniveaus eng benachbart antreffen (Poisson-Statistik) [3].

Beispiele für Systeme mit Niveauabstoßung sind neben den eingangs erwähnten Kernspektren die Energieniveaustatistik von Resonanzen in Mikrowellenbillards in Stadionform, eines Wasserstoffatoms in einem starken Magnetfeld, die Anregungen eines NO_2-Moleküls oder das Vibrationsspektrum einer Platte in Form eines Viertelstadions [3]. Hervorzuheben ist also, dass man Quantenchaos in Form einer Energieniveauabstoßung in ganz unterschiedlichen Systemen verschiedenster Größen findet: Quanten- oder Wellenchaos tritt insbesondere dann auf, wenn die typische Wellenlänge des Systems mit seiner Ausdehnung vergleichbar ist. Das gilt im Fall der Muster der Chladnischen Klangfiguren einer Viertelstadionplatte wie auch für Billards. Zum Beispiel können Mikrowellenbillards (Wellenlängen 1 mm bis 300 mm) aus Teflon oder supraleitenden Materialien ohne Weiteres Labortische ausfüllen, während Billards für Elektronen (Fermi-Wellenlänge 10 nm bis 100 nm im Halbleiter) sehr viel kleinere Strukturen erfordern [3]. Es sei angemerkt, dass all diese Billards genau wie die eingangs betrachteten Billards als zweidimensionale Systeme beschrieben werden können, da deren Ausdehnung in der Höhe viel kleiner ist als die Wellenlänge.

23.3   Mesoskopische Systeme als Paradebeispiel

Seit etwa den 1990er-Jahren ist es möglich, Quantenchaos für Elektronen und Licht zu studieren, denn die gerade erwähnten Billards lassen sich auch in Halbleiterheterostrukturen realisieren: Ein *Quantenpunkt* ist das vielleicht bekannteste mesoskopische System. Der Begriff mesoskopisch kommt aus dem Griechischen: $\mu\acute{\epsilon}\sigma o \varsigma$ – mittig, mittlerer, wie in den Begriffen Mesozoikum, Meson oder Mesopotamien. Die Welt der mesoskopischen Systeme liegt zwischen der klassischen und der Quantenphysik. Sie sind mit Abmessungen im Mikrometerbereich viel zu groß für eine vollständige quantenmechanische Beschreibung, aber andererseits klein genug, um Welleneffekte beobachten zu können. In meiner Doktorandenzeit kursierte die Anekdote, dass ein Journalist daraus gemacht habe, dass mesoskopische Systeme zu klein sind, um sie mit bloßem Auge zu sehen, aber zu groß, um sie unter ein Mikroskop zu legen. Letzteres ist dann in aller Regel falsch!

Quantenpunkte erhält man durch Aufwachsen verschiedener, aber ähnlicher, hochreiner Halbleitermaterialien, sodass etwa 100 nm unter der Oberfläche eine Ebene entsteht, in der sich die Elektronen ballistisch, also völlig frei, ohne Stöße an Störstellen, zweidimensional bewegen können. Bringt man von außen nun noch Elektroden auf, an die man eine negative (*gate*-) Spannung anlegt, zwingt die Coulomb-Wechselwirkung die Elektronen in eng begrenzte Bereiche mit kontrollierbarer Form – ein Billard. Ein hier wesentliches Charakteristikum ist, dass seine Ausdehnung kleiner ist als die Phasenkohärenzlänge des Elektrons. Die Elektronen bewegen sich ballistisch und bilden

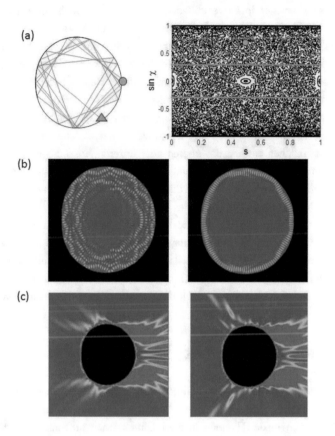

Abb. 23.2 Strahlen-Wellen-Korrespondenz im Limaçon-Billard mit einem Brechungsindex $n = 3,3$ und einem Geometrieparameter $\epsilon = 0,43$. **a** Eine typische Strahlenbahn, die am grün markierten Kreis gestartet wird, gemäß Reflexionsgesetz fortschreitet und am orangen Dreieck die Bedingung für Totalreflexion verletzt, also zum Fernfeld beiträgt. Rechts ist diese Bahn (blaue Punkte) im Phasenraum eingezeichnet, d. h. für jeden Reflexionspunkt seine Position s entlang der Berandung und der Sinus des zugehörigen Einfallswinkels χ. Zwischen den beiden orangen Linien gibt es keine Totalreflexion. Die Punktwolke im Hintergrund stammt von anderen Bahnen des geschlossenen Billards und zeigt die, bis auf die Inseln im Zentrum und am Rand (angeschnitten), chaotische Dynamik. **b** Zwei Beispiele für Wellenlösungen, die Resonanzen (TE-Polarisation, links kleiner sogenannter Q-Faktor, rechts großer). **c** Die typische Abstrahlcharakteristik ist nahezu resonanzunabhängig und damit universell: Der Hauptteil des Lichts wird unidirektional, und zwar nach rechts, abgestrahlt

aufgrund von (Selbst-)Interferenz typische Wellenmuster, die Resonanzen, aus, die von der Billardgeometrie abhängen und bei bestimmten quantisierten Energien liegen. Die Chladinischen Klangfiguren und auch die bewegte Wasseroberfläche eines Springbrunnens sind im Prinzip nichts anderes. Beispiele für Resonanzen in einer optischen Mikrokavität sind in Abb. 23.2b gezeigt.

Das Auftreten solcher Interferenzphänomene ist immer auch ein Zeichen für die Relevanz von Quantenphysik und Welleneffekten. Oftmals werden diese erst auf atomarer Skala (im Nanometerbereich und darunter) spürbar. Mesoskopische Systeme bieten nun die Möglichkeit, ihnen bereits auf der Mikrometerskala zu begegnen – beispielsweise auch in Form von Aharonov-Bohm-Effekt, Berry-Phasen oder schwacher Lokalisierung. Dies sind Interferenzeffekte, die die Eigenschaften der mesoskopischen Systeme maßgeblich bestimmen [10]. Die Grundidee ist hier: Oft betrachtet man den Transport von Teilchen in einem Ring, oder allgemeiner entlang eines geschlossenen Weges, sodass Teilchen entlang des oberen oder unteren Arms des Rings laufen können. Dabei sammeln sie jeweils unterschiedliche Phasen auf, die dann zu Interferenzen in der Leitfähigkeit führen, zum Beispiel durch Spinausrichtung entlang oder entgegen eines äußeren inhomogenen Magnetfeldes wie im Fall einer Berry-Phase. Ihre Größe hängt nur von der Geometrie des Transportweges ab und wird deshalb auch geometrische Phase genannt. Auch bei den eingangs erwähnten Billards sind Interferenzeffekte das entscheidende Bindeglied zwischen Klassik und Quantenmechanik: Interferenz aller klassischen periodischen Bahnen bestimmt die komplizierten quantenmechanischen Eigenschaften und sichert so letztendlich die Strahlen-Wellen-Korrespondenz [6].

23.4   Billards für Licht

Während Elektronen durch die Schrödinger-Gleichung beschrieben werden, gehorcht Licht als elektromagnetische Welle den Maxwell'schen Gleichungen. Bemerkenswerterweise lassen sich beide Theorien in zwei Dimensionen aufeinander abbilden und machen Billards für Licht zu einem weiteren Modellsystem für Quantenchaos [11]. Es besteht dennoch ein entscheidender Unterschied: Während unsere Testteilchen bisher im Billard eingesperrt waren, kann Licht das System verlassen, und zwar durch die aus der Strahlenoptik wohlbekannte Lichtbrechung, die nur bei Totalreflexion entfällt. Die häufig benutzten $GaAs/Ga_{1-x}Al_xAs$-Halbleiterheterostrukturen haben für infrarotes Licht einen effektiven Brechungsindex von etwa $n = 3,3$. Das entspricht gemäß $\sin\chi_c = 1/n$ einem kritischen Winkel $\chi_c = 18^o$ (zum Vergleich: 42° bei Glas), das Licht wird hier also mittels Totalreflexion besser „gefangen" als in Glas, aber nicht vollständig. Damit gibt es eine neue, theoretisch wie experimentell leicht zugängliche Beobachtungsgröße: Das Fernfeld, also die Intensität der Abstrahlung einer Mikrokavität oder eines Mikrolasers in die verschiedenen Raumrichtungen [12]. Beispiele für eine lange Zeit totalreflektierte Strahlenbahn, Resonanzen und ihre Fernfeldabstrahlung sind in Abb. 23.2 dargestellt.

Ein bemerkenswerter Befund ist, dass für Mikrolaser in der in Abb. 23.2 gezeigten Limaçon-Form aus Gl. (23.1) eine gerichtete Abstrahlung des Lichts theoretisch vorhergesagt und experimentell beobachtet wurde, s. Abb. 23.2c. Das experimentell gemessene Fernfeld stimmt hervorragend mit strahlenoptischen und wellentheoretischen Simulationen überein [13]. Die Ursache ist die (chaotische) Strahlendynamik im System, die über die sogenannte instabile Mannigfaltigkeit [1] das Fernfeld und damit letztendlich die Anwendungsmöglichkeiten bestimmt [12].

Generell sind optische Mikrokavitäten ein reichhaltiges Modellsystem für Quanten- bzw. Wellenchaos [14]. So sind auch für die optischen Systeme Interferenzeffekte von Bedeutung, denn sie sind die Ursache für Abweichungen zwischen Strahlen- und Wellenoptik [15]. Das ist in sehr kleinen Kavitäten besonders wichtig, da dort auch die Krümmung der Grenzfläche merklich wird und sich z. B. das Brechungsgesetz ändert – es gilt dann nicht mehr „Einfallswinkel = Ausfallswinkel" [11]!

23.5 Ausblick

Das Gebiet des Quantenchaos hat einen Höhepunkt in den 1990er-Jahren erfahren, als sich im zweidimensionalen Elektronengas nicht für möglich gehaltene Experimente realisieren ließen. Viele, ja die meisten Fragen sind nun beantwortet und tiefgründig verstanden – aber nicht alle; einige wirklich komplizierte Probleme harren noch ihrer Lösung, stellvertretend sei hier Quantenchaos in Vielteilchensystemen, in Gegenwart von Wechselwirkungen, genannt. Zudem kommen immer wieder neue interessante Forschungsfelder auf, z. B. mit dem Material Graphen [16, 17], das interessante Ei- genschaften hat und seit gut zehn Jahren intensiv erforscht wird, sowohl theoretisch als auch experimentell. Die Erkenntnisse und Methoden aus Quantenchaos und Me- soskopie waren für viele Wissenschaftlerinnen und Wissenschaftler Grundlage für die Untersuchung von Graphen, zudem hat man das elektronische Graphen rasch auch als photonisches System „nachgebaut" [18].

Eine weitere, momentan noch offene und intensiv diskutierte Frage auf dem Ge- biet des Quantenchaos sind die sogenannten *scars*, bei denen die quantenmechanische Wellenfunktion eine hohe Intensität entlang klassisch instabiler periodischer Bahnen aufweist (s. z. B. Kapitel 11 in [4]). Dieses gemäß des Prinzips von Strahlen-Wellen- (oder klassisch-quantenmechanischer) Korrespondenz unerwartete Verhalten ist ty- pisch und scheint für optische Billards besonders ausgeprägt zu sein. Quantenchaos ist und bleibt also aktuell!

Da dieser Beitrag nur einen kleinen Einblick in die Welt zwischen nichtlinearer Dynamik und Nanostrukturen geben kann, sei bei tiefergehendem Interesse auf die (oftmals im Internet frei verfügbare) Literatur verwiesen, z. B.

- zu Quantenchaos in Abbildungen (den sogenannten *maps*), Hintergrundinforma- tionen und Ableitungen zur Energieniveau- und Wellenfunktionsstsatistik als einem Herzstück des Quantenchaos [3, 20],

- zur Gutzwiller'schen Spurformel und Berry-Tabor-Formel, die die quantenmechani- sche Zustandsdichte chaotischer bzw. regulärer Systeme angeben und die Verbin- dung zu deren klassischer Dynamik mittels periodischer Bahnen greifbar machen,

- zu semiklassischen Methoden [19], mit dem Feynmann'schen Pfadintegral,
- sowie zur Einführung wichtiger mesoskopischer Zeit- und Längenskalen, die viel über die zugrunde liegende Physik aussagen und den Transport durch mesoskopsiche Systeme maßgeblich bestimmen [10].
- Vielfältiges Material und Anregungen bietet die von namhaften Autoren verfasste Scholarpedia-Enzyklopädie zu Dynamischen Systemen [20].

Literatur

[1]   Schuster HG, Just W (2005) Deterministic Chaos. Wiley–VCH, Weinheim

[2]   Nolting W (2008) Grundkurs Theoretische Physik 5/1: Quantenmechanik–Grundlagen. Springer, Berlin, Heidelberg

[3]   Stöckmann HJ (2000) Quantum Chaos an introduction. Cambridge University Press, Cambridge

[4]   Ott E (2002) Chaos in dynamical systems. Cambridge University Press, Cambridge

[5]   Haake, F, Richter K (2011) Pfade, Phasen, Fluktuationen. Physik Journal 10:35–40

[6]   Gutzwiller M (2007) Quantum Chaos. Scholarpedia, 2 12:3146

[7]   Weidenmüller HA (2004) Chaos in Atomkernen. Physik Journal 3:41–48

[8]   Haake F (1991) Quantum Signatures of Chaos. Springer, Berlin, Heidelberg

[9]   Mehta ML (1991) Random Matrices. Academic Press, San Diego

[10] Jalabert RA (2016) Mesoscopic transport and quantum chaos. Scholarpedia, 11 1:30946

[11] Hentschel M (2011) Billards für Licht. Physik Journal 10:39–43

[12] Hentschel M (2015) Chaotic Microlasers. Scholarpedia, 10 9:30923

[13] Wang QJ, Yan C, Diehl L et al (2009) Deformed microcavity quantum cascade lasers with directional emission. New J Phys 11:125018

[14] Cao H, Wiersig J (2015) Dielectric microcavities: Model systems for wave chaos and non–Hermitian physics. Rev Mod Phys 87:61–111

[15] Unterhinninghofen J, Kuhl U, Wiersig J et al (2011) Measurement of the Goos–Hänchen shift in a microwave cavity. New J Phys 13:023013

[16] Geim AK, Kim P (2008) Wunderstoff aus dem Bleistift. Spektrum der Wissenschaft 8:86–93

[17] Castro Neto AH, Guinea F, Peres NMR et al (2009) The electronic properties of graphene. Rev Mod Phys 81:109–154

[18] Dietz B, Klaus T, Miski–Oglu M et al (2016) Von Graphen zu Fulleren. Physik Journal 15:29–35

[19] Richter K (2013) Semiclassical Theory of Mesoscopic Quantum Systems. Springer, Berlin, Heidelberg

[20] Scholarpedia-Encyclopedia:Dynamical systems (2018) http://www.scholarpedia.org/article/Encyclopedia:Dynamical_systems

VI

Bio- und Medizinphysik

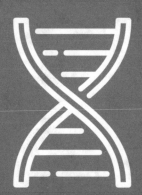

24 Einführung in die Bio- und Medizinphysik
— *Katharina Landfester* —

Zusammenfassung

In der Biophysik geht es im weitesten Sinne darum, biologische Systeme mithilfe von physikalischen Messmethoden zu untersuchen und mit physikalischen Gesetzen zu beschreiben. Die Medizinphysik interessiert sich für die Entwicklung von medizinisch relevanten Untersuchungsmethoden. Beide Gebiete lassen sich nur schwer voneinander trennen. Insgesamt handelt es sich um sehr interdisziplinäre Gebiete, die neben der Biologie, Physik und Medizin noch viele weitere Disziplinen von der Chemie bis hin zu den Ingenieurswissenschaften beinhalten.

© Springer-Verlag GmbH Deutschland, ein Teil von Springer Nature 2019
D. Duchardt et al. (Hrsg.), *Vielfältige Physik*, https://doi.org/10.1007/978-3-662-58035-6_24

Prof. Dr. Katharina Landfester

Geht nicht, gibt's nicht.

- *1969 in Bochum, 1988 Abitur in Gießen.
- 1993 Diplom Chemieingenieurwesen, TU Darmstadt
- 1995 Promotion, MPI für Polymerforschung, Univ. Mainz
- 1996–1997 Postdoktorandin, Lehigh Univ., USA
- 1998–2003 Gruppenleiterin, MPI für Kolloid- und Grenzflächenforschung, Golm
- 2003–2008 Professur Makromolekulare Chemie, Ulm
- Seit 2008 Direktorin MPI für Polymerforschung, Mainz
- Seit 2009 Honorarprofessur, Univ. Mainz

Am Anfang: Meine Begeisterung für die Naturwissenschaften

In der Schule war meine favorisierte Kombination Chemie und Latein als Leistungskurse nicht möglich. Also wählte ich Latein und Deutsch, auch im Hinblick auf ein mögliches Studium der Altphilologie. Viele sagten, dass ich damit prima Lehrerin werden könne, was eine ideale Verknüpfung von Beruf und Familie ermöglichen würde. Ich fand das plausibel, und zwar bis einen Tag vor dem schriftlichen Abitur. An diesem Tag dachte ich: „Nein, Du kannst doch nicht etwas machen, nur weil alle Leute sagen, das ist ein prima Job für Frauen". Also entschied ich, Chemie zu studieren, vielleicht ein bisschen aus Trotz („und jetzt beweise ich Euch, dass es als Frau auch anders geht…"). Aber ich wusste, dass ich damit die für mich richtige Entscheidung getroffen hatte. Die Wahl fiel auf die TU Darmstadt, denn ich dachte mir, wenn schon, dann richtig technisch.

Themenschwerpunkte: Was ich heute mache

Für verschiedenste Anwendungen in Materialwissenschaft und Biomedizin bietet die Vielseitigkeit des von uns entwickelten Miniemulsionsprozesses eine wahre Schatzkiste. Unser Ziel ist es, durch die Verkapselung von Medikamenten oder Kontrastmitteln, Duftstoffen oder Selbstheilungsmaterialien Kapseln mit gleichmäßiger Größe, definierter Oberflächenfunktionalität und einstellbarer Abbau- und Freisetzungskinetik zu erzeugen. Unser Ansatz ermöglicht auf einzigartige Weise auch die Synthese von Nanocontainern für Anwendungen, in denen wässrige Umgebungen gewünscht oder unvermeidlich sind. Statt Patienten mit einem Medikament zu fluten, strebt man heute an, es nur dort im Körper hinzubringen, wo es gebraucht wird. Dafür sind Nanocontainer einsetzbar. Um diese allerdings zu einer bestimmten Zellart zu lenken, darf eine „nackte" Kapsel möglichst wenig mit Zellen interagieren. Sie muss sich, in das Blut eingespritzt, tarnen und darf zunächst von keiner Zelle erkannt werden. Eine Funktionalisierung erlaubt die Hinführung zu den gewünschten Zellen.

Mein Tipp

Das Wichtigste ist, dass man immer den Mut hat, auch anders zu sein. Viele Wege führen zum Erfolg!

24.1   Beobachtungsmethoden der Biophysik

24.1.1   Lichtmikroskopie

Da sich die Biophysik mit Phänomenen beschäftigt, die auf sehr kleinen Größenskalen – im Nanometerbereich – stattfinden, ist es wichtig, geeignete Beobachtungsmethoden zu finden. Ein konventionelles Lichtmikroskop kommt schnell an die Grenzen seiner Auflösung, sodass weitere Mikroskopiemethoden eingesetzt werden müssen.

Das Fluoreszenzmikroskop stellt eine Variante der Lichtmikroskopie dar, bei der die Fluoreszenz von Stoffen ausgenutzt wird. Unter Fluoreszenz versteht man die Wiederausstrahlung von Licht gleicher oder größerer Wellenlänge nach Lichteinwirkung auf Materie. Das bedeutet, dass eine Probe von Natur aus eine fluoreszierende Komponente aufweisen oder dass man eine fluoreszierende Komponente einbringen muss. Die Auflösung ist vergleichbar mit der eines Lichtmikroskops. Bei einem konfokalen Laser-Raster-Mikroskop rastert ein fokussierter Laserstrahl das Präparat ab, die Bilder unterschiedlicher Fokusebenen werden dann zu einem dreidimensionalen Bild zusammengesetzt. Das konfokale Laser-Raster-Mikroskop zeichnet sich daher gegenüber konventionellen Weitwinkelmikroskopen durch eine gesteigerte Tiefenschärfe in einem Präparat aus. In Abb. 24.1a ist eine grün angefärbte Zelle zu sehen, die rote fluoreszierende Nanopartikel aufgenommen hat. Die maximale Auflösung beträgt etwa 200 nm. In Abb. 24.1b ist das Zytoskelett, also das innere Netzwerk der Zelle, mit Tubulinmarkern angefärbt.

Der Physiker Stefan Hell bediente sich eines Tricks, um nun laterale Auflösungen unterhalb der Beugungsgrenze des Lichtes zu erreichen. Das Funktionsprinzip der von ihm entwickelten stimulierten Emissions-Depletions-Mikroskopie (STED-Mikroskopie) beruht auf der Verkleinerung der Punktverbreiterungsfunktion und damit des effektiven Fokuspunktes. Dem STED-Aufbau liegt ein konfokales Laser-Raster-Mikroskop

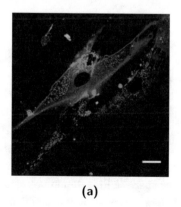

(a)

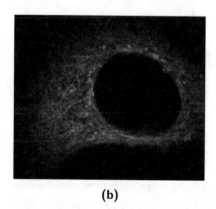

(b)

Abb. 24.1 a Zellen mit grün fluoreszierender Zellfärbung mit CellMask™ Green und rot fluoreszierenden Nanopartikeln; Maßstab: 20 µm, **b** Nanokapseln in Zelle mit Tubulinmarker

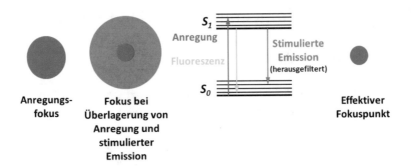

Abb. 24.2 Schematische Darstellung zum Funktionsprinzip der STED-Mikroskopie: Der Durchmesser des Anregungspunktes in der Fokusebene des Mikroskops (grün) wird durch Depletion
(Auslöschung) des aus der stimulierten Emission resultierenden Lichtes mit ringförmigem Profil
(rot) optisch verkleinert, wodurch eine höhere Auflösung erreicht wird

zugrunde, d. h. die Fluorophore, also die fluoreszierenden Moleküle, werden zunächst
mittels eines Lasers (eines Anregungslasers) zur Fluoreszenz angeregt, wobei die minimale Ausdehnung eines fokussierten Punktes weiterhin durch die Beugungsgrenze
(Gesetz von Abbe) determiniert ist (s. Abb. 24.2).

Das Licht eines zweiten Lasers (des STED-Lasers), dessen Profil in der Fokusebene
infolge der Manipulation durch einen Phasenmodulator ein ringförmiges Profil besitzt,
induziert den Übergang der angeregten Moleküle in den Grundzustand, wobei ebenfalls
Photonen emittiert werden (stimulierte Emission). Diese werden durch entsprechende
Filter aussortiert (Depletion), sodass bei Überlagerung der Anregungs- und STED-
Fokusebenen der effektive Fokuspunkt, verglichen mit dem Anregungspunkt, optisch
wesentlich verkleinert und dadurch besser aufgelöst ist (s. Abb. 24.3). Gerade für
die Biophysik stellte diese Entwicklung einen wichtigen Fortschritt zur Identifizierung
kleinerer Strukturen dar.

24.1.2   Elektronenmikroskopie

Eine deutlich höhere Auflösung ist mithilfe eines Elektronenmikroskops zu erhalten.
Wird das Licht durch Elektronen ersetzt, kann die Wellenlänge der eingesetzten Sonde
um mehrere Größenordnungen reduziert werden. Beispielsweise besitzen Elektronen bei
einer Energie von 200 keV eine Wellenlänge von rund 0,001 nm, was im Vergleich mit
der Lichtmikroskopie (die Wellenlänge des sichtbaren Lichtes liegt bei ca. 380 bis 780
nm) ein enormes Auflösungsvermögen im subatomaren Bereich bedeutet. Moderne
Elektronenmikroskope erreichen heute Auflösungen von ca. 0,1 nm. Für die Analyse
biologischer Proben im Elektronenmikroskop ist eine spezielle Präparation notwendig.
Die Proben müssen trocken, vakuumstabil, elektronentransparent und unempfindlich
gegenüber dem Elektronenstrahl sein, um sie dann im Elektronenmikroskop sichtbar
zu machen (s. Abb. 24.4).

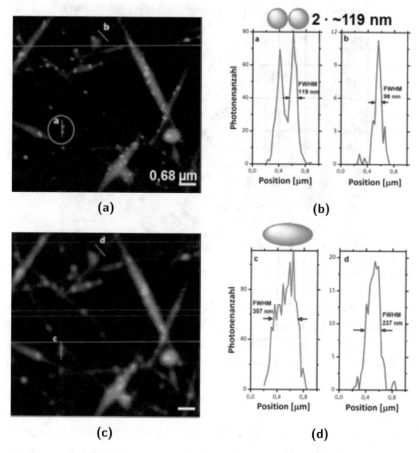

Abb. 24.3 **a** STED-Mikroskop- und **c** CLSM-Aufnahmen von Nanopartikeln in Phasen sowie die aus Fluoreszenzspektren bestimmten Halbwertsbreiten (engl.: *Full-Width-Half-Maximum*, FWHM) für **b** den STED- und **d** den Konfokale-Laser-Raster-Modus

24.2 Nanotechnologie für Anwendungen in der Medizin

Der mit der Biophysik eng verknüpfte Begriff der „Nanotechnologie" wurde erstmals 1973 von Norio Taniguchu verwendet und 1986 von Eric Drexler aufgegriffen. Seitdem ist dieser Begriff ein Modewort und viele Wissenschaftlerinnen und Wissenschaftler tauften ihre Experimente in den neuen Forschungszweig „Nanotechnologie" um. Schnell entstand die Vorstellung, in gar nicht allzu ferner Zukunft könnten Roboter, kleiner als ein Tausendstel Millimeter, in unserem Körper medizinische Präzisionsarbeit verrichten: Medikamente ausliefern, Adern putzen, wucherndes Gewebe zerstören. Diese Idee bleibt sicherlich noch eine Vision, denn so bald wird es für diese Aufgaben wohl keine Nanoroboter geben. Doch immerhin bringen wir nach und nach einige der Fähigkeiten den Nanoträgern bei – wenn diese dabei auch weniger spektakulär

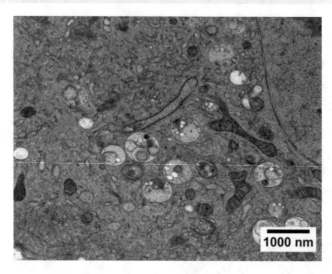

Abb. 24.4 Elektronenmikroskopische Aufnahme des Inneren einer Zelle mit Zellstrukturen.

auftreten, als es die Nano-Sciencefiction für winzige Maschinen vorsah. Mittlerweile könne Nanovehikel Medikamente gezielt zu Tumoren transportieren oder krankes Gewebe markieren, um es im Kernspintomografen sichtbar zu machen. Es ist damit möglich, fundamentale physikalische Erkenntnisse über komplexe Mischungen zu gewinnen. Zum anderen ermöglichten die nun stabilisierten Tröpfchen in Miniemulsionen viele moderne Anwendungen in verschiedenen Bereichen von Forschung und Technik, da sie sehr klein sind und sich vielfältige Materialien in ihnen kombinieren lassen. Zu den prominentesten Anwendungen der Nanopartikel gehört der effektive Transport von Medikamenten an einen gewünschten Ort im Körper, wodurch sich Nebenwirkungen deutlich verringern lassen. Des Weiteren können Nanopartikel bei der Untersuchung einzelner Organe mittels Kernspintomografie eingesetzt werden. Hier wird Patienten zunächst ein Kontrastmittel injiziert, welches in vielen Fällen aus Nanoteilchen des eisenoxidhaltigen magnetischen Magnetits besteht.

Gerade im biomedizinischen Bereich ist es besonders wichtig, wie die Nanopartikel mit dem sie umgebenden Medium interagieren. Dafür ist in erster Linie die Beschaffenheit der Partikeloberfläche entscheidend. Daher lässt sich die Interaktion der Kolloide mit biologischen Systemen steuern, indem die Oberfläche funktionalisiert wird. So können die Nanopartikel unter anderem mit Antikörpern ausgerüstet werden, die zugleich als Adressschildchen, Anker und Türöffner für bestimmte Körperzellen dienen. Die oben genannten Magnetit-haltigen Partikel lassen sich beispielsweise so funktionalisieren, dass sie sich nur in bestimmten Gewebearten wie etwa Tumoren anreichern, was die Diagnose erheblich erleichtert. Mehr noch: Die Magnetit-Partikel lassen sich mit einem elektromagnetischen Wechselfeld in sehr schnelle Bewegung versetzen, sodass sich die Tumorzellen aufheizen und absterben.

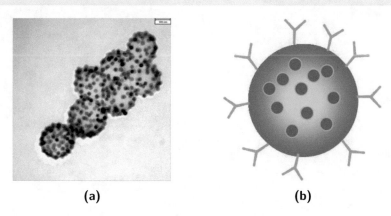

(a)   (b)

Abb. 24.5 a Elektronenmikroskopische Aufnahme von polymeren Nanopartikeln mit magnetischen Kernen, die eine Detektion im Kernspintomografen und ein Aufheizen der (Zell-)Umgebung durch ein elektromagnetisches Wechselfeld ermöglichen, **b** Adressierbarkeit für bestimmte Zellen durch gezielte Funktionalisierung der Oberfläche

Um einen Nanocontainer gezielt zu einer bestimmten Zellart zu führen, muss eine nackte Kapsel zunächst generell möglichst wenig mit Zellen interagieren, sie muss sich tarnen. Werden die Kapseln ins Blut eingespritzt, dürfen sie dort zunächst von keiner Zelle erkannt werden. Über eine Oberflächenfunktionalisierung der Kapsel können diese gezielt zu einer Zelle gebracht werden (Abb. 24.5b). Insgesamt steht in der Bio- und Medizinphysik heute eine Vielzahl an Methoden zur Verfügung, die es erlauben, medizinisch relevante Fragestellungen auf der Nanometerskala zu untersuchen.

25 Physik und Leben
— Petra Schwille —

Zusammenfassung

Obwohl sich Philosophie und Wissenschaften seit dem Altertum intensiv mit dem Phänomen Leben auseinandergesetzt haben, ist uns doch bis zum heutigen Tag keine überzeugende und insbesondere quantifizierbare Definition dieses Phänomens gelungen. Entsprechend spät hat die Physik den Bereich der „belebten Materie" für sich entdeckt und erschlossen. Traditionell assoziiert man die Biophysik hier vor allem mit der physikalischen Chemie und der Weichen Materie. Andererseits schätzen auch die Biowissenschaften zunehmend den Wert der physikalisch-quantitativen Herangehensweise und die Vielzahl von physikalischen Methoden, allen voran natürlich die verschiedenen Spielarten der Mikroskopie. Deren intensive Nutzung durch die immer umfangreicher werdende biomedizinische Forschung bringt andererseits auch die (Bio-)Physik selbst voran, sodass an der Grenze zwischen Physik und Biologie mittlerweile eine extrem fruchtbare Zusammenarbeit zu den verschiedensten Themen erfolgt.

© Springer-Verlag GmbH Deutschland, ein Teil von Springer Nature 2019
D. Duchardt et al. (Hrsg.), *Vielfältige Physik*, https://doi.org/10.1007/978-3-662-58035-6_25

Prof. Dr. Petra Schwille

Als Wissenschaftlerin ist man immer auch ein klein wenig Künstlerin: Freiheit geht vor Sicherheit, auch karrieretechnisch. Das muss man aushalten.

- *1968 in Sindelfingen, 1987 Abitur in Lauffen a.N.
- 1993 Diplom Physik, Stuttgart und Göttingen
- 1996 Promotion, MPI für biophys. Chemie, Göttingen
- 1997–1999 Postdoktorandin, Cornell University, USA
- 1999–2002 Forschungsgruppenleiterin, MPI Göttingen
- 2002–2012 Professorin für Biophysik, TU Dresden
- Seit 2011 Direktorin MPI für Biochemie, Martinsried
- Seit 2012 Honorarprofessorin, LMU München

Nirgends so recht zu Hause

Ich war keines der Kinder, die sich früh durch besonderen Wissensdurst oder eigenständiges Einarbeiten in physikalische Fragen hervortaten. Zwar habe ich meine ganze Kindheit hindurch in jeder freien Minute gelesen, aber wenn überhaupt Sachbücher, dann nur welche über Tiere. Mathematik und Physik fielen mir in der Schule leicht, aber alles andere eben auch. Dass die Wahl auf Physik als Studienfach fiel, war vor allem meiner Freude an der Mathematik geschuldet, und der Tatsache, dass in Biologie und Chemie für meinen Geschmack zu viel auswendig gelernt werden musste. Aber erst als ich während der Doktorarbeit das erste Mal selbstständig experimentiert habe, hat mich der Spaß an der Physik richtig gepackt, und von da an wollte ich die Wissenschaft zu meinem Beruf machen.

Die Faszination des Lebens

Ich konnte mich für keines der klassischen physikalischen Themen, nicht einmal für die „Dauerbrenner" wie Quantenphysik und Kosmologie, so erwärmen wie für die Frage, was eigentlich das Leben ist. Biophysik war allerdings in den späten 1980er- und frühen 1990er-Jahren, in denen ich studiert habe, noch eine reine Hilfswissenschaft, verortet irgendwo zwischen Medizintechnik und und Proteinkristallografie. Ich hatte das Glück, meine Doktorarbeit in einer Zeit anzufertigen, als die molekulare Betrachtung lebender Systeme immer bedeutender wurde. Nanowissenschaften und Molekularbiologie wurden zu Partnerdisziplinen, in denen in kurzer Zeit ein atemberaubendes Wissen angehäuft werden konnte. Heute ist die Physik aus den „boomenden" Biowissenschaften nicht mehr wegzudenken.

Mein Tipp

So verschieden wie Menschen sind, glaube ich kaum, dass konkrete Tipps großen Bestand haben. Wer aber über Frustrationstoleranz und Begeisterungsfähigkeit verfügt, und dabei nicht allzu früh über Work-Life-Balance und die Rente nachdenkt, aus dem kann allemal eine erfolgreiche Wissenschaftlerin werden.

25.1 Der Blick ins Innere der Zelle: *Seeing is believing*

Biologie war schon immer in allererster Linie eine beobachtende Wissenschaft. Und was für Physiker die Atome, sind für Biologen die Zellen: die kleinste Einheit des Phänomens, das wir Leben nennen. Es lag daher nahe, sich diese kleinsten Einheiten genauer anzusehen. Als in der frühen Neuzeit die ersten einfachen Lupen, und im 16. und 17. Jahrhundert die Komponentenmikroskope entwickelt wurden, maßgeblich durch Antonie van Leeuwenhoek (1632–1723), wurde es erstmals möglich, zu Vergrößerungen vorzustoßen, die eine direkte Beobachtung von Zellen zuließen. Ein Meilenstein auf dem Weg zum Verständnis des Aufbaus lebender Systeme war Robert Hookes Buch *Micrographia* von 1665, in dem er verschiedenste biologische Proben wie Flöhe oder Kork mit einem der ersten Mikroskope untersuchte und seine Beobachtungen des zellulären Aufbaus von Gewebe durch kunstvolle Zeichnungen festhielt, denn Kameras gab es damals natürlich noch nicht (Abb. 25.1a).

Insbesondere im 19. Jahrhundert wurde das Lichtmikroskop dann entscheidend weiterentwickelt, wobei sich Ernst Abbe große Verdienste erwarb. Ein weiterer großer Durchbruch erfolgte aufgrund der Fortschritte in der Farbstoffchemie in der ersten Hälfte das 20. Jahrhunderts durch Einführung der Fluoreszenzmarkierung. Dadurch war es erstmals möglich, biochemisch verschiedene Bestandteile der Zelle spezifisch anzufärben und dadurch aufgrund ihrer Zusammensetzung zu unterscheiden. Eine weitere technische Revolution der letzten Jahrzehnte stellte das Konfokalmikroskop dar, das darauf basiert, einen fokussierten Laserstrahl sukzessive über eine biologische Probe zu rastern und damit Ortsauflösungen bis hinunter zur Auflösungsgrenze des sichtbaren Lichts von ca. einem halben Mikrometer zu ermöglichen (Abb. 25.1b). Heutzutage ist

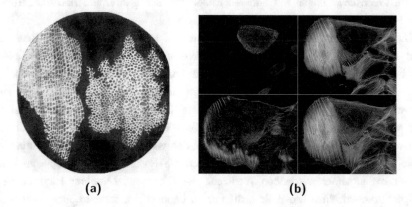

(a)   (b)

Abb. 25.1 Lichtmikroskopie im Wandel der Jahrhunderte. **a** Zellstruktur von Kork, beobachtet und gemalt von Robert Hooke im 17. Jh. (Adaptiert nach Hooke [1]) **b** Zellen im Konfokalmikroskop, die einzelnen Zellstrukturen sind durch spezifische Fluoreszenzfärbung und die hohe optische Auflösung klar voneinander unterscheidbar. (Von Vindin [2]; mit freundlicher Genehmigung von © H. Vindin 2014. All rights reserved)

die Fluoreszenzmikroskopie aus der biologischen Forschung nicht mehr wegzudenken. Die Mikroskope, aber auch die Möglichkeiten der spezifischen Fluoreszenzmarkierung von Biomolekülen, sind so weit entwickelt, dass nicht nur einzelne Zellstrukturen und Organellen sichtbar gemacht werden können, sondern auch deren Dynamik in Echtzeit studierbar ist. Diese so genannte „Videomikroskopie", die die Prozesse innerhalb der Zellen fast schon in Spielfilmqualität darstellt, hat die Bildgebung und damit auch die beobachtende Forschung in den Biowissenschaften auf eine völlig neue Ebene gehoben.

25.2 Einzelne Moleküle im Fokus

Nachdem die Fluoreszenztechnik bereits die Lichtmikroskopie revolutioniert hatte, ergaben sich vor allem seit den 1990er-Jahren weitere faszinierende Perspektiven aus der Kombination von mittlerweile sehr effizienten (d. h. hellen) und fotostabilen chemischen Farbstoffen einerseits und der Laser- und Detektortechnologie andererseits. Aufgrund der hohen Selektivität und Spezifität des Fluoreszenzübergangs in Farbstoffmolekülen, der energetisch mehrere Größenordnungen über der thermischen Energie liegt, wurde das Signal-zu-Hintergrund-Verhältnis auch in wässrigen Systemen so gut, dass problemlos die Detektion weniger oder gar einzelner fluoreszenzmarkierter Moleküle, z. B. im Fokus eines Laserstrahls oder sogar im entsprechend ausgeleuchteten Weitfeld des Mikroskops, gelang. Immer mehr spektroskopische und mikroskopische Methoden wurden entwickelt, die eine Lokalisation und die Messung der Dynamik einzelner Moleküle auf Zelloberflächen oder im Innern der Zelle möglich machten [3]. Neben der Diffusion selbst, die natürlich in wässrigen Systemen eine große Rolle spielt und Aufschluss über Größe und Umgebung der Moleküle erlaubt, wurden auch molekulare Wechselwirkungen mit anderen Molekülen, sowie interne Strukturänderungen von Proteinen und Nukleinsäuren gemessen.

Da der gesamte Metabolismus und somit das Leben einer Zelle auf Bewegung und solchen inter- und intramolekularen Wechselwirkungen zwischen Biomolekülen beruht, waren nun erstmals quantitative Analysen der fundamentalsten biologischen Zusammenhänge möglich. So konnten einzelne Enzyme beim Umsatz eines Substrats beobachtet [4] sowie der gerichtete Transport bzw. die Rotation einzelner Motorproteine direkt sichtbar gemacht werden [5, 6], z. B. bei der berühmten Adenosintriphosphat(ATP)-Synthase, einem der wichtigsten Energielieferanten der Zellen. Etwa zeitgleich entwickelte sich auch die Rasterkraftmikroskopie zu einem immer bedeutsamer werdenden Werkzeug der Biophysik. Mit ihrer Hilfe wurde es möglich, die einzelnen Moleküle nicht nur zu beobachten, sondern auch mechanisch zu manipulieren. So konnten erstmals Kräfte gemessen werden, die bei der Bindung, aber auch der Strukturänderung bzw. Verformung von Biomolekülen wie DNA und Proteinen auftreten [7, 8]. Auch sogenannte „optische Pinzetten" wurden entwickelt, indem man Biomoleküle chemisch an mikrometergroße Glas- oder Polymerkügelchen

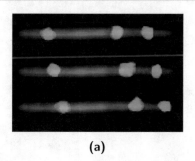
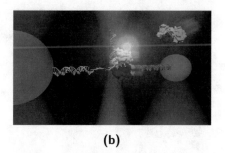

(a)   (b)

Abb. 25.2 a Einzelne fluoreszenzmarkierte Motorproteine (grün) auf Zellskelettfilamenten, sogenannten Mikrotubuli (rot). Die Bewegung der Proteine kann in Echtzeit mit hochauflösenden
und sehr sensitiven CCD-Kameras abgebildet werden. **b** Einzelne Proteine können mithilfe einer
optischen Pinzette festgehalten und auseinandergezogen werden. (Mit freundlicher Genehmigung
von © R. Vale Lab, UCSF 2018. All rights reserved)

heftete, die wiederum mit einem fokussierten Laserstrahl bewegt werden konnten [9].
Auf diese Weise können molekulare Kräfte bis hinab zu Pico-Newton (10^{-12} N) erfasst
werden. Heutzutage gehören die optischen und mechanischen Einzelmolekülverfahren
(Abb. 25.2) trotz ihrer technologischen Raffinesse zu den Standardwerkzeugen der modernen Biophysik, die auch größtenteils kommerzielle Umsetzungen erfahren haben.

25.3   Ultra-hochauflösende Methoden

Die Möglichkeit, einzelne Moleküle in Zellen mittels ihres Fluoreszenzsignals lokalisieren zu können, bedeutet natürlich noch nicht, dass die gesamte Zelle mit molekularer
Auflösung sichtbar gemacht werden kann. Dies ist aber genau das, was die Biologie
letztlich möchte: eine möglichst komplette Kartierung der Gesamtheit aller Moleküle
und Organellen in einer Zelle, idealerweise auch noch die jeweilige dreidimensionale
Molekülstruktur, wie sie in den letzten Jahrzehnten vor allem die Proteinkristallografie
liefern konnte. In beiden Hinsichten hat die Mikroskopie in den letzten Jahren noch einmal dramatische Fortschritte gemacht. Die Fluoreszenzverfahren wurden dahingehend
verbessert, dass das sogenannte Abbe'sche Beugungslimit von etwa der halben Licht-
wellenlänge weit unterschritten werden konnte. Für die entsprechenden Methoden,
die im Wesentlichen auf der An-Aus-Dynamik der verwendeten Farbstoffe beruhen,
wurden im Jahr 2014 die Chemie-Nobelpreise verliehen [10]. Abb. 25.3a zeigt die Verbesserung der Auflösung durch das nanoskopische STED-Verfahren (engl.: *Stimulated
Emission Depletion*) am Beispiel von Filamenten des Zellskeletts.

    Diese Verfahren basieren natürlich alle noch auf der Detektion von Fluoreszenz-
farbstoffen, also letztlich sekundärer Faktoren, die nichts mit der nativen Umgebung
einer lebenden Zelle zu tun haben. Noch spannender wäre es, wenn man die Bausteine
einer Zelle direkt sichtbar machen könnte. In dieser Hinsicht hat auch die Elektro-

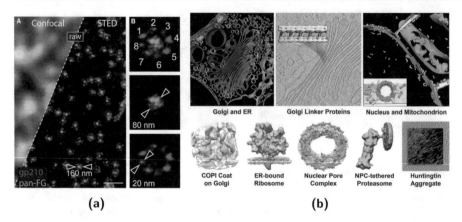

(a) **(b)**

Abb. 25.3 Einblicke von ungeahnter Präzision in Zell- und Molekülstrukturen: **a** Mithilfe der sogenannten Fluoreszenznanoskopie wie dem STED-Verfahren können fluoreszenzaktive Moleküle, und dadurch auch zelluläre Strukturen, in denen diese Moleküle eingebunden sind, mit prinzipiell unlimitierter Präzision lokalisiert werden. (Aus Göttfert et al. [11]; mit freundlicher Genehmigung von © S. Hell 2018.) **b** Die moderne Cryo-Elektronenmikroskopie macht zelluläre Strukturen und Moleküle direkt sichtbar, ist allerdings nur auf fixierte, also tote, Materie anwendbar [12–15]. (Mit freundlicher Genehmigung von © B. Engel und R. Fernandez Busnadiego 2018.)

nenmikroskopie in den letzten Jahren eine gewaltige Revolution erfahren. Nachdem es jahrzehntelang vor allem eine präparative Herausforderung war, mittels verschiedener Fixierungsverfahren Zellstrukturen für elektronenmikroskopische Aufnahmen vorzubereiten, sind durch die neueren Verfahren der schnellen Cryo-Fixierung in flüssigem Stickstoff, tomografische Aufnahmen und Algorithmen sowie eine völlig neue Detektortechnik Einblicke in Zellen und Moleküle von nie geahnter Präzision möglich [12] (s. Abb. 25.3b). Hier nimmt man gegenüber der Fluoreszenzmikroskopie allerdings den Nachteil in Kauf, dass eine Echtzeitmessung im lebenden System wohl niemals wird erfolgen können. Leben basiert letztlich auf Bewegung der Moleküle, und diese Bewegung steht einer elektronenmikroskopischen Aufnahme entgegen. Was jedoch bereits möglich ist und in den nächsten Jahren auflösungstechnisch noch weiter perfektioniert werden wird, sind sogenannte „Schnappschüsse" von einzelnen Zellstrukturen oder auch einzelnen Proteinmolekülen. Um solche Schnappschüsse aufzunehmen, bei denen letztlich die Zeitspanne umso kürzer gemacht werden kann, je höher der mögliche Energieeintrag ist, knüpft man auch große Hoffnungen an den freien Elektronenlaser (FEL), eine neue Art der Synchrotronstrahlung, mit dessen Hilfe prinzipiell sogar Proteinstrukturen im sub-Nanometermaßstab aus kleinsten Mengen von Proteinen gewonnen werden können.

25.4 Biologische Physik: Modelle und Quantifizierung

In den letzten Abschnitten wurden vor allem experimentelle physikalische Methoden thematisiert, mit deren Hilfe die Biowissenschaften in den letzten Jahrzehnten große Fortschritte gemacht haben. Das große Erfolgsgeheimnis der Physik liegt aber nicht nur in der Entwicklung neuer Messmethoden, sondern beruht vor allem auf der intelligenten Kombination von Theorie und Experiment. Bevor wir eine Messung planen, überlegen wir uns zunächst, welche Parameter überhaupt zur Beschreibung eines Phänomens geeignet sind, und stellen idealerweise eine Theorie dazu auf, die durch Messung möglichst weniger Größen bestätigt oder verworfen werden kann. Diese Art der modellgetriebenen Forschung steht in der Anwendung in den Lebenswissenschaften noch recht weit am Anfang, was einfach damit zu tun hat, dass biologische Systeme allesamt eine unglaublich hohe Komplexität aufweisen. Das macht die Identifikation weniger relevanter Parameter für ein bestimmtes interessantes Phänomen, wie man es aus der klassischen Physik kennt, sehr schwierig bis unmöglich. Einerseits werden daher computergestützten Modellen, die auch statistisch und mit einer enormen Zahl offener Parameter operieren können, große Hoffnungen entgegengebracht. Andererseits haben elegante Theorien aus der makroskopischen Physik komplexer Systeme in den letzten Jahrzehnten Einzug in die Biophysik gehalten und dort großen Anklang gefunden. Insbesondere für das Verständnis mechanischer Phänomene wie der Zellbewegung und Zellteilung, aber auch bei der Morphogenese von Embryonen konnten Modelle aus der Polymerphysik und der Fluiddynamik erfolgreich adaptiert werden [16].

Die Erkenntnis, dass die Morphogenese, also Ausdifferenzierung von Lebewesen in ihrer Entwicklung vom Embryonal- zum ausgewachsenen Stadium, wesentliche Merkmale der Musterbildung trägt und daher prinzipiell auf relativ wenige Parameter zurückgeführt werden können müsste, wurde bereits in den 1950er-Jahren von Alan Turing formuliert [17], obwohl damals noch nicht einmal die Struktur der DNA bekannt war und die unglaubliche Vielfalt genetischer Steuerungsmechanismen auch nicht ansatzweise ermessen werden konnte. Entsprechend überschaubar, wenn auch durchaus faszinierend, ist die Anwendbarkeit einfacher Musterbildungsmodelle auf biologische Systeme [18], Beispiele für Musterbildung in der Natur sind in Abb. 25.4 gegeben. Dennoch ist es erstaunlich, dass trotz der immensen Komplexität von Einzelprozessen, die sich in einem Organismus abspielen, sich viele Aspekte des Gesamtsystems mit unglaublicher Präzision reproduzieren und vorhersagen lassen – man denke nur an die „magischen" neun Monate einer Schwangerschaft. Die biologischen Uhren sind grundsätzlich an die kosmischen Uhren der Tages- und Jahreszeiten gekoppelt, denen sie sich letztlich verdanken. Im Grunde verfügen also offenbar alle Organismen über entsprechend robuste Taktgeber in Form biochemischer Reaktionen, die zu verstehen eine der zukünftigen Herausforderungen in den quantitativen Lebenswissenschaften sein wird.

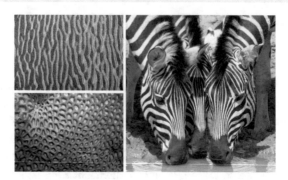

Abb. 25.4 Musterbildung in Theorie und Natur. In mathematischen Modellen sind Muster durch nichtlineare Gleichungen mit wenigen Variablen zu erhalten, wogegen biologische Muster sich nicht ohne Weiteres auf wenige Faktoren reduzieren lassen. Dennoch spielt die Mathematik der Musterbildung eine große Rolle im Verständnis der Biologie. (Von Gorman, Keats, Alandmanson [19–21]; mit freundlicher Genehmigung von © M. Gorman 2006, D. Keats 2011, Alandmanson 2013.)

25.5 (De)Konstruktion von Leben: Synthetische Biologie unter physikalischer Betrachtung

Wie bereits angedeutet, wird die vollständige quantitative Beschreibung aller Prozesse, die sich in einem auch noch so simplen Organismus wie einer Bakterienzelle abspielen, eine heroische Aufgabe sein, der allenfalls Großrechner gewachsen sind. Letztere mit entsprechender Information aus verschiedensten Messverfahren zu füttern, ist die Strategie der vielen sogenannten „-omik"-Ansätze wie Genomik, Proteomik, Metabolomik usw.: letztlich die Gesamtheit aller Einzelinformationen, die man aus biologischen Systemen überhaupt gewinnen kann. Dies beginnt bei der Kartierung der Genome, die in einigen Organismen schon recht weit fortgeschritten ist, aber endet bei der Analyse hochdimensionaler Wechselwirkungen verschiedenster, zum Teil noch unbekannter Moleküle noch lange nicht. Wie gut die quantitative Vorhersagbarkeit komplexer biologischer Prozesse überhaupt sein kann, um die es der (Bio-)Physik letztlich immer geht, ist angesichts der schieren Zahl von Unbekannten noch nicht abzusehen. Andererseits darf man annehmen, dass diese Komplexität sich erst im Laufe der Evolution durch Ausdifferenzierung und Variation einer durchaus überschaubaren Zahl von Urmolekülen und Urreaktionen entwickelt hat, und damit die Rückführung vieler biologischer Phänomene auf sehr viel weniger komplexe Fundamentalprozesse prinzipiell möglich sein müsste.

Diese Motivation liegt einer neuen Spielart der sogenannten „Synthetischen Biologie" zugrunde. Sie verfolgt das Ziel, Lebensprozesse so weit zu dekonstruieren, bis eine minimale Anzahl funktionaler Module, d. h. Moleküle und Prozesse, erreicht ist, die für Leben unverzichtbar sind. Oder anders herum betrachtet, auf deren Basis es sogar möglich sein müsste, eine minimale lebende Einheit, also eine minimale Zelle, von unten her zu konstruieren. Sollte überhaupt eine durchgängige quantitative Charakterisierung eines lebenden Systems jemals möglich sein, wäre eine solchermaßen minimalisierte Zelle das ideale Forschungsobjekt. Aber ist Leben überhaupt konstruierbar? Abgesehen von Bedenken religiöser oder ethischer Natur, die aber vor allem menschliches Leben zur Tabuzone für Manipulations- und Konstruktionsansätze erklären, gibt es gute Gründe für eine gewisse Skepsis bezüglich solcher Ideen zur Schaffung künstlichen Lebens. Auf der anderen Seite ist Leben ein Phänomen, das die Natur ganz zweifellos hervorgebracht hat und das also unter der Prämisse, dass heute dieselben Naturgesetze gelten wie zur Zeit seiner Entstehung, im Prinzip jederzeit wieder hervorgebracht werden können müsste. Bedingungen hierfür sind, die Anfangs- und Randbedingungen zu kennen, und vor allem, das Phänomen des Lebens in notwendige und hinreichende Fundamentalmodule zu zerlegen, die wiederum einem möglichst quantitativen Nachweis zugänglich sind. Die wichtigsten dieser Fundamentalmodule sind a) der energiegetriebene Aufbau von Ordnungsstrukturen, b) Stoffwechsel, d. h. der ebenfalls energiegetriebene Erhalt dieser Ordnungsstrukturen unter Austausch ihrer molekularen Bestandteile, c) die Möglichkeit, die in diesen Ordnungsstrukturen gespeicherte Information weiterzugeben, und d) Kompartimentierung, also eine Trennung von innen und außen.

Durch die enormen Möglichkeiten, biologische Materie zu manipulieren, sind in den letzten Jahren in Bezug auf eine solche „Bottom-up"-Konstruktion lebender Systeme erstaunliche Fortschritte gemacht worden. So konnte gezeigt werden, dass die ersten fundamentalen Schritte zur bakteriellen Zellteilung – eine Pol-zu-Pol-Oszillation von Proteinen, welche die Teilungsebene festlegen, sowie die Positionierung einer Vorläuferstruktur des Teilungsrings – in einem extrem simplifizierten Ansatz in künstlichen Zellstrukturen reproduziert werden können (Abb. 25.5). Auch bezüglich minimaler metabolischer Systeme und hinsichtlich der Generierung und Replikation einfachster Informationssysteme wie RNA in minimalistischen Kompartimenten gibt es bereits aufregende Entdeckungen [23]. Vielleicht wird die Biophysik in einigen Jahren oder

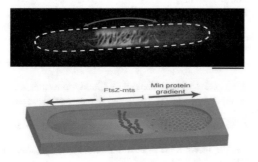

Abb. 25.5 Erste Schritte zur Selbstorganisation eines bakteriellen Teilungsapparats. Aufgereinigte Proteine (rot) oszillieren unter Energieverbrauch zwischen den Polen einer künstlichen Zellstruktur und bereiten auf diese Weise die Positionierung der Minimalform eines Teilungsrings (blau) vor. (Aus Zieske und Schwille [22]; mit freundlicher Genehmigung von © eLIFE 2018. All rights reserved)

Jahrzehnten tatsächlich ein minimales Modellsystem in Form einer kleinsten Einheit des Lebens generieren können, was im Verständnis des für uns vielleicht bedeutsamsten Teils der Natur einen enormen Fortschritt bedeuten würde.
Als weitergehende Literatur empfehlen sich z. B. [24, 25].

Literatur

[1]   Hooke R (1665) Micrographia. http://commons.wikimedia.org/wiki/File:RobertHookeMicrographia1665.jpg

[2]   Vindin H (2014) STD Depth Coded Stack Slices through Cells. http://commons.wikimedia.org/wiki/File:STD_Depth_Coded_Stack_Slices_through_Cells.png

[3]   Moerner WE, Orrit M, Wild UP, Basché T (Hrsg) (1996) Single-Molecule Optical Detection, Imaging and Spectroscopy. Wiley-VCH, Weinheim

[4]   Lu HP, Xun L, Xie XS (1998) Single-molecule enzymatic dynamics. Science 82(5395):1877–82

[5]   Vale RD, Funatsu T, Pierce DW et al (1996) Direct observation of single kinesin molecules moving along microtubules. Nature 380:451–453

[6]   Kinosita K Jr, Yasuda R, Noji H, Ishiwata S, Yoshida M (1198) F1-ATPase: a rotary motor made of a single molecule. Cell 3;93(1):21–4

[7]   Rief M, Clausen-Schaumann H, Gaub HE (1999) Sequence-dependent mechanics of single DNA molecules. Nature Structural Biology 6:346-349

[8]   Mehta AD et al (1999) Single-molecule biomechanics with optical methods. Science 283:1689-1695

[9]   Moffitt JR, Chemla YR, Smith SB, Bustamante C (2008) Recent advances in optical tweezers. Annu Rev Biochem 77:205–28

[10] Hell SW et al (2015). The 2015 super-resolution microscopy roadmap. Journal of Physics D: Applied Physics 48(44):443001

[11] Göttfert F, Wurm CA, Mueller V et al (2013) Coaligned Dual-Channel STED Nanoscopy and Molecular Diffusion Analysis at 20 nm Resolution. Biophysical Journal 105(1):01–03

[12] Asano S, Engel BD, Baumeister W (2016) In Situ Cryo-Electron Tomography: A Post-Reductionist Approach to Structural Biology. Journal of Molecular Biology 428(2):332–343

[13] Albert S, Schaffer M, Beck F et al (2017) Proteasomes tether to two distinct sites at the nuclear pore complex. Proc Natl Acad Sci USA 114(52):13726-13731

[14] Bykov YS, Schaffer M, Dodonova SO et al (2017) The structure of the COPI coat determined within the cell. Elife 17(6):32493

[15] Bäuerlein FJB, Saha I, Mishra A (2017) In Situ Architecture and Cellular Interactions of PolyQ Inclusions. Cell 171(1):179–187

[16] Prost J, Juelicher F, Joanny J-F (2015) Active gel physics. Nature Phys. 11:111–117

[17] Turing A (1952) The chemical basis of morphogenesis. Philosophical Transactions of the Royal Society of London B: Biological Sciences 237(641):37–72

[18] Meinhardt H (1997) Wie Schnecken sich in Schale werfen. Springer, Berlin, Heidelberg

[19] Gorman M (2006) Patterns in the sand, Sands of Forvie National Nature Reserve http://commons.wikimedia.org/wiki/File:Patterns_in_the_sand,_Sands_of_Forvie_National_Nature_Reserve_-_geograph.org.uk_-_294139.jpg

[20] Keats D (2011) Coral patterns http://commons.wikimedia.org/wiki/File:Coral_patterns_%286163172203%29.jpg

[21] Alandmanson (2013) Zebra http://commons.wikimedia.org/wiki/File:Zebra_2013_10_06_1274.jpg

[22] Zieske K, Schwille P (2014) Reconstitution of self-organizing protein gradients as spatial cues in cell-free systems. eLife 2014(3):03949

[23] Chen IA, Roberts RW, Szostak JW (2004) The emergence of competition between model protocells. Science 305(5689):1474–1476

[24] Loose M, Fischer-Friedrich E, Ries J, Kruse K, Schwille P (2008) Spatial Regulators for Bacterial Cell Division Self-Organize into Surface Waves in Vitro. Science 320:789

[25] Schwille P (2017) How Simple Could Life Be? Angewandte Chemie International Edition 56(37):10998–11002

26 Polymere Nanopartikel als Formulierung für die Krebstherapie
— Christine M. Papadakis —

Zusammenfassung

Polymere aus wasserlöslichen und wasserunlöslichen Blöcken bilden in wässriger Lösung Nanopartikel, die als Träger für medizinische Wirkstoffe dienen können. In diesem Kapitel wird ein System vorgestellt, das mit außergewöhnlich großen Mengen des häufig verwendeten Krebsmedikaments Paclitaxel beladen werden kann und somit für die Krebstherapie von großem Interesse ist. Mit Neutronen-Kleinwinkelstreuung konnten wir herausfinden, ob die Nanopartikel bei hoher Beladung mit Paclitaxel ihre Struktur ändern und wie dieses im Nanopartikel verteilt ist.

© Springer-Verlag GmbH Deutschland, ein Teil von Springer Nature 2019
D. Duchardt et al. (Hrsg.), *Vielfältige Physik*, https://doi.org/10.1007/978-3-662-58035-6_26

Prof. Christine M. Papadakis, PhD

Interdisziplinäres Forschen ist fordernd, aber lohnend.

- 1986 Abitur, Mainz
- 1986–1992 Diplom Physik, Univ. Mainz und Grenoble
- 1992–1996 Promotion Physik, Roskilde, Dänemark
- 1996–1998 Postdoctoral Fellow, Riso National Lab, Roskilde, Dänemark
- 1998–2003 Habilitation, Univ. Leipzig
- Seit 2003 Professorin, TU München
- Seit 2014 Mitherausgeberin der Fachzeitschrift Colloid and Polymer Science

Motivation und Unterstützung

Mich haben schon immer Sprachen und Kulturen anderer Länder interessiert. Da ich außerdem nach dem Abitur mehr über die Zusammenhänge in der Natur erfahren wollte, entschied ich mich für ein Physikstudium. Durch ein Auslandsjahr in Frankreich lernte ich die (Studien-)Kultur in einem anderen europäischen Land kennen.

Ich bin meinen Eltern sehr dankbar, dass sie mich immer ermuntert haben, einen qualifizierten Beruf anzustreben. Auch bei meinem Mann möchte ich mich für seine stete Unterstützung bedanken.

Diversität und voneinander lernen

Zurzeit genieße ich es, eine vielfältig zusammengesetzte Gruppe zu haben, zu der deutsche und internationale Studierende auf verschiedenen Niveaus, Chemiker und Chemikerinnen und Physiker und Physikerinnen gehören, und mit internationalen Kollaborationspartnern zusammenzuarbeiten.

Weiterhin bereitet es mir viel Freude, dass ich mir – oft gemeinsam mit anderen – Forschungsprojekte ausdenken und umsetzen kann. Die interdisziplinäre Natur der Forschung an weicher Materie ist anspruchsvoll, aber auch sehr lehrreich. Besonders interessieren mich Fragestellungen, die grundlegender Natur sind und an denen physikalische Konzepte überprüft werden können. Ich bevorzuge die Kombination von Labormethoden mit Experimenten an Großforschungsanlagen, da dies ein gründliches Lernen der Methoden als auch Spitzenforschung ermöglicht. Die besten Momente sind diejenigen, in denen ich von meinen Studierenden und Mitarbeitern lerne!

Mein Tipp

Nicht bange machen lassen, sondern den eigenen Weg verfolgen!

26.1 Warum Wirkstoffträger?

In der Entwicklung neuer Therapien für die Bekämpfung von Krebs ist neben der Identifizierung medizinisch wirksamer Substanzen auch die Darreichungsform (oder Formulierung) ein wichtiger Aspekt. Träger von Wirkstoffen sind nötig, weil viele Wirkstoffe nur schlecht wasserlöslich sind. Weiterhin verhindert der Wirkstoffträger, dass im Blutkreislauf die Wirksamkeit des Medikaments durch Wechselwirkungen mit den zahlreichen Biomolekülen im Blut herabgesetzt wird. Als Träger werden häufig wasserlösliche Nanopartikel aus Polymeren eingesetzt, die mit dem Wirkstoff beladen werden [1, 2]. Bei der Entwicklung einer solchen Formulierung aus Nanopartikeln stellen sich viele Fragen [3]: Welche Größe und Form sollen die Nanopartikel haben, damit sie lange im Blutkreislauf verweilen und gleichzeitig ihr Ziel, d. h. den Tumor, erreichen und dort ihren Wirkstoff abgeben können? Wie kann eine möglichst hohe Beladung mit dem Wirkstoff erzielt werden? Sind die Nanopartikel bei Beladung mit dem Wirkstoff stabil bzw. ändern sie ihre Struktur oder zerfallen sie? Ist die Formulierung langzeitstabil, kann sie also vor der Verabreichung problemlos gelagert werden? Hat der Wirkstoffträger unerwünschte Nebenwirkungen, der bei regelmäßiger Verabreichung zur Hypersensitivität führt [3, 4]?

Als Wirkstoffträger wurden vor einigen Jahren unter anderem Nanopartikel vorgeschlagen, die in wässriger Lösung eine Kern-Schale-Struktur aufweisen: Im wasserunlöslichen Kern kann das Medikament gelöst und transportiert werden, wohingegen die Schale wasserlöslich ist und für die Wasserlöslichkeit des Nanopartikels inklusive Medikament sorgt [1, 2, 5–8]. Um solche Kern-Schale-Nanopartikel zu präparieren, verwendet man oft amphiphile Blockcopolymere, d. h. Polymere, die aus wasserunlöslichen (oder hydrophoben) und wasserlöslichen (oder hydrophilen) Blöcken bestehen. Amphiphile Blockcopolymere bilden spontan, also von selbst, in wässriger Lösung Nanopartikel, die sogenannten Mizellen mit einem aus den hydrophoben Blöcken bestehenden Kern und einer aus den hydrophilen Blöcken bestehenden Schale. Diese Systeme haben zahlreiche Vorteile: Die Größe, die Form und der innere Aufbau der Nanopartikel können unter anderem durch die Blocklängen und ihre jeweilige Wasserlöslichkeit kontrolliert werden. Weiterhin können durch die chemischen Eigenschaften der Blöcke, die den Kern und die Schale bilden, einerseits die Löslichkeit des Medikaments und andererseits das Verhalten der Nanopartikel im Blut oder im Tumor kontrolliert werden.

Das im Folgenden beschriebene Beispiel aus unserer Forschung zeigt, wie moderne physikalische Methoden zur Entwicklung solcher pharmazeutischer Formulierungen für die Chemotherapie beitragen können. Als Polymersystem erwiesen sich die Polymere aus der Klasse der Poly(2-oxazolin)e (POx, Abb. 26.1a) als besonders geeignet für das Design von Wirkstoffträgern, da sie nicht toxisch sind und das Immunsystem nur leicht reizen [9–11]. Ein überraschender Befund war, dass eine ungewöhnlich hohe Beladung der Wirkstoffträger mit einem sehr häufig eingesetzten Krebsmedikament (Paclitaxel,

PTX) dann erreicht werden kann, wenn der wasserunlösliche Block – der den Kern der Nanopartikel bildet – nur schwach hydrophob ist [12]. Mit abbildenden Methoden – unter anderem der Transmissionselektronenmikroskopie – wurde entdeckt, dass die Mizellen bei Beladung mit PTX ihre Form ändern [13]. Jedoch war unklar, warum Kern-Schale-Nanopartikel, die einen nur schwach hydrophoben Kern aufweisesn, so große Mengen an PTX aufnehmen können. Ein Grund dafür wurde in der Art und Weise vermutet, wie PTX sich in den Nanopartikeln verteilt. Diese Fragen können mit abbildenden Methoden nicht einfach beantwortet werden.

Streumethoden ermöglichen die detaillierte Aufklärung der Strukturen von Nanopartikeln, und zwar direkt in Lösung und in einem großen Längenskalenbereich. Für polymere Nanopartikel mit einer inneren Struktur ist die Neutronen-Kleinwinkelstreuung besonders geeignet. Mit dieser Methode konnten wir die Größe und Form der Nanopartikel bestimmen. Messungen an mit PTX beladenen Nanopartikeln zeigten, wie sich PTX im Nanopartikel verteilt, was ein möglicher Grund für die hohe Aufnahmefähigkeit der schwach amphiphilen Kern-Schale Nanopartikel aus POx ist [14].

Im Folgenden möchte ich kurz am Beispiel von POx das Aggregationsverhalten amphiphiler Blockcopolymere erläutern. In Abschnitt 26.3 soll vorgestellt werden, wie diese für den Transport des Krebsmedikaments PTX eingesetzt werden können. Schließlich möchte ich erklären, wie mit Neutronen-Kleinwinkelstreuung die Verteilung des PTX in den Mizellen aufgeklärt werden konnte.

26.2   Amphiphile Blockcopolymere bilden Nanopartikel

Blockcopolymere sind Polymere – also lineare Makromoleküle – die aus chemisch verschiedenen Blöcken bestehen [15]. Amphiphile Blockcopolymere bestehen aus hydrophoben (wasserunlöslichen) und hydrophilen (wasserlöslichen) Blöcken. Triblockcopolymere umfassen drei Blöcke, z. B. hydrophile Endblöcke und einen hydrophoben Mittelblock. Bei der Synthese von Triblockcopolymeren gibt es zahlreiche Möglichkeiten, die chemische Struktur und die Molmasse der Blöcke sowie ihre Sequenz zu variieren, um sie für die jeweilige Anwendung zu optimieren.

In dem hier beschriebenen Projekt wurden Triblockcopolymere aus Poly(2-oxazolin)en verwendet (Abb. 26.1a). Diese haben den Vorteil, dass ihre Eigenschaften durch die chemische Struktur bestimmt sind: Ist die Seitengruppe z. B. eine Methylgruppe (wie in den blau markierten Endblöcken), ist das Polymer hydrophil, ist sie eine n-Butylgruppe (d. h. R in Abb. 26.1a ist $-(CH_2)_3CH_3$), so ist das Polymer leicht hydrophob, und ist es z. B. eine n-Nonylgruppe (d. h. R in Abb. 26.1a ist $-(CH_2)_8CH_3$), so ist das Polymer stark hydrophob. Kombiniert man Poly(methyl-2-oxazolin) (PMeOx oder kurz M) mit Poly(n-butyl-2-oxazolin) (PBuOx oder kurz B) oder mit Poly(n-nonyl-2-oxazolin) (PNOx oder kurz N), erhält man z. B. ein PMeOx-b-PBuOx-b-

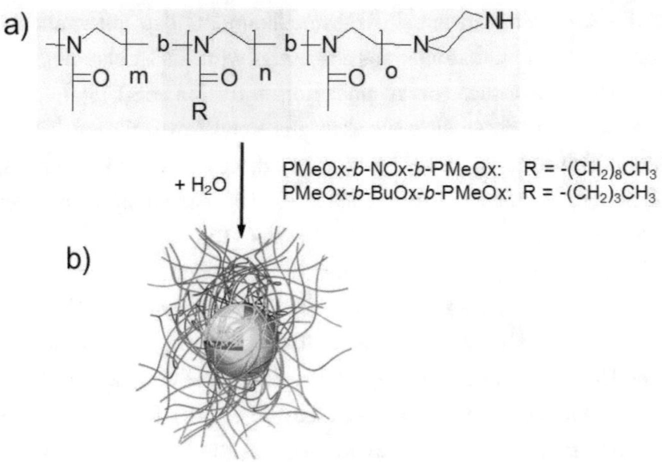

a)

+ H₂O

PMeOx-*b*-NOx-*b*-PMeOx: R = -(CH₂)₈CH₃
PMeOx-*b*-BuOx-*b*-PMeOx: R = -(CH₂)₃CH₃

b)

Abb. 26.1 a Chemische Strukturformel der amphiphilen Triblockcopolymere PMeOx-*b*-PNOx-*b*-PMeOx und PMeOx-*b*-PBuOx-*b*-PMeOx. (Aus Schulz et al. [13]; mit freundlicher Genehmigung der © American Chemical Society [2014]. All rights reserved) **b** Schematische Struktur einer kugelförmigen Kern-Schale-Mizelle aus amphiphilen Triblockcopolymeren. Der Kern ist kompakt und gelb dargestellt, wohingegen die Schale aus lose gepackten hydrophilen Blöcken blau wiedergegeben ist

PMeOx (M-B-M) oder ein PMeOx-*b*-PNOx-*b*-PMeOx (M-N-M)-Triblockcopolymer (Abb. 26.1a), dessen Endblöcke wasserlöslich sind und dessen Mittelblöcke wasserunlöslich sind, wobei sich Letztere im Grad der Hydrophobizität unterscheiden. In wässriger Lösung bilden beide Triblockcopolymere Mizellen, d. h. Nanopartikel aus einer großen Anzahl von Triblockcopolymeren, wobei die Mittelblöcke einen kompakten Kern bilden und die Endblöcke die Schale (Abb. 26.1b). Solche mizellaren Nanopartikel können verwendet werden, um wasserunlösliche Substanzen in ihrem Kern zu verkapseln und zu transportieren. Die Form der Mizellen kann im Wesentlichen durch die Wahl der Blocklängen beeinflusst werden: Ist der hydrophobe Mittelblock kurz, bilden sich kugelförmige Kern-Schale-Mizellen, ist er etwas länger, bilden sich längliche oder zylindrische Kern-Schale-Mizellen.

Fazit: Amphiphile Blockcopolymere können in wässriger Lösung Kern-Schale-Mizellen bilden.

26.3 Wirkstoffträger aus amphiphilen Blockcopolymeren

Die in Abschnitt 26.2 beschriebenen Mizellen können verwendet werden, um wasserunlösliche medizinische Wirkstoffe zu verkapseln und im Körper zum Tumor zu transportieren. Wir haben uns insbesondere mit der Verkapselung von Paclitaxel (PTX)

beschäftigt. PTX ist ein wirksames Krebsmedikament, das unter anderem zur Behandlung von Brust- und Eierstockkrebs eingesetzt wird. Es ist allerdings nur in extrem geringen Mengen wasserlöslich (bis zu einer Konzentration von 1 μg/ml, [1, 2, 16, 17]). In früheren Arbeiten erwiesen sich Mizellen aus Poly(2-oxazolin)en (POx) als besonders gut für den Transport von PTX geeignet, da diese Polymere kaum toxisch sind und sehr hohe Beladungen mit PTX ermöglichen [9, 10]. Außerdem sind diese mizellaren Lösungen mehrere Wochen bis Monate lang stabil [18].

Um den Einfluss der Hydrophobizität des Mittelblocks auf die maximale Beladung mit PTX zu charakterisieren, haben wir zwei Triblockcopolymere $PMeOx_{35}$-b-$PNOx_{14}$-b-$PMeOx_{35}$ (kurz M_{35}-N_{14}-M_{35}, die Zahlen bezeichnen die Anzahl der Monomere in dem betreffenden Block) und $PMeOx_{33}$-b-$PBuOx_{26}$-b-$PMeOx_{45}$ (kurz M_{33}-B_{26}-M_{45}) untersucht [13]. Die mizellaren wässrigen Lösungen aus M_{33}-B_{26}-M_{45} konnten mit mehr als doppelt so viel PTX beladen werden wie die aus M_{35}-N_{14}-M_{35}. Ein möglicher Grund könnte in den Eigenschaften des Mizellkerns liegen: Der PNOx-Block ist stark hydrophob und bildet daher einen unpolaren Kern, wohingegen der von dem PBuOx-Block gebildete Kern nur schwach hydrophob ist und auch polare Wechselwirkungen zwischen dem Wirkstoff und dem Polymer zulässt. Vermutlich ist die nBuOx-Seitengruppe ausreichend hydrophob, aber auch kurz genug, um die polare Amidgruppe der Hauptkette nicht zu stark abzuschirmen.

Durch die Kombination mehrerer Methoden haben wir mögliche Gründe für die Unterschiede der beiden Systeme identifiziert. Mit dynamischer Lichtstreuung konnten die sogenannten hydrodynamischen Radien der Mizellen bestimmt werden – sie liegen im Bereich 8–15 nm, was für die Anwendung geeignet erscheint. Bei Beladung mit PTX wurden die Mizellen nicht wie erwartet größer, sondern kleiner. Dies liegt vermutlich an der sehr effizienten Wechselwirkung zwischen dem Wirkstoff und dem polymeren Wirkstoffträger. Erst bei weiterer Beladung mit großen Wirkstoffmengen,

Abb. 26.2 Aufnahmen aus der Kryo-Transmissionselektronenmikroskopie und daraus resultierende schematische Strukturen der Mizellen aus $PMeOx_{33}$-b-$PBuOx_{26}$-b-$PMeOx_{45}$, präpariert aus Lösung mit einer Konzentration von 10 g/L. *Links:* Vor der Beladung mit PTX, *rechts:* beladen mit einer Konzentration von PTX in Lösung von 5 g/L. (Aus Schulz et al. [13]; mit freundlicher Genehmigung der © American Chemical Society [2014]. All rights reserved)

vergrößerten sich die Mizellen merklich (hydrodynamische Radien von 24–27 nm). Die Langzeitstabilität von M_{33}-B_{26}-M_{45} war wesentlich höher (keine Änderungen während 7 Monaten) als bei M_{35}-N_{14}-M_{35} (4 Wochen). Für beide Systeme wurden mit (Kryo-)Transmissionselektronenmikroskopie vor der Beladung mit PTX nicht nur kugelförmige, sondern auch längliche Mizellen beobachtet. Letztere verschwanden bei Zugabe von PTX (Abb. 26.2).

Fazit: Die Form mizellarer Nanopartikel aus amphiphilen Triblockcopolymeren kann sich bei der Beladung mit einem medizinischen Wirkstoff ändern.

26.4 Strukturbestimmung mit Neutronen

Um die Verteilung des PTX in den Mizellen zu bestimmen, wurden Experimente mit Neutronen-Kleinwinkelstreuung an unbeladenen und an mit PTX beladenen Mizellen aus beiden Triblockcopolymeren vorgenommen [14]. Bei dieser Methode wird ein Neutronenstrahl an den Strukturen in einer Probe gestreut, und die gestreute Intensität wird bei kleinen Streuwinkeln gemessen, wodurch mesoskopische Strukturen im Längenskalenbereich 1–100 nm zugänglich sind [19]. Mit der Neutronen-Kleinwinkelstreuung können (beladene) Wirkstoffträger in Lösung untersucht werden, ohne dass hierfür − wie bei abbildenden Methoden − weitere Präparationsschritte nötig wären. Allerdings ist die Datenanalyse komplexer und beruht auf Modellanpassungen. Ein besonderer Vorteil der Neutronen ist, dass der Streukontrast zwischen normal protonierten Substanzen (z. B. den hier untersuchten Polymeren) und deuterierten Substanzen besonders hoch ist. Daher wurde hier schweres Wasser (D_2O) als Lösungsmittel verwendet. Die Experimente wurden am Instrument KWS-1 am Forschungsreaktor FRM II des Heinz Maier-Leibnitz-Zentrums in Garching durchgeführt.

Die Streukurven von M_{35}-N_{14}-M_{35} im unbeladenen und beladenen Zustand sind in Abb. 26.3a gezeigt. Im unbeladenen Zustand und bei einer Polymerkonzentration von 5 g/L erwies sich ein Modell für fadenartige Mizellen mit einer Länge von 200 nm und einer Dicke von 8 nm am besten. Hier ist zu beachten, dass dies die Abmessungen des dichten PNOx-Kerns sind, da die gequollene Schale nur wenig zum Streusignal beiträgt. Die Beladung mit PTX (0,17 g/L) bestätigte die mit abbildenden Methoden beobachtete Änderung der Form der Mizellen: Die beladenen Mizellen sind kugelförmig mit einem Radius von 6,0 nm.

Im System M_{33}-B_{26}-M_{45} konnten die Streukurven in unbeladenem Zustand (Abb. 26.3b) durch ein Modell für kugelförmige Mizellen beschrieben werden. Diese hatten einen Radius von 4,5 nm; wieder entspricht dies im Wesentlichen dem Mizellkern. Bei Beladung mit PTX passte dieses Modell oberhalb einer Beladung von 0,2 g/L nicht mehr an die Streukurven. Stattdessen wurde ein Modell verwendet, das kugelförmige Partikel mit eingebetteten kleinen Kugeln beschreibt („Himbeermodell"). Dies ist in Abb. 26.3b dargestellt. Die PTX-Moleküle bilden kleine Domänen aus

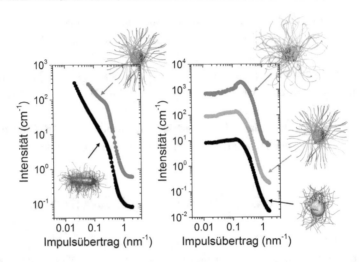

Abb. 26.3 Daten aus der Neutronen-Kleinwinkelstreuung. *Links:* Lösung von M_{35}-N_{14}-M_{35} in D_2O mit einer Konzentration von 5 g/L im unbeladenen Zustand (schwarze Symbole) und im beladenen Zustand (0,17 g/L, rote Symbole) sowie die schematischen Strukturen der Mizellen. *Rechts:* Lösung von M_{33}-B_{26}-M_{45} in D_2O mit einer Konzentration von 10 g/L im unbeladenen Zustand (schwarze Symbole) und beladen mit 0,2 g/L (braune Symbole) und 1,0 g/L PTX (rote Symbole). In beiden Graphen sind die Kurven vertikal gegeneinander verschoben. (Daten aus Jaksch et al. [14])

wenigen Molekülen (Radius 1,2–1,7 nm), die bei höherer Beladung um den Mizellkern angeordnet sind, also an der Grenzfläche zwischen Mizellkern und -schale.

Fazit: Mit Neutronen-Kleinwinkelstreuung können sowohl die Form und Größe der mizellaren Nanopartikel als auch die Verteilung des Medikaments im Wirkstoffträger bestimmt werden.

26.5   Zusammenfassung

Die Neutronen-Kleinwinkelstreuung bietet die Möglichkeit, die Struktur von (beladenen) Wirkstoffträgern in Lösung zu untersuchen. Im vorliegenden Projekt wurde ein Wirkstoffträger aus selbstassemblierten Mizellen aus amphiphilen Triblockcopolymeren untersucht. Es erwies sich, dass der medizinische Wirkstoff die Struktur des Wirkstoffträgers verändern kann. Weiterhin kann mit Neutronen-Kleinwinkelstreuung die Verteilung des Wirkstoffs in der Mizelle bestimmt werden – ein schönes Beispiel dafür, dass physikalische Methoden zur Entwicklung pharmazeutischer Formulierungen beitragen können.

Jüngste Tierversuche haben gezeigt, dass die stark beladenen Mizellen nicht nur eine Verabreichung höherer Wirkstoffmengen erlauben, sondern auch das Tumorwachstum deutlich stärker reduziert werden kann als bei PTX-Formulierungen, die bisher im klinischen Bereich für die Chemotherapie verwendet werden [20]. Weitere Anwendungen für das Polymer werden zurzeit erschlossen: Es wird erstmalig als Wirkstoff-Polymer-Verbindung in den USA in klinischen Versuchen an Parkinson-Patienten untersucht [21].

Danksagung

Für die hervorragende Zusammenarbeit bedanke ich mich sehr herzlich bei meinem langjährigen Kollaborationspartner Prof. Rainer Jordan, Technische Universität Dresden, der mit seiner Gruppe das vorgestellte Wirkstoffträgersystem entwickelt hat. Weiterhin bedanke ich mich bei meinem früheren Mitarbeiter, Dr. Sebastian Jaksch, der die vorgestellten Arbeiten als Teil seiner Promotion durchgeführt hat, sowie bei meinen Kollaborationspartnern Dr. Anita Schulz von der Technischen Universität Dresden, und Prof. Robert Luxenhofer, Julius-Maximilians-Universität Würzburg, für die sehr gute Zusammenarbeit sowie bei Dr. Zhenyu Di, Forschungszentrum Jülich, für die kompetente Hilfe bei den Neutronenstreuexperimenten am Heinz Maier-Leibnitz-Zentrum. Das Projekt wurde von der Deutschen Forschungsgemeinschaft finanziell unterstützt.

Literatur

[1] Torchilin VP (2004) Targeted polymeric micelles for delivery of poorly soluble drugs. Cell Mol Life Sci 61:2549–2559

[2] Savić R, Eisenberg A, Maysinger D (2006) Block copolymer micelles as delivery vehicles of hydrophobic drugs: Micelle-cell interactions. J Drug Targeting 14:343–355

[3] Gelderblom H, Verweij J, Nooter K et al (2001) Cremophor EL: The drawbacks and advantages of vehicle selection for drug formulation. Eur J Cancer 37:1590–1598

[4] Weiss RB, Donehower RC, Wiernik PH et al (1990) Hypersensitivity reactions from Taxol. J Clin Oncol 8:1263–1268

[5] Kataoka K, Harada A, Nagasaki Y (2001) Block copolymer micelles for drug delivery: Design, characterization and biological significance. Adv Drug Delivery Rev 47:113–131

[6] Matsumoto S, Christie RJ, Nishiyama N et al (2009) Environment-responsive block copolymer micelles with a disulfide cross-linked core for enhanced siRNA delivery. Biomacromolecules 10:119–127

[7] Markovsky E, Baabur-Cohen H, Eldar-Boock A et al (2012) Administration, distribution, metabolism and elimination of polymer therapeutics. J Control Release 161:446–460

[8] Bader RA, Putnam DA (2014) Engineering Polymer Systems for Improved Drug Delivery. John Wiley and Sons, Hoboken

[9] Luxenhofer R, Sahay G, Schulz A et al (2011) Structure-property relationship in cytotoxicity and cell uptake of poly(2-oxazoline) amphiphiles. J Control Release 153:73–82

[10] Viegas TX, Bentley MD, Harris JM et al (2011) Polyoxazoline: Chemistry, properties, and applications in drug delivery. Bioconjugate Chem 22:976–986

[11] Luxenhofer R, Han Y, Schulz A et al (2012) Poly(2-oxazoline)s as polymer therapeutics. Macromol Rapid Commun 33:1613–1631

[12] Luxenhofer R, Schulz A, Roques C et al (2010) Doubly amphiphilic poly(2-oxazoline)s as high-capacity delivery systems for hydrophobic drugs. Biomaterials 31:4972–4979

[13] Schulz A, Jaksch S, Schubel R et al (2014) Drug-induced morphology switch in drug delivery systems based on poly(2-oxazoline)s. ACS Nano 3:2686–2696

[14] Jaksch S, Schulz A, Di Z et al (2016) Amphiphilic triblock copolymers from poly(2-oxazoline) with different hydrophobic blocks: Changes of the micellar structures upon addition of a strongly hydrophobic cancer drug. Macromol Chem Phys 13:1448–1456

[15] Hamley IW (2005) Block Copolymers in Solution: Fundamentals and Applications. John Wiley and Sons, Hoboken

[16] Yang T, Cui FD, Choi MK et al (2007) Enhanced solubility and stability of PEGylated liposomal Paclitaxel: In vitro and in vivo evaluation. Int J Pharm 338:317–326

[17] Kabanov AV, Vinogradov SV (2009) Nanogels as pharmaceutical carriers: Finite networks of infinite capabilities. Angew Chem, Int Ed 48:5418–5429

[18] Han Y, He Z, Schulz A et al (2012) Synergistic combinations of multiple chemotherapeutic agents in high capacity poly(2-oxazoline) micelles. Mol. Pharmaceutics 9:2302–2313

[19] King SM (1999) Small-angle neutron scattering. In: Modern Techniques for Polymer Characterisation. Chapter 7. Pethrick RA, Dawkins JV (Hrsg) Wiley, Hoboken

[20] He Z, Wan X, Schulz A et al (2016) A high capacity polymeric micelle of paclitaxel: Implication of high dose drug therapy to safety and in vivo anti-cancer activity. Biomaterials 101:296–309

[21] Moreadith RW, Viegas TX, Bentley MD et al (2017) Clinical development of a poly (2-oxazoline)(POZ) polymer therapeutic for the treatment of Parkinson's disease – Proof of concept of POZ as a versatile polymer platform for drug development in multiple therapeutic indications. Eur Polym J 88:524–552

27 Klinisch-Spektroskopische Diagnostik bei Infektion und Sepsis

— Ute Neugebauer —

Zusammenfassung

In Zeiten steigender Antibiotikaresistenzen ist eine schnelle Diagnose von Infektionen dringend notwendig, um Erkrankte zielgerichtet behandeln zu können. Derzeit können wichtige Informationen über das Pathogen meist aber erst nach ein bis drei Tagen zurückgemeldet werden. Neue spektroskopische Methoden haben das Potenzial, diese Zeit auf nur wenige Stunden zu reduzieren. Mithilfe der Raman-Spektroskopie können Bakterien in einer Urinprobe innerhalb von nur 35 Minuten identifiziert werden. Eine Bestimmung der Antibiotikaresistenz kann in etwa 3½ Stunden erreicht werden.

© Springer-Verlag GmbH Deutschland, ein Teil von Springer Nature 2019
D. Duchardt et al. (Hrsg.), *Vielfältige Physik*, https://doi.org/10.1007/978-3-662-58035-6_27

Prof. Dr. Ute Neugebauer

Neugierig auf die Welt

- 1997–2002 Diplom Chemie, Jena, Chapel Hill
- 2003–2007 Promotion Jena (Würzburg, Dortmund)
- 2007–2008 Postdoktorandin, Dublin
- 2009–2011 Postdoktorandin, Leibniz-Institut für Photonische Technologien (IPHT), Jena
- 2011–2015 Nachwuchsgruppenleiterin, Center for Sepsis
  Control and Care (CSCC) und IPHT, Jena
- 2015 Habilitation Medizinische Photonik
- Seit 2015 Leiterin Core Unit Biophotonik, CSCC Jena
- Seit 2016 Professur Physikalische Chemie, Univ. Jena,
  Forschergruppenleiterin IPHT

Am Anfang: Meine Begeisterung für Chemie und Physik

Zur Schulzeit wurde im Rahmen einer Projektarbeit mein Interesse für die Grundlagen der Farbe in der Natur geweckt. Zusammen mit einer Freundin extrahierten wir
über einen Zeitraum von mehr als zwei Jahren zu Hause verschiedene Naturfarbstof-
fe aus Beeren, Blättern und Blüten. Die gewonnenen Extrakte untersuchten wir auf
ihre Färbeleistung und versuchten, mithilfe verschiedener Chemikalien ihr Spektrum
zu verändern. Dabei kamen wir das erste Mal mit chromatografischen und mit spektroskopischen Methoden in Kontakt, die mich sehr faszinierten. Beim Wettbewerb
„Jugend forscht" gewannen wir unter anderem eine Woche im Deutschen Museum
in München. Die Physikabteilung mit ihren vielen Mitmachexperimenten war dabei
meine Lieblingsabteilung, in der ich die meiste Zeit verbrachte.

Themenschwerpunkte: Was ich heute mache

Heute bin ich Professorin für Physikalische Chemie mit dem Schwerpunkt Klinisch-
Spektroskopische Diagnostik. Unsere Arbeitsgruppe betreibt interdisziplinäre Forschung im Grenzfeld von Physik, Chemie und Medizin, d. h., wir verwenden physikalische (insbesondere spektroskopische) Methoden und Verfahren, um Fragestellungen
aus der Medizin zu bearbeiten. Unser Fokus liegt dabei auf Problemen mit Infektionen, Sepsis und Antibiotikaresistenz. Um das erfolgreich zu tun, ist die Arbeitsgruppe
interdisziplinär zusammengesetzt. Außerdem lehre ich im Rahmen des in Jena neu
eingerichteten Master-Studiengangs „Medical Photonics".

Mein Tipp

Sei und bleib neugierig, besieh dir die Welt: andere Labore und Institute, sowie andere
Länder und Kulturen. Versuche das zu machen, was dir Spaß macht und worin du
gut bist. Such den Austausch mit klugen, motivierten Leuten. Hinterfrage, was dir
unerwartet vorkommt, und teste Hypothesen aus.

27.1 Das medizinische Problem und die Raman-Spektroskopie

Infektionskrankheiten gehören zu den großen Problemen der Medizin und verursachen weltweit ca. 20 % aller Todesfälle [1]. In Zeiten einer alternden Gesellschaft und stetig zunehmenden Antibiotikaresistenzen ist zu erwarten, dass diese Zahl weiterhin steigt [2]. Die zugrunde liegende primäre Todesursache bei Infektion ist meist eine Sepsis. Sie tritt auf, wenn die Immunantwort des Körpers nicht nur gegen das einfallende Pathogen gerichtet ist, sondern in einer überstarken Reaktion auch das eigene Gewebe schädigt. Eine solch überschwängliche Immunantwort kann dann zu (multiplem) Organversagen, septischem Schock und schließlich zum Tod führen [3]. Für eine erfolgreiche Behandlung muss schnell Klarheit über die Ursache der Infektion gewonnen werden, d. h.: schnellstmöglich der Erreger und sein Resistenzprofil erkannt und der Infektionsherd im Körper lokalisiert werden. Derzeit etablierte Methoden der mikrobiologischen Pathogenidentifizierung und Resistenztestung benötigen jedoch meist mindestens einen Tag, oft sogar zwei oder drei Tage bis zur genauen Diagnose, da zur Bestimmung zeitaufwendige Kultivierungsschritte notwendig sind [4, 5]. Erkrankte werden bis dahin mit unspezifischen Breitbandantibiotika, die den größten Erfolg versprechen, behandelt. Diese Behandlungsstrategie ist jedoch nicht immer die beste, insbesondere bei ungewöhnlichen Erregern oder Resistenzen, und trägt außerdem durch den übermäßigen Gebrauch von Antibiotika zum ständigen Anstieg weiterer Resistenzen bei [6]. Es besteht also dringender Bedarf an verbesserten diagnostischen Verfahren und Methoden, die die Erkrankten schon früher eine optimale, auf ihre Person und Krankheit angepasste Therapie ermöglichen und somit die Heilungschancen und die Überlebensrate verbessern. Die Bedeutung neuer diagnostischer Methoden und Verfahren wird von dem Arzt und Mikrobiologen Carl Nathan noch hervorgehoben: „Es ist sinnlos, mit der Technologie des 21. Jahrhunderts Mittel gegen Infektionen zu entwickeln, deren Diagnose durch Methoden des 19. Jahrhunderts verlangsamt wird." [7]. Spektroskopische Methoden, die sich die schnelle Interaktion von Licht und Materie zunutze machen und dabei sehr spezifische Informationen über die untersuchte Probe generieren können, haben ein hohes Potenzial, die benötigten Informationen über das die Infektion verursachende Pathogen in kurzer Zeit (maximal wenige Stunden) zu ermitteln.

In unserer Arbeitsgruppe erforschen wir solche neuen spektroskopischen Methoden und Verfahren zur direkten Charakterisierung des Pathogens mit einem besonderen Schwerpunkt auf dessen Antibiotikaempfindlichkeit, aber auch indirekte Methoden, die die Reaktion des Körpers, die sogenannte Wirtsantwort, auf die Infektion widerspiegeln. Eine in der Medizin noch nicht etablierte, aber sehr leistungsfähige spektroskopische Methode ist die Raman-Spektroskopie. Sie erlaubt es, markerfrei, nicht-invasiv und zerstörungsfrei spezifische Informationen von der biologischen Probe zu sammeln. Der Raman-Effekt basiert auf der unelastischen Streuung von einfallendem

Licht an den molekularen Bestandteilen der untersuchten Probe [8]. Es kommt zu einer Anregung der charakteristischen Schwingungen dieser molekularen Bestandteile, und die Energie des unelastisch gestreuten Photons ist genau um den zur Schwingungsanregung nötigen Beitrag reduziert (s. Abb. 27.1a). Da die Schwingungsenergie für jede chemische Verbindung in ihrer Umgebung spezifisch ist, enthält das gemessene Raman-Spektrum Informationen über die biochemische Zusammensetzung der Probe. Entsprechend der komplexen Zusammensetzung von Bakterien, Zellen und Geweben sind auch die Raman-Spektren sehr komplex und erfordern multivariate statistische Analysenmethoden zur Interpretation. Da die Raman-Spektroskopie direkt die Eigenschaften der Probe misst, ist keine aufwendige Probenvorbereitung notwendig. In Kombination mit optischen Mikroskopen kann eine hohe Ortsauflösung bis zum Beugungslimit erreicht werden, sodass informationsreiche Falschfarbenbilder mit chemischem Kontrast erzeugt werden können. In Abb. 27.1b sind beispielhaft ein Raman-Falschfarbenbild von intrazellulären Bakterien in einer Wirtszelle sowie die dazugehörigen Raman-Spektren dargestellt [9]. Da nur kleinste Probenmengen benötigt werden, ist die Technik bestens für wertvolles Patientenmaterial geeignet. Durch die Zerstörungsfreiheit des Messprinzips steht die Probe nach der Messung noch unversehrt für weitere Untersuchungen zur Verfügung bzw. muss dem Organismus gar nicht entnommen werden.

Für eine schnelle Erkennung von Infektionen verfolgen wir zwei Ansätze: zum einen die direkte Pathogencharakterisierung, zum anderen ein indirekter Nachweis über die Wirtsantwort, z. B. durch Veränderungen im Blutplasma [10] oder durch Veränderungen der Leukozyten (z. B. im Rahmen des EU-Projektes HemoSpec [11].) Im Folgenden sollen ein paar Beispiele zur direkten Analyse des Pathogens vorgestellt werden.

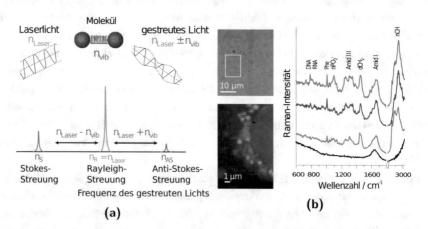

Abb. 27.1 a Prinzip der Raman-Spektroskopie, **b** Weißlichtbild (oben) einer mit *Staphylococcus aureus*-Bakterien infizierten Endothelzelle. Der Ausschnitt im weißen Kasten ist unten als Raman-Falschfarbenbild dargestellt. Klar sind die Bakterien (grün) im perinukleären Raum (rot) um den Kern der Wirtszelle (blau) zu erkennen. Rechts sind die dazugehörigen Raman-Spektren im Farbcode des Falschfarbenbildes dargestellt. (Adaptiert nach Große et al. [9]; mit freundlicher Genehmigung der © American Chemical Society 2015. All rights reserved)

27.2 Spektroskopische Charakterisierung der Infektionserreger aus Patientenmaterial

Um die Infektionserreger direkt aus dem Patientenmaterial spektroskopisch charakterisieren zu können, sollten diese im Fokus des optischen Systems sein. Während theoretisch ein einzelnes Bakterium zur Identifikation ausreicht [12], ist es in der Praxis trotzdem von Vorteil, mehrere Bakterien im Fokus anzusammeln, um die Messzeit verkürzen zu können und die Signalqualität zu verbessern. In einer komplexen biologischen Probe sind die Bakterien meist gut verteilt und zwischen den restlichen Bestandteilen, z. B. zwischen körpereigenen Zellen für die Immunabwehr, versteckt. Bei einer Infektion im Urogenitaltrakt enthält eine Urinprobe ca. 10^5 Bakterien pro Milliliter Urin, außerdem noch Leukozyten, aber auch Epithelzellen, die von der Innenseite der Blase oder des Harntrakts stammen, sowie verschiedene Salze und Stoffwechselendprodukte. Die großen (ca. 8–12 µm Durchmesser) Körperzellen können leicht durch Filtration abgetrennt werden. Zur Anreicherung der im Urin verteilten, kleinen (ca. 1 µm Durchmesser) Bakterien im Fokus des Laserstrahls für die spektrale Analyse haben wir zwei verschiedene Ansätze verfolgt: zum einen eine Anreicherung durch mechanische Kräfte, insbesondere der Zentrifugalkraft, in einem kostengünstigen Mikrofluidikchip (Abb. 27.2a-c) [13], zum anderen eine Anreicherung durch elektrische Kräfte, insbesondere der dielektrophoretischen Kraft in einem inhomogenen elektrischen Feld (Abb. 27.2d-f) [14]. Die dielektrophoretische Kraft wirkt auch auf ungeladene Teilchen, wie z. B. Bakterien, indem das elektrische Feld in ihnen einen Dipol induziert. In einem inhomogenen elektrischen Feld, wie in Abb. 27.2e und 27.2f, können die Teilchen dann entweder von den Elektroden angezogen (positive Dielektrophorese) oder abgestoßen werden (negative Dielektrophorese). Wir nutzen in elektrisch leitenden Medien wie Salzlösungen oder menschlichem Urin die negative Dielektrophorese, um die Bakterien in der Mitte des Chips zu fangen und dort spektroskopisch zu charakterisieren.

Beide zeichnen sich durch besondere Vor-, aber auch einige Nachteile aus. Die Kräfte, die auf der zentrifugalen Mikrofluidikplattform zur Anreicherung der Bakterien führen, sind unabhängig von vielen physikalischen Eigenschaften der Flüssigkeit, wie Viskosität, pH-Wert, Leitfähigkeit oder thermischen Eigenschaften. Entscheidend sind die Masse der Bakterien und die Drehgeschwindigkeit. Einwegchips für jede neue biologische Probe können kostengünstig aus Polymeren wie Polymethyldisiloxan (PDMS) hergestellt werden. Da Polymere auch starke Raman-Signale hervorrufen, wurden für unsere Anwendungen Hybridchips aus PDMS und Glas hergestellt, sodass das Untergrundsignal reduziert werden konnte [13]. Hier zeigt sich der auf Dielektrophorese beruhende Ansatz überlegen, da er Quarzglas als Substrat verwendet, welches im untersuchten Spektralbereich zwischen 600 und 1800 cm^{-1} vernachlässigbare Beiträge zum Raman-Spektrum liefert. Nachteil dieser Chips sind die höheren Material- und Herstellungskosten, die derzeit gegen eine Verwendung als Einwegartikel sprechen. Ein

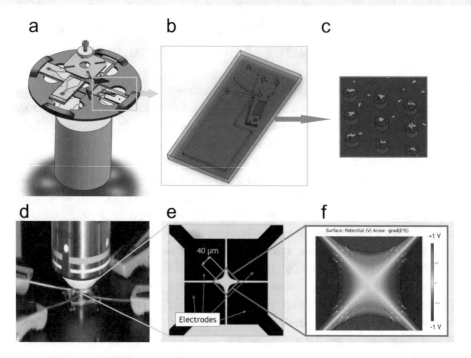

Abb. 27.2 a CD-Mikrofluidik beladen mit vier Einwegchips **b. c** In töpfchenförmigen Strukturen (V-cups) auf dem Chip werden die Bakterien (grün) gefangen. **d** Dielektrophorese-Chip unter dem Raman-Mikroskop, **e** vergrößertes Elektrodendesign und **f** Berechnung der elektrischen Kräfte, dargestellt als gelbe Pfeile, die die Bakterien in die Mitte treiben, wo sie gefangen werden. (Abb. **a, c** adaptiert von Schröder et al. [13]; mit freundlicher Genehmigung von © AIP Publishing 2015. Abb. **d-f** adaptiert von Schröder et al. [14]; mit freundlicher Genehmigung von © American Chemical Society 2013. All rights reserved)

in Abb. 27.2e gezeigtes Elektrodendesign ermöglicht die Anreicherung der Bakterien innerhalb weniger Minuten in der Chipmitte, wo sie mithilfe der Raman-Spektroskopie schnell und einfach charakterisiert werden können. Zur automatisierten Handhabung wurde die Dielektrophorese-Funktionseinheit in einen komplexen Mikrofluidikchip integriert, der stets reproduzierbare Bedingungen für die Raman-Messungen garantiert, z. B. automatischen Mediumaustausch zur Elimination von Urochromen, die in Urinproben in stark schwankenden Konzentrationen vorkommen [15]. Urochrome sind die im Urin vorkommenden, ihn färbenden Stoffwechselprodukte.

Um anhand der komplexen Raman-Spektren, die gerne als spektroskopischer Fingerabdruck bezeichnet werden, die Bakterien identifizieren zu können, müssen – wie auch zur Identifizierung anhand des menschlichen Fingerabdrucks – zunächst Datenbanken mit bekannten Bakterien (z. B. mit wohl charakterisierten Laborstämmen) erstellt werden [16]. Mit diesen Daten kann mittels multivariater statistischer Analyse ein Klassifikationsmodell erstellt werden, das dann zur Identifizierung von Bakterien aus biologischen Proben verwendet wird. Mit dem in Abb. 27.2d dargestellten Messaufbau konnten nach einer kurzen (< 15 min) Probenpräparation Pathogene direkt aus dem Urin innerhalb von 35 Minuten mit hoher Genauigkeit identifiziert werden [14]. Im Gegensatz zu derzeit in der klinischen Mikrobiologie verwendeten neueren Methoden z. B. bei der Massenspektrometrie oder verschiedenen Sequenzierungsmethoden entfallen bei der hier vorgestellten Technik vorher nötige Kultivierungs- bzw. Amplifizierungsschritte.

27.3 Spektroskopische Resistenztestung

In Zeiten steigender Antibiotikaresistenzen reicht die Identifikation des die Infektion verursachenden Pathogens nicht aus, es muss auch klar sein, mit welchem Antibiotikum wirksam behandelt werden kann. Ein Antibiogramm enthält die Information, gegen welches Antibiotikum die Bakterien resistent und gegen welches sie sensibel sind. Typische Erreger für Harnwegsinfekte sind neben *Escherichia coli* auch Enterokokken. Weisen letztere neben ihren natürlichen Resistenzen auch eine Resistenz gegenüber dem Antibiotikum Vancomycin auf, werden sie als schwerbehandelbare Problemkeime betrachtet. Am Beispiel von Vancomycin-resistenten Enterokokken wurde ein Raman-basiertes Verfahren erforscht, das die Erkennung von Antibiotikaresistenzen in nur 3½ Stunden erlaubt [17]. Dazu wurde der Dielektrophoreseansatz weiterentwickelt und Vancomycin-sensitive und -resistente Enterokokken mit und ohne Vancomycinbehandlung über einen Zeitraum von drei Stunden Raman-spektroskopisch charakterisiert. Bei den sensitiven Enterokokken spiegelte sich die Vancomycinbehandlung schon nach 30 Minuten in den Raman-Spektren wider und resultierte in einem Raman-spektroskopischen Fingerabdruck, der von den unbehandelten, weiter wachsenden Enterokokken unterscheidbar ist [18]. Aufgrund der komplexen Wirkung des Antibiotikums ist eine detaillierte Analyse der einzelnen spektralen Unterschiede schwierig. Einzelne Veränderungen an charakteristischen Stellen des Spektrums können jedoch gut nachvollzogen und mit dem Wirkmechanismus des Antibiotikums erklärt werden [18]. Mithilfe statistischer Methoden wurde ein zweistufiges PLS-LDA (engl.: *Partial Least Squares Regression* und *Linear Discriminant Analysis*) Klassifikationsmodell erstellt, welches auf die Erkennung der spektralen Unterschiede, die durch die Antibiotikabehandlung hervorgerufen werden, optimiert wurde. Werden in dieses Klassifikationsmodel die Raman-Spektren verschiedener weiterer Enterokokken (*E. faecalis* und *E. faecium*) projiziert, so lassen sich die Raman-Spektren der unbehandelten Kontrollen nicht voneinander unterscheiden. Das beweist, dass das Model nicht auf stammspezifische Unterschiede zwischen verschiedenen Enterokokkenstämmen trainiert wurde. Die Raman-Spektren von mit Vancomycin behandelten resistenten Enterokokken sind in dem Klassifikationsmodell nach spätestens drei Stunden nicht mehr von den unbehandelten Kontrollen zu unterscheiden und somit perfekt von den behandelten sensitiven Bakterien getrennt. Dabei spiegelt sich die minimale Hemmkonzentration in der minimalen Zeit bis zur vollständigen Trennung wider. Je höher die minimale Hemmkonzentration, also je resistenter der Keim ist, desto schneller wird eine vollständige Trennung von den behandelten sensitiven Bakterien erreicht. Wird in die statistische Auswertung noch die zeitliche Änderung der Spektren mit einbezogen, so kann die Vancomycinresistenz bereits nach zwei Stunden Antibiotikabehandlung diagnostiziert werden. Mit unbekannten Enterokokkenstämmen konnte mit diesem Klassifikationsmodell stammes- und speziesübergreifend eine Genauigkeit von >89 % in der richtigen Unterscheidung zwischen sensitiv und resistent erreicht werden [17].

Das am Beispiel von Vancomycin-resistenten Enterokokken entwickelte Verfahren lässt sich leicht auf die Erkennung anderer Resistenzen auch in anderen Bakterienspezies erweitern. Für die Unterscheidung von Ciprofloxacin-resistenten und -sensitiven *E. coli* konnte dies bereits erfolgreich gezeigt werden [15]. Des Weiteren ist eine Kombination von spektroskopischer Pathogenidentifizierung und Resistenztestung einfach möglich und könnte so die Zeit bis zur Diagnose der Infektion und Charakterisierung des Erregers von mehreren Tagen mit klassischen, kulturbasierten mikrobiologischen Methoden auf wenige Stunden verkürzen (Abb. 27.3).

Ein entscheidender Vorteil gegenüber anderen, neueren Ansätzen wie der Massenspektroskopie mit Matrix-unterstützter Laser-Desorption/Ionisation (engl.: *Matrix-Assisted Laser Desorption/Ionization Time Of Flight*, MALDI-TOF) oder molekularbiologischen Methoden wie z. B. der Polymerasekettenreaktion (engl.: *Polymerase Chain Reaction*, PCR) ist die minimale manuelle Arbeit zur Probenvorbereitung. Da das vorgestellte spektroskopische Verfahren nicht auf spezifischen Nukleinsäuresequenzen beruht, sondern auf der Erfassung der phänotypischen Veränderungen durch Einwirkung des Antibiotikums, ist es unabhängig von Mutationen, was sich vor allem für die Identifizierung von multiresistenten Bakterien von Vorteil erweisen könnte.

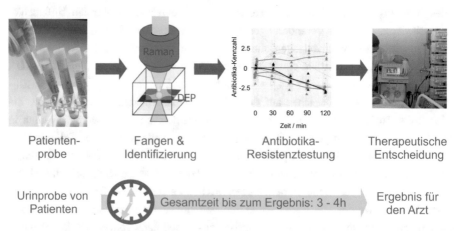

| Patienten-probe | Fangen & Identifizierung | Antibiotika-Resistenztestung | Therapeutische Entscheidung |

Urinprobe von Patienten — Gesamtzeit bis zum Ergebnis: 3 - 4h — Ergebnis für den Arzt

Abb. 27.3 Vision der spektroskopischen Pathogenidentifizierung direkt aus Patientenmaterial. (Adaptiert nach Schröder et al. [14]; mit freundlicher Genehmigung der © American Chemical Society (2013). All rights reserved)

Trotz guter Fortschritte gibt es noch viele Herausforderungen, wo aktive Forschungs-arbeit nötig ist: nicht nur die Übertragung auf all die vielen verschiedenen Keime, die im Klinikalltag gefunden werden, auch auf die Ausweitung auf verschiedenstes Proben-material wie Blut oder Atemwegsproben bis hin zu Gewebeproben mit intrazellulären Erregern bei chronischen Infektionen.

Die Forschung zu diesem Thema wurde durch das Bundesministerium für Bildung und Forschung über das Integrierte Forschungs- und Behandlungszentrum „Sepsis und Sepsisfolgen" und durch das Leibniz-Institut für Photonische Technologien e.V. finanziell ermöglicht.

Literatur

[1] World Health Organization, WHO (2004) World Health Report 2004

[2] Reinhart K et al (2012) New Approaches to Sepsis: Molecular Diagnostics and Biomarkers. Clinical Microbiology Reviews 25(4):609–634

[3] WorldSepsisDay (2017) http://www.world-sepsis-day.org

[4] Wiegand I, Hilpert K, Hancock REW (2008) Agar and broth dilution methods to determine the minimal inhibitory concentration (MIC) of antimicrobial substances. Nature Protocols 3(2):163–175

[5] Clinical and Laboratory Standards Institut (2012) Performance Standards for Antimicrobial Disk Susceptibility Tests Approved Standard – Eleventh Edition, CLSI document M02-A11 32(1)

[6] Andersson DI, Hughes D (2010) Antibiotic resistance and its cost: is it possible to reverse resistance? Nature Reviews Microbiology 8(4):260–271

[7] Nathan C (2004) Antibiotics at the crossroads. Nature 431(7011):899–902

[8] Raman CV (1928) A change of wavelent in light scattering. Nature 121:619–619

[9] Große C et al (2015) Label-Free Imaging and Spectroscopic Analysis of Intracellular Bacterial Infections. Analytical Chemistry 87(4):2137–2142

[10] Neugebauer U et al (2014) Fast differentiation of SIRS and sepsis from blood plasma of ICU patients using Raman spectroscopy. Journal of Biophotonics 7(3-4):232–240

[11] Popp J (2014) HemoSpec – A European Research Alliance. http://www.hemospec.eu

[12] Rosch P et al (2005) Chemotaxonomic identification of single bacteria by micro-Raman spectroscopy: Application to clean-room-relevant biological contaminations. Applied and Environmental Microbiology 71(3):1626–1637

[13] Schröder U et al (2015) Rapid, culture-independent, optical diagnostics of centrifugally captured bacteria from urine samples. Biomicrofluidics 9(4):044118

[14] Schröder U et al (2013) Combined Dielectrophoresis-Raman Setup for the Classification of Pathogens Recovered from the Urinary Tract. Analytical Chemistry 85(22):10717–10724

[15] Schröder U et al (2017) On-Chip spectroscopic assessment of microbial susceptibility to antibiotics within 3.5 hours. Journal of Biophotonics 10(11):1547–1557

[16] Stoeckel S et al (2016) The application of Raman spectroscopy for the detection and identification of microorganisms Journal of Raman Spectroscopy 47(1)89–109

[17] Schröder U et al (2015) Detection of vancomycin resistances in enterococci within 3 1/2 hours. Sci Rep 5:8217

[18] Assmann C et al (2015) Identification of vancomycin interaction with Enterococcus faecalis within 30 min of interaction time using Raman spectroscopy. Analytical Bioanal Chemistry 407(27):8343–52

28 Biomedizinische Physik in der Krebstherapie

— *Daniela Thorwarth* —

Zusammenfassung

Die Therapie von Tumoren mit ionisierender Strahlung verfügt heute über eine hohe Zahl an Freiheitsgraden und ist daher hochpräzise, schnell und ausschließlich lokal wirksam. Bislang wurde in der Strahlentherapie eine hohe, homogene Dosis im Tumorbereich bei gleichzeitiger Schonung von gesundem Gewebe angestrebt. Jedoch zeigen aktuelle wissenschaftliche Arbeiten, dass die Gewebearchitektur eines Tumors chaotisch ist. Daher können starke lokale Änderungen der Strahlensensitivität auftreten. Biologische Eigenschaften von Tumoren können heute mit funktioneller Bildgebung wie Positronen-Emissions-Tomografie oder Magentresonanztomografie untersucht werden. Das Ziel unserer Forschungsarbeiten ist die Integration dieser biologischen Information zur lokalen Strahlensensitivität in eine indiviuell angepasste Dosisverschreibung für die Strahlentherapie.

© Springer-Verlag GmbH Deutschland, ein Teil von Springer Nature 2019
D. Duchardt et al. (Hrsg.), *Vielfältige Physik*, https://doi.org/10.1007/978-3-662-58035-6_28

Prof. Dr. Daniela Thorwarth

Physik im Grenzbereich zu den Lebenswissenschaften

- 1997–2002 Studium Physik, Univ. Stuttgart, Ecole Centrale Paris, Frankreich
- 2003–2007 Promotion Medizinische Physik, Univ. Tübingen
- 2008–2013 Margarete-von-Wrangell Habilitationsstipendium des Landes Baden-Württemberg
- 2013 ERC Starting Grant
- Seit 2015 Professur Biomedizinische Physik, Univ. Tübingen
- Verheiratet, zwei Kinder

Am Anfang: Meine Begeisterung für die Physik

Um meiner Begeisterung und Begabung für naturwissenschaftlich-technische Zusammenhänge nachzugehen, aber dennoch ein breites Spektrum an Möglichkeiten bezüglich meiner späteren beruflichen Ausrichtung zu haben, entschied ich mich nach dem Abitur für ein Studium der Physik. Während meines Studiums lernte ich verschiedenste Bereiche innerhalb der Physik kennen, sowie Bereiche, in denen physikalische Methoden in Grenzgebieten zu anderen Fächern wie beispielsweise Medizin, Ingenieurwissenschaften, Biologie und Informatik Anwendung finden. Begeistert haben mich vor allem physikalische Methoden in der Medizin, weshalb ich meine Promotion in Medizinischer Physik an der Eberhard Karls Universität Tübingen machte.

Themenschwerpunkte: Was ich heute mache

Heute bin ich Professorin für Biomedizinische Physik in der Tübinger Universitätsklinik für Radioonkologie. Ich leite eine Forschungssektion, die aus ca. 15 Mitarbeiterinnen und Mitarbeitern besteht, deren Hintergrund hauptsächlich in der Physik oder Medizintechnik liegt. Mein Forschungsinteresse gilt vor allem der Integration funktioneller Bildgebung in die Strahlentherapie, der individualisierten Bestrahlungs- und Dosisplanung sowie dem speziellen Bereich der Magnetresonanz(MR)-geführten Strahlentherapie. Außerdem macht es mir großen Spaß, begeisterungsfähige Studentinnen und Studenten in Vorlesungen und ersten Forschungsarbeiten zu begleiten.

Mein Tipp

Wage es, selbstbewusst Dinge, die dich interessieren, zu erforschen und zu hinterfragen – unabhängig von allen gesellschaftlichen und sozialen Zwängen und Konventionen. Trau dir was zu!

28.1 Strahlentherapie heute

Krebserkrankungen stellen heute die zweithäufigste Todesursache in Europa dar. Die Strahlentherapie mit hochenergetischer Röntgenstrahlung, aber auch mit Elektronen, Protonen oder schweren Ionen ist eine der drei wichtigsten Säulen der Tumortherapie neben oder in Kombination mit der Chirurgie und der Chemotherapie [2]. Die Strahlentherapie ist in ca. 50 % aller Krebsbehandlungen stubstanzieller Bestandteil der Therapie. Durch ihre lokale Wirkungsweise und die direkte schädigende Wirkung auf Tumorzellen hat die Strahlentherapie mit ionisierender Strahlung bereits in den vergangenen Jahrzehnten erfolgreich heilende Wirkung bewiesen. Die größte Herausforderung in der Strahlentherapie ist jedoch bis heute, eine hohe Strahlendosis im Tumor zu realisieren und gleichzeitig direkt angrenzende gesunde Organe und Gewebe zu schonen.

Die physikalische Strahlen- bzw. Energiedosis D ist definiert als die absorbierte Energie dE im Massenelement dm:

$$D = \frac{dE}{dm} = \frac{1}{\rho}\frac{dE}{dV}. \tag{28.1}$$

Die Energiedosis D wird in *Gray* angegeben: $[D] = \frac{J}{kg} = Gy$. ρ bezeichnet die Dichte, V das Volumen.

In den letzten zwei Jahrzehnten hat die Gerätetechnik in der Strahlentherapie, die zur Applikation der Behandlungsdosis benötigt wird, enorme technologische Weiterentwicklungen erlebt. Außerdem sind auch im Bereich der Softwarealgorithmen, die für die Optimierung der Bestrahlungseinstellungen und für die Berechnung der applizierten Dosis im menschlichen Gewebe benötigt werden, viele Neuerungen hinzugekommen. Durch diese Entwicklungen, die maßgeblich durch Forschungsarbeiten aus dem Gebiet der Medizinischen Physik initiiert waren, ist Strahlentherapie heute extrem präzise, schnell und fokussiert auf eine Körperregion. In der modernen Strahlentherapie wird der Bestrahlungsplan für jeden Patienten individuell auf der Basis eines Computertomografie- (CT) Datensatzes berechnet [3]. Die Mehrzahl der Patienten wird heute mit hochenergetischen Photonen ($E \approx 1$–$5\,MeV$) behandelt, die an einem Elektronenlinearbeschleuniger über ein Bremsstrahlungstarget erzeugt werden [6]. Die Strahlung wird über einen kontinuierlich um den Patienten rotierenden Strahlerkopf appliziert, wobei die Form des Strahlenfeldes, die Dosisrate sowie die Rotationsgeschwindigkeit des Strahlerkopfes variabel sind. Die optimale Konfiguration der individuellen Behandlungseinstellungen wird durch komplexe Optimierungsalgorithmen bestimmt, die genau an die medizinischen Anforderungen des individuellen Falles angepasst werden [7]. In der Regel erfolgt die Strahlentherapiebehandlung heute fraktioniert, d. h. in ca. 25 Einzelfraktionen oder -behandlungen. Da heute hochdosierte Bestrahlungsfelder mit einer geometrischen Präzision im Millimeterbereich appliziert werden können, ist eine entsprechende Genauigkeit auch bei der Positionierung des Patienten auf dem Behandlungstisch erforderlich. Um auch bei der Patientenpositio-

Abb. 28.1 Strahlentherapiebehandlung eines Patienten mit Tumorerkrankung im Kopf-Hals-Bereich an einem modernen Elektronenlinearbeschleuniger

nierung eine hohe Präzision gewährleisten zu können, sind an modernen medizinischen Linearbeschleunigern heute zusätzliche Bildgebungssysteme wie beispielsweise Röntgenquellen angebracht, die eine dreidimensionale (3D) Echtzeitbildgebung vor und während jeder Behandlungsfraktion erlauben (vgl. [3]). Zusätzlich werden Patienten mit individuellen Positionierungshilfen, z. B. Masken aus thermoplastischen Kunststoffen, gelagert (s. Abb. 28.1). In der Regel wird eine hohe, im gesamten Tumorvolumen homogen verteilte Strahlendosis bei gleichzeitig größtmöglicher Schonung gesunder Gewebe angestrebt.

Jedoch beobachtet man im klinischen Alltag trotz modernster Kombinationstherapien aus Chemotherapie und Strahlentherapie, dass ein signifikanter Teil der Patienten nicht auf diese Therapie anspricht und es innerhalb kurzer Zeit zu Rezidiven, d. h. zum Wiederauftreten der Krankheit, kommt [15]. Die Hauptursache hierfür liegt vermutlich in der individuell und auch lokal sehr variablen Strahlensensitivität einzelner Tumoren [1]. Derzeit wird die Dosierung einer Strahlentherapie zwar hochpräzise an die Geometrie des Tumors angepasst, um die Dosis innerhalb des Tumorvolumens zu maximieren und außerhalb zu schonen. Jedoch werden keinerlei Anpassungen an die biologischen und funktionellen Eigenschaften eines Tumors vorgenommen.

Ein maßgeblicher Faktor, der die Strahlensensitivität von Tumorzellen stark beeinflusst ist die sogenannte Tumorhypoxie. Unter Hypoxie versteht man einen Mangel an Sauerstoff auf zellulärer Ebene. Diese Sauerstoffarmut führt bei Tumorzellen dazu, dass bestimmte Schutzmechanismen in Kraft treten (z. B. Verlangsamung des Zellzy-

Abb. 28.2 Gewebearchitektur eines menschlichen Tumors aus dem Kopf-Hals-Bereich mit immunhistochemischer Färbung: Tumorhypoxie (grün, Marker: Pimonidazol), Proliferation (blau, Zellvermehrung/-wachstum, Marker: Hoechst33342), Blutgefäße (rot, Marker: CD31). Deutlich sichtbar wird hier die sehr heterogene Struktur des Tumorgewebes auf mikroskopischer Ebene. Teilbereiche sind sehr hypoxisch, also stark strahlenresistent. Andere Regionen widerum sind kaum hypoxisch, also strahlenempfindlicher

klus, *Stand-by*-Modus). Je stärker die Tumorhypoxie ausgeprägt ist, desto höher ist die dadurch induzierte Strahlenresistenz. Hypoxie ist eine biologische Eigenschaft von (Tumor-)Zellen, die auf Längenskalen von $\approx 300\,\mu m$ Abstand zu Blutgefäßen auftritt (s. Abb. 28.2). Aufgrund der chaotischen Architektur von Blutgefäßen in tumorösem Gewebe kann Hypoxie also lokal stark variieren, außerdem werden starke Variationen im Grad der Tumorhypoxie von Patient zu Patient beobachtet. Ein weiterer Faktor der zur Strahlensensitivität eines Tumors beiträgt, ist die Zelldichte. Auch diese kann lokal stark variieren.

28.2 Messung der Strahlensensitivität von Tumoren

In den letzten Jahren wurden Verfahren entwickelt, anhand derer einzelne Parameter nicht-invasiv in 3D bestimmt werden können, die zur individuellen Strahlensensitivität eines Tumors beitragen [10]. Verschiedene medizinische Bildgebungsverfahren wie beispielsweise die Positronen-Emissions-Tomografie (PET) oder auch die Magentresonanztomografie (MRT) können genutzt werden, um nicht nur anatomische, sondern auch funktionelle und biologische Eigenschaften eines Tumors abzubilden [4, 5]. Zur nicht-invasiven, klinischen Messung von Tumorhypoxie beispielsweise ist das heute am häufigsten verwendete Verfahren die PET mit speziellen, hypoxiesensitiven Biomarkern wie [18F]-Fluoromisonidazole (FMISO). Misonidazole ist ein Biomarker, der im

Gewebe unter Abwesenheit von Sauerstoff, also im Falle einer Hypoxie, kovalent gebunden wird. Durch die radiopharmazeutische Markierung mit dem Positronenemitter ^{18}F kann die Konzentration dieses Moleküls im Tumor mithilfe der PET-Bildgebung bestimmt werden. Das beim β^+-Zerfall entstehende Positron annihiliert mit einem Elektron, es entstehen zwei Photonen mit einer Energie von je $E_\gamma = 511$ keV, die im Winkel von $180°$ zueinander emittiert werden. Über eine Koninzidenzdetektion in einem Detektorring mit Szintillationsdetektoren kann dieses Photonenpaar detektiert werden. Über geeignete Rekonstruktionsverfahren kann dann eine 3D-Verteilung der Aktivitätskonzentration des Biomarkers bzw. Tracers errechnet werden.

Somit ist es möglich, mit der PET und einem speziellen Hypoxietracer die 3D-Verteilung der Tumorhypoxie und somit die lokale Verteilung der Strahlenresistenz nicht-invasiv zu messen. Allerdings ist die Hypoxie-PET heute noch kein klinisches Standardverfahren. In den vergangenen Jahren wurden an einzelnen Universitäten weltweit präklinische und klinische Studien zur Verwendung von Hypoxie-PET, zur Optimierung und Erforschung dieser Bildgebungsmethode sowie zur Untersuchung der prognostischen Wertigkeit dieses Verfahrens für das Therapieansprechen durchgeführt. Erste Ergebnisse von [1] zeigen, dass Patienten mit erheblicher Tumorhypoxie schlechter auf eine Standardstrahlentherapie ansprechen als Patienten mit Tumoren ohne Hypoxie.

Auch die zelluläre Dichte im Tumorgewebe kann über bildgebende Verfahren wie die MRT bestimmt werden. Die MRT – auch Kernspintomografie genannt – nutzt die Kernspinresonanz von Protonen im Magnetfeld, um hochaufgelöste tomografische Schnittbilder vom menschlichen Körper zu akquirieren [4, 5, 12]. Informationen über die Zelldichte eines Gewebes können über die diffusionsgewichtete MRT-Bildgebung (DWI, *Diffusion Weighted Imaging*) bestimmt werden. Mit dieser funktionellen MRT-Methode kann die *Brown'sche* Molekularbewegung von Protonen bzw. Wasser im Gewebe gemessen werden. Da bei höherer Zelldichte die Diffusion von Wasser stark eingeschränkt ist, liefert die DWI-Messung ein Surrogat, einen Ersatzstoff, für den lokalen Diffusionskoeffizienten und daher auch für die Tumorzelldichte im Krebsgewebe. Aktuelle Studien wie [16] haben gezeigt, dass eine stark verminderte Diffusion im Tumor korreliert ist mit einem geringeren Ansprechen auf eine Strahlentherapie. Daher könnte in der Zukunft auch die DWI-MRT als Methode zur Messung individueller, lokal variierender Strahlenresistenz herangezogen werden.

Mit nicht-invasiven 3D-Bildgebungsverfahren kann potenziell eine Vielzahl weiterer funktioneller und biologischer Tumoreigenschaften gewonnen werden, die Aufschluss über Strahlensensitivitäten von Tumoren geben könnten. Auch aus den Forschungsbereichen der Molekularbiologie und Genetik können heute bereits Aspekte, die zum individuellen Ansprechverhalten eines bestimmten Tumors auf eine Therapieform beitragen, abgeschätzt werden.

28.3 Individuell adaptierte Bestrahlungsplanung

Ziel aktueller Forschungsprojekte und Studien im Bereich der medizinischen Physik und der Radioonkologie ist es, Informationen über die Strahlenresistenz von Tumoren – gemessen mit geeigneten Methoden der funktionellen Bildgebung – in eine individualisierte Bestrahlungsplanung für den einzelnen Patienten zu integrieren [8, 11].

In den letzten Jahrzehnten hat vor allem die technologische Entwicklung in der Strahlentherapie stark zur Weiterentwicklung der Medizinischen Physik beigetragen. Jedoch war bislang das Ziel bei der Dosierung der Strahlentherapie eines Patienten, den Tumor *homogen* mit einer möglichst hohen Strahlendosis zu bestrahlen und gleichzeitig eine maximale Schonung des gesunden Gewebes zu erreichen. Aufgrund einiger klinischer Studien wissen wir dagegen heute, dass Tumore eine sehr heterogene Struktur haben (s. Abb. 28.2), die eine lokal variable Strahlensensitivität zur Folge hat [1, 13, 16]. Folglich muss in der Zukunft auch eine lokale Anpassung der Strahlendosis entsprechend der mit der Bildgebung gemessenen individuellen Strahlenresistenz erfolgen. Dieses Behandlungskonzept wird individualisierte, oder auch personalisierte Strahlentherapie genannt [8]. Die Effektivität einer solchen Dosisadaptation entsprechend der lokalen biologischen Eigenschaften eines Tumors muss in der Zukunft anhand von klinischen Studien untersucht werden.

Physikalisch wird Wirkung der Strahlung auf Gewebe, insbesondere Tumorgewebe, über eine Dosiswirkungsbeziehung nach dem Poisson-Modell beschrieben [2]:

$$\ln TCP = -\sum_i n_i \cdot \exp(-\alpha_i D_i) \qquad (28.2)$$

TCP bezeichnet hierbei die erwartete Tumorkontrollwahrscheinlichkeit *(Tumor Control Probability)*, n_i die Zahl der Zellen in einem Tumorvoxel, d. h. einem Gitterpunkt, i, α_i ist die lokale Strahlensensitivität [Gy^{-1}] und D_i bezeichnet die verabreichte Dosis [Gy] im entsprechenden Voxel i. Gehen wir nun davon aus, dass die Strahlensensitivität α_i sowie die Zelldichte n_i lokal variable Größen sind, muss die Strahlendosis D_i im entsprechenden Tumorbereich angepasst werden, um eine homogene Tumorkontrollwahrscheinlichkeit über das gesamte Tumorvolumen zu erreichen [14]. Diese Parameter n_i und α_i können also direkt aus geeigneten 3D-Bildgebungsdaten extrahiert und zur Optimierung der lokalen Strahlendosis verwendet werden.

Aktuell findet an der Tübinger Universitätsklinik eine Phase II-Studie zur Untersuchung der Machbarkeit, Toxizität und Wirksamkeit der individuellen Dosisanpassung basierend auf der Hypoxiebildgebung mit [^{18}F]-FMISO PET/CT statt. Zur Bestimmung von lokaler Strahlenresistenz aus funktioneller Bildgebung finden physikalische Modelle Anwendung, die die Reaktions-Diffusions-Dynamik des Hypoxie-Biomarkers beschreiben. In Abb. 28.3a ist für einen Patienten mit Tumorerkrankung im Kopf-Hals-Bereich ein Schnittbild aus einer hypoxiesensitiven [^{18}F]-FMISO PET-Bildgebung gezeigt. Abb. 28.3b zeigt dann die auf Basis dieser biologischen Tumoreigenschaft entsprechend Gl. 28.2 optimierte Strahlendosis.

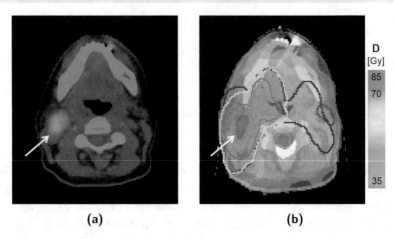

(a)   (b)

Abb. 28.3 a Hypoxiespezifischer [^{18}F]-FMISO PET/CT-Datensatz eines Patienten mit Kopf-Hals-Tumor (axiale Schnittführung). Deutlich zu erkennen (Pfeil) ist ein Bereich stark erhöhter Tumorhypoxie. **b** Entsprechend Gl. 28.2 adaptierter Bestrahlungsplan für diesen Patienten, der eine inhomogene Dosisverteilung aufweist. Die Dosisverteilung ist so optimiert, dass im Bereich starker Tumorhypoxie eine höhere Strahlendosis appliziert wird (Pfeil). Farbcodiert ist die applizierte Strahlendosis [Gy] dem CT-Bilddatensatz überlagert. Die zu bestrahlenden Tumorgebiete sind mit roten, gelben bzw. blauen Konturen abgegrenzt. In Violett und Grün sind die Ohrspeicheldrüsen und das Rückenmark als zu schonende gesunde Organe eingezeichnet. Die Berechnung der Strahlendosis erfolgte mit dem Bestrahlungsplanungssystem HYPERION®

28.4   Strahlentherapie in der Zukunft

Die moderne Strahlentherapie mit ionisierender Strahlung zur Behandlung von Tumorerkrankungen ist heute äußerst flexibel, schnell und präzise. Neue Verfahren der funktionellen und biologoischen Bildgebung vor allem mit PET- und MRT-Bildgebung ermöglichen die 3D-Untersuchung von biologischen Eigenschaften des Tumorgewebes. Diese Information kann unter Berücksichtigung entsprechender physikalischer Modelle in die Optimierung der Strahlendosis mit einbezogen werden (s. Abb. 28.3). Neue Forschungsergebnisse zeigen jedoch, dass zukünftig die Untersuchung verschiedenster biologischer Eigenschaften möglich sein wird. Daher müssen weitere wissenschaftliche Untersuchungen durchgeführt werden, um die maßgeblichen Faktoren zu identifizieren, die zu einer Strahlenresistenz beitragen [9]. Möglicherweise müssen für eine detaillierte Charakterisierung individueller Tumoren in der Zukunft mehrere Faktoren gezielt untersucht und mit geeigneten mathematischen Modellen kombiniert werden.

Die erfolgreiche Entwicklung von Dosisverschreibungsmodellen auf der Basis multiparametrischer, funktioneller Bildgebung könnte in Zukunft ein entscheidender Schritt hin zu einer Personalisierung der Strahlentherapie von Tumoren sein. Ein durch klinische Studien validiertes biologisches Dosisverschreibungsmodell könnte einen Paradigmenwechsel – weg von der homogenen, geometriebasierten Dosisverschreibung und hin zu einer biologisch adaptierten Dosierung der Strahlung – darstellen und damit potenziell die Heilungschancen für Krebspatienten in der Zukunft verbessern.

Literatur

[1] Zips D, Zöphel K, Abolmaali N et al (2012) Exploratory prospective trial of hypoxia-specific PET imaging during radiochemotherapy in patients with locally advanced head-and-neck cancer. Radiother Oncol 105:105

[2] Bamberg M, Molls M, Sack H (2009) Radioonkologie – Grundlagen. Zuckschwerdt Verlag, München

[3] Kalender WA (2011) Computed Tomography. Publicis Publishing, Erlangen

[4] Dössel O (2000) Bildgebende Verfahren in der Medizin. Von der Technik zur Anwendung. Springer, Berlin, Heidelberg

[5] Bushberg JT, Seibert JA, Leidholdt EM Jr, Boone JM (2012) The Essential Physics of Medical Imaging. Lippincott Williams & Wilkins, Philadelphia

[6] Bille J, Schlegel W (1999) Medizinische Physik 1: Grundlagen. Springer, Berlin, Heidelberg

[7] Schlegel W, Bille J (2002) Medizinische Physik 2: Medizinische Strahlenphysik. Springer, Berlin, Heidelberg

[8] Mücke C (2015) Strahlentherapie neu denken. Attempto 37

[9] Leibfarth S, Simoncic U et al (2016) Analysis of pairwise correlations in multi-parametric PET/MR data for biological tumor characterization and treatment individualization strategies. Eur J Nucl Med Mol Imaging 43:7

[10] Thorwarth D (2015) Functional imaging for radiotherapy treatment planning: current status and future directions-a review. Br J Radiol 88:1051

[11] Troost ECG, Thorwarth D, Oyen W (2015) Imaging Based Treatment Adaptation in Radiation Oncology. J Nucl Med 56:12

[12] van der Heide UA, Houweling AC, Groenendaal G et al (2012) Functional MRI for radiotherapy dose painting. Magn Reson Imaging 30:9

[13] Thorwarth D, Eschmann SM, Paulsen F, Alber M (2007) Hypoxia Dose Painting by Numbers: A Planning Study. Int J Radiat Oncol Biol Phys 68:1

[14] Thorwarth D, Eschmann SM, Paulsen F, Alber M (2007) A model of reoxygenation dynamics of head-and-neck tumors based on serial 18F-Fluoromisonidazole positron emission tomography investigations. Int J Radiat Oncol Biol Phys 68:2

[15] Pignon JP, le Maitre A, Maillard E, Bourhis J, Group M-NC (2009) Meta-analysis of chemotherapy in head and neck cancer (MACH-NC): an update on 93 randomised trials and 17,346 patients. Radiother Oncol 92:1

[16] Lambrecht M, Van Calster B, Vandecaveye V et al (2014) Integrating pretreatment diffusion weighted MRI into a multivariable prognostic model for head and neck squamous cell carcinoma. Radiother Oncol 110:3

VII

Planeten- und Astrophysik

29 Einführung in die Astrophysik – Die Welt im Großen verstehen

— Susanne Hüttemeister —

Zusammenfassung

Die moderne Astrophysik entstand in den letzten hundert Jahren. Sie baut aber auf Beobachtungen, Erkenntnissen und vor allem Fragen auf, die viele Jahrhunderte oder sogar Jahrtausende zurückreichen und die Astronomie zur wohl ältesten Wissenschaft der Menschheit machen. Die Astrophysik ist die Wissenschaft des gesamten Kosmos. Ihre Zuständigkeit reicht von der zunehmend erfolgreichen Entdeckung erdähnlicher Planeten in fremden Sonnensystemen bis hin zu der Suche nach Ursprung und Zukunft des gesamten Universums. Sie ist die Physik des Extremen, denn im Kosmos begegnen wir Dichten, Massen und Temperaturen, die weit außerhalb des Bereichs liegen, der uns von der Erde vertraut ist.

© Springer-Verlag GmbH Deutschland, ein Teil von Springer Nature 2019
D. Duchardt et al. (Hrsg.), *Vielfältige Physik*, https://doi.org/10.1007/978-3-662-58035-6_29

Prof. Dr. Susanne Hüttemeister

Wir sind ein Teil des Universums!

- *1963 in Altena/Westfalen, 1983 Abitur
- 1990 Diplom Physik, Univ. Bonn
- 1993 Promotion, MPI für Radioastronomie, Bonn
- 1993–1996 Postdoctoral Fellow, Harvard-Smithsonian Center for Astrophysics in Cambridge, Mass (USA)
- 2000 Habilitation im Fach Astronomie, Bonn
- 2001–2004 Dozentin am Astronom. Inst., Univ. Bochum
- Seit 2004 Leiterin Zeiss Planetarium Bochum
- Seit 2007 apl. Prof. für Astronomie, Univ. Bochum

Der Anfang: Nach oben schauen

Die Faszination für Sterne und Weltraum begleitet mich, solange ich mich erinnern kann. Schon als Schülerin ging mein erster Blick bei Dunkelheit immer nach oben: Waren Sterne zu sehen? Die Beobachtung von Sonnenflecken mit einem kleinen Teleskop war auch am Tage möglich. Und den ersten Blick auf die Ringe des Saturn oder die Wolkenbänder des Jupiter werde ich wohl nie vergessen. Parallel entwickelte sich der Wunsch, wirklich zu verstehen, wie das Universum funktioniert. Jedes erreichbare Sachbuch zum Thema war faszinierend, aber auch die Weltentwürfe der Sciencefiction. Die Entscheidung zum Physikstudium fiel, weil Physik der Weg und das Werkzeug zum Verständnis des Kosmos ist: Ich studierte Physik, um Astrophysik zu betreiben. Damit folgte ich meinem Traum – und habe die Entscheidung nie bereut.

Anderen die Schönheit des Universums vermitteln

In meiner Forschung spezialisierte ich mich auf die Frage, unter welchen Bedingungen Sterne entstehen, sowohl in der Milchstraße als auch in anderen Galaxien. Dabei war ich immer Beobachterin: Reisen zu Radioteleskopen in Spanien, Chile oder den USA gehörten dazu. Auch Radioteleskope liegen meist an einsamen, dunklen Orten, an denen der Sternenhimmel überwältigend ist. Und so ließ mich die Faszination für die Schönheit des Himmels nie los. Seit dem Studium wurde es zu meiner größten Passion, anderen die Größe und Schönheit des Alls nahezubringen und sie daran teilhaben zu lassen, den Kosmos zu verstehen. Die Chance, die Leitung des Bochumer Planetariums – eines der größten in Deutschland – zu übernehmen, ließ ich mir daher nicht entgehen.

Mein Tipp

Das Universum ist riesig, bizarr und atemberaubend. Und wir sind ein Teil davon! Diese Tatsache kann uns immer wieder aufs Neue in Staunen versetzen, dies ist der erste Schritt zum Verstehen. Egal, ob der weitere Weg in die Astronomie – oder einen anderen Teil der Physik – führt oder nicht: Neugierig sein Fragen zu stellen öffnet immer wieder den Zugang zu neuen Welten!

29.1   Von den ersten Beobachtungen zur modernen Astrophysik

Schon vor Jahrtausenden fiel auf, dass sich der Himmelsanblick verändert, und dass diese Veränderungen nicht zufällig sind, sondern Gesetzmäßigkeiten gehorchen. Der Sternenhimmel verändert sich im Laufe der Nacht und mit den Jahreszeiten, und die wiederkehrenden Phasen des Mondes sind Grundlage der Kalender vieler früher Kulturen. Genauere Beobachtungen zeigten die komplexen Bewegungen, die die Planeten vor den Fixsternen ausführen.

Der Kontext, in den die Beobachtungen der ersten Himmelskundler gestellt wurden, war zunächst eher magisch oder religiös. Durch das genaue Hinschauen und auch Aufzeichnen des Gesehenen wurden aber Periodizitäten sichtbar und exakte Vorhersagen möglich. Hierfür stehen exemplarisch babylonische Keilschrifttafeln. Schon vor mehr als 2500 Jahren war der Saros-Zyklus bekannt, der die Vorhersage von Mondfinsternissen erlaubte. Auch die Positionen der Planeten (Ephemeriden) wurden tabellarisch erfasst und in die Zukunft fortgeschrieben.

Die Erkenntnis von Gesetzmäßigkeiten auf der Basis von Beobachtungsdaten kann durchaus als erster Schritt zu einem rationalen Erklärungsmodell für Naturphänomene und damit als Beginn naturwissenschaftlichen Denkens gesehen werden. Die Bewegungen der Planeten vor den Sternen stellten die Astronomen allerdings bis in die frühe Neuzeit vor große Probleme. Die Vorhersagen auf der Basis des geozentrischen Weltbildes, das im zweiten nachchristlichen Jahrhundert durch Claudius Ptolemäus einen Abschluss erreichte, stimmten mit den tatsächlichen Positionen nur in etwa überein.

Allerdings waren die ersten heliozentrischen Berechnungen, die im 16. Jahrhundert im Rahmen des revolutionären Modells von Kopernikus entstanden, nicht genauer. Erst Johannes Keplers Erkenntnis, veröffentlicht im Jahr 1609, dass sich die Planeten nicht auf Kreis- sondern auf Ellipsenbahnen um die Sonne bewegen, führte zu exakten Vorhersagen. Zeitgleich eröffneten sich für Astronomen dank der Erfindung des Teleskops im Jahr 1608 völlig neue Möglichkeiten. Langsam setzte sich die Erkenntnis durch, dass die Gesetze, die den Kosmos erklären, identisch mit denen auf der Erde sind, und dass sich aufgrund dieser Naturgesetze der gesamte Kosmos erkennen lässt. Die ersten teleskopischen Beobachtungen von Galileo Galilei und anderen ab 1609 sowie insbesondere die Gravitationstheorie von Isaac Newton (1686) verhalfen dieser Erkenntnis zum Durchbruch, die heute die selbstverständliche Voraussetzung aller astrophysikalischen Forschung ist. Bis in das 17. Jahrhundert wurde Astronomie vornehmlich als die Wissenschaft von den Bewegungen der Himmelskörper verstanden. Erkenntnisse über die physische Natur der Planeten oder Sterne schienen außer Reichweite zu sein. Dies änderte sich langsam, als erste Entfernungen gemessen werden konnten und immer bessere Teleskope die Lichtpunkte am Himmel auflösten und zunehmend detaillierte Bilder lieferten. Heute sind alle Bereiche des elektromagnetischen Spektrums erschlossen, zum Teil durch Satellitenteleskope, die Wellenlängen zugänglich machen, die die Erdatmosphäre nicht durchdringen können, darunter große Teile der Infrarotstrahlung, das extreme Ultraviolett sowie die Röntgen- und Gammastrahlung. Auch ganz andere, vor Kurzem noch exotische Boten aus dem All spielen eine zunehmende Rolle: Die Teilchen der kosmischen Strahlung ebenso wie Neutrinos und Gravitationswellen. Astrometrie, verstanden als die Wissenschaft von den Positionen und Bewegungen der Gestirne, spielt dabei immer noch eine Rolle. Dies zeigt die aktuelle europäische Satellitenmission Gaia, die Entfernungen, geometrisch bestimmt über Parallaxen, und Bewegungen von mehr als einer Milliarde Objekten bestimmt und unter anderem erstmals ein detailliertes dreidimensionales Bild der Milchstraße liefern wird. Astronomie ist aber heute längst gleichbedeutend mit Astrophysik, der Anwendung physikalischer Gesetze und Prinzipien auf das gesamte Universum. Dabei ist Astrophysik oft eine Physik der Extreme und daher besonders faszinierend. Dichten und Temperaturen können im Kosmos weit höher – oder auch niedriger – sein als im irdischen Labor.

29.2   Sonnensysteme: Nah und fern

Unser Sonnensystem nimmt unter den von der Astrophysik betrachteten Objekten eine Sonderstellung ein. Die Planeten und kleineren Körper wie Asteroiden und kurzperiodische Kometen bilden mit einer maximalen Entfernung von einigen Lichtstunden unsere engste kosmische Nachbarschaft. Sie sind so nah, dass wir alle Planeten und einige Asteroiden und Kometen bereits mit Raumsonden besucht haben und – sofern eine feste Oberfläche vorhanden ist – auch dort landen konnten. Damit sind die Methoden der Erkundung des Sonnensystems denen der Geologie und Fernerkundung der Erde ähnlicher als denen anderer Gebiete der Astrophysik, bei denen die Erkundung „vor Ort" auf absehbare Zeit ausgeschlossen ist. Entsprechend hat sich ein zunehmend eigenständiger Wissenschaftszweig, die Planetologie, entwickelt (s. Kapitel 30). Dennoch sind die Beziehungen zwischen der Erkundung des Sonnensystems und dem Rest des Universums vielfältig. Die Sonne selbst ist ein nicht untypischer Stern, auch wenn die meisten Sterne – etwa 85 % – eine geringere Masse und Leuchtkraft haben. Die Sonne ist uns mit einer Entfernung von nur gut 8 Lichtminuten im Vergleich zu allen anderen Sternen, deren Entfernung sich in Lichtjahren misst, sehr nah. Daher liefert die Sonnenphysik detaillierte Erkenntnisse über zumindest einen Stern, die auch für das Verständnis anderer Sterne wertvoll sind. Im Umkehrschluss befruchtet das Wissen über die Sternphysik auch das Verständnis der Sonne, denn wir sehen die Sonne nur in einer Momentaufnahme ihrer etwa 12 Milliarden Jahre langen Entwicklung hin zum Endstadium als Weißer Zwerg.

In den Grundzügen haben wir ein gutes Verständnis der Bildung unseres Sonnensystems aus einer Scheibe von Staub und Gas vor 4,56 Milliarden Jahren. Der Aufbau des Sonnensystems erscheint einleuchtend: Die terrestrischen Planeten Merkur, Venus, Erde und Mars befinden sich näher an der Sonne, die Gas- und Eisriesen Jupiter und Saturn bzw. Uranus und Neptun bildeten sich jenseits der Schneegrenze, die im jungen Sonnensystem bei etwa 4 Astronomischen Einheiten (AU) lag (1 AU entspricht ungefähr dem mittleren Abstand zwischen Erde und Sonne). Dort konnte das im protosolaren Nebel enthaltene Wasser, weiter außen auch Methan und Ammoniak, gefrieren und zur Bildung von Planetesimals beitragen. Dadurch wurden Planetenembryos größer und konnten Gas an sich binden.

Wir wissen inzwischen, dass mindestens 80 % der Sterne der Milchstraße Planetensysteme besitzen. Schon mit der Entdeckung des ersten dieser Exoplaneten, s. Abb. 29.1, um den sonnenähnlichen, mit bloßem Auge sichtbaren Stern 51 Pegasi im Jahr 1995 wurde klar, dass die scheinbar so natürliche Struktur unseres Sonnensystems nicht typisch ist.

51 Pegasi b, inzwischen mit dem offiziellen Namen „Dimidium" versehen, ist ein Planet mit mindestens der halben Masse des Jupiter, der seinen Zentralstern in einer Entfernung von nur 0,05 AU in gut 4 Tagen umkreist. Der erste entdeckte Exoplanet war also ein Objekt, das in unserem Sonnensystem keine Entsprechung hat, ein „heißer Jupiter". Inzwischen zeigen Modelle der Entstehung von Planetensystemen Möglichkeiten auf, wie sich heiße Jupiter etwa durch Migration und Wechselwirkungen mit der protoplanetaren Scheibe bilden können. Unter den bis September 2017 entdeckten etwa 3700 Exoplaneten sind zahlreiche „Supererden", Planeten mit einer Masse etwa zwischen 5 und 10 Erdmassen. Auch solche Planeten gibt es im Sonnensystem nicht. Wenn man berücksichtigt, dass massereichere Planeten nah am Stern systematisch

Abb. 29.1 Künstlerische Darstellung des ersten entdeckten Exoplaneten, Dimidium, ein „heißer Jupiter", der den Stern 51 Pegasi, Helvetios, umkreist. (Von Exoplanet Anniversary: From Zero to Thousands in 20 Years [1]; mit freundlicher Genehmigung von © NASA/JPL-Caltech [2018]. All rights reserved)

leichter entdeckt werden, ergibt sich, dass Supererden möglicherweise die häufigsten Planeten im Kosmos sind. Viele von ihnen können feste Oberflächen haben. Auch erdgroße Planeten wurden inzwischen gefunden. Im September 2017 waren mehr als 50 „Erden" oder „Supererden" bekannt, die in oder am Rand der habitablen Zone ihres Sterns liegen, dem Bereich also, in dem Wasser unter den richtigen atmosphärischen Bedingungen auf der Oberfläche flüssig sein kann und die daher potenziell Leben, wie wir es kennen, beherbergen können. Die Zentralsterne vieler dieser Planeten sind Rote Zwerge, deren Leuchtkraft weit geringer als die der Sonne ist. Die Suche nach Exoplaneten, insbesondere kleinen und lebensfreundlichen, ist ein Gebiet der Astrophysik, das sich zurzeit besonders schnell entwickelt und unter anderem große Instrumentierungsprojekte der Zukunft motiviert.

29.3   Das Leben und Sterben der Sterne

Die Erkenntnis, dass Sterne Sonnen sind, war für den Schritt von klassischer Astronomie, die sich vor allem mit Bewegungen und Positionen befasste, zur heutigen Astrophysik entscheidend. Die erste Entfernung zu einem Stern, 61 Cygni, wurde im Jahr 1838 von Friedrich Wilhelm Bessel durch Messungen der Parallaxe zu etwa 11 Lichtjahren bestimmt. Erst mit bekannten Entfernungen können wir stellare Leuchtkräfte ableiten und damit der Natur der Sterne auf die Spur kommen. Am Ende des 19. Jahrhunderts wurde es möglich, die Spektren von Sternen auf Fotoplatten aufzuzeichnen und zu analysieren. Diese Aufgabe übernahm eine große Gruppe von Astronominnen am Harvard College Observatory. Dessen Direktor Charles Pickering stellte bevorzugt Frauen zur Auswertung der Fotoplatten ein. Die heute noch verwendete spektrale Klassifikation von Sternen (Harvard-Klassifikation OBAFGKM) geht auf Annie Jump Cannon zurück. Der zwischen 1918 und 1924 publizierte Henry Draper-Katalog enthält Daten vom mehr als 225.000 Sternen, einschließlich Spektraltypen.

Spektrallinien, im Regelfall Absorptionslinien, sind „Fingerabdrücke" der in den Sternatmosphären enthaltenen Elemente. Allerdings lässt sich aus der Stärke der Linien nicht direkt auf die Häufigkeit des betreffenden Elements schließen. Um eine starke Spektrallinie zu erzeugen, muss das passende Energieniveau in der Elektronenhülle eines Atoms des Elements mit hinreichender Wahrscheinlichkeit besetzt sein. Daher können die Spektraltypen als Temperaturskala verstanden werden. Die heißesten Sterne des Typs O haben Oberflächentemperaturen von mehr als 30.000 °C, während die kühlsten M-Sterne Rote Zwerge mit Temperaturen von unter 3000 °C sind.

Cecilia Payne-Gaposhkin wies 1925 nach, dass alle Sterne vor allem aus Wasserstoff und Helium bestehen, obwohl Wasserstoff etwa in K- und M-Sternen kaum Linien hat, während Linien von Metallen wesentlich stärker werden. Zum Verständnis eines Sternspektrums sind also unter anderem Kenntnisse quantenmechanischer und atomphysikalischer Prozesse notwendig: Die Astronomie ist zu Beginn des 20. Jahrhunderts

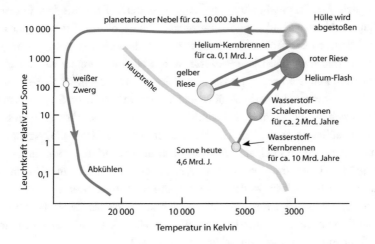

Abb. 29.2 Hertzsprung-Russel-Diagramm (HRD) für die Sternentwicklung unserer Sonne. (Aus Bahr et al. [2]; mit freundlicher Genehmigung der © Springer-Verlag GmbH Deutschland 2015.

nur noch als Astrophysik denkbar, eine Entwicklung, an der gerade Wissenschaftlerinnen großen Anteil hatten. Spektrallinien entstehen in der Atmosphäre eines Sterns. In seinem Inneren herrschen noch weit extremere Bedingungen, die Kernfusionsprozesse zulassen. Dass (nur) Fusionsprozesse, vor allem die Verschmelzung von Wasserstoff zu Helium, Sterne über eine Lebensdauer von in den meisten Fällen Milliarden Jahren stabil halten können, wurde in den 1920er- und 1930er-Jahren durch unter anderen Arthur Eddington, George Gamow und Hans Bethe gezeigt. In der Tat verbringen Sterne den größten Teil, etwa 90 %, ihrer Existenz auf der sogenannten Hauptreihe in einem als Hertzsprung-Russel-Diagramm (HRD) bezeichneten Schema, in dem die Leuchtkraft eines Sternes gegen seine Temperatur aufgetragen wird (siehe Abb. 29.2).

In dieser Phase findet im Sterninneren bei Temperaturen über 10 Millionen Grad Wasserstofffusion statt. Es fällt auf, dass massereichere Sterne wesentlich leuchtkräftiger als massearme Sterne sind. Ein O-Stern mit 60 Sonnenmassen hat eine Leuchtkraft von etwa 500.000 Sonnenleuchtkräften. Bei einem M-Stern mit 0,2 Sonnenmassen sind es nur 0,008 Sonnenleuchtkräfte. Daraus folgt sofort, dass massereichere Sterne eine sehr viel kürzere Lebensdauer haben als massearme Sterne. Bei dem massereichsten O-Sterne vergehen nur einige Millionen Jahre, bei der Sonne dagegen etwa 12 Milliarden Jahre, bis keine Fusionsprozesse mehr möglich sind. Ein M-Stern mit 10 % der Sonnenmasse, nah an der unteren Grenze, bei der überhaupt noch die für Kernfusion nötigen Zentraltemperaturen erreicht werden, existiert dagegen mehr als eine Billion (10^{12}) Jahre – zum Vergleich: Das Universum ist „nur" etwa 13,8 Milliarden ($1,38 \cdot 10^{10}$) Jahre alt. Wenn der Wasserstoff als Kernbrennstoff erschöpft ist, verlässt ein Stern die Hauptreihe. Seine Struktur verändert sich, sein Durchmesser wächst, und in seinem Inneren werden mit steigender Zentraltemperatur andere Fusionsprozesse möglich. Ein Stern wie die Sonne kann in späteren Phasen seiner Entwicklung aus Helium Kohlenstoff und Sauerstoff erzeugen. Massereichere Sterne können durch die Produktion von Elementen bis zur Eisengruppe, deren Kerne am festesten gebunden sind, Energie erzeugen. Diese Prozesse werden allerdings immer weniger effizient. Wenn der Kernbrennstoff erschöpft ist, explodieren Sterne mit mehr als 8–10 Sonnenmassen als Supernovae. In der Supernova und auch zuvor, wenn ein Stern sich auf dem *Asymptotischen Riesenast* im HRD befindet, werden durch endotherme Prozesse, also unter Energieaufwand, auch alle Elemente, die schwerer als Eisen sind, erzeugt. Diese Elemente gibt der Stern in einem Wind aus abströmender Materie oder in der Supernova zu großen Teilen frei. Sie mischen sich mit dem Interstellaren Medium (ISM), den Staub- und Gaswolken, in denen auch heute noch neue Sterne entstehen. Vom Stern bleibt ein exotischer Rest, im Fall der Sonne ein Weißer Zwerg (s. Abb. 29.2), nach einer Supernova ein Neutronenstern oder bei einer Ausgangsmasse von mehr als etwa 30 Sonnenmassen sogar ein Schwarzes Loch (s. Kapitel 31).

Die dichtesten, kältesten und daher instabilsten Teile des ISM sind Wolken, die überwiegend aus molekularem Wasserstoff bestehen, in denen aber etwa 190 weitere molekulare Spezies entdeckt wurden. Durch einen Staubanteil von ca. 1 % erscheinen diese Wolken im sichtbaren Licht dunkel. Diese Molekülwolken sind Geburtsstätten neuer Sterne (s. Kapitel 32). Der Eintrag von Energie und prozessierter Materie durch Sternwinde und Supernovaexplosionen verändert das ISM (s. Kapitel 33). Der Kollaps der Molekülwolken und die Entstehung neuer Sterne kann durch die schnelle Entwicklung massereicher Sterne in der Umgebung getriggert werden. Alle Elemente außer Wasserstoff, Helium und geringen Mengen an Lithium stammen aus früheren Sterngenerationen. So hat die Astrophysik einen allerdings nicht verlustfreien (es gibt ja Sternreste!) Kreislauf aus Sternentstehung, Sternentwicklung und Prozessen am Ende der Existenz von Sternen entschlüsselt, der die Voraussetzung unserer Existenz ist.

29.4   Galaxien und Galaxienhaufen: Die größten Strukturen im Kosmos

Unsere Milchstraße ist nicht allein im Universum. Der beobachtbare Kosmos enthält etwa 100 Milliarden weitere Sternsysteme, die wie unsere eigene Galaxie aus einigen hundert Milliarden Sternen, Gas, Staub und der geheimnisvollen Dunklen Materie bestehen. Dass dies so ist, stellte sich ebenfalls in den 1920er-Jahren heraus. Schon zuvor waren *Spiralnebel* gezeichnet und fotografiert worden, und ihre Natur wurde kontrovers diskutiert. Gehörten sie zu unserer Milchstraße, oder waren sie selbst Milchstraßensysteme, eigenständige Galaxien, die den Weg in einen unvergleichlich größeren Kosmos wiesen? Die Erkenntnis, dass Spiralnebel extragalaktischer Natur sind, stand in engem Zusammenhang mit dem beginnenden Verständnis der physikalischen Natur der Sterne. Henrietta Swan Leavitt, die wie Annie Cannon am Harvard College Observatory arbeitete, fand 1912 heraus, dass die Periode eines bestimmten sehr hellen Typs veränderlicher Sterne, der Cepheiden, in direkter Beziehung mit der Leuchtkraft dieser Sterne steht. Wenn man diese Beziehung eichen kann – keine einfache Aufgabe –, werden Cepheiden durch ihre direkt beobachtbare Periode zum kosmischen Entfernungsmesser. Knapp 10 Jahre nach Leavitts Entdeckung gelang Edwin Hubble die erste Beobachtung von Cepheiden im Andromedanebel. Auch wenn die Kalibration zunächst noch ungenau war, war damit gezeigt, dass der Andromedanebel außerhalb der Milchstraße liegen musste. Heute sind viele Typen von Galaxien bekannt, von Zwergen, viel kleiner als die Milchstraße, bis zu elliptischen Riesengalaxien, die um ein Vielfaches größer sind. Wir können beobachten und im Rechner modellieren, wie Galaxien miteinander wechselwirken und sogar miteinander verschmelzen. Auch unserer Milchstraße steht eine solche Kollision bevor: In etwa 4 Milliarden Jahren wird sie mit der Andromedagalaxie zusammenstoßen. Diese beiden Galaxien sind die größten Bausteine der *Lokalen Gruppe* von etwa 40 Galaxien im Bereich von etwa 10 Millionen Lichtjahren, die gravitativ aneinandergebunden sind. Auf noch größeren Skalen bilden Galaxienhaufen aus mehreren tausend Einzelobjekten die größten (gebundenen) Strukturen des Kosmos. Das Studium solcher Haufen in immer größerer Entfernung liefert wichtige Aufschlüsse über die Geschichte des Weltalls als Ganzes. Näheres über Galaxien und Galaxienhaufen ist in den Kapiteln 32 und 33 zu erfahren.

29.5 Kosmologie: Die Entwicklung der Welt

Das Universum hat eine Geschichte, die wir mit den Mitteln der Astrophysik erzählen und sogar in die Zukunft fortschreiben können. Dass auch die Erkenntnis, dass der Kosmos als Ganzes einer Entwicklung unterliegt, und dass er einen Urknall genannten Anfang hatte, zu Beginn des 20. Jahrhunderts klare Konturen annahm, verwundert nicht mehr. George Lemaitre (1927) und Edwin Hubble (1929) zeigten, dass Galaxien sich mit zunehmender Entfernung immer schneller voneinander entfernen. Lemaitre schloss daraus schon 1927 auf eine Expansion des Universums. Die (heutige) Expansionsrate des Universums wird durch die Hubble-Konstante H_0 beschrieben, deren aktuell bester Wert bei etwa $70 \ \mathrm{km \ s^{-1} \ Mpc^{-1}}$ liegt. Es ist die Aufgabe kosmologischer Modelle, die Entwicklung dieser kosmischen Expansion und damit des Universums zu entschlüsseln. Theoretische Grundlage aller Überlegungen ist dabei Albert Einsteins Allgemeine Relativitätstheorie, die 1915 veröffentlichte moderne Theorie der Gravitation. Die Einstein'schen Feldgleichungen lassen aber eine große Vielfalt möglicher Lösungen und damit Entwicklungen des Kosmos zu. Sowohl Modelle, in denen das Universum nach einer Phase der Expansion wieder kollabiert, als auch Varianten mit andauernder, aber immer langsamer werdender, oder auch solche mit beschleunigter Expansion sind grundsätzlich möglich. Welchen Weg die Natur eingeschlagen hat, lässt sich nur durch die Beobachtung entscheiden. „Zutaten", die nur beobachtet werden können, sind neben der Hubble-Konstanten und ihrer zeitlichen Entwicklung vor allem der Massegehalt des Universums. Auch hier, wie in vielen anderen Teilbereichen der Astrophysik, ergänzen sich Theorie, Beobachtung und Simulation im Rechner. Bis 1998 galt eine sich asymptotisch dem Wert null annähernde, also abgebremste Expansion als die wahrscheinlichste Entwicklung. Allerdings gab es Hinweise darauf, dass der Kosmos für dieses Modell auch mit Berücksichtigung der Dunklen Materie nicht ausreichend Masse enthält. Überdies ergab sich ein Alter des Universums, das zu gering für das Alter der ältesten Sterne zu sein schien. Die Beobachtung weit entfernter Supernovae eines bestimmten Typs (Ia), bei dem im Gegensatz zu massereichen Sternen Weiße Zwerge in Doppelsternsystemen beteiligt sind, brachte eine neue, überraschende Einsicht: Diese Supernovae haben alle in etwa die gleiche Helligkeit und lassen sich daher ähnlich wie die Cepheiden als kosmische Entfernungsmesser, auch „Standardkerzen" genannt, verwenden. Moderne Teleskope erlauben ihre Beobachtung in kosmologisch relevanten Entfernungen von Milliarden Lichtjahren. Die Auswertung der Daten ergab, dass es bei der Expansion des Universums eine zusätzliche Komponente gibt, *Dunkle Energie* genannt, die den Kosmos nicht nur auf Dauer, sondern sogar beschleunigt expandieren lässt. Diese Komponente ist als „kosmologische Konstante" Lambda in den Einstein'schen Feldgleichungen zumindest als Möglichkeit enthalten. Dass sie offenbar tatsächlich existiert, führt einerseits zu einer Kosmologie, in der Masse, Expansion, Sternalter und auch die Strukturen in den frühesten Daten aus dem Universum, der kosmischen Hintergrundstrahlung, die als „Nachleuchten" des Urknalls betrachtet werden kann, ein konsistentes Bild ergeben. Andererseits wissen wir aber bisher weder, aus welchen Teilchen die Dunkle Materie besteht – „normale" Elementarteilchen scheinen es nicht zu sein –, noch verstehen wir die Physik der Dunklen Energie. Dass dies so ist, sollte uns aber nicht entmutigen, ganz im Gegenteil. Die wesentlichen Aspekte der modernen Astrophysik entwickelten sich in den letzten (nur) hundert Jahren. In dieser Zeit haben wir erstaunliche Einsichten über das Universum gewonnen, von der Möglichkeit lebensfreundlicher Planeten in der Milchstraße bis hin zur Entwicklung des Universums als Ganzem. Dass auch große Fragen zurzeit noch offen sind, ist ein Ansporn für kommende Generationen von Astrophysikerinnen und Astrophysikern: Es ist noch viel zu tun, und es gibt noch viel zu entdecken!

Literatur

[1] Exoplanet Anniversary: From Zero to Thousands in 20 Years (2018) NASA JPL https://www.jpl.nasa.gov/news/news.php?feature=4733

[2] Bahr B, Resag J, Riebe K (2015) Faszinierende Physik. 2. Aufl, Springer, Berlin, Heidelberg

30 Terrestrische Planeten: Die ungleichen Geschwister unserer Erde
— Doris Breuer —

Zusammenfassung

Als erdähnliche oder terrestrische Planeten werden diejenigen Planeten in unserem Sonnensystem bezeichnet, die einen ähnlichen Aufbau mit einem eisenreichen Kern, einem Gesteinsmantel und einer Kruste besitzen – dies sind der Merkur, die Venus, der Mars und unsere Erde. Durch Vorgänge im Planeteninneren und Einwirkungen von außen wurden sie seit ihrer Entstehung vor etwa 4,5 Milliarden Jahren beständig verändert, was sich natürlich insbesondere auf ihren Oberflächen widerspiegelt. Verschiedenste Daten von Raumsonden zeigen, dass sich die Planeten unterschiedlich entwickelt haben. Eine Beobachtung, die aber nicht nur für ihre Oberflächen gilt, sondern auch für ihre Magnetfelder, Atmosphären und für die Existenz von Leben. Die Planetenphysik ist eine der Wissenschaften, die man heranzieht, um die Unterschiede, aber auch Gemeinsamkeiten in der Entwicklung der terrestrischen Planeten zu verstehen.

© Springer-Verlag GmbH Deutschland, ein Teil von Springer Nature 2019
D. Duchardt et al. (Hrsg.), *Vielfältige Physik*, https://doi.org/10.1007/978-3-662-58035-6_30

Prof. Dr. Doris Breuer

Blick ins tiefe Innere

- 1984–1989 Geophysikstudium, Univ. Münster
- 1994 Promotion Planetenphysik, Univ. Münster
- 1995 Gastwissenschaftlerin, Inst. de Physique du Globe de Paris (IPGP), Frankreich
- 1995–1997 Postdoktorandin, Univ. of Minnesota and Minnesota Supercomputer Institute, USA
- 1998–2004 Assistenzprofessur, Univ. Münster
- Seit 2004 Abteilungsleitung Planetenphysik, DLR, Berlin
- Seit 2005 Außerordentliche Professur, Planetary and Space Science, IPGP, Frankreich

Am Anfang: Meine Begeisterung für die Physik

Die Entscheidung, meinen Berufsweg in der Geophysik zu suchen, habe ich einem verregneten Tag im Zimmer meiner Cousine zu verdanken. Wir hatten uns dort mit einem Buch „Studienführer in Deutschland" verschanzt. Ich habe an diesem Tag gelernt, dass es das Fach Geophysik gibt, von dem ich vorher nie gehört hatte und dessen Berufsbild interessant klang. Nachdem ich mehr Informationen eingeholt hatte, die damals ohne Internet spärlich waren, habe ich mich ein Jahr später an der Universität in Münster in Geophysik eingeschrieben. Beim Studium hatte ich zunächst keinerlei Ambitionen, später wissenschaftlich zu arbeiten. Erst durch das Anfertigen der Diplomarbeit habe ich gemerkt, dass Wissenschaft für mich spannend sein kann. Das selbstständige Arbeiten und tiefere Einsteigen in ein Thema waren dafür ausschlaggebend.

Themenschwerpunkte: Was ich heute mache

Heute bin ich Leiterin der Abteilung für Planetenphysik am Deutschen Zentrum für Luft und Raumfahrt (DLR) und beschäftige mich mit dem Aufbau und der Entwicklung von Planeten. Für diese Aufgabe sind numerische Modelle ein wichtiges Werkzeug, um beispielsweise die dynamischen Prozesse im Inneren der Planeten zu berechnen. Mit diesen Modellen versuchen wir Beobachtungsgrößen zu erklären, die mit Raumfahrtmissionen gewonnen werden. Zusätzlich zu numerischen Modellen werden auch neue Ideen für Weltrauminstrumente entwickelt. Über die eigentliche Erforschung der Planeten hinaus helfen diese Arbeiten, unseren Planeten, die Erde, besser zu verstehen.

Mein Tipp

Unterhaltet euch mit Studentinnen und Doktorandinnen unterschiedlicher Ausrichtungen und besucht Vor- oder Schnupperkurse, die an den Universitäten angeboten werden. So erhaltet ihr einen Einblick in das Studium und erfahrt auch, was wichtig für eine wissenschaftliche Laufbahn ist.

30.1   Die terrestrischen Planeten als Wärmekraftmaschinen

Betrachten wir die Erde vom Weltraum aus, so fällt auf, dass sie zu etwa 70 % von Ozeanen bedeckt ist. Die Gebiete, die über die Wasserfläche hinausragen, bezeichnet man als Kontinente, die aus kontinentaler Kruste bestehen. Unterhalb der Ozeane – abgesehen von den wasserbedeckten Kontinentalrändern – befindet sich ozeanische Kruste. Diese beiden Krustentypen kann man nicht nur durch ihre bimodale Höhenverteilung charakterisieren (Abb. 30.1), auch deren Zusammensetzung und mittleres Alter unterscheiden sich erheblich. Die ozeanische Kruste ist mit 60 Millionen Jahren sehr jung, während die kontinentale Kruste im Mittel etwa 2 Milliarden Jahre alt ist.

Das junge mittlere Alter der ozeanischen Kruste deutet schon darauf hin, dass hier eine ständige Erneuerung stattfindet: Die Kruste wird an den mittelozeanischen Rücken kontinuierlich gebildet, bewegt sich dann vom jeweiligen Rücken weg und wird nach spätestens 120 Millionen Jahren wieder in den Mantel zurückgeführt. Bei dieser Zurückführung, auch Subduktion genannt, tauchen die ozeanischen Platten unter die kontinentale Platte. Hierdurch entstehen zum einen lange Gebirgszüge, aber auch

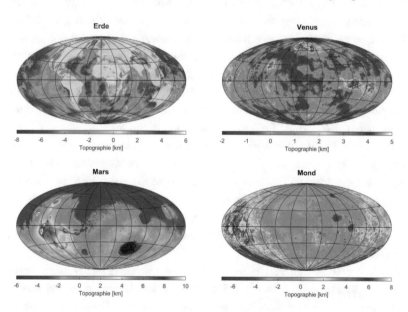

Abb. 30.1 Topografie von Erde, Venus, Mars und Mond. Alle Abbildungen sind in der sogenannten Hammerprojektion mit einem zentralen Median von 0° W dargestellt. Ein typisches Merkmal bei der Erde sind die erhöhten Kontinente im Vergleich zur tieferliegenden ozeanischen Kruste. Die Venus zeigt einige Hochländer, die relativ homogen verteilt sind, und eine vergleichsweise flache Topografie. Die Besonderheit beim Mars ist die globale Zweiteilung der Kruste in ein südliches Hochland und ein nördliches Tiefland, aber auch die „herausragende" Tharsis-Region. Auch der Mond, der hier zum Vergleich dargestellt wird, zeigt eine sogenannte Krusten-Dichotomie. Die erdzugewandte Seite weist Hochländer auf, während die erdabgewandte Seite (um den zentralen Median liegend) viel tiefer liegt

Vulkanismus, der dazu führt, dass sich wiederum neue kontinentale Kruste bildet. Letztere wird aber nicht direkt in den Mantel zurückgeführt, sondern indirekt über die Verwitterung. Bei diesem Vorgang wird Gestein zerbröselt und ins Wasser gespült. Als Sedimente landen sie schließlich auf dem Grund der Ozeane, wo sie dann mit der Zeit ins Erdinnere geschoben werden. Der Kreislauf der Krustenbildung und -rückführung ist Teil der *Plattentektonik*, bei der Tiefenströme (*Mantelkonvektion*) die in mehrere Platten zerbrochene Erdoberfläche in ständiger Bewegung halten.

Die Erde mit ihrer Plattentektonik ist einzigartig in unserem Sonnensystem. Alle anderen terrestrischen Planeten haben eine geschlossene äußere Steinhülle und werden deshalb auch als Ein-Platten-Planeten bezeichnet. Eine Rückführung von Oberflächenmaterial findet bei ihnen nicht statt und Konvektion tritt nur unterhalb der äußeren Steinhülle, der Lithosphäre, auf. Ihre Oberflächenstrukturen unterscheiden sich demnach von der der Erde, auch gibt es Unterschiede in der Entwicklung der Magnetfelder und Atmosphären. Würde man nun vermuten, dass die Ein-Platten-Planeten untereinander ähnlich sind, müsste man auch hier feststellen, dass trotz Gemeinsamkeiten wesentliche und wichtige Unterschiede zu beobachten sind.

Merkur, der sich am nächsten zur Sonne befindet, besitzt eine sehr alte Oberfläche, die sich nur unwesentlich seit den letzten 4 Milliarden Jahren durch Prozesse im Inneren verändert hat. Nur auf der Nordhemisphäre befinden sich großflächige vulkanische Ebenen etwas jüngeren Alters, die aber auch auf etwa 3,8 Milliarden Jahre datiert werden. Das Alter der Oberfläche bestimmt man übrigens über die Anzahl und Größenverteilung der Einschlagkrater, die sich darauf befinden. Je älter die Oberfläche, desto mehr Krater befinden sich dort. Hierbei handelt es sich zunächst um die Bestimmung der relativen Alter. Will man auch eine Aussage über die absoluten Alter machen, hilft der Mond als Referenz, dessen Oberfläche man mithilfe der Datierung zurückgeführter Proben durch die Apollo-Missionen gewinnen konnte. Eine weitere Besonderheit des Merkur ist sein im Eisenkern erzeugtes Magnetfeld. Dies hat er als einziger der terrestrischen Planeten mit der Erde gemein. Auch ist seine hohe mittlere Dichte ungewöhnlich. Sie lässt darauf schließen, dass Merkurs Kern etwa 85 % des Planetenradius ausmacht. Im Vergleich zur Erde, aber auch zum Mars und Venus, ist dies ein riesiger Anteil, da deren Kernradien eher zwischen 50 und 55 % des Planetenradius liegen (Abb. 30.2).

Betrachtet man nun im Vergleich die Venus, zeigt sich eine relativ junge Oberfläche mit einem mittleren Alter zwischen 0,5 bis 1 Milliarden Jahren, auch sind vulkanische Gebiete weitverbreitet und homogen verteilt. Aufgrund ihrer dichten CO_2-Atmosphäre (der Oberflächendruck ist etwa 90-mal größer als der auf der Erde), die für sichtbares Licht undurchlässig ist, basiert die Beobachtung dieser Strukturen im Wesentlichen auf Radar- und Infrarotdaten, die von verschiedenen Raumsonden gewonnen wurden. Überraschend ist, dass in der Venus heute kein Magnetfeld erzeugt wird, obwohl sie eine wesentlich längere vulkanische Aktivität aufweist als beispielsweise der Merkur.

Mars wiederum zeigt ein ganz anderes Gesicht, eine globale Zweiteilung der Kruste in ein südliches Hochland, das etwa zwei Drittel der Oberfläche einnimmt, und ein

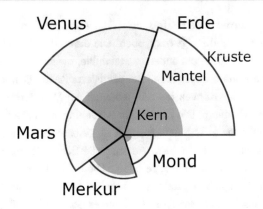

Abb. 30.2 Radiale Struktur der terrestrischen Planeten und des Mondes im Vergleich. Die terrestrischen Planeten besitzen eine geschichtete Struktur mit einem eisenreichen Kern, einem silikatischen Mantel und einer dünnen Kruste, die sich chemisch vom Mantel unterscheidet. Während die Planetenradien gut bekannt sind, gilt dies nicht für die Kernradien und die Krustenmächtigkeit. Hier sind die Angaben – von der Erde abgesehen – ungenauer, da sie auf indirekte Beobachtungen über Topografie, Schwerefeld und Trägheitsmoment basieren

nördliches, etwa drei Kilometer niedriges Tiefland. Das Hochland hat ein Alter von etwa 4 Milliarden Jahren, das Tiefland hingegen ist zumindest oberflächlich im Mittel einige hundert Millionen Jahre jünger. Weiterhin auffällig sind die wenigen, aber riesigen vulkanischen Regionen wie beispielsweise Tharsis, die sich an der Grenze zwischen Nord- und Südhemisphäre befindet und auch ganz jungen Vulkanismus aufweist. Diese Region macht ca. 30 % der Oberfläche aus und besitzt den größten Vulkan in unserem Sonnensystem, den Olympus Mons mit einer Höhe von etwa 25 km. Auch der Mars erzeugt kein Magnetfeld, doch die gemessene starke remanente Magnetisierung in der alten Kruste deutet auf ein frühes Magnetfeld in den ersten 500 Millionen Jahre seiner Entwicklung hin. Zudem zeigen einige geologische Strukturen und hydrierte Minerale, dass sich in der frühen Geschichte Wasser auf dem Mars befunden hat. Was wiederum darauf schließen lässt, dass sich die Atmosphäre mit der Zeit stark verändert hat: Um Wasser zumindest zeitweise stabil zu halten, waren höhere Drücke und eine andere Zusammensetzung nötig. Heute ist die Atmosphäre mit 7 mbar sehr dünn und die Oberflächentemperaturen sehr gering; flüssiges Wasser und Wassereis sind an der Oberfläche nicht stabil. Eine Ursache, warum sich die Planeten so unterschiedlich entwickelt haben, findet man im Planeteninnern, in der Mantelkonvektion. Hierunter versteht man die Bewegung von festem Mantelgestein, das sich über Zeiträume von Millionen Jahren und bei genügend hohen Temperaturen wie eine zähe Flüssigkeit verhält. Aus der Tiefe des Planeteninneren steigt ständig heißes Gestein in sogenannten Konvektionsströmen auf; schließlich ist der Kern Tausende Grad heiß und im Gestein wird beständig Wärme durch radioaktiven Zerfall erzeugt. Die Bewegung des Mantelgesteins ist ein Kreislauf und sorgt für einen Wärmeaustausch zwischen kühleren und heißeren Gebieten des Mantels. Das Gestein kann in mehreren 100 Millionen Jahren von der Kern-Mantel-Grenze in den oberen Mantel und wieder zurück wandern. Die treibende Kraft dafür ist der Auftrieb: Denn heißes Gestein dehnt sich aus, wird leichter und steigt nach oben. Die durch die Konvektion transportierte Wärme wird zum Teil durch die äußerste Steinhülle, die sogenannte Lithosphäre, hindurch an die Atmosphäre abgegeben. Bei der Plattentektonik nimmt dann auch die äußerste Schicht an der Konvektion teil, wodurch der Wärmetransport effizienter ist als bei Ein-Platten-Planeten. Die Konvektionsströmungen im Mantel hängen auch eng mit der Magmenbildung zusammen. Magma ist geschmolzenes Mantelgestein. Steigt heißes Mantelgestein auf, kann beim Aufstieg die Schmelztemperatur überschritten werden, sodass sich partielle Schmelze bildet. Die Schmelze hat meist eine geringere Dichte als das ursprüngliche Gestein, steigt weiter auf und sammelt sich in Magmenkammern unterhalb oder in der Kruste. Kühlt es dort ab, so können Tiefengesteine wie Granit auskristallisieren. In Schwächezonen der Kruste kann es jedoch bis an die Oberfläche aufsteigen. Dort tritt es als Lava aus und erstarrt zu Austrittsgestein wie Basalt. So bilden sich z. B. Schildvulkane. Die Wärme ist somit der Antrieb für die geologische Aktivität des Planeten, tektonische Strukturen, Vulkanausbrüche, Erdbeben und auch für den Dynamo im Kern, der das planetare Magnetfeld erzeugt – die Planeten können auch als Wärmekraftmaschinen bezeichnet werden.

30.2   Wie können Modellrechnungen helfen, Planeten besser zu verstehen?

Um die Konvektion und damit verbundene Prozesse im Planeteninneren besser zu verstehen, entwickeln wir numerische Modelle, wie sie allgemein in der Fluiddynamik verwendet werden. Dabei werden drei wichtige Erhaltungsgleichungen der Masse, der Energie und des Impulses gelöst. Mit entsprechenden Anfangs- und Randbedingungen kann man dann das Geschwindigkeits- und Temperaturfeld im Inneren als Funktion der Zeit berechnen. Wichtig ist, dass man zunächst das zu untersuchende Problem mit einem vereinfachten Modell beschreibt. Dies ist nötig, um Prozesse besser zu verstehen und zu lernen, welche Parameter sie beeinflussen – ein Ansatz, den man häufig in der Physik benutzt. Zum Beispiel wird Konvektion oft in zweidimensionaler Geometrie berechnet, um den Rechenaufwand zu minimieren, dies aber erlaubt, prinzipielle Aspekte der fluiddynamischen Prozesse zu untersuchen. Durch die immer effizienter werdende Rechentechnik wird jedoch in den letzten Jahren auch immer häufiger Konvektion in dreidimensionalen Kugelschalen berechnet – Kugelschalen, weil dies der Geometrie der Planeten am nächsten kommt. Schauen wir uns nun einige Beispiele an, wie die Mantelkonvektion aussehen kann und was wir daraus lernen, um Beobachtungen wie oben beschrieben zu erklären. Eine besonders wichtige Größe für die Dynamik in terrestrischen Planeten ist die Viskosität oder Zähigkeit des Silikatgesteins (Viskosität eines Stoffes ist maßgebend dafür, wie gut oder schlecht er fließen kann). Diese ist für Silikat, anders als für viele andere Materialien, stark temperaturabhängig. Das be-

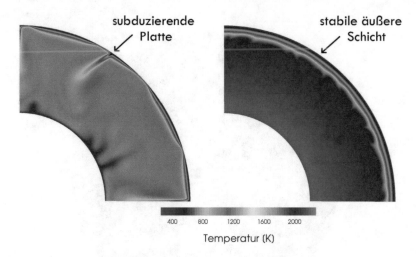

Abb. 30.3 Vergleich der Konvektion eines Ein-Platten-Planeten (z. B. Mars, Venus, Merkur) und eines Planeten mit Plattentektonik (Erde). Das Temperaturfeld aus einer numerischen Konvektionsberechnung zeigt im linken Teil der Abbildung kalte Platten, die ins Planeteninnere abtauchen, und rechts eine stabile äußere Schicht, die nicht an der Konvektion teilnimmt. Unter Annahme der gleichen Planetengröße und Wärmeproduktion kühlt das Planeteninnere bei dem Planeten mit Plattentektonik effektiver und ist kälter als ein Ein-Platten-Planet derselben Größe

deutet, dass das Gestein bei hohen Temperaturen relativ fließfähig ist, während es bei niedrigen Temperaturen extrem zäh ist. Genau diese Eigenschaft macht die Konvektion in Planeten besonders. Modellrechnungen für einen isoviskosen Mantel zeigen, dass die Konvektion alle Schichten, also auch die äußeren, umfasst. Berücksichtigt man aber eine temperaturabhängige Viskosität, so findet man ein anderes dynamisches Verhalten: Es bildet sich eine stabile äußere Schicht aufgrund der niedrigen Oberflächentemperaturen und Konvektion findet unterhalb dieser statt – wie wir es bei der Ein-Platten-Tektonik von Merkur, Mars und Venus beobachten (Abb. 30.3).

Es verwundert somit nicht, dass die Erde mit ihrer Plattentektonik in unserem Sonnensystem besonders ist. Für die Bildung von Plattentektonik sind somit noch andere Mechanismen wichtig, wie die Lokalisierung von Spannungen, damit es zur Bruchbildung in der äußeren Platte kommt. Dies ist bisher nicht gut verstanden. Es wird vermutet, dass das Oberflächenwasser eine große Rolle spielt, da Wasser eingebunden in Minerale die Festigkeit von Gestein verringert. Klar ist jedoch, dass das effektive Recyclen der kalten Platten in den Mantel eine effektivere Kühlung des Inneren verursacht, als man es bei Ein-Platten-Planeten erwartet (Abb. 30.3).

Ein anderes Beispiel der Manteldynamik sehen wir in Abb. 30.4, welche Aufströme, auch Mantel-*Plumes* genannt, im Inneren von Mars darstellt. Ein Rätsel beim Mars ist die Verteilung des Vulkanismus, welcher sich nach ein paar hundert Millionen Jahren seit der Entstehung des Planeten auf nur wenige Regionen wie die der Tharsis-Region beschränkte.

Abb. 30.4 Numerische Berechnung der Konvektion in einer 3-dimensionalen Schale mit mars-ähnlichen Parametern. Die Oberfläche zeigt die Topografie des Mars, und die roten Bereiche im Inneren sind heiße Aufströme oder Plumes, die von der Kern-Mantel-Grenze bis zur Litho-sphäre aufsteigen. Im oberen Bereich der Plumes kann partielle Schmelze gebildet werden und Vulkanismus entstehen

Konvektionsrechnungen in einer Kugelschale mit marsähnlichen Parametern (z. B. Planetenradius, Mächtigkeit des Silikatmantels, Wärmeproduktionsrate durch radio-aktive Elemente) und einer temperaturabhängigen Viskosität zeigen, dass in der Mars-geschichte eine wesentlich größere Anzahl an Plumes vorhanden gewesen sein müsste – nicht vereinbar mit dem Auftreten der vulkanischen Strukturen. Aus Experimenten wissen wir, dass die Viskosität des Mantelmaterials nicht nur temperatur-, sondern auch druckabhängig ist. Die Druckabhängigkeit der Viskosität wird über das Akti-vierungsvolumen bestimmt und ist abhängig von der Mineralzusammensetzung des Mantels. Nimmt die Viskosität von der Oberfläche zur Kern-Mantel-Grenze um zwei Größenordnungen zu, reduziert sich erheblich die Anzahl der Aufströme. Die besondere Verteilung der wenigen Aufströme kann dann durch die isolierende Kruste erklärt wer-den. Basaltisches Material, aus dem die Kruste besteht, hat eine geringere Wärmeleit-fähigkeit als Mantelmaterial und dadurch einen wesentlichen Einfluss auf die darunter liegende Manteldynamik. Unterhalb verdickter Kruste entwickelt sich typischerweise ein Mantelaufstrom und sorgt dafür, dass in diesen Gebieten der Vulkanismus länger aktiv bleibt – so wie man das in der Tharsis-Region beobachtet. Das Zusammenwir-ken der temperatur- und druckabhängigen Viskosität und die isolierende Wirkung der Kruste kann somit die besondere Verteilung des langlebigen Vulkanismus auf dem

Mars erklären. Es stellt sich hier natürlich die Frage, wieso wir bei der Venus eine ganz andere Beobachtung machen: viele und homogen verteilte vulkanische Regionen, obwohl doch auch die Venus ein Ein-Platten-Planet ist und eine druckabhängige Viskosität aufweisen sollte. Die Antwort dazu ist sicher vielfältig, aber ein wesentlicher Unterschied ist die Größe des Planeten und die sehr hohen Oberflächentemperaturen von etwa 460 °C. Der größere Radius und damit mächtigere Mantel bewirkt bei sonst ähnlichen Bedingungen im Inneren, dass die Konvektion sehr viel stärker ist. Dies wird mit der sogenannten Rayleigh-Zahl gemessen, die mit der Mantelmächtigkeit hoch drei skaliert. Berechnet man nun Konvektion für einen venusähnlichen Planeten, so zeigen die Modelle viel mehr Aufströme und wesentlich stärkeren Vulkanismus.

Eine weitere wichtige Frage für eine Planetenphysikerin ist auch die nach der *Habitabilität* eines Planeten. Dahinter verbirgt sich wann, wo und durch welche Prozesse ein Planet Bedingungen hat, dass dort Leben existieren könnte. Es bedeutet nicht notwendigerweise, dass auf einem solchen Planeten auch Leben existiert. Ein Hauptkriterium für habitable Bedingungen ist die Existenz von flüssigem Wasser. Dies hängt in erster Linie vom Abstand der Sonne ab. Je näher der Planet an der Sonne ist, desto höher sind dessen Oberflächentemperaturen und Wasser verdampft. Ist man wiederum zu weit von der Sonne entfernt, nimmt die Strahlung ab und die Temperaturen sinken – flüssiges Wasser kann nicht mehr stabil sein. Die Existenz von flüssigem Wasser auf der Planetenoberfläche ist somit auf einen bestimmten Abstand zur Sonne eingeschränkt. Doch spielt auch die Atmosphäre in ihrer Zusammensetzung und Dichte durch den sogenannten Treibhauseffekt eine wesentliche Rolle. Mars mit einer dichteren Atmosphäre als er heute hat, könnte flüssiges Wasser auf der Oberfläche haben – dies wird auch für seine frühe Geschichte postuliert. Die Atmosphäre wiederum wird durch den Vulkanismus beeinflusst, hier werden insbesondere CO_2 und H_2O freigesetzt, die sich in der Schmelze anreichern und bei der Eruption frei werden. An dieser Stelle sind wir wieder bei der Dynamik des Inneren eines Planeten und seiner Wärmekraftmaschine. Die vulkanische Geschichte und damit auch die Entwicklung der Atmosphäre eines Ein-Platten-Planeten verläuft anders als bei einem Planeten mit Plattentektonik, was insbesondere mit der Bildung der äußeren, festen Lithosphäre zu tun hat. Diese bewirkt, dass sich durch Abkühlung des Planeteninneren die Schmelzbindung mit der Zeit stark vermindert und in größere Tiefen wandert. Zudem wird vermutet, dass die Plattentektonik der Erde verantwortlich ist, dass auf langen Zeitskalen von Milliarden Jahren die Oberflächentemperaturen relativ konstant blieben. Dies wird mit dem sogenannten Karbonat-Silikat-Zyklus in Verbindung gebracht, welcher hilft, CO_2 in der Atmosphäre im Gleichgewicht zu halten. Ob dies auch bei Ein-Platten-Planeten gelingt, ist unklar, da dort die dafür notwendige Rückführung von CO_2 in Form von Karbonaten auf der Oberfläche in den Mantel nicht direkt möglich ist. Erste Modellrechnungen zeigen, dass die Temperaturen auf der Oberfläche einer Erde ohne Plattentektonik durch die Ausgasung von Treibhausgasen zeitlich stärker variieren als bei der Erde mit Plattentektonik. Die mittleren Temperaturen können unter bestimmten Bedingungen aber für die gesamte Zeit der Planetenentwicklung etwa zwischen

0 bis 100 °C liegen – ein Bereich also, der für zumindest primitives Leben tolerierbar ist. Untersuchungen dieser Art sind auch in den letzten Jahren durch die Entdeckung von Planeten um entfernte Sterne, sogenannte Exoplaneten, noch mehr ins wissenschaftliche und öffentliche Interesse gerückt. Bisher wissen wir, dass sich noch viele andere Planeten in unserer Galaxie befinden, aber nur wenig darüber, wie sie aussehen, wie sie sich entwickelt haben und ob auf ihnen Leben existieren kann. Zur Beantwortung dieser Fragen kann auch die Planetenphysik in Zukunft einen Beitrag liefern.

Als weiterführende Literatur empfehlen sich z. B. [1–3].

Literatur

[1] Spohn T, Breuer D, Johnson T (Hrsg) (2014) Encyclopedia of the solar system. 3. Aufl, Elsevier, New York

[2] Spohn T (1997) Planetologie. In: Bergmann L, Schaefer C, Bd 7, Erde und Planeten. De Gruyter, Berlin, S 427–525

[3] Turcotte DL, Schubert G (2014) Geodynamics. Cambridge University Press, Cambridge

31 Schwarze Löcher und Neutronensterne
— *Jutta Kunz* —

Zusammenfassung

Wenn Sterne den Kernbrennstoff in ihrem Innern verbraucht haben, werden sie – je nach ihrer Masse – zu Weißen Zwergen, Neutronensternen oder Schwarzen Löchern. Neutronensterne enthalten Materie in extrem dicht gepackter Form. Wenn sie aufgrund ihrer starken Magnetfelder und schnellen Rotation hochpräzise Pulse aussenden, nennt man sie Pulsare. Um Neutronensterne und Schwarze Löcher zu verstehen, benötigt man die Einstein'sche Allgemeine Relativitätstheorie. Man kennt stellare Schwarze Löcher und supermassereiche Schwarze Löcher. Letztere verbergen sich in den Zentren der Galaxien. Der Nachweis von Gravitationsstrahlung, die beim Verschmelzen von Schwarzen Löchern und Neutronensternen entsteht, hat die neue Ära der Gravitationswellen-Astronomie eingeleitet.

© Springer-Verlag GmbH Deutschland, ein Teil von Springer Nature 2019
D. Duchardt et al. (Hrsg.), *Vielfältige Physik*, https://doi.org/10.1007/978-3-662-58035-6_31

Prof. Dr. Jutta Kunz

Per aspera ad astra – Durch Mühsal gelangt man zu den Sternen.

- *1955 in Gießen
- 1978 Diplom Physik, 1982 Promotion, Univ. Gießen
- 1982–1992: Postdoktorandin, Los Alamos National Lab, Univ. Gießen, NIKHEF Amsterdam, Univ. Utrecht
- 1989 Habilitation, Univ. Oldenburg
- Seit 1993 Professorin, Univ. Oldenburg
- Zwei Töchter (*1991, *1994)

Am Anfang: Die Sterne

Schon als Kind hat mich der Sternenhimmel fasziniert. Ich wollte alles über Sterne und ihre Entwicklung wissen. Damals habe ich beschlossen, Physik zu studieren und später Astrophysikerin zu werden, um das Universum zu erforschen.

Dann: Teilchen und Kerne

Aufgrund meiner Liebe zur Mathematik habe ich im Studium dann die Theoretische Physik als Schwerpunkt gewählt. Dabei haben besonders spannende Themen im Bereich der Kern- und Teilchenphysik mein Interesse geweckt. Schließlich erfolgt die Energieerzeugung der Sonne über Kernfusion, und fast alle Elemente des Periodensystems werden in Sternen, Sternexplosionen oder Kollisionen gebildet. Im Urknall entstanden nur Wasserstoff, Helium und ein wenig Lithium.

Heute: Schwarze Löcher und Neutronensterne

In meiner Post-Doc-Zeit habe ich mit Begeisterung Modelle für Elementarteilchen erforscht. Dabei wurde mir klar, dass sich Schwarze Löcher und Elementarteilchen in mancher Hinsicht ähneln, und dass ich mit meiner Expertise auch wesentliche Beiträge im Bereich der Gravitation leisten konnte. Nach meiner Berufung nach Oldenburg habe ich dann meiner ersten Doktorandin ein Promotionsthema über Schwarze Löcher gegeben. Heute arbeiten viele meiner Gruppenmitglieder an Fragestellungen, die für die Gravitation und die Astrophysik interessant sind, andere aber auch an hypothetischen Objekten wie Wurmlöchern oder an Schwarzen Objekten in höheren Dimensionen.

Mein Tipp

Auf Tagungen gehen, Kontakte knüpfen und früh Auslandserfahrung sammeln.

31.1 Sterne am Ende ihres Lebens

Sterne erzeugen in ihrem Inneren Energie, indem sie leichte Atomkerne zu schwereren verschmelzen. Wenn dies nicht mehr möglich ist, weil der Kernbrennstoff verbraucht ist, kann dort keine Energie mehr erzeugt werden. Sie geraten dann aus dem Gleichgewicht, und ihre weitere Entwicklung hängt von ihrer Masse ab. Unsere Sonne, ein relativ leichter Stern, wird dann beispielsweise ihre äußere Hülle abstoßen. Diese wird einen planetarischen Nebel formen (s. Abb. 31.1), während das Sonneninnere als sogenannter Weißer Zwerg zurückbleiben wird. Ein Weißer Zwerg hat eine sehr hohe Dichte, da seine Masse von der Größenordnung der Masse der Sonne ist, aber sein Radius nur von der Größenordnung des Erdradius. Die weitaus meisten Sterne enden als Weiße Zwerge, die im Laufe der Zeit immer kälter werden.

Obwohl die Dichte von Weißen Zwergen schon ungeheuer groß ist, gibt es astrophysikalische Objekte mit noch viel größerer Dichte. Neutronensterne sind solche Objekte. Dies sind die Überreste von Sternen, die mit deutlich mehr Masse geboren werden als unsere Sonne. Diese Sterne erreichen während ihrer Entwicklung in ihrem Inneren Dichten und Temperaturen, die Kernreaktionen bis zur Bildung von Eisen und Nickel erlauben. Schwerere Elemente können aber nicht mehr gebildet werden, da hierbei keine Energie mehr frei würde. Wenn ein Stern dann im Inneren einen solchen Eisen-Nickel-Kern gebildet hat, steht ihm sein Ende direkt bevor, und das ist spektakulär.

Der innere Kern implodiert, dabei entsteht aus den Atomkernen durch Kernreaktionen eine Form von Kernmaterie, die zum größten Teil aus Neutronen, den neutralen Kernbausteinen, besteht. Die durch die Implosion entstehende Schockwelle zusammen mit den in den Kernreaktionen entstandenen Neutrinos, fast masselosen neutralen Elementarteilchen, führt dann zu einer Supernovaexplosion. Dabei wird ein Großteil der Sternmaterie nach außen gesprengt. In einer Supernovaexplosion wird eine gewaltige

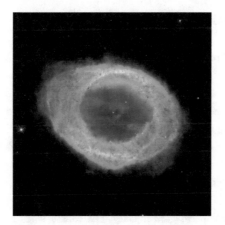

Abb. 31.1 Planetarischer Nebel: Ringnebel M57. (Mit freundlicher Genehmigung von © NASA/ESA 2018. All rights reserved)

Abb. 31.2 Krebsnebel. (Mit freundlicher Genehmigung von © NASA/ESA 2018. All rights reserved)

Menge Energie freigesetzt. Daher können Supernovae so hell erstahlen wie eine ganze Galaxie. Bei einer Supernovaexplosion, die im Jahre 1054 beobachtet wurde, ist beispielsweise der Krebsnebel (s. Abb. 31.2) entstanden.

Bei den massereichsten Sternen kann bei der Implosion nicht einmal ein Neutronenstern übrig bleiben. Hier ist die Schwerkraft, die Gravitation, am Ende absolut dominant, und nichts kann ihr mehr Einhalt gebieten. Die Sternmaterie wird bei der Implosion so stark komprimiert, dass sich ein Schwarzes Loch bildet, ein sogenanntes stellares Schwarzes Loch. Für die Beschreibung des Gravitationskollapses und der Eigenschaften von Schwarzen Löchern wird die Einstein'sche Allgemeine Relativitätstheorie benötigt.

31.2 Neutronensterne

Die Existenz von Neutronensternen wurde von den Astronomen Walter Baade und Fritz Zwicky schon in den 1930er-Jahren vorhergesagt. Ihre Entdeckung ließ aber noch lange auf sich warten. Erst 1967 wurden sie von der Doktorandin Jocelyn Bell gefunden, als sie Daten ihres Radioteleskoparrays auswertete. Dort fand sie sehr regelmäßige, schnelle Pulse, die sie einer außerirdischen Quelle zuschrieb. Schon bald wurde klar, dass es sich bei dieser Quelle um einen schnell rotierenden Neutronenstern handelte: den Pulsar B1919+21.

Die Materie von Neutronensternen unterliegt ganz extremen Bedingungen, wie sie auf der Erde nicht erzeugt werden können. Ein Teelöffel voll Neutronensternmaterie würde so viel wiegen wie ein ganzer Berg. Die Masse eines Neutronensterns ist von der Größenordnung der Sonnenmasse, während sein Radius dem einer Stadt entspricht, also etwa im Bereich von 7–15 km liegt. Die meisten uns bekannten Neutronensterne haben etwa die anderthalbfache Sonnenmasse, während die schwersten etwa die doppelte Sonnenmasse haben.

Für die Berechung der Eigenschaften von Neutronensternen benötigt man aufgrund der extremen Dichten eine relativistische Beschreibung. Verwendet man die Allgemeine Relativitätstheorie zusammen mit plausiblen Theorien der Kernkräfte, so findet man eine Obergrenze für die Masse von Neutronensternen. Typischerweise liegt diese Obergrenze deutlich unter 3 Sonnenmassen. Würde man also ein hochkompaktes astrophysikalisches Objekt mit einer deutlich größeren Masse beobachten, so könnte dies kein Neutronenstern sein.

Neutronensterne rotieren sehr schnell. Der schnellste bekannte Neutronenstern dreht sich 716-mal pro Sekunde um seine Achse. Er gehört zu den Millisekundenpulsaren. Die meisten Neutronensterne rotieren langsamer und haben Rotationsperioden im Sekundenbereich. Auch besitzen Neutronensterne starke Magnetfelder, die milliardenfach so stark wie unser Erdmagnetfeld sind und in sogenannten Magnetaren noch millionenfach stärker sein können.

Pulsare sind schnell rotierende Neutronensterne mit einem starken Magnetfeld, die elektromagnetische Strahlen – Pulse – aussenden. Wie das Licht eines Leuchtturms kann man diese Pulse nur sehen, wenn sie direkt zum Beobachter gerichtet sind. Da die Pulse hochpräzise sind, kann man extrem genaue Messungen mit Pulsaren durchführen. Insbesondere kann man mit Pulsaren auch die Einstein'sche Allgemeine Relativitätstheorie testen und alternative Gravitationstheorien einschränken oder ausschließen.

Mit dem nach seinen beiden Entdeckern benannten Hulse-Taylor-Pulsar PSR B1913+16, einem Binärsystem, das aus einem Pulsar und einem weiteren Neutronenstern besteht, konnte die Existenz von Gravitationsstrahlung zum ersten Mal indirekt nachgewiesen werden. Die beiden Neutronensterne des Systems bewegen sich in 7,75 Stunden einmal umeinander. Dabei wird Gravitationsstrahlung emittiert, wodurch sich die Umlauffrequenz ganz langsam ändert. Die Vorhersage dieser Änderung mithilfe der Allgemeinen Relativitätstheorie stimmt genau mit der Beobachtung überein.

Das Verschmelzen zweier Neutronensterne konnte am 17. August 2017 bei dem Ereignis GW170817 zum ersten Mal direkt beobachtet werden. Die LIGO/VIRGO-Gravitationswellendetektoren, die sich in den US-Bundesstaaten Washington und Louisiana und in Italien befinden, empfingen an diesem Tag ein langes Signal, dem ein kurzes Signal des Weltraumteleskops Fermi über einen kurzen Gammastrahlenausbruch unmittelbar folgte. Sofort suchten Teleskope auf der ganzen Welt in allen Wellenlängenbereichen nach der Quelle des Ereignisses und fanden auch tatsächlich eine helle neue Lichtquelle, eine Kilonova, die beim Verschmelzen der Neutronensterne entstanden war. Damit hat im Jahr 2017 unbestritten die neue Ära der Multi-Messenger-Astronomie begonnen, die viele spannende Beobachtungen erwarten lässt.

31.3   Schwarze Löcher

31.3.1   Schwarze Löcher in der Allgemeinen Relativitätstheorie

In der Allgemeinen Relativitätstheorie wird die Schwerkraft mithilfe der Riemann'schen Geometrie beschrieben. Die räumlichen Dimensionen und die Zeit bilden zusammen die vierdimensionale Raumzeit, deren Eigenschaften durch die Materie und Energie bestimmt wird, die sich in ihr befindet. John Wheeler hat dazu die folgende prägnante Erklärung formuliert: Die Materie sagt der Raumzeit, wie sie sich krümmen soll, während die Raumzeit der Materie sagt, wie sie sich bewegen soll.

Die von Albert Einstein 1915 aufgestellten Gleichungen sind hoch kompliziert. Dennoch ist es Karl Schwarzschild noch im selben Jahr gelungen, eine exakte Lösung dieser Gleichungen zu finden. Diese nach ihm benannte Schwarzschild-Lösung beschreibt das Gravitationsfeld außerhalb der Sonne ziemlich genau. Wenn man die Lösung aber nicht nur im Außenraum eines Sterns anwenden möchte, sondern sie in ihrer Gesamtheit verstehen will, so trifft man auf merkwürdige Eigenschaften, die die Lösung als Schwarzes Loch identifizieren.

Ein Schwarzes Loch besitzt einen sogenannten Ereignishorizont. Dieser Horizont bildet eine Grenzfläche, die durch eine Kugeloberfläche mit Flächeninhalt $4\pi R^2$ gebildet wird. R nennt man den Schwarzschild-Radius. Er ist proportional zur Masse des Schwarzen Lochs. Ein Schwarzes Loch mit der Masse unserer Sonne hätte einen Schwarzschild-Radius von nur etwa 3 km. Man vergleiche das mit dem Radius unserer Sonne von 700.000 km.

Der Horizont eines Schwarzen Lochs bildet eine Art Membran, die nur in einer Richtung durchlässig ist, nämlich von außen nach innen auf das Zentrum des Schwarzen Lochs zu. Von innerhalb des Horizonts kann nichts wieder nach außen gelangen. Würde ein Raumschiff durch den Horizont eines sehr großen Schwarzen Lochs fliegen, so würde die Besatzung nichts Besonderes merken. Bei einem kleinen Schwarzen Loch hingegen würden die Gezeitenkräfte so groß werden, dass schon in der Nähe des Schwarzen Lochs alles extrem in die Länge gezogen und zerquetscht würde: Alles würde „spaghettifiziert" werden.

In der Nähe des Horizonts vergeht die Zeit sehr viel langsamer als weiter weg vom Horizont, denn der Lauf der Zeit hängt vom Gravitationsfeld ab. Direkt am Horizont scheint die Zeit still zu stehen. Wenn Licht in der Nähe des Horizonts ausgesandt wird und sich vom Horizont wegbewegt, dann muss es sich dabei gegen die Anziehung der Gravitation bewegen. Dadurch verliert es Energie und wird rotverschoben. Am Horizont würde die Rotverschiebung unendlich groß werden.

Ein Schwarzschild-Schwarzes Loch ist das einfachste Schwarze Loch, das man kennt. Es ist rund und dreht sich nicht. Für die Astrophysik sind aber rotierende Schwarze Löcher wichtiger, denn ihre Muttersterne haben sich auch gedreht, und ihr Drall bleibt erhalten. Es hat fast ein halbes Jahrhundert gedauert, bis ein rotierendes Schwarzes

Loch als Lösung der Einstein-Gleichungen gefunden werden konnte. Dieses Schwarze Loch heißt nach seinem Entdecker Roy Kerr die Kerr-Lösung.

Wie man es auch erwarten würde, wird der Horizont durch die Drehung abgeflacht. Ein Kerr-Schwarzes Loch ist also nicht mehr rund, sondern an seinem Äquator dicker. Auch durch weitere interessante Eigenschaften zeichnet sich ein Kerr-Schwarzes Loch aus: Es schleppt die Raumzeit bei der Drehung mit sich. Dies macht es in so hohem Maße in der Nähe des Horizonts, dass sich alles in die gleiche Richtung bewegen muss, in die sich das Schwarze Loch dreht. Eine Bewegung in Gegenrichtung ist nicht mehr möglich. Der Bereich, in dem sich alles mit dem Schwarzen Loch drehen muss, heißt Ergosphäre, wobei Ergo für Arbeit steht. Aufgrund seiner Ergosphäre könnte ein rotierendes Schwarzes Loch im Prinzip als Energiequelle genutzt werden.

Im Innern eines Schwarzen Lochs befindet sich eine physikalische Singularität, d. h., hier werden Krümmungsterme der Raumzeit unendlich groß. Damit verlieren die Einstein-Gleichungen hier ihre Gültigkeit. In der Schwarzschild-Lösung ist diese Singularität ein Punkt. Die Kerr-Lösung hat hingegen eine Ringsingularität in ihrem Innern. Das Auftreten solcher Singularitäten ist ein Hinweis darauf, dass die Allgemeine Relativitätstheorie durch eine umfassendere Theorie ersetzt werden muss.

31.3.2 Stellare Schwarze Löcher

Stellare Schwarze Löcher entstehen beim Kollaps schwerer Sterne. Da Schwarze Löcher selbst kein Licht emittieren können, muss man indirekt auf ihr Vorhandensein schließen. Isolierte stellare Schwarze Löcher sind daher auch kaum zu detektieren. Schwarze Löcher in Binärsystemen können hingegen durchaus gut beobachtbar sein. Das bekannteste Beispiel ist Cygnus X-1, eine Röntgenquelle im Sternbild Schwan. Hier umkreisen sich ein Blauer Riese, also ein sehr massereicher Stern mit großer Leuchtkraft, und ein kompaktes massereiches Objekt. Da dessen Masse mit etwa 15 Sonnenmassen wesentlich größer als die Obergrenze für die Masse eines Neutronensterns ist, schließt man, dass es sich hierbei um ein stellares Schwarzes Loch handeln muss.

Der Blaue Riese und das Schwarze Loch umkreisen sich mit nur sehr kleinem Abstand. Dadurch wird Gas vom Blauen Riesen zum Schwarzen Loch hingezogen, wo es eine sogenannte Akkretionsscheibe um das Schwarze Loch bildet. In der Akkretionsscheibe wird das Gas durch Reibung stark erhitzt. Dadurch entsteht Röntgenstrahlung, die von Röntgensatelliten beobachtet werden kann.

Das Binärsystem Cygnus X-1 bestand ursprünglich aus zwei sehr schweren Sternen, wovon der schwerere Stern bereits ausgebrannt und zum Schwarzen Loch geworden ist. Der verbliebene Blaue Riese verliert zum einen Masse an das Schwarze Loch und zum andern durch seinen stellaren Wind an die Milchstraße. Sein Schicksal wird davon abhängen, über wie viel Masse er noch verfügt, wenn auch er in seinem Inneren ausgebrannt ist.

Aus Binärsystemen von sehr schweren Sternen können so Binärsysteme von Schwarzen Löchern werden. Solche Binärsysteme waren lange Zeit vorhergesagt. Erst 2015 konnten sie beobachtet werden. Da sie bei ihrem Umlauf umeinander Gravitationswellen ausstrahlen, kommen sich die beiden Schwarzen Löcher immer näher, bis sie schließlich miteinander verschmelzen.

Das erste beobachtete Ereignis dieser Art wird mit GW150914 bezeichnet. Es wurde am 14. September 2015 von dem LIGO-Gravitationswellen-Observatorium gesehen, das an diesem Tag das erste Signal vom Verschmelzen zweier Schwarzer Löcher empfing und damit die erste direkte Beobachtung von Gravitationswellen machte. Interessanterweise waren die Massen dieser beiden Schwarzen Löcher mit 29 und 36 Sonnenmassen deutlich größer als erwartet. Im Verschmelzungsprozess wurde im Bruchteil einer Sekunde die gewaltige Energiemenge von 3 Sonnenmassen in Form von Gravitationswellen abgestrahlt. Dadurch blieb für das beim Verschmelzen entstandene Schwarze Loch eine Masse von 62 Sonnenmassen.

Das zweite eindeutig identifizierte Ereignis GW151226 wurde beim Verschmelzen deutlich kleinerer Schwarzer Löcher erzeugt, deren Massen bei 14 und 8 Sonnenmassen lagen. Hier wurde auch nur eine Sonnenmasse in Form von Gravitationswellen abgestrahlt. Neben dem dritten Ereignis LVT151012, welches zu große Unsicherheiten hat, um als weitere Beobachtung gelten zu können, wurden im Jahr 2017 die Ereignisse GW170104 und GW170814 beobachtet. In Abb. 31.3 sind alle diese Ereignisse vor und nach dem Verschmelzen der Schwarzen Löcher dargestellt.

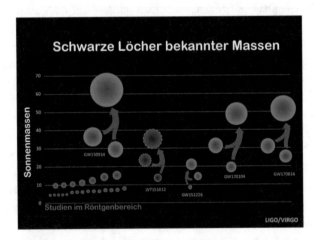

Abb. 31.3 Massen stellarer Schwarzer Löcher. (Mit freundlicher Genehmigung von © Caltech/-MIT/LIGO Laboratory 2018. All rights reserved)

31.3.3   Supermassereiche Schwarze Löcher

Die bei Weitem eindrucksvollsten Schwarzen Löcher befinden sich in den Zentren von Galaxien und haben millionen- bis milliardenfache Sonnenmassen. Daher nennt man sie supermassereiche Schwarze Löcher (engl.: *supermassive black holes*).

Das Schwarze Loch im Zentrum unserer Milchstraße gehört zu den kleineren dieser Monster, denn es hat nur 4,3 Millionen Sonnenmassen. Zunächst kannte man dort nur eine Radioquelle mit dem Namen Sgr A*. Im optischen Wellenlängenbereich kann man aufgrund von Staub und Gas nicht ins Zentrum der Milchstraße schauen. Im Infrarotbereich konnte aber die Bewegung von Sternen um Sgr A* beobachtet werden (s. Abb. 31.4). Diese Bewegung der Sterne um Sgr A* ist analog zur Bewegung von Planeten und anderen Himmelskörpern um die Sonne. Aus den Bahnen der Sterne lässt sich daher auf die Masse des zentralen Schwarzen Lochs schließen.

Mit dem *Event Horizon Telescope* und der *Black Hole Cam* soll die unmittelbare Umgebung des zentralen Schwarzen Lochs der Milchstraße untersucht werden, aber auch die Umgebung des zentralen Schwarzen Lochs der elliptischen Galaxie M87 (s. Abb. 31.5). Deren zentrales Schwarzes Loch ist mehr als tausendmal größer als Sgr A* und hat etwa 6,6 Milliarden Sonnenmassen. Ein Ziel der Beobachtungen ist die Bestimmung der Schatten dieser beiden Schwarzen Löcher. Der Schatten eines Schwarzen Lochs zeigt den Bereich, aus dem kein Licht empfangen werden kann. Dieser umschließt eine größere Region als nur den Ereignishorizont. Lichtstrahlen, die in diesen Bereich fallen, enden immer im Schwarzen Loch und können daher nicht von einem Teleskop gesehen werden, das sich außerhalb des Bereichs befindet.

Auch supermassereiche Schwarze Löcher sind typischerweise von einer Akkretionsscheibe umgeben. Das Material in dieser Akkretionsscheibe unterliegt turbulenten Prozessen, die es von außen nach innen tragen, bis es vom Schwarzen Loch akkretiert wird, welches dadurch weiter wächst. In den Akkretionsscheiben kann dabei sehr viel Strahlung entstehen. Die resultierende hohe Leuchtkraft lässt einige dieser Objekte

Abb. 31.4 Bahnen von Sternen um Sgr *A**. (Mit freundlicher Genehmigung der © ESO 2018. All rights reserved)

Abb. 31.5 Elliptische Galaxie M87 mit Jet. (Mit freundlicher Genehmigung der © NASA/ESA 2018.

selbst über enorme astronomische Distanzen hinweg hell strahlen. Dies gilt insbesondere für Quasare, also aktive Kerne von Galaxien, die in ihrem Zentrum ein von einer Akkretionsscheibe umgebenes Schwarzes Loch beherbergen.

Sehr interessant sind auch die Jets von supermassereichen Schwarzen Löchern. Sie bestehen aus Materieströmen, die entlang der Rotationsachse der Schwarzen Löcher emittiert werden. Ein besonders eindrucksvoller Jet geht von dem zentralen Schwarzen Loch der elliptischen Galaxie M87 aus. Er erstreckt sich über mindestens 5000 Lichtjahre und ist stark kollimiert. Materie des Jets konnte bis in einer Entfernung von 250.000 Lichtjahren gefunden werden.

Eine Reihe von Beobachtungen zeigt, dass ein starker Zusammenhang zwischen der Größe des zentralen Schwarzen Lochs und bestimmten Eigenschaften der zugehörigen Muttergalaxie besteht. Dies legt nahe, dass die supermassereichen Schwarzen Löcher in den Zentren von Galaxien eine wesentliche Rolle in der Entwicklung der Galaxien selbst gespielt haben. Wichtige Erkenntnisse sollen durch die Beobachtung von Gravitationswellen mit dem geplanten Weltraumteleskop LISA erlangt werden. Denn damit soll es gelingen, das Verschmelzen von supermassereichen Schwarzen Löchern zu beobachten. Solche kataklysmischen Ereignisse entstehen, wenn Galaxien miteinander kollidieren. Dabei werden gigantische Energien in Form von Gravitationsstrahlung in die Weiten des Weltalls emittiert, wo sie über die Geschehnisse Zeugnis ablegen.

Als weiterführende Literatur empfehlen sich z. B. [1–5].

Literatur

[1] Gribbin J (2002) Der Weltraum. Von Urknall, Schwarzen Löchern und fremden Welten. VGS, Köln

[2] Luminet JP (1997) Schwarze Löcher. Vieweg+Teubner, Braunschweig, Wiesbaden

[3] Mielke EW (1997) Sonne, Mond und ... Schwarze Löcher. Vieweg+Teubner, Braunschweig, Wiesbaden

[4] Müller A (2009) Schwarze Löcher: Die dunklen Fallen der Raumzeit. Spektrum, Berlin, Heidelberg

[5] Thorne K (1996) Gekrümmter Raum und verbogene Zeit. Droemer Knaur, München

32 Galaxienentwicklung
— Eva K. Grebel —

Zusammenfassung

Nahfeldkosmologie befasst sich mit der Erforschung der Entwicklungsgeschichte naher Galaxien, die wir im Detail untersuchen können. Wenn wir in Galaxien (wie z. B. der Milchstraße) sogar einzelne Sterne unterschiedlichen Alters als Überbleibsel vergangener Epochen analysieren können, sprechen wir von galaktischer Archäologie. Dieser neue Forschungszweig kann uns aufzeigen, wie sich Galaxien gebildet haben, welche Rolle Verschmelzungsprozesse mit kleineren Galaxienbausteinen spielten und wie Sternentstehung und chemische Entwicklung abgelaufen sind. Derartige Studien ermöglichen Tests kosmologischer Modelle und ergänzen Untersuchungen weit entfernter Galaxien im jungen Universum. Ich beschreibe im Folgenden kurz Facetten des aktuellen Wissenstands und offene Fragen.

© Springer-Verlag GmbH Deutschland, ein Teil von Springer Nature 2019

D. Duchardt et al. (Hrsg.), *Vielfältige Physik*, https://doi.org/10.1007/978-3-662-58035-6_32

Prof. Dr. Eva K. Grebel

Das Universum von seinen Anfängen bis heute verstehen

- 1995 Promotion Astronomie, Univ. Bonn
- 1998 - 2000 Hubble Fellowship, Univ. of Washington, USA
- 2000 - 2003 Forschungsgruppenleiterin, MPI für Astronomie
- 2003 - 2007 Professur Astronomie, Univ. Basel, Schweiz
- Seit 2007 Professur Astronomie, Univ. Heidelberg
- 2009 Lautenschläger–Forschungspreis
- 2015 Hector Wissenschaftspreis

Am Anfang: Meine Begeisterung für die Physik

Ich habe mich schon als Kind für Astronomie interessiert. Themen wie die Entstehung des Universums, die Entwicklung unseres Weltbildes, die Erforschung des Sonnensystems, die Entwicklung der Sterne, die Eigenschaften Schwarzer Löcher und die Vielfalt der Galaxien fand ich faszinierend. Leider wurde Astronomie nicht in der Schule unterrichtet, aber zum Glück gab es recht umfassende und spannend geschriebene populärwissenschaftliche Bücher zum Thema, die mich in dem Wunsch bestärkten, das Fach zu studieren. Es gab auch andere Themen, die ich sehr interessant fand, z. B. Archäologie und Geologie, aber Astronomie schien sich mit den fundamentalsten, größten aller Fragen zu befassen. So begann ich nach dem Abitur mein Astronomiestudium in Bonn.

Themenschwerpunkte: Was ich heute mache

Heute befasse ich mich mit Galaxienentwicklung, wobei mein Schwerpunkt auf nahen Galaxien liegt. Besonders interessiere ich mich für die am wenigsten entwickelten, massearmen Galaxien, sogenannte Zwerggalaxien. Sternhaufen, gravitativ gebundene Gruppen von Sternen, die alle gleichzeitig entstanden sind, sind ein weiterer Forschungsschwerpunkt. Für beides sind Sternpopulationen, insbesondere in Systemen, in denen wir Einzelsterne untersuchen können, das wichtigste Werkzeug. Ich arbeite hauptsächlich bei optischen und nahinfraroten Wellenlängen und nutze fotometrische und spektroskopische Daten von bodengebundenen und Weltraumteleskopen, darunter Daten großer internationaler Himmelsdurchmusterungen.

Mein Tipp

Sehr gute Englischkenntnisse sind Voraussetzung für ein Astronomiestudium. Publizieren Sie schon während der Promotion Ihre Ergebnisse in referierten Fachzeitschriften, besuchen Sie internationale Fachkonferenzen in Ihrem Arbeitsgebiet, knüpfen Sie Kontakte und präsentieren Sie Ihre Arbeiten.

(Foto mit freundlicher Genehmigung der Univ. Heidelberg, Kommunikation und Marketing.)

32.1 Unsere Milchstraße und galaktische Archäologie

Wenn wir in einer klaren, dunklen Nacht den Himmel beobachten, sehen wir zahllose Sterne, aber auch ein diffuses, unregelmäßig geformtes helles breites Band, das sich über den ganzen Himmel erstreckt. Dies ist die Scheibenebene unserer Heimatgalaxie, der *Milchstraße*. Das diffuse Licht stammt von mit dem bloßen Auge nicht mehr auflösbaren Sternen und leuchtendem, von heißen Sternen ionisiertem Gas. In den dunklen Regionen des Bandes hingegen verschluckt Staub einen großen Teil des ausgestrahlten Lichts.

Unsere Erde ist, von der Sonne aus gesehen, der dritte Planet im Sonnensystem. Das Sonnensystem liegt in der Scheibenkomponente unserer Milchstraße und ist eines von ca. hundert Milliarden Sternsystemen in unserer Galaxis, z. B. [1]. Unser Sonnensystem befindet sich am Rande eines der Spiralarme der Milchstraße in einer Entfernung von ungefähr 26.000 Lichtjahren vom galaktischen Zentrum. Wir umkreisen das Zentrum der Milchstraße mit einer Geschwindigkeit von 220 Kilometern pro Sekunde. Die Scheibenebene hat insgesamt einen Durchmesser von etwa 100.000 Lichtjahren. Unsere Galaxis ist eine typische Vertreterin des häufigsten Typs massereicher Galaxien, der *Spiralgalaxien*. Im heutigen Universum zählen etwa 70 % aller großen Galaxien zu diesem Typ [2].

Dass wir *innerhalb* einer Galaxie leben, hat vom astronomischen Standpunkt her Vor- und Nachteile. Zu den Nachteilen gehört, dass wir die Milchstraße nicht von außen sehen können und in Blickrichtungen entlang der Scheibenebene aufgrund von Lichtabsorption durch Staub behindert werden. Zu den Vorteilen zählt, dass wir die Bestandteile einer typischen Galaxie aus nächster Nähe in größtmöglichem, einzigartigem Detail untersuchen und sogar die Eigenschaften einzelner Sterne vermessen und ihre chemische Zusammensetzung, Alter, Entfernungen und dreidimensionalen Bewegungen bestimmen können. Da massearme Sterne sehr langlebig sind, können wir sie analog zu Methoden in der Archäologie als Relikte vergangener Epochen nutzen und mit ihrer Hilfe versuchen, die Entwicklungsgeschichte unserer Milchstraße zu erforschen. Die Gaia-Satellitenmission, die über eine Milliarde Sterne in der Milchstraße genauestens charakterisieren wird, und zahlreiche bodengebundene Beobachtungskampagnen spielen bei dieser galaktischen Archälogie eine Schlüsselrolle.

32.2 Spiralgalaxien, die Milchstraße und ihre Bestandteile

Galaxien bestehen aus Sternen, Gas, Staub und Dunkle Materie. Die relativen Anteile dieser vier Komponenten sind unterschiedlich hoch. In der Milchstraße beträgt der Gasanteil etwa 10 % der Masse in Sternen, und der Staubanteil macht ca. 1 % der Gasmasse aus [3]. Die Dunkle Materie leuchtet im Gegensatz zu den anderen Komponenten nicht selbst. Wir schließen auf ihr Vorhandensein aufgrund der Bewegungen von Gas und Sternen oder (in fernen Galaxien) aufgrund der Lichtablenkung durch den Gravitationslinseneffekt (s. Abb. 33.1). Diese Messungen zeigen eine größere Masse an als die Materie, die sich durch elektromagnetische Strahlung nachweisen lässt. Es ist ein ungeklärtes Rätsel, woraus Dunkle Materie besteht, die nach heutigem Wissen fast 27 % der Materie des Universums ausmacht. Mit *massereichen* Galaxien meinen wir solche mit einer Masse von mindestens 10^{11} Sonnenmassen, wobei alle galaktischen Bestandteile einschließlich der Dunklen Materie einbezogen werden. Die Masse der Sonne beträgt etwa $2 \cdot 10^{30}$ kg und wird als *eine Sonnenmasse* in der Astronomie als Masseneinheit verwendet. Für die Masse unserer Milchstraße gibt es unterschiedliche Abschätzungen; vermutlich liegt sie etwas unterhalb von 10^{12} Sonnenmassen. Der Anteil Dunkler Materie in Spiralgalaxien beträgt zwischen 30–90 % (z. B. [3]). Spiralgalaxien erinnern in ihrer Form an flache Scheiben, die meist eine zentrale Verdichtung zeigen, für die der englische Begriff *bulge* gebräuchlich ist. Die Scheiben weisen oft eine Spiralstruktur auf, die ein- oder mehrarmig sein kann. In manchen Spiralgalaxien kann man die Spiralarme vom Zentralbereich nach außen verfolgen; in anderen Scheibengalaxien bestehen sie aus vielen kurzen Spiralarmen ohne durchgehende Struktur (z. B. [4]). Die *bulges* enthalten eine hohe Konzentration an Sternen und können sehr leuchtkräftig sein, aber es gibt auch Spiralgalaxien ohne *bulge*. In 70 % der Spiralgalaxien sieht man im Zentralbereich außerdem eine balkenartige Struktur [5]. Ist ein solcher *Balken* vorhanden, so setzen die Spiralarme meist an diesem an (s. Abb. 32.1).

Unsere Milchstraße enthält einen erdnussförmigen *bulge* mit einem Balken sowie mehrere große Spiralarme. Die genaue Zahl, Lage und Form stehen noch nicht fest [6]. Sterne im Bulge haben insgesamt etwa $1,5 \cdot 10^{10}$ Sonnenmassen und liefern ca. 15 % der Gesamthelligkeit [7]. Die Scheibe hingegen hat eine stellare Masse von ungefähr $6 \cdot 10^{10}$ Sonnenmassen [3] und dominiert die Leuchtkraft der Milchstraße. Der Bulge rotiert mit einer Geschwindigkeit von ca. 100 Kilometern pro Sekunde, also langsamer als die Scheibe. Der Balken hat einen Durchmesser von ca. 26.000 Lichtjahren [7].

Im Zentrum von Spiralgalaxien und anderen großen Galaxien befindet sich meist ein *massereiches Schwarzes Loch*. In der Milchstraße kann man sogar die Bewegungen der Sterne, die jenes Schwarze Loch umkreisen, verfolgen und schließt aus ihren Bahnen und Geschwindigkeiten auf eine Masse von vier Millionen Sonnenmassen [8]. Unser zentrales Schwarzes Loch trägt also weniger als ein Hunderttausendstel zur Masse der Milchstraße bei. In massereicheren Galaxien hat man bis zu einer Milliarde Sonnenmas-

Abb. 32.1 Aufnahme der Balkenspiralgalaxie UGC 12158 durch das NASA/ESA Hubble Space Telescope. Ihre Struktur ähnelt der der Milchstraße, und sie befindet sich ca. $3{,}84 \cdot 10^8$ Lichtjahre von der Erde entfernt im Sternbild Pegasus. (Mit freundlicher Genehmigung von © ESA/Hubble und NASA 2010.)

sen für zentrale Schwarze Löcher gemessen. Der Ursprung riesiger Schwarzer Löcher reicht in sehr frühe Phasen der Galaxienentwicklung zurück. Schwarze Löcher wachsen durch das Verschlingen von Materie, d. h. durch *Materieakkretion*. Galaxien mit zentraler Materieakkretion, sogenannte *aktive Galaxienkerne* (engl.: *Aktive Galactic Nucleus*, AGN), sind im heutigen Universum rar. Allerdings sind alle Galaxien (einschließlich der Milchstraße), die heute ein extrem massereiches zentrales Schwarzes Loch enthalten, einmal durch eine derartige Aktivitätsphase gegangen. Die meisten AGN traten vor ungefähr 10^{10} Jahren auf. Die Details dieser Entwicklung sind Gegenstand intensiver Forschung.

Spiralgalaxien sind eingebettet in eine ausgedehnte, sphärische Verteilung aus Sternen im Alter von überwiegend mehr als 10^{10} Jahren, dem *Halo*. Die Sterndichte im Halo ist sehr gering, und die alten Sterne strahlen nicht viel Licht aus, sodass stellare Halos auf Abbildungen kaum erkennbar sind. In der Milchstraße beträgt die Sternmasse im Halo weniger als eine Milliarde Sonnenmassen, etwas mehr als ein Hundertstel der Sternmasse in Scheibe und Bulge (z. B. [3]). Im Gegensatz zu den Sternen in der Scheibe, die das galaktische Zentrum mit konstanter Rotationsgeschwindigkeit auf nahezu kreisförmigen Bahnen umlaufen, haben Sterne im Halo sehr exzentrische Bahnen, auf denen die Entfernung zum galaktischen Zentrum stark variiert und die nicht mit der Rotationsrichtung der Galaxie übereinstimmen müssen. Halosterne sind Überbleibsel aus der Frühzeit der Galaxienentstehung und wurden zum Teil in der Galaxie selbst, aber zum Teil auch in mittlerweile akkretierten kleineren Galaxien gebildet. Die am meisten ausgedehnte Komponente von Spiralgalaxien ist ein Halo aus Dunkler Materie, den man aufgrund von kinematischen und Gravitationslinsenmessungen auf einen Radius von ungefähr 900.000 Lichtjahren schätzt.

32.3 Sternentstehung und chemische Entwicklung

Sternentstehung findet in Spiralgalaxien in erster Linie in der Scheibe statt, in deren Mittelebene Wolken aus atomarem und molekularen Gas sowie aus Staub (meist in Form winziger Graphit- und Silikatteilchen) ihre höchste Dichte erreichen. Eine Aufnahme einer Sternentstehungsregion ist in Abb. 32.2 zu sehen. Gas (und Staub) in Galaxien bezeichnet man als *interstellares Medium*. Dieses Material füllt den Raum zwischen den Sternen. Es besteht zu etwa 70 % aus Wasserstoff, während der Rest überwiegend in der Form von Helium vorliegt [9]. Schwerere Elemente, die durch Kernbrennprozesse in Sternen oder durch Supernovaexplosionen entstanden sind, machen nur wenige Prozent aus. Alle Elemente, die schwerer als Helium sind, werden in der Astronomie abweichend von der in der Chemie üblichen Terminologie als Metalle bezeichnet. Zu den häufigsten Metallen in Galaxien gehören Sauerstoff, Kohlenstoff, Stickstoff, Neon, Silizium, Magnesium, Eisen und Schwefel. In interstellaren Gaswolken können sich bei ausreichend hoher Dichte und niedriger Temperatur Moleküle bilden. Molekularer Wasserstoff ist am häufigsten, aber auch Kohlenmonoxid, Kohlenwasserstoffe, Wasser und eine Vielzahl weiterer einfacher und komplexer Moleküle sind vertreten. Molekülwolken findet man insbesondere in den Spiralarmen in der Scheibenebene. Diese riesigen Wolken haben charakteristische Temperaturen von etwa 15 Kelvin (15 Grad über dem absoluten Nullpunkt oder ungefähr -258 °C), typische Massen von 100.000 bis zu einer Million Sonnenmassen und typische Ausdehnungen von 160 Lichtjahren [9]. *Riesenmolekülwolken* sind klumpig und enthalten kleinere, dichtere und kühlere Kerne. Diese haben Massen von ungefähr zehn Sonnenmassen, Durchmesser von etwa 0,3 Lichtjahren und Temperaturen von ca. 10 Kelvin [9]. Wenn in einem kompakten, dichten Kern die Eigengravitation den thermischen Druck übersteigt, kommt es zum Kollaps und zur Sternentstehung. Nur ein Teil der Materie wird dabei in einen oder mehrere Sterne umgewandelt; der Rest geht während der Sternentstehungsphase an die Umgebung verloren. Sternentstehung ist ein ineffzienter Prozess.

Es kollabieren also kleinere, dichte Fragmente und nicht die Riesenmolekülwolke als Ganzes. Dabei entstehen Sterne, deren Massen von Bruchteilen von Sonnenmassen bis zu über hundert Sonnenmassen reichen können. Eine solche neu entstandene Gruppe von Sternen hat eine charakteristische, möglicherweise universelle Massenverteilung. Ihr typisches Potenzgesetz wird als Anfangsmassenfunktion bezeichnet. Langlebige Sterne sehr niedriger Massen sind hierbei in der Überzahl und kurzlebige, sehr massereiche Sterne selten. Was diese charakteristische Verteilung bestimmt, ist eine Schlüsselfrage sowohl der Sternentstehung als auch der Galaxienentwicklung und ist trotz etlicher Lösungsansätze noch unverstanden (z. B. [10]).

In den Spiralarmen in der Scheibe wird die Materie verdichtet, was Sternentstehung begünstigt. In den Armen findet man daher besonders viele Sternentstehungsregionen, während außerhalb davon ältere, weiterentwickelte Sterne dominieren. Die Spiralarme

Abb. 32.2 Aufnahme der Sternentstehungsregion Sharpless 29 durch das VLT Survey Telescope der ESO. Sie zeigt kosmischen Staub und Gaswolken, die das Licht der heißen, jungen Sterne im Nebel reflektieren, absorbieren und wieder abstrahlen. (Mit freundlicher Genehmigung der © ESO 2017.

sind Störungen in der Scheibe, die sich mit einer niedrigeren Geschwindigkeit als der Rotationsgeschwindigkeit der Scheibe durch diese fortbewegen und dabei immer wieder neues Gas verdichten. Obgleich eine Reihe von Theorien zur Spiralstruktur entwickelt wurden (z. B. [11]), fehlt noch ein umfassendes Verständnis der zugrunde liegenden Prozesse. Die zuvor entstandenen jungen Sterne, die sich im Zuge der Scheibenrotation weiterbewegen, durchlaufen die übliche Sternentwicklung. Die massereicheren Sterne explodieren nach einigen Millionen Jahren als Supernovae, wobei sie einen Teil des in ihrem Inneren durch Kernfusion prozessierten und mit Metallen angereicherten Gases wieder freisetzen, sodass es für zukünftige Sternentstehung zur Verfügung steht. So kommt es zu einer fortschreitenden Anreicherung an schwereren Elementen. Allerdings kann auch ein Teil des angereicherten Materials durch Supernovaexplosionen aus Scheiben herausgeblasen werden, während metallarmes Gas von außen einfallen kann (z. B. [16]). Ablauf, Umfang und Einflüsse auf diese chemische Entwicklung sind wichtige ungelöste Fragen im Verständnis von Galaxienentwicklung. Sternentstehung kann auch heute noch in Bulges stattfinden, wenn sich dort genügend viel dichtes kühles Gas ansammelt, aber Bulgesterne sind überwiegend mehrere Milliarden bis über zehn Milliarden Jahre alt. Da die frühe Sternentstehung rasch und effizient vonstatten ging, sind diese alten Sterne im Vergleich zu den metallarmen Halosternen sehr metallreich.

32.4   Zwerggalaxien und Nahfeldkosmologie

Unsere Milchstraße ist eine von drei Spiralgalaxien in der Lokalen Gruppe. Die *Lokale Gruppe* ist eine kleine *Galaxiengruppe*, die wahrscheinlich über hundert Galaxien umfasst und einen Radius von ca. 3.300.000 Lichtjahren hat. In unmittelbarer Umgebung der Lokalen Gruppe befinden sich nur sehr wenige Galaxien. Erst in größeren Entfernungen (von etwa zehn Millionen Lichtjahren und mehr) finden sich weitere ähnliche Galaxiengruppen. Von den drei dominanten Spiralgalaxien (Milchstraße, Andromedanebel (M31) und Triangulumnebel (M33)) abgesehen enthält die Lokale Gruppe zahllose kleinere, weniger leuchtkräftige und massearme Galaxien, die meist Begleiter der Milchstraße oder der Andromedagalaxie sind. Der Triangulumnebel selbst hat keine bekannten Begleiter und befindet sich in Wechselwirkung mit der Andromedagalaxie. Die vielen kleineren Galaxien zeigen keine Spiralstruktur, sind unregelmäßig oder elliptisch geformt und werden als *Zwerggalaxien* bezeichnet (z. B. [12]). Etliche der leuchtschwächsten Zwerggalaxien wurden erst in den letzten Jahren entdeckt.

Die kleinsten Zwerggalaxien haben schon früh ihr sternbildendes Gas verloren und enthalten nur alte, metallarme Sterne sowie Dunkle Materie, deren Anteil den der leuchtenden Materie um das Tausendfache übersteigen kann. Solche Zwerggalaxien findet man meist in der Umgebung massereicher Galaxien wie der Milchstraße, und diese Nähe könnte die Entwicklung der Zwerggalaxien maßgeblich beeinflusst haben [13]. Größere, gasreichere Zwerggalaxien hingegen befinden sich meist in deutlich größerer Entfernung und haben sich recht unbeeinträchtigt von Umgebungseinflüssen entwickelt. Sie zeigen noch heute Sternentstehungsaktivität. Trotz aller Unterschiede enthalten alle diese Galaxientypen auch sehr alte Sterne, die im Rahmen der Messgenauigkeit genauso alt wie die alten Sterne der Milchstraße sind [14]. Die Analyse dieser alten Sterne erlaubt Aufschlüsse über die Entstehungsbedingungen der Zwerggalaxien. In kosmologischen Theorien zur Strukturbildung entstehen große massereiche Galaxien durch das hierarchische Verschmelzen vieler kleinerer Objekte (z. B. [15]). Die meisten Verschmelzungsprozesse spielten sich vor mehr als neun Milliarden Jahren ab. Die heutigen Zwerggalaxien kann man als Überlebende dieser Ereignisse betrachten, potenzielle Bausteine größerer Galaxien, die noch nicht verschmolzen sind. Ihre alten Sterne sind wertvolle fossile Zeugen der Eigenschaften früher Galaxienbausteine. Ein Forschungszweig der galaktischen Archäologie oder auch *Nahfeldkosmologie* sucht nach Sternen akkretierter Zwerggalaxien in der Milchstraße, um zu quantifizieren, wie viele solcher Verschmelzungsprozesse wann stattgefunden und welche Zwerggalaxien zum Aufbau unserer Galaxis beigetragen haben. Diese Studien sind komplementär zur *Fernfeldkosmologie*, die sich der Untersuchung ferner Galaxien im jungen Universum widmet und die sich aufgrund der großen Entfernung auf die leuchtkräftigsten (und nicht im Detail untersuchbaren) Objekte beschränken muss. Auch heute finden noch Akkretionsereignisse statt, und in einigen Milliarden Jahren werden Milchstraße und Andromedagalaxie miteinander verschmelzen.

Literatur

[1] Kippenhahn (1980) 100 Milliarden Sonnen – Geburt, Leben und Tod der Sterne. Büchergilde Gutenberg, Frankfurt

[2] Delgado-Serrano R, Hammer F, Yang YB (2010) How was the Hubble sequence 6 Gyr ago? A&A 509:A78

[3] Sparke LS, Gallagher JS (2007) Galaxies in the Universe – An Introduction. 2nd Edition. Cambridge University Press, Cambridge

[4] Elmegreen DB (1997) Galaxies and Galactic Structure. Prentice Hall, Upper Saddle River

[5] Sheth K, Elmegreen DM, Elmegreen BG et al (2008) Evolution of the Bar Fraction in COSMOS: Quantifying the Assembly of the Hubble Sequence. Astrophys J 675 2:1141–1155

[6] Hou LG, Han JL (2014) The observed spiral structure of the Milky Way. A&A 569:A125

[7] Shen J & Li ZY (2016) Theoretical Models of the Galactic Bulge. In: Galactic Bulges. Laurikainen E, Peletier R, Gadotti D (Hrsg) Springer Intl Publishing, Basel, S 233–262

[8] Gillessen S, Plewa PM, Eisenhauer F et al (2017) An Update on Monitoring Stellar Orbits in the Galactic Center. Astrophys J 837:30

[9] Carroll BW, Ostlie DA (2007) An Introduction to Modern Astrophysics. 2nd Edition. Pearson, New York

[10] Offner SSR, Clark PC, Hennebelle P et al (2014) The Origin and Universality of the Stellar Initial Mass Function. In: Beuther H, Ralf S. Klessen RS, Cornelis P. Dullemond CP et al (Hrsg) Protostars and Planets VI. University of Arizona Press, Tucson, S 53–75

[11] Dobbs C, Baba J (2014) Dawes Review 4: Spiral Structures in Disc Galaxies. Publ Astron Soc Aust 31

[12] Grebel EK (2011) Satellites in the Local Group and Other Nearby Groups. In: Koleva M, Prugniel P, Vauglin I (Hrsg) A Universe of Dwarf Galaxies – Observations, Theories, Simulations. EAS Publ Series 48 S 315–327

[13] Grebel EK, Gallagher JS, Harbeck D (2003) The Progenitors of Dwarf Spheroidal Galaxies. Astron J 125:1926–1939

[14] Grebel EK, Gallagher JS (2004) The IMF and Mass Segregation in Young Massive Clusters. In: Lamers HJGLM, Nota A, Smith L (Hrsg) The Formation and Evolution of Massive Young Star Clusters. ASP Conf. Ser. 322 S 101–110

[15] Lacey C, Cole S (1993) Merger rates in hierarchical models of galaxy formation. MNRAS 262 3:627–649

[16] Kudritzki RP, Urbaneja MA, Bresolin F et al (2014) Stellar Metallicity of the Extended Disk and Distance of the Spiral Galaxy NGC 3621. Astrophys J 788:56

33 Galaxienhaufen: Die größten gebundenen Strukturen im Universum
— Sabine Schindler —

Zusammenfassung
Galaxien sind nicht gleichmäßig im Universum verteilt, sondern bilden Ansammlungen von Hunderten bis zu Tausenden von Galaxien mit Ausdehnungen von Millionen von Lichtjahren. Diese riesigen Strukturen sind durch die Wirkung der Gravitation gebunden. Sie sind nicht nur ideale Laboratorien, um physikalische Effekte unter extremen Bedingungen zu untersuchen, sondern auch ausgezeichnete Testobjekte für kosmologische Forschungen. So kann man etwa mithilfe von Galaxienhaufen die Menge der Dunklen Materie im Universum messen.

© Springer-Verlag GmbH Deutschland, ein Teil von Springer Nature 2019
D. Duchardt et al. (Hrsg.), *Vielfältige Physik*, https://doi.org/10.1007/978-3-662-58035-6_33

Prof. Dr. Sabine Schindler

Das Wissen um die Größen-, Energie- und Zeitskalen im Universum gibt mir die Gelassenheit im Umgang mit den tagtäglichen universitären Problemen.

- Studium Physik, Univ. Erlangen-Nürnberg
- Promotion, MPI für Astrophysik, MPI für extraterrestrische Physik, LMU München
- Feodor-Lynen-Stipendium der AvH-Stiftung, Univ. of California Santa Cruz, Lick Observatory, USA
- 1998–2002 Scientific Staff, Astrophysics Research Inst., Liverpool John Moores Univ., GB
- Seit 2002 Professur Astrophysik, Univ. Innsbruck
- 2012–2017 Vizerektorin für Forschung, Univ. Innsbruck
- Seit 2014 Rektorin, UMIT Private Univ. Hall

Am Anfang: Meine Begeisterung für die Physik

Zahlen haben mich schon immer interessiert. Kinder- und Jugendbücher über naturwissenschaftliche Themen habe ich immer gerne gelesen. In der Schule waren meine Lieblingsfächer Physik und Mathematik. Daher war es keine große Überraschung, dass ich mich für ein Physikstudium entschied. Zur Astrophysik bin ich dann im Rahmen meiner Doktorarbeit gekommen. Zunächst machte ich numerische Simulationen, später bin ich dann auch an die großen Teleskope gekommen. Diese Kombination und enge Verzahnung von Simulation und Beobachtung ist seitdem mein Schwerpunkt.

Themenschwerpunkte: Was ich heute mache

Im Rahmen meiner Tätigkeiten bin ich sehr viel international tätig, unter anderem vertrat ich Österreich im Aufsichtsrat der Europäischen Südsternwarte ESO. Des Weiteren war ich Mitglied in der Astronomy Working Group der European Space Agency ESA, im „European Space Science Committee" der European Science Foundation, im Vorstand der European Astronomical Society und bin wirkliches Mitglied der International Academy of Astronautics. Ich bin/war im Beirat vieler Institutionen in verschiedenen Ländern Europas. Auch auf österreichischer Ebene lässt sich einiges nennen: Ich bin wirkliches Mitglied der Österreichischen Akademie der Wissenschaften, war Mitglied im Beirat der Österreichischen Forschungsgemeinschaft, und war Präsidentin der Österreichischen Gesellschaft für Astronomie und Astrophysik.

Mein Tipp

Ich würde mich freuen, wenn mehr Frauen in die Physik speziell, aber auch allgemein in die sogenannten MINT-Fächer gingen. Daher rate ich jungen Frauen sich gut zu informieren, ob nicht ein Studium in einem MINT-Fach für sie infrage kommt. Denn das garantiert eine interessante Tätigkeit und gute Berufschancen.

33.1 Woraus bestehen Galaxienhaufen?

Galaxienhaufen sind Ansammlungen von sehr vielen Galaxien (s. Abb. 33.1). Bereits in der ersten Hälfte des letzten Jahrhunderts wurde festgestellt, dass Galaxien sich zu größeren Strukturen zusammenfinden. Systematische Durchmusterungen des Himmels, die in den darauffolgenden Jahrzehnten durchgeführt wurden, zeigten, dass es viele tausend dieser Galaxienhaufen gibt, wobei jeder dieser Haufen Hunderte bis Tausende von Galaxien enthält und sich über einige Millionen Lichtjahre erstreckt.

Die Galaxien in einem Haufen stehen nicht still, sondern wirbeln mit Geschwindigkeiten von etwa 1000 km/s durcheinander. Diese großen Geschwindigkeit kommen durch die große Masse des Haufens zustande, da in den Haufen einfallende Galaxien durch die gravitative Anziehung stark beschleunigt werden. Eine Messung der Geschwindigkeit liefert also ein Maß für die Masse des Haufens. Mit dieser Methode wurde schon in den 1930er-Jahren festgestellt, dass die Galaxien nur einen kleinen Bruchteil der Masse des Haufens ausmachen, damals als „das Rätsel der fehlenden Masse" bezeichnet.

Mit Beginn der Röntgenastronomie wurde eine weitere Komponente in den Galaxienhaufen gefunden. Der Satellit EINSTEIN entdeckte Röntgenstrahlung, die von den Galaxienhaufen ausgeht. Große Mengen von heißem Gas können diese Röntgenstrahlung erzeugen. Daher war zunächst die Frage, ob dieses heiße Gas vielleicht die gesuchte „fehlende Masse" sein könnte. Abschätzungen mithilfe der damaligen Daten zeigten jedoch, dass die Menge des Gases bei Weitem nicht ausreicht, um die Galaxienhaufen zusammenzuhalten. Weitere Röntgensatelliten lieferten genauere Daten

Abb. 33.1 Optisches Bild des Galaxienhaufens RXJ1347-1145 aufgenommen mit dem VLT der europäischen Südsternwarte ESO. Die gelblichen und grünlichen diffusen Objekte sind Galaxien des Haufens. Zusätzlich sind einige längliche Gebilde, sogenannte Gravitationsbögen, in tangentialer Richtung rund um das Haufenzentrum angeordnet, z. B. ein längliches blaues Objekt rechts unterhalb des Zentrums. Diese Bögen sind Bilder von Hintergrundgalaxien weit hinter dem Haufen, die durch den Gravitationslinseneffekt verzerrt werden

über dieses Gas. So wissen wir heute, dass es den ganzen Raum zwischen den Galaxien ausfüllt, dass es sehr niedrige Dichten von 0,0001–0,01 Teilchen pro cm^2 und sehr hohe Temperaturen von etwa 10–100 Millionen Grad hat. Gas von so hoher Temperatur, ein sogenanntes Plasma, ist fast vollständig ionisiert, und die sich bewegenden, geladenen Teilchen wechselwirken miteinander. Durch die Anziehungs- bzw. Abstoßungskräfte – je nach Ladung – werden die Teilchen von ihren Bahnen abgelenkt. Diese Ablenkung von geladenen Teilchen bewirkt eine Abstrahlung von elektromagnetischer Strahlung, die sogenannte thermische Bremsstrahlung. Je mehr Teilchen vorhanden sind, desto mehr Strahlung wird emittiert, d. h., die Intensität hängt von der Teilchendichte ab. Da nun aber zwei Teilchensorten vorhanden sind – Elektronen und Ionen –, sind beide Dichten zu berücksichtigen. Die Intensität ist also proportional zu Ionendichte × Elektronendichte, also zu dem Produkt aus Ionendichte und Elektronendichte. Die Elektronendichte ist wiederum über einen konstanten Faktor mit der Ionendichte verbunden, Ionendichte gleich Faktor × Elektronendichte, und damit ist die Röntgenintensität proportional zu Faktor × Elektronendichte[2]. Je höher die Temperatur der Teilchen ist, desto höhere Energie hat auch die abgegebene Strahlung. Bei 10–100 Millionen Grad ist diese Strahlung gerade im Röntgenbereich.

Es ist zwar viel von diesem heißen Gas in Galaxienhaufen vorhanden – im Gas befindet sich wesentlich mehr Masse als in den Galaxien – aber die Masse des Gases und der Galaxien zusammen reichen nicht aus, um die Galaxienhaufen durch gravitative Anziehung zusammenzuhalten. Nach dieser Erkenntnis wurde in allen Wellenlängen nach weiteren Komponenten gesucht, aber keine weitere Strahlung einer nennenswerten massereichen Komponenten gefunden. Die Komponente der Galaxienhaufen, in der am meisten Masse steckt, wurde daher Dunkle Materie genannt.

33.2   Erscheinungsbild von Galaxienhaufen

Anhand von Röntgenbildern (s. Abb. 33.2) lässt sich gut erkennen, dass Haufen aus mehreren Unterstrukturen aufgebaut sind. In den Falschfarbenbildern sieht man deutlich zwei Maxima der Röntgenstahlung, die die Dichteverteilung des Gases widerspiegeln. Aus spektroskopischen Messungen der Geschwindigkeit von Galaxien im Virgohaufen kann geschlossen werden, dass sich die beiden Dichteknoten aufeinander zubewegen und in wenigen Milliarden Jahren verschmelzen werden. Solche Ereignisse sind nicht selten, denn man nimmt an, dass alle Strukturen, die wir heute sehen, auf diese Weise entstanden sind: Aufgrund der gravitativen Anziehung verschmelzen kleinere Einheiten zu immer größeren Einheiten. In Röntgenbildern von Galaxienhaufen kann man alle verschiedenen Entwicklungsstadien finden: Von Galaxienhaufen im Gleichgewicht über Galaxienhaufen, auf die kleine Galaxiengruppen einfallen, bis hin zu Galaxienhaufen mit großen Zusammenstößen zwischen Unterhaufen.

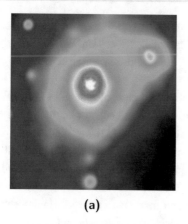

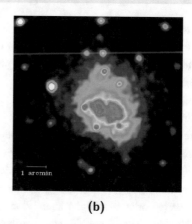

(a)

(b)

Abb. 33.2 a Röntgenbild des Virgohaufens. Die Intensität der Röntgenemission ist durch Falschfarben dargestellt. Durch die kontinuierliche Emission wird deutlich, dass der ganze Raum zwischen den Galaxien mit Haufengas ausgefüllt ist. Man sieht deutlich zwei Konzentrationen der Gasverteilung – eine große in der Mitte des Bildes und eine kleinere rechts. **b** Röntgenbild des Galaxienhaufens CL0939+4317, aufgenommen mit dem Röntgensatelliten XMM. Die Intensität der Röntgenemission ist in Falschfarben dargestellt. Die zwei großen roten Strukturen in der Bildmitte sind Unterstrukturen des Haufens. Die zwei Unterstrukturen sind gerade im Begriff, zu einem großen Haufen zu verschmelzen

33.3 Warum sind Galaxienhaufen so interessant für die Kosmologie?

Galaxienhaufen eignen sich für ganz verschiedene Untersuchungen. Dadurch, dass sie so große Strukturen von einigen Millionen Lichtjahren Durchmesser mit Massen von etwa 10^{15} Sonnenmassen sind, stellt jeder einzelne Haufen schon einen Teil des Weltalls dar und kann so für einige Anwendungen als repräsentativ für das ganze Universum angesehen werden. Denn ein Galaxienhaufen sammelt durch die große gravitative Anziehung Materie von einem großen Volumen von mehr als 100 Millionen Lichtjahren auf und beinhaltet daher schon einen kleinen Teil des Universums. Das Verhältnis der verschiedenen Typen von Materie sollte daher das gleiche sein wie im restlichen Universum.

Ein zweiter interessanter Punkt ist, dass Galaxienhaufen geschlossene Systeme sind. Die gravitative Anziehungskraft ist so stark, dass praktisch keine Materie daraus entweichen kann. So sind z. B. alle schweren Elemente, die im Laufe der Zeit innerhalb des Haufens gebildet wurden, noch im Haufen vorhanden und können Auskunft geben über frühere Epochen von Sternentstehung in den Haufengalaxien.

Galaxienhaufen sind relativ junge Gebilde. Die Zeit, die eine Galaxie brauchen würde, um den Haufen zu durchqueren, ist nicht viel kürzer als das Alter des Universums, d. h., es sind noch nicht alle Spuren des Entstehungsprozesses durch die internen Bewegungen verwischt, wie das etwa bei Galaxien der Fall ist. So enthält die Struktur der Haufen noch viel Information über das frühe Universum.

Durch Messung der Anzahl der oben erwähnten Unterstrukturen bei verschiedenen Rotverschiebungen kann man etwas über die Materiedichte des Universums aussagen. Je mehr Materie vorhanden ist, desto mehr Unterstrukturen erwartet man bei den heutigen Haufen.

Galaxienhaufen sind weithin sichtbar, sowohl in optischen also auch in Röntgenbeobachtungen. Das hat zweierlei Konsequenzen. Einerseits bedeutet es, dass man mit Haufen ein großes Volumen des Universums untersuchen und damit die Materie- und Massenverteilung auf sehr großen Skalen nachzeichnen kann. Die Massenverteilung wird in verschiedenen kosmologischen Modellen unterschiedlich vorhergesagt, sodass man mithilfe der großräumigen Verteilung der Galaxienhaufen kosmologische Modelle verwerfen oder bestätigen kann. Zweitens kann man weit entfernte Haufen sehen, also Haufen, die sich noch in einem frühen Entwicklungsstadium befinden. Durch den Vergleich von diesen jungen Haufen mit nahegelegenen alten Haufen lässt sich die Entwicklung der Haufen verfolgen. Auch das wird von verschiedenen kosmologischen Modellen unterschiedlich vorhergesagt, sodass auch die Entwicklung für kosmologische Untersuchungen herangezogen werden kann, z. B. kann die Entwicklung der Dunklen Energie damit studiert werden.

33.4   Massen von Galaxienhaufen und Dunkle Materie

Eine zentrale Rolle für kosmologische Betrachtungen spielt die Masse der Galaxienhaufen. Nicht nur um die Dunkle Materie auszumessen, sondern auch um die großräumige Massenverteilung für kosmologische Zwecke auszumessen. Daher wurden mehrere unabhängige Methoden zur Massenbestimmung entwickelt. Die bereits oben erwähnte Methode, mit den Geschwindigkeiten der Galaxien die Haufenmasse auszumessen, ist die älteste und heutzutage die ungenaueste Methode.

Eine zweite Möglichkeit liefern Röntgenbeobachtungen. Das Haufengas liegt mehr oder weniger im Gleichgewicht im Potenzialtopf des Haufens und zeichnet somit die Größe und die Tiefe des Potenzialtopfs nach. Daraus lässt sich auf die gesamte Masse zurückschließen, die den Potenzialtopf bildet.

Ein dritte Möglichkeit eröffnet der Gravitationslinseneffekt: Das Licht von Galaxien, die weit hinter dem Galaxienhaufen liegen, wird durch die große Masse des Haufens abgelenkt. Dadurch sehen wir diese entfernten Galaxien als verzerrte Bilder, sogenannte Gravitationsbögen (s. Abb. 33.1). Solche Bögen treten nur dann auf, wenn zufällig eine Galaxie hinter dem Galaxienhaufen liegt. Die Lage der Bögen hängt von der Haufenmasse ab, denn je größer die Masse ist, desto stärker ist die Lichtablenkung.

Der Gravitationslinseneffekt kann noch auf eine andere Art genutzt werden. Zusätzlich zu den deutlich sichtbaren Verzerrungen einiger weniger Galaxien treten an weiter außen liegenden Hintergrundsgalaxien Verformungen auf. Diese Verformungen können mit dem bloßen Auge nicht von den intrinsischen elliptischen Formen der Galaxien unterschieden werden. Jedoch kann in einer statistischen Analyse herausgefunden werden, dass Galaxien in jeder Region systematisch in eine bestimmte Richtung verzerrt sind, woraus dann die Massenverteilung im Haufen rekonstruiert werden kann.

Den Ergebnissen aller Methoden ist gemeinsam, dass die gesamte Haufenmasse viel größer ist als die Gasmasse und die Masse in den Galaxien zusammengenommen. Gas und Galaxien zusammen machen im Mittel nur etwa 20–25 % der Masse aus. Der Rest, also die fehlenden 75–80 % ist *Dunkle Materie*. Es wurden schon verschiedene Teilchen als Kandidaten für die Dunkle Materie vorgeschlagen, aber bis heute ist noch nicht klar, woraus diese besteht.

Wenn man annimmt, dass die Massenanteile in Galaxienhaufen repräsentativ für das ganze Universum sind, was eine plausible Annahme ist, da im Haufen die Materie von einem riesigen Volumen aufgesammelt wurde, weiß man damit, dass das Verhältnis der Dichte sichtbarer „normaler" Materie zur gesamten Materiedichte im ganzen Universum auch etwa 20–25 % sein muss. Für die Dichte der sichtbaren „normalen" Materie erhält man eine Obergrenze von etwa 6 % der kritischen Dichte aus den Untersuchungen der Elementsynthese gleich nach dem Urknall. Damit kann man dann eine Obergrenze auch für Materiedichte festlegen. Diese beträgt etwa $\leq 0,3$, also ein Wert, der weit unter dem Wert 1 für ein kritisches Universum liegt, dessen Expansion im Unendlichen zum Stillstand kommen würde.

33.5 Wechselwirkung zwischen Galaxien und Haufengas

Eine weitere interessante Frage, die sich bei der Betrachtung von Galaxienhaufen stellt, ist die nach dem Ursprung des Haufengases. War dieses Gas immer im Raum zwischen den Galaxien vorhanden oder war es früher ein Teil von Galaxien und Sternen selbst? Auch bei der Beantwortung dieser Frage können die Röntgenbeobachtungen helfen. In den Röntgenspektren vom Haufengas finden sich Linien, die von schweren Elementen wie etwa Eisen erzeugt werden. Die Häufigkeit dieser schweren Elemente entspricht etwa einem Drittel der Häufigkeit, wie man sie in der Sonne beobachtet. Daraus kann man schließen, dass ein nicht unbeträchtlicher Teil des Haufengases (aber nicht das ganze Haufengas) aus Sternen gekommen sein muss, denn schwere Elemente können nur innerhalb von Sternen produziert werden. Durch Supernovaexplosionen werden sie in den Raum zwischen den Sternen innerhalb der Galaxien transportiert. Für den weiteren Transport aus den Galaxien hinaus gibt es verschiedene Möglichkeiten:

- Abstreifen durch Staudruck: Wenn sich die Galaxie durch das Haufengas bewegt, wirkt ein Druck auf die Galaxie, der umso größer ist, je schneller sich die Galaxie bewegt und je dichter das Haufengas ist. D. h., je näher die Galaxie dem Haufenzentrum kommt, desto größer wird dieser Druck. Ab einem bestimmten Zeitpunkt kann die Galaxie ihr Gas nicht mehr halten und es wird abgestreift, und zwar die äußeren Teile zuerst, und dann geht die Abstreifzone immer weiter nach innen.

- Galaktische Winde: Unter bestimmten Bedingungen werden in einer Region einer Galaxie plötzlich sehr viele neue Sterne gebildet. Die massereichen Sterne darunter haben nur eine sehr kurze Lebensdauer und explodieren fast gleichzeitig als Supernovae. Dadurch werden große Mengen an Energie frei, die ausreichen können, um das mit schweren Elementen angereicherte Gas über den Rand der Galaxie hinauszudrücken, sodass das Gas nicht mehr an die Galaxie gebunden ist. Es entsteht ein galaktischer Wind. Im Gegensatz zum Abstreifprozess hängen die galaktischen Winde von den inneren Bedingungen in der Galaxie ab, sind also unabhängig von der Umgebung.

- Galaxien–Galaxien–Wechselwirkung: Wenn zwei Galaxien nahe aneinander vorbeifliegen oder sogar durcheinander hindurchfliegen, kann auch Gas abgestreift werden. Zusätzlich zu dem direkten Effekt kann auch in großen Galaxienhaufen ein naher Vorbeiflug von zwei Galaxien einen indirekten Effekt haben. Es kann dadurch eine instantane Sternbildung angeregt werden, was dann später wiederum zu einem galaktischen Wind führen kann und somit wieder Gas aus der Galaxie heraustransportiert werden kann.

- Aktive Galaxien: Röntgenbeobachtungen zeigen, dass auch aktive Galaxien einen deutlichen Einfluss auf das Haufengas haben können. In aktiven Galaxien bewirkt das Schwarze Loch in deren Zentren einen Ausfluss von Materie und Energie.

Welche dieser Prozesse unter welchen Bedingungen dominieren und wie sich die Rollen im Laufe der Zeit verändern, wird derzeit mithilfe von umfangreichen numerischen Simulationen untersucht.

33.6   Ausblick

Die Untersuchung von Galaxienhaufen bleibt weiterhin spannend. Mit den neuen Teleskopen, wie etwa mit dem E-ELT der Europäischen Südsternwarte ab Mitte des nächsten Jahrzehnts und den neuen Röntgensatelliten, sind viele Antworten auf die derzeitigen Fragen zu erwarten. Für einen weitergehenden Einstieg zum Thema Galaxienhaufen empfehlen sich z. B. [1–3].

Literatur

[1] Kaastra J (Hrsg) (2008) Clusters of Galaxies: Beyond the Thermal View. Springer, Berlin, Heidelberg

[2] Feretti L, Gioia IM, Giovannini G (Hrsg) (2002) Merging Processes in Galaxy Clusters. Astrophysics and Space Science Library 272, Springer, Berlin, Heidelberg

[3] Schneider P (2006) Einführung in die Extragalaktische Astronomie und Kosmologie. Springer, Berlin, Heidelberg

Index

© Springer-Verlag GmbH Deutschland, ein Teil von Springer Nature 2019
D. Duchardt et al. (Hrsg.), *Vielfältige Physik*, https://doi.org/10.1007/978-3-662-58035-6

Index

Printed in the United States
By Bookmasters